新版

Teach Yourself JavaScript

独習

Java Script

CodeMafia 外村将大 著

1995年、JavaScriptはブラウザ上で動作する簡単なプログラムを記述するための言語として産声を上げました。以降、JavaScriptはWebシステムの需要の高まりとともにただの簡単なプログラムを書くための言語から、より本格的で大規模な開発にも使用されるプログラミング言語へ進化していくことになります。

JavaScriptが他のプログラミング言語と明確に異なるのは、ブラウザ上での処理を実装可能な、ほぼ唯一のプログラミング言語であるという点です。たとえば、現在人気のPythonやRuby、Javaなどのプログラミング言語で何らかの機能を作成する場合には、多くの場合で他のプログラミング言語でも同じような機能を実装する手段が提供されています。しかし、Webサイトを閲覧するためにはブラウザが必要であり、（一部例外もありますが）ブラウザで使用可能な言語はJavaScriptのみです。そのため、好む好まざるにかかわらず、WebサイトやWebアプリケーションを作成するにはJavaScriptを避けて通ることができません。

本書では、Webシステム／アプリの開発に興味を持ち、基礎からJavaScriptをきちんと学びたいという方々に対して、JavaScriptプログラミングにおいて応用の効く確固たる基礎を提供することを目的としています。

JavaScriptは、初心者にもわりあい馴染みやすい（プログラムを書くのが比較的簡単な）半面、本格的なプログラムを書こうとすると途端に難易度が上がるプログラミング言語です。それは、他のプログラミング言語ではあまり見られない、JavaScript特有の言語仕様が関係しています。そのため、本書ではそれらの「落とし穴（JavaScriptのクセや動作原理など）」についても、図解とともに丁寧に解説しています。

私自身、初心者だったときに「なぜそのように動くのか？」まで解説してくれる書籍に出会えず、JavaScriptの本質的な部分を理解するのにとても苦労しました。その経験を踏まえ、初心者の方でもJavaScriptの本質をきちんとつかめるよう本書を執筆しました。

本書を通して、JavaScriptに苦手意識を持つ初心者の方にもJavaScriptでの開発が楽しいと思ってもらえる手助けができれば幸いです。

外村 将大

本書の読み方

なぜJavaScriptを学ぶのか?

　JavaScriptは、現代のWeb開発において、欠かすことのできない重要なプログラミング言語です。たとえば、皆さんが利用しているYouTubeやYahooなどのWebサイトから、FacebookやTwitterなどのSNSまで、ありとあらゆるWeb上のサービスでJavaScriptが使われています。また、近年ではWeb開発での利用にとどまらず、スマホアプリやデスクトップアプリの開発などにもJavaScriptが使われています。もし皆さんが「将来、Web開発者になりたい」もしくは「何かWebサイトやWebアプリケーションを作ってみたい」と思った際に、JavaScriptはもはや避けて通れないプログラミング言語になっています。

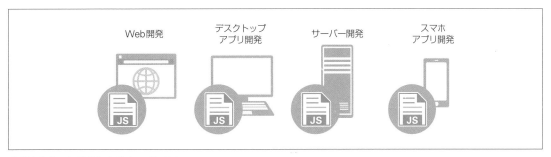

❖様々なシーンで使われるJavaScript

本書の特長と対象読者

　JavaScriptは、とてもクセのあるプログラミング言語です。そのため、使いこなすためにはJavaScript特有の動作原理をしっかり押さえておく必要があります。しかし、JavaScript関連の入門書では、JavaScriptプログラミングの上達に一番重要な動作原理にあまり触れておらず、書き方の暗記に終始しているものがほとんどです。しかし残念ながら、書き方を覚えるだけでは、プログラミングは上達しません。自分が思ったとおりにプログラムを記述できるようになるには、コードの意味を理解し、裏側の仕組みについて学ぶことが不可欠です。

　プログラムのコード1つ1つには意味があります。実はこの意味さえ理解してしまえば、あとはパズルのようにコードを組み合わせていくだけでプログラムが完成します。また、見たこともない新しい機能や書き方に出くわしても、あっという間に使いこなせるようになるでしょう。プログラムの書き方をただ暗記するのはやめてください。プログラムの書き方は常に進化し、暗記したコードはどんどん使いものにならなくなります。そのため、プログラムを暗記でどうにかしようとするのは極めて非効率です。それよりも、「どうしてこのように動くのか?」「このコードの意味は何か?」という根本的なところさえ理解してしまえば、細かい実装の方法をわざわざ暗記する必要はなくなり、その後の学習効率も大幅に短縮できるようになります。

　本書では、ただコードの記述方法を紹介するだけではなく、コードがどのようにして動くのかを図などを交えながら細かく解説しています。そのため、本書を通してJavaScriptの裏側の仕組みを学ぶことで、使用場面に左右されない、応用の効く確固たる基礎を確立できます。一度、JavaScriptの基礎を固めてしまえば、恐れるもの

はなにもありません。見たことがない機能が出てきたとしても簡単に理解し、使いこなせるようになります。JavaScript開発が苦手な方、またはこれからJavaScriptを学ぶ方は、本書を徹底的に使い込んでください。気づけば思いどおりにコードが書けるようになっているはずです。次の条件に当てはまる方は、本書で基礎を学んで、次のステップに進まれることをお勧めします。

- JavaScriptの基本的な仕組みを理解しながら学びたい方
- 自分の思ったとおりにコードが動かずに悩んでいる方
- Web開発者やフロントエンドエンジニアを目指している方
- Webサイトを自分で作ってみたいと思っている方
- スマホアプリやデスクトップアプリを自分で作ってみたいと思っている方
- React、Vue.js、Angularなどが使いこなせず悩んでいる方
- 他のプログラミング言語をすでに習得しているプログラマの方

本書での学習の進め方

本書でJavaScriptを学習するにあたって、少しだけ進め方のアドバイスを書いておきます。人によって最適な学習方法は異なりますが、参考にしてみてください。最低でも2周以上（できれば何度も）読み通していただけると学習効果が上がります。

◆ 基本的な進め方

1周目 細かいことはあまり気にせず一通り終わらせよう

初心者には新しい知識の連続となるため、わからないところがあると立ち止まりたくなるかもしれません。しかし、わからないところは飛ばして、どんどん進めてください。その時点でわからなくても、読み進めていると（周辺知識を得ると）理解できるようになるのはよくあることです。また、練習問題も初見で解けなくても、解答を確認して、どんどん進めてください。ひとまず最後まで終わらせることが極めて重要です。わからなかった用語や解けなかった問題は、あとでわかるようにチェックしておくとより良いでしょう。

2周目 用語やコードの意味を理解するように努めよう

本書を1周すると、本書全体を通してどのような用語が出てくるのか、また用語と用語にはどのような関係性があるのかがなんとなく頭に残っている状態になります。そのため、2周目では、断片的だった知識を整理していくような感覚で読み進めてみてください。本書では、用語を機能や意味によって明確に使い分けています。そのため、文章を注意深く読み解けば用語や文章が本書の中で理解できるように作成しています。もし、意味が理解できない文章があったら、その文章に登場する用語の説明箇所を読み、用語の意味を1つずつ理解するように努めてください。また、2周目になるとJavaScriptのコードにも慣れてきているため、初見で見たときと少し違う感覚でコードが見えるようになってきているはずです。2周目では、1周目で解けなかった問題にも再度挑戦してみてください。ある程度時間をかけてわからなかったところや解けなかった問題には、再度チェックを入れて先に進むようにしてください。

3周目以降 わからなかった章や問題に重点的に取り組もう

周回を重ねるごとに、用語や書き方などもどんどん記憶に定着し、脳の中で情報が自動的に整理されていきま

す。そのため、どんどんわからないところや解けない問題が少なくなっていきます。わかるところはある程度読み飛ばしながら、解けなかった問題や苦手とする章・節を重点的に学習してみてください。

　学習のポイントとしては、わからないところがあってもあまり立ち止まらず、周回を重ねて少しずつ理解していくことです。こうすることで、途中で気持ちが萎えてやめてしまう可能性を下げると同時に、定期的に脳に情報をインプットすることで記憶として定着しやすくなります。また、脳は寝ている間にインプットした情報を自動的に整理する性質があるため、繰り返し学ぶことでどんどん頭の中で情報が整理されていきます。これは私が物事を習得する際に行っていることなので、よければ参考にしてみてください。

▌サンプルファイルと「練習問題」「この章の理解度チェック」解答について

　本書で利用しているサンプルファイル（配布サンプル）は、以下のページからダウンロードできます。サンプルの動作を確認したい場合などにご利用ください。また、「練習問題」「この章の理解度チェック」解答も以下のページからダウンロードできます。

```
https://www.shoeisha.co.jp/book/download/9784798160276
```

● 配布サンプルは、以下のようなフォルダ構造になっています。

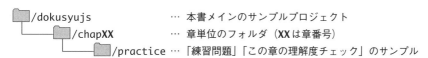

```
/dokusyujs          … 本書メインのサンプルプロジェクト
    /chapXX         … 章単位のフォルダ（XXは章番号）
        /practice … 「練習問題」「この章の理解度チェック」のサンプル
```

● サンプルコード、その他、データファイルの文字コードはUTF-8です。テキストエディタなどで編集する場合には、文字コードを変更してしまうと、「サンプルが正しく動作しない」「日本語が文字化けする」などの原因にもなるため、注意してください。
● サンプルコードは、Windows環境での動作に最適化しています。紙面上の実行結果は、Windows版Chromeでのものを掲載しています。結果は環境によって異なる可能性もあるため、注意してください。

▌動作確認環境

本書内の記述／サンプルプログラムは、次の動作環境で確認しています。

- Windows 10 Home（64ビット）
  - Chrome 91.0
  - Visual Studio Code 1.58.0
  - Live Server 5.6.1
  - Node.js 14.16.1
  - NPM 6.14.12
  - Express 4.17.1
  - EJS 3.1.6
- macOS 11 Big Sur
  - Chrome 91.0
  - Visual Studio Code 1.57.1
  - Live Server 5.6.1
  - Node.js 14.16.1
  - NPM 6.14.12
  - Express 4.17.1
  - EJS 3.1.6

本書の構成

本書は全17章で構成されています。各章では、学習する内容について、実際のコード例などをもとに解説しています。書かれたプログラムがどのように動いているのかを、実際に試しながら学ぶことができます。

◆練習問題

各章は、細かな内容の節に分かれています。節の途中には、それまで学習した内容をチェックする練習問題を設けています。その節の内容を理解できたかを確認しましょう。

◆この章の理解度チェック

各章の末尾には、その章で学んだ内容について、どのくらい理解したかを確認する理解度チェックを掲載しています。問題に答えて、章の内容を理解できているかを確認できます。

本書の表記

◆全体

> **レベルアップ** ：1段階上のレベルになるために必要な知識になります。
> **初心者はスキップ可能** ：スキップしても読み進められるため、1周目で難しく感じた場合にはスキップしてもらっても大丈夫です。JavaScriptに慣れてきたときにもう一度見直してみてください。
> **使用頻度低** ：使用頻度が低いため、余裕がある方はチャレンジしてみてください。

◆構文

本書の中で紹介するJavaScriptの構文を示しています。関数やメソッドの構文については、以下のルールに従って表記しています。

構文 関数の使用方法の説明（例）

```
setTimeout( callback, [ms , param1, param2, ... ] );
```

callback ：コールバック関数を受け取る引数です。
ms ：待機ミリ秒を指定する引数です。
param1、param2 ：コールバック関数の実行時に渡す実引数です。

引数の表記の意味は、以下のとおりです。詳しくは本文内の解説も参照してください。

- [ ] ―― [, ms, param1, param2 , ...]のように記載している [ ] の部分は、[ ]に含まれる部分を省略して、プログラムを記述できることを表しています（この場合は、ms , param1, param2を省略できることを表します）。このような [ ] の記号は、プログラムの書き方を説明する際に、一般的に使用されるものです。この [ ] 自体はコードではないので、記述しないように注意してください。基本的には、プログラムの書き方の説明の際に[ ]を見かけた場合には、その部分は省略可能、と覚えておいてください。

注意 JavaScriptでは、配列を記述する場合に [ ] という記号を使います。その場合は、コードとして [ ] を記述します。配列の [ ] の場合には、その旨を明記します。

● [引数 , ...] ─── 任意の個数の引数が設定可能なことを表しています。

▶コード中の>記号

```
console.log( "こんにちは" );
> こんにちは
```

　上記のようにコード中の行頭の>記号は、開発ツールのコンソールに表示されるメッセージを表します。コードではありませんので、コードを記述する際はコード中に書かないように注意してください。

◆ポイント／ノート／コラム

　重要なポイント、注意事項／関連する項目／知っておくと便利なことがら、参考／補足情報を紹介します。

 point ● 特に押さえておきたい重要なポイントです。

note 注意事項や関連する項目、知っておくと便利なことがらです。

Column プラスアルファで知っておきたい参考／補足情報です。

◆エキスパートに訊く

　初心者が間違えやすいことがら、注目しておきたいポイントについてQ&A形式で紹介します。

🎤 エキスパートに訊く

Q： JavaScript学習者からの質問が示されます。

A： エキスパートからの回答が示されます。

第 1 章　イントロダクション　　　001

第 2 章　JavaScript開発の基礎　　　019

第3章 変数とデータ型 039

第 8 章　this キーワード　　　203

第 9 章　クラス　　　225

第 10 章　組み込みオブジェクト　265

第 17 章　Node.js　509

コラム目次

サンプルファイルの入手方法

　サンプルファイル（配布サンプル）と「練習問題」「この章の理解度チェック」解答は、以下のページからダウンロードできます。

　https://www.shoeisha.co.jp/book/download/9784798160276

イントロダクション

本章ではまず、JavaScriptの成り立ちやJavaScriptを取り巻く環境について学んでいきます。JavaScriptは、成り立ちやJavaScriptを取り巻く環境が他の言語と比べて少し複雑なので、それを知らないと理解できないことが多々あります。まずは、JavaScriptがこれまでどのようにして発展してきたプログラミング言語なのか見ていきましょう。

1.1 JavaScriptとECMAScript

1.1.1 JavaScriptの成り立ち

1995年、JavaScriptは、Netscape Navigator 2.0というブラウザに実装される形で登場しました。当初、JavaScriptはあまり複雑な処理を行うことを想定して作られたプログラミング言語ではなく、あくまでWebシステムの開発時に「おまけ」として使う程度のものでした。同じ頃、Microsoft社によってJScriptというJavaScriptに似たプログラミング言語が開発され、Internet Explorer 3.0というブラウザに実装されました。このJScriptとJavaScriptは非互換（互換性なし）のため、Webシステムの開発者はブラウザの種類ごとに異なるコードを記述しなければなりませんでした。

そこで、1997年、情報通信システムの国際的な標準化団体であるECMA Internationalによって、JavaScriptの中心的な技術がECMAScript（JavaScriptの規格）として標準化されることになったわけです（図1.1）。以降、ECMAScriptの仕様はたびたび更新され、それに伴ってJavaScriptも進化を続けています。

❖図1.1　ECMAScriptの誕生

1.1.2 JavaScriptとECMAScript

JavaScriptを学習したり使用したりしていると、たびたびECMAScriptという言葉を見聞きしますが、このECMAScriptとはプログラミング言語の仕様のことを指します。「仕様」ですから、プログラミング言語として満たさなければならない要求事項（決まり事）をまとめたものとなります。

一方、JavaScriptは、ECMAScriptの仕様をもとに実装されたプログラミング言語です。余談ですが、ECMAScriptは、ECMA Internationalという情報通信システムの分野における国際的な標準化団体のTC39という委員会によって仕様が決められています。

現在、ECMAScriptの仕様をもとにして作成されたプログラミング言語（でメジャーなもの）はJavaScriptのみのため、実質的にECMAScriptはJavaScriptのために策定されている言語仕様となっています。

1.1.3　ECMAScriptとバージョン

　1.1.1項で触れたとおり、当初はJavaScriptを用いて複雑な機能を実装することは想定されておらず、時代の変化に応じて様々な機能がJavaScriptに追加されてきました。

　表1.1は、JavaScriptの仕様であるECMAScriptの直近のバージョンの更新状況です。

　2011年にリリースされた第5.1版では、仕様書の修正のみが行われ、新しい機能の追加は行われていません。第6版以降は1年ごとにアップデートされており、ECMAScriptのバージョンはこの発行年をとってES2015、ES2016などのように表記されます。また、第5版から第6版がリリースされるまでにおよそ6年もの歳月がかかっています。そのため、第5版から第6版へのアップデートでは、多くの様々な機能が追加されています。

　なお、現在の主要なブラウザはES6（ES2015）に対応しているため、ES6の記法は問題なく使用できます。このES5、ES6というバージョン名は、JavaScriptで開発を行っていると頻繁に見聞きします。ぜひ、覚えておいてください。

❖表1.1　ECMAScript（ES）のバージョン

発行年	バージョン	通称
⋮	⋮	⋮
2009	5版	ES5
2011	5.1版	ES5
2015	6版	ES2015（ES6）
2016	7版	ES2016（ES7）
2017	8版	ES2017（ES8）
2018	9版	ES2018（ES9）
2019	10版	ES2019（ES10）
2020	11版	ES2020（ES11）
2021	12版	ES2021（ES12）
2022	13版	ES2022（ES13）
⋮	⋮	⋮

エキスパートに訊く

Q： ES5からES6までは6年もの歳月がかかったのに、ES7からは1年ごとに順調に新しいバージョンがリリースされています。なぜ、ES7からは1年ごとにリリースできるようになったのでしょうか？

A： それは、ES6がリリースされたタイミングで仕様策定のプロセスが変わったためです。ES6までのECMAScriptの仕様策定では、すべての仕様の合意が取れるまで議論を続け、すべてが決まってからリリースされていました。そのため、ES5からES6へのアップデートに6年もの歳月がかかってしまいました。しかし、この反省をもとにES6以後の仕様策定では、仕様として合意できる部分のみを合意していくことにより、仕様策定にかかる期間を短くすることに成功しています。

たとえば、JavaScriptではES6からクラス（第9章で説明）が使えるようになりましたが、ES6で追加されたクラスの仕様は最小限の機能です（private、publicなどのメンバーへのアクセス制御がないなど、クラスの記法もシンプルなものにとどまりました）。その後、ES2022で、より充実したクラスの記法が仕様として追加されています。このように仕様で議論が分かれそうなものを細分化することによって、大きな仕様更新による策定期間の遅延を防いでいます。

また、ES6以降のECMAScriptの仕様は、**GitHub**（ソースコードなどを保存・公開し、複数人で共有できるWebサービス）上で管理されており、最新のものが常に公開された状態で仕様が決定されていきます。この仕様決定のプロセスは**Living Standard**と呼ばれており、GitHub上に公開されている状態がそのままECMAScriptの仕様であることを表しています。

なお、ECMAScriptの仕様決定のフェーズには、表1.2の Stage 0からStage 4までがあり、Stage 2（Draft）以降のものがES2021、ES2022などのように年次の仕様書の草案（Draft）としてまとめられます。

そのため、ECMAScriptの仕様は年に1回更新されるものではなく、あくまでその年にStage 2まで決まった仕様をまとめたものがES2020、ES2021といった形で公開されると思ってください。また、基本的にStage 3まで進んだ

❖表1.2　ECMAScriptの仕様決定プロセス

段階	通称	概要
Stage 0	Strawman	アイデアレベル
Stage 1	Proposal	機能提案・検討
Stage 2	Draft	暫定的に仕様決定
Stage 3	Candidate	テスト・実装
Stage 4	Finished	仕様決定

ものに関してはほとんどがそのまま仕様として取り込まれるため、もし使用してもよいか判断に困った場合はStage 3まで進んでいるかを確認するようにしてみてください。

ECMAScriptの仕様は、以下のリンクから閲覧できます。興味のある方はぜひ見てみてください。

- **ECMAScriptの最新の仕様状況（GitHub）**
  https://github.com/tc39/ecma262

- **ECMAScriptの年ごとの仕様書**
  https://tc39.es/ecma262/

1.2　JavaScriptと実行環境

ここまで、JavaScriptの言語仕様であるECMAScriptについて学んできました。その中で触れたように、ECMAScriptはあくまでJavaScriptの**主要な機能の仕様**です。では、それ以外の機能とはいったい何でしょうか？

その答えは、JavaScriptが動作する実行環境によって異なります。ここでは、現代のJavaScriptが利用されている（動作する）2種類の環境について紹介します。

- ブラウザ環境
- Node.js環境

1.2.1 ブラウザ環境

　まず、JavaScriptが利用されている最も一般的な環境が**ブラウザ環境**です。ブラウザでは、取得したコンテンツを画面に表示する処理（レンダリング）やユーザー入力処理（UI）など様々な処理を行っています。そして、それらの機能の中で、JavaScriptコードを解析して実行する処理のことを**JavaScriptエンジン**と呼びます（図1.2）。

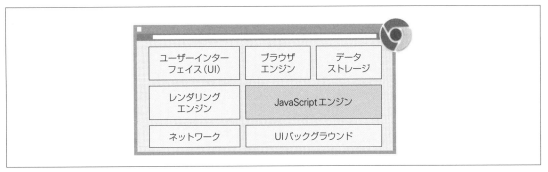

❖図1.2　ブラウザの機能

　JavaScriptコード（単に**スクリプト**とも呼びます）は、このJavaScriptエンジンの上で実行されることになります。JavaScriptエンジンには、様々な種類があります。たとえば、FirefoxブラウザではSpiderMonkey、ChromeブラウザではV8というJavaScriptエンジンが使用されています（表1.3）。

　V8はGoogle社が開発するJavaScriptエンジンですが、オープンソースのため、同社が開発するChromeブラウザ以外に、Microsoft社が開発するEdgeブラウザでも使用されています。また、次項で紹介する**Node.js**というJavaScriptの実行環境でも、V8がJavaScriptエンジンとして採用されています。なお、SafariとJavaScriptCoreはApple社が開発し、FirefoxとSpiderMonkeyはMozilla財団という団体が開発しています。

❖表1.3　代表的なブラウザと
　　　　JavaScriptエンジン

ブラウザ	JavaScriptエンジン
Chrome	V8
Safari	JavaScriptCore
Firefox	SpiderMonkey
Edge	V8
etc...	

ブラウザ環境とWeb API

　ブラウザ環境では、ECMAScriptの仕様で決められている機能に加えて**Web API**が使用できます（図1.3）。Web APIとは、JavaScriptコードからブラウザを操作するために、ブラウザがアプリケーション（以下、アプリ）の開発者に提供している機能（API）のことです。Web APIを使うことで、ブラウザ独自の機能を利用できます。たとえば、Web APIに含まれるDOM APIを使えば、JavaScriptコードからブラウザの画面の表示や変更を行えますし、Geolocation APIを使えば位置情報などを取得できます。

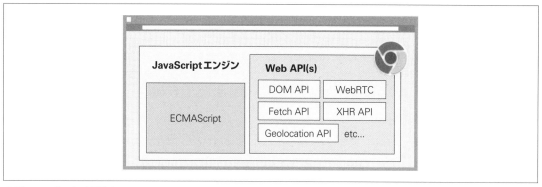

❖図1.3　ブラウザ環境とWeb API

　一方、次項で紹介するNode.jsの環境では、大部分のWeb APIは使用できません（Node.jsの詳細は第17章で説明します）。

API（Application Programming Interface）とは、**プログラムからOSやブラウザなどを操作するためのインターフェイス**（プラットフォームが開発者に提供する機能）です。

プログラムは、一般的に何らかのプラットフォームの上で動きます。たとえば、皆さんが使っているPCのOS（WindowsやLinux、macOSといったオペレーティングシステム）やブラウザなどがプラットフォームの代表例です。

ここで「開発者は、どのようにしてPCのOSやブラウザを操作するのか？」という疑問がわきますが、この操作で使用されるのがAPIです（図1.A）。プラットフォームを操作するための機能をAPIとして開発者に提供し、開発者はAPIの仕様に則ってプログラミングすることで、決められた操作を行うことができます。

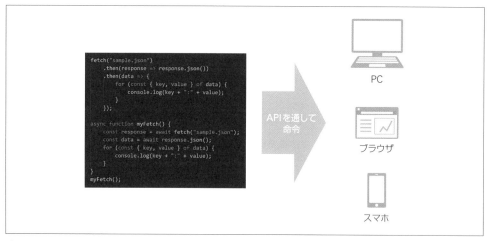

❖図1.A　APIを使用してプラットフォームを操作

1.2.2 Node.js環境

JavaScriptは、長い間、ブラウザ環境で使用するプログラミング言語でしたが、近年、**Node.js**というソフトウェアでも使用できるようになりました。Node.jsとは、ブラウザなしでJavaScriptコードを実行できるようにした環境だと思ってください。以前はブラウザ上でしか使用されなかったJavaScriptが、Node.jsの登場によりスマホアプリやデスクトップアプリの開発など様々な用途で使われるようになっています。

Node.js上で実行するJavaScriptコードでは、ECMAScriptに加えて**CommonJS**という**モジュール**を管理する仕組みが使用できます。CommonJSやモジュールを使った実装は、第16章で詳しく学びます。

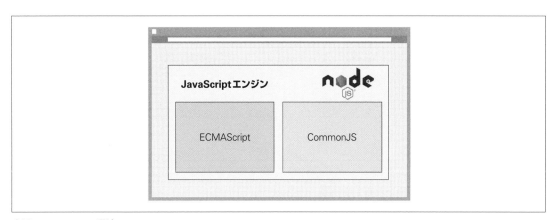

❖図1.4　Node.js環境

このように実行環境によって使用できる機能が変わってくるため、ブラウザ上では問題なく動くコードでも、Node.js上では動かないといったケースがしばしば見受けられます。**JavaScriptの実行環境が変わると、使える機能も変わることを覚えておいてください。**

また、ブラウザ、Node.jsなどの複数の実行環境で問題なく動作するJavaScriptコードは、Universal JavaScriptと呼ぶことがあります（図1.5）。あわせて覚えておくとよいでしょう。

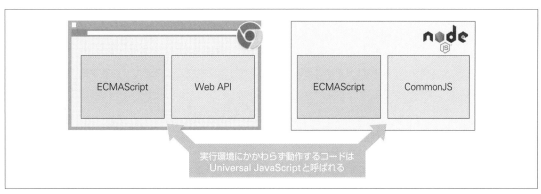

❖図1.5　Universal JavaScript

note　JavaScriptでは、Node.jsの他にもReact.jsやVue.jsなど語尾に「.js」と付く用語が多数あります。Node.jsはJavaScriptの実行環境ですが、React.jsやVue.jsなどはJavaScriptフレームワークです。フレームワークとは、あらかじめWeb開発でよく使う機能が作成されたコードの集まりです。そのため、JavaScript実行環境であるNode.jsと、JavaScriptフレームワークであるReact.jsやVue.jsは、根本的に異なるものです（図1.B）。混同しないように注意してください。

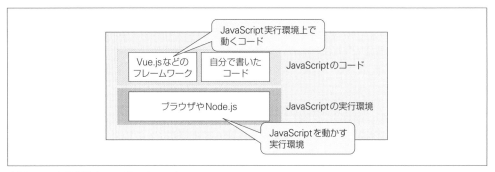

❖図1.B　実行環境とコードのイメージ

1.3　開発環境の構築

　前節では、JavaScriptがどのような環境で実行されるのかについて学びました。それでは、実際にJavaScriptを記述して実行する開発環境を準備しましょう。開発環境とは、プログラミングによるアプリ開発のために必要な各種のソフトウェア（ツール）を、開発者のコンピュータ上に用意したものを意味します。

　本書では、2つのツールを使います。

- Visual Studio Code
- Chromeブラウザ

Visual Studio CodeはJavaScriptコード（JavaScript言語で書かれたプログラム）を記述するために使い、Chromeブラウザ（以下、Chrome）はJavaScriptを実行するために使います。

　どちらも現在のWeb開発においては欠かすことのできないツールなので、この節でその基本的な設定方法について学びましょう。

1.3.1　Visual Studio Codeのインストール

　Visual Studio Code（以下、VSCode）は、Microsoft社が開発した、プログラミング専用のエディタ（ファイル編集ソフト）で、無料で使用できます。VSCodeを使うことで、コードの自動補完、整形、ハイライト（コードに色付けして見やすくすること）などの便利な機能を利用できます。Windowsのメモ帳などでもプログラムは記述できますが、一般的にプログラムを記述するときにはVSCodeなどのプログラミング専用のエディタを使います。

それでは、VSCodeをインストールしましょう。ブラウザで以下のページに移動して、VSCodeをダウンロードしてください（図1.6）。

- **Visual Studio Codeダウンロードページ**

  https://code.visualstudio.com/download

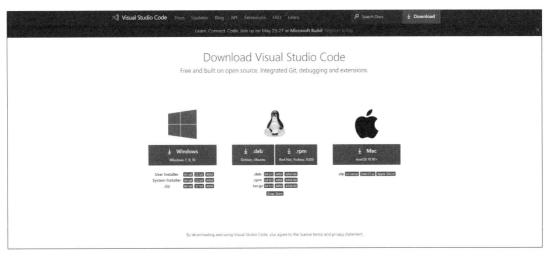

❖図1.6 Visual Studio Codeのダウンロードページ

ダウンロードしたファイルをダブルクリックして、インストールを完了してください。

1.3.2 Visual Studio Codeに拡張機能を追加する

インストールが完了したら、VSCodeを起動して拡張機能を追加しましょう。VSCodeの拡張機能を利用することで、プログラミングに必要な機能を適宜、追加・削除できます。

ここで追加するのは、**Live Server**という拡張機能です。Live Serverは、VSCodeをインストールしたPC上で簡易的なサーバーを起動して、HTMLやJavaScriptなどのコードの実行結果を確認するときに使います（図1.7）。

皆さんがふだん閲覧しているWebサイトでは、インターネット上のサーバーにコードを記述したファイルが配置されています。しかし、Webサイトの開発を行う際に、わざわざインターネット上のサーバーにファイルを配置して確認するのはとても面倒です。そのため、**Web開発を行うときは、開発用のPC上にサーバーを構築し、その上でブラウザ画面の動きなどを確認するのが一般的です**。また、今回使用するLive Serverには、ファイルを保存したタイミングで自動的にコードの変更内容がブラウザ画面に反映されるという便利な機能も備わっています。

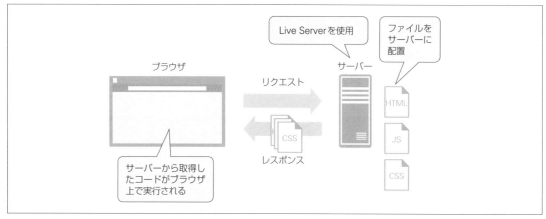

❖図1.7　サーバーとブラウザの関係

　それでは、図1.8のように左サイドバーの拡張機能 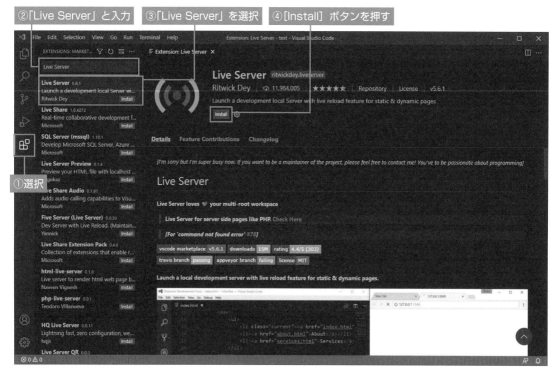 を選択して、表示された検索欄に「Live Server」と入力してください。その後、表示された候補の一覧から「Live Server」を選択し、[Install] ボタンを押せば、Live Serverのインストールが完了します。

❖図1.8　Live Serverのインストール

1.3.3 Chromeのインストール

　Chromeは、現在最もよく使われているブラウザの1つです。また、ChromeにはWeb開発の支援を行うための**開発ツール**という機能が備わっています。開発ツールを使うことで、エラーの原因の調査やコードの実行状況の確認などが簡単に行えます（これらの機能についてはあとで紹介します）。

　まずは、Chromeのインストールから始めましょう。以下のページからChromeをダウンロードしてください（図1.9）。

● **Chrome ダウンロードページ**

　https://www.google.co.jp/chrome/

❖図1.9　Chromeのダウンロードページ

　ダウンロードしたファイルをダブルクリックして、Chromeのインストールを完了してください。

1.3.4 環境設定が問題ないか確認する

　それでは、ここまで行ってきた設定に問題がないか確認してみましょう。

コードを配置するフォルダを作成

　まずは、学習用のフォルダをデスクトップに新規作成します。ここでは「dokusyu」という名前のフォルダを作成しましたが、好みの名前にしてもかまいません。

　作成したら、そのフォルダをVSCodeの画面上にドラッグしてください（図1.10）。

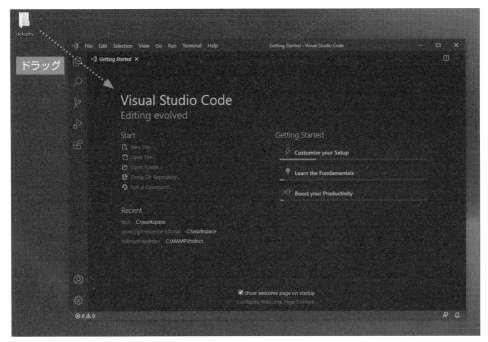

❖図1.10　作成したフォルダをVSCodeにドラッグ

　すると、「dokusyu」フォルダがVSCodeで開かれた状態（図1.11）になるので、このフォルダの中にindex.htmlというファイルを新規作成してみましょう。ファイルを作成するにはVSCode画面左上の アイコンを、フォルダを作成するには アイコンを押します。

　ここでは アイコンを押して、「index.html」という名前でファイルを新規作成します。

❖図1.11　VSCodeでフォルダを開き、ファイルを作成

HTMLコードを記述

続いて、確認用のHTMLコードを記述してみましょう。ひとまず、次のコードをindex.html内に記述してください。

▶ブラウザ画面確認用のコード（index.html）

```html
<html>
  <body>
    <h1>Hello World</h1>
  </body>
</html>
```

記述が完了したら Ctrl + S キー（macOSの場合は Command + S ）を押してファイルを保存してください。このファイルをブラウザで確認すると、ブラウザ画面に「Hello World」と表示されるはずです。

ブラウザで表示確認

それでは、Chromeでこのコードを確認してみましょう。Live Serverを起動する必要があるため、作成したindex.htmlファイル上で右クリックして［Open with Live Server］を選択します（図1.12）。

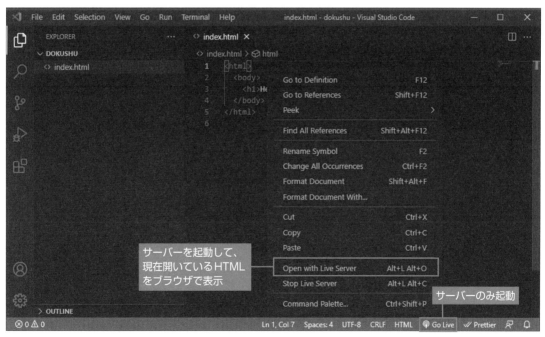

❖図1.12　Live Serverの起動

［Open with Live Server］を選択すると、サーバー（Live Server）が起動し、VSCodeで開いているHTMLファイルをPCのデフォルトブラウザ（既定のブラウザ）で表示します。

図1.13のような画面が表示されれば成功です。

127.0.0.1:5500/index.html

Hello World

❖図1.13　確認成功

note　VSCode画面下部の［Go Live］（図1.12）を押すと、サーバー（Live Server）の起動のみを行うことができます（HTMLファイルのブラウザ表示は行いません）。その場合、表示確認を行うには、ブラウザのURLバーに手動でURLを入力する必要がありますが、この詳細は次項で解説します。

　ここで紹介したVisual Studio CodeやChromeは、広く一般的にWeb開発者が使用している開発環境ですが、必ずこれを使わなければいけないというわけではありません。すでにお気に入りの開発環境（エディタやブラウザ）があれば、それを使用して本書を進めてください。

　また本書では、コードを書きながらJavaScriptを学んでいくため、自分が記述したコードを手元に残しておきたい場合には、フォルダなどを適宜作成してコードを整理するようにしてください。

1.3.5　環境設定がうまくいかないとき

　環境設定の際によく起こる問題に対する対処法をまとめておきます。

［Open with Live Server］選択時にブラウザが自動で起動しない

　使用しているPC環境によっては、ファイル上で［Open with Live Server］を選択しても、ブラウザが自動で起動しないなど、ブラウザ画面が表示されないこともあります。そのような場合には、VSCodeの右下部にある［Go Live］（図1.12）を押してサーバーを起動してから、ブラウザに手動でURLを入力します。

　Live Serverでサーバーを起動した場合には、以下のようなURLとなります。

- **Live ServerにアクセスするためのURL**
  http://localhost: ポート番号

　「ポート番号」は、サーバーが起動した状態であれば、VSCodeの右下部の「Port:」の右側に表示されています（図1.14）。

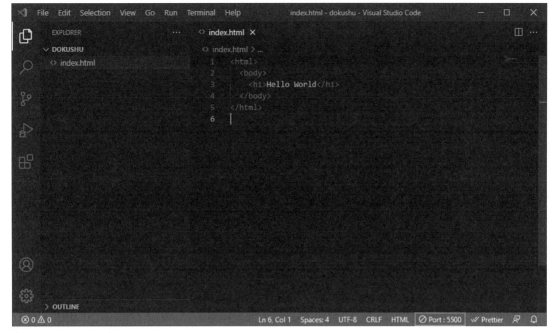

❖図1.14　ポートの確認

　ポート番号は、一般的に5500なので、

　　http://localhost:5500

にアクセスすれば、ブラウザ画面が表示されます（図1.15）。なお、

　　http://127.0.0.1:5500

でも同じようにブラウザ画面が表示されます。

❖図1.15　URLをブラウザのURLバーに入力

[Open with Live Server] 選択時にChrome以外のブラウザが起動する

　Live ServerはPCのデフォルトブラウザを起動するため、Chromeが起動しない場合があります。そのようなときには、PCのデフォルトブラウザをChromeにするか、または、Live Serverの設定を変更します。ここでは、Live Serverの設定を変更する方法を紹介します。

　まずは、図1.16を参考にVSCodeの設定画面を開きます。

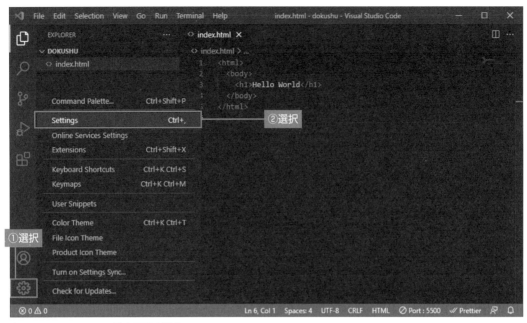

❖図1.16　VSCodeの設定画面を開く

　次に、設定の項目検索欄に「liveServer.settings.CustomBrowser」と入力すると、図1.17のような画面になるので、「Custom Browser」の項目で［Chrome］を選択します。

　これで、新たに［Open with Live Server］でサーバーを起動すると、Chromeが起動するようになります。

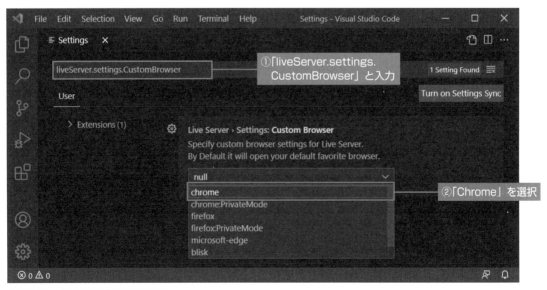

❖図1.17　起動するブラウザを変更

英語が苦手なので、日本語の編集ツールを使いたい

VSCodeの拡張機能から、「Japanese Language Pack for Visual Studio Code」をインストールしてください（図1.18）。インストール後、VSCodeを再起動すれば、VSCodeのメニューが日本語化されます。

❖図1.18　VSCodeの日本語化

☑ この章の理解度チェック

[1] ECMAScriptとは

ECMAScriptの定義（ECMAScriptとは何か）を答えてください。

[2] ECMAScriptとバージョン

ECMAScriptの仕様策定に6年間かかったバージョン名を答えてください。

[3] JavaScript実行環境

JavaScriptが実行される環境を2つ答えてください。

[4] 実行環境ごとの機能の違い

[3]で解答したそれぞれの環境では、ECMAScriptの仕様以外にどのような機能が使用できるか答えてください。

[5] 実行環境の違いに伴う留意点

JavaScriptの実行環境が異なる際に注意するべきことを答えてください。

[6] ツールの役割

Visual Studio Code、Live ServerとChromeは、それぞれ何をするためのツールか答えてください。

特別な意味を持つファイル名 —— index.html

本章では index.html というファイルを作成して、その内容をブラウザの画面に表示しました（p.14の図1.13）。実はこのときのURLの末尾には、ファイル名（index.html）を付けても、付けなくても、同様に index.html の内容が画面に表示されます。

```
http://127.0.0.1:5500/index.html ─────────────── ❶末尾にindex.htmlを付けるパターン
http://127.0.0.1:5500 ─────────────────────── ❷末尾にindex.htmlを付けないパターン
```

基本的にHTMLファイルを画面上に表示する場合には、❶のように末尾にHTMLのファイル名を含む形でURLを指定します。しかし、index.html は、例外的に省略してURLを指定することが可能です。これは、「URLでファイル名を指定しなかった場合には、そのパス（経路）に配置されている index.html を表示する」という制御がLive Serverに組み込まれているためです。なお、この制御はLive Serverに限ったものではなく、一般的にどのサーバーにも組み込まれています。そのため、仮に index.html というファイル名を not_index.html というファイル名に変更して、❷のパターンでURLを指定すると、not_index.html の内容は画面に表示されません。

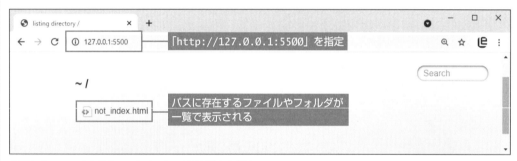

❖図1.C　ファイル名を not_index.html に変更した場合

この場合には index.html が存在しないため、Live Server はファイルやフォルダを一覧で表示します。これも、Live Server に「URLでファイル名が指定されなかった場合に、index.html が存在しなければパスに対応するファイルやフォルダのリストを表示する」という制御が組み込まれているためです。

このように index.html は、他のファイル名にはない特別な意味合いを持つため、注意してください。

JavaScript開発
の基礎

この章の内容

本章では、JavaScriptの基本的な書き方のルールやWebページの構成部品について見ていきます。最初に、ブラウザでJavaScriptを実行するための前提知識から確認していきましょう。

2.1 JavaScript実行のための前提知識

ブラウザでJavaScriptを実行するには、一般的にHTMLという「Webページのベースになるコード」からJavaScriptコードを読み込みます。そのため、まずはHTMLについて見ていきましょう。

2.1.1 HTML

HTML（Hyper Text Markup Language）とは、ブラウザ画面上に表示する文章や画像などのコンテンツの構成（どのように画面に表示するか）を記述するための言語です（図2.1）。また、HTMLには、画面上に表示するコンテンツの構成だけではなく、どのJavaScriptコードを実行するかといったWebサイトの制御に関わる処理も記述されています。

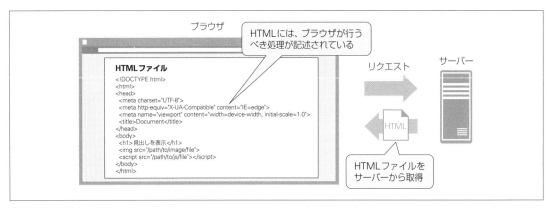

❖図2.1　HTMLとは？

たとえば、サイトに大きな見出しを表示したい場合には、`<h1>大見出し</h1>`のように**HTMLタグ**というもの（`<h1>`と`</h1>`）で、見出しにしたい文字列を囲みます。HTMLタグには他にも様々な種類があり、各タグには意味があります。たとえば、`<h1>`は大見出し、`<p>`は文章の段落を表します。

また、`<img src="画像までのURL">`のように記述すると、「画像を画面上に表示する」という意味になります。ここで使われている「`src`」は**属性**と呼び、HTMLタグの種類ごとに使用可能な属性が決まっています。画像を表示する`<img>`の場合には、画像が置いてある場所までのパス（経路）を`src`属性に設定する決まりになっています。

なお、HTMLタグには、開始タグと終了タグが対になっているタイプと、開始タグしかないタイプ（**空タグ**と呼びます）の2種類があります（図2.2）。これも、使用するHTMLタグの種類によって決まってきます。

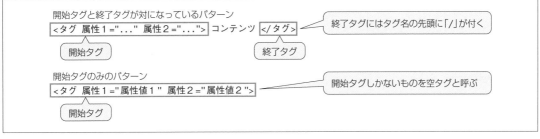

❖図2.2　HTMLの記法

2.1.2　JavaScriptの実行方法

それでは、JavaScriptをHTMLで読み込んでみましょう。HTMLからJavaScriptを読み込む方法は、2つあります。

❶ HTMLファイル内でscriptタグ（`<script>`と`</script>`）でJavaScriptコードを囲む
❷ 別ファイルとして作成したJavaScriptファイルを、HTMLファイルに記述した**script**タグの**src属性**で指定して読み込む

▶❶ HTMLファイル内でscriptタグでコードを囲む場合（inline_script.html）

```
<!DOCTYPE html>
<html>
<body>
    <script>
        window.alert("hello world"); ——————— <script>と</script>の間にJavaScriptコードを記述
    </script>
</body>
</html>
```

▶❷a HTMLファイル内でJavaScriptファイルを読み込んで実行する場合（include_script/index.html）

```
<!DOCTYPE html>
<html>
<body>
    <script src="./main.js"></script>
</body>                          ——————— JavaScriptファイルまでのパス
</html>
```

▶❷b JavaScriptファイル（include_script/main.js）

```
window.alert("hello world"); ——————— このファイル内にJavaScriptコードを記述
```

scriptタグで囲まれた部分に記述された内容は、JavaScriptとして実行されます。簡易的なコードを実行する際にはHTMLファイル内に直接JavaScriptコードを記述することもありますが、基本的には**JavaScriptコードは別ファイルに分けて実行**します。これは、コード量が多くなってきたときに、JavaScriptコードをHTML内に記述すると管理が難しくなるためです。

一部、例外的にパフォーマンスを向上させるときやシステム設計の都合上、HTMLファイル内にJavaScriptコードを記述することもありますが、**基本的にHTMLファイルとは別のJavaScriptファイル**（ファイル名 .js）を作成し、その中にJavaScriptコードを記述するようにしましょう。ただし、本書では、説明を簡単にするためにHTML内にJavaScriptコードを記述することもあるのでご了承ください。

◆HTML内から外部ファイルを読み込むときのパスの指定

HTMLファイルから外部ファイルを読み込むときにパスを指定する方法は、3つあります。サーバー上のフォルダ構成が図2.3のような場合を仮定して確認していきましょう。

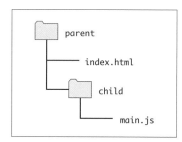

❖図2.3　サーバー上のフォルダ構成

▶parentフォルダのindex.html内でmain.jsを読み込む方法

```
絶対パスでの指定
<script src="/parent/child/main.js"></script>  ──────────── ❶

相対パスでの指定
<script src="child/main.js"></script>  ──────────────── ❷
<script src="./child/main.js"></script>  ───────────────

URLでの指定
<script src="http://localhost:5500/parent/child/main.js"></script>  ──── ❸
```

❶絶対パスでの指定

絶対パスの指定方法では、サーバーの最上位のフォルダからのパスを指定します。この場合には、パスの先頭をスラッシュ（/）から始めます。これによって、絶対パスでファイルを指定できます。

❷相対パスでの指定

相対パスの指定方法では、HTMLファイル（`index.html`）からの相対的なパスを指定します。先頭にスラッシュ（/）を付けないか、または、ドットスラッシュ（./）からパスを指定すると、相対パスでの指定になります。

❸URLでの指定

ファイルまでのパスをURLで指定します。他のサーバーに配置されたファイルを読み込む場合に使います。

相対パス（❷）は、HTMLファイルの場所を移動したときにパスをすべて変更する必要があるため、実際の開発ではあまり使いません。本書では、コード簡略化のために相対パスで読み込むこともありますが、自身で開発を行う場合には絶対パス（❶）をメインに使い、他のサーバーに配置されたファイルを読み込む場合にはURLでの指定（❸）を使うとよいでしょう。

◆ JavaScriptの実行

それでは、HTML内に記述するパターンで、1行のJavaScriptコードを実行してみます。まず、次のように記述したHTMLファイルを準備しましょう（記述したファイルは、キーボードの [Ctrl] + [S] キー（macOSでは [Command] + [S] キー）で保存しておいてください）。

▶画面上にダイアログを出力（inline_script.html）

```
<!DOCTYPE html>
<html>
<body>
    <script>
        window.alert("hello world"); ──────────────────────────── ❶
    </script>
</body>
</html>
```

このHTMLコードを右クリックして［Open with Live Server］を選択し（図2.4）、作成したHTMLファイルをブラウザ上で開いてみましょう。

このようにしてJavaScriptコードを実行すると、ブラウザの画面上に「hello world」というメッセージがダイアログで表示されます。（図2.5）

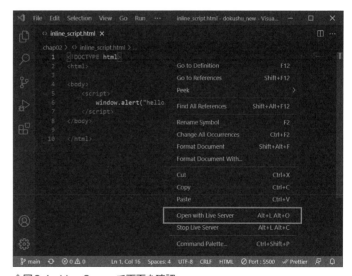

❖図2.4　Live Serverで画面を確認

❖図2.5　ブラウザ上にメッセージが表示

先ほどの「window.alert("hello world")」（❶）では、第6章で説明する「関数」を使用しています。関数とは、ある特定の機能を実現する一連のコードのまとまりに名前を付けて、プログラム中の様々な場所から呼び出す（実行する）ことができるようにしたものです。ここでは、window.alert関数に「hello world」という文字列を渡しています。window.alert関数は、前章で紹介したWeb APIの1つで、画面上に文字付きのダイアログを表示する機能を提供します。Web APIは、関数やあとで紹介するオブジェクトとしてJavaScriptから利用できます。

 HTMLの正式な書き方は、次の❶のように先頭に`<!DOCTYPE html>`を記述（HTMLであることを宣言）して、全体をhtmlタグ（`<html>`～`</html>`）で囲みます。

▶❶ HTMLの正式な構造（formal_document.html）

```
<!DOCTYPE html>
<html>
<body>
  <script>
    window.alert("hello world");
  </script>
</body>
</html>
```

しかし現代のブラウザはとても優秀なため、きちんとすべてのHTMLタグを記述しなくても、ブラウザがHTMLだと解釈し問題なく動作します。たとえば、❶のHTMLは、❷のように記述してもChrome上では問題なく動作します。

▶❷ htmlタグなどを省略して記述（partial_document.html）

```
<script>
  window.alert("hello world");
</script>
```

もちろん、本番用のアプリではDOCTYPEを含む正式なHTMLの書き方を使いますが、学習時にちょっとしたコードを動かしたい場合にはscriptタグのみで確認してもよいでしょう。

 注意 本書でサーバーとして使用しているLive Serverでコード保存時にブラウザ画面を自動的に更新するには、HTMLをDOCTYPEを含む正式な書き方（❶のHTML）で記述する必要があるため、注意してください。

 エキスパートに訊く

Q： HTML内でJavaScriptコードを実行したり、読み込んだりするときに気をつけることはありますか？

A： 近年では、ユーザービリティの向上のために、画面の初期表示でなるべくユーザーを待たせない実装が好ま

れます。そのため、ブラウザでWebサイトを開いたときに最初に表示される画面（ファーストビュー）はなるべく早く表示してあげる必要があります。

ブラウザが画面を表示するまでには、**HTMLパーサー**と呼ばれる機能によってHTMLからDOMツリー（第14章で紹介）を作成する行程があります。ただし、この解析中にscriptタグが見つかると、HTMLパーサーはHTMLの解析を一時中断して、scriptタグ内に記述されているJavaScriptコードを実行します。そして、JavaScriptコードの実行が完了すると、引き続きHTMLの解析を行います。このような場合、ファーストビューの表示が遅くなってしまう問題が発生します。これを解決する方法の1つに、scriptタグに対して**defer属性**を付与する方法があります。

▶scriptタグにdefer属性を付与

```
<script src="./script.js" defer></script>
```

上記のように、defer属性が付与されたscriptタグについては、DOMツリーの構築が完了してから、scriptタグで読み込んだJavaScriptコードが実行されます。これにより、ファーストビューをより早く画面に表示できるようになります。

なお、defer属性を付与する場合は、上記のように別途作成したJavaScriptファイル（.jsファイル）を読み込む形式で記述する必要があります。次のように、HTML内のscriptタグで囲んだJavaScriptコードに対しては機能しないため、注意してください。

▶defer属性はHTML内のJavaScriptコードには機能しない

```
<script defer>
    /* ここに書かれたコードはHTMLパーサーの解析を中断させます。 */
</script>
```

2.2 開発ツールを使いこなそう

　JavaScriptは、基本的にブラウザで実行されるプログラミング言語です。近年、様々なブラウザが開発されていますが、特にWeb開発者に人気のブラウザはGoogleが提供する**Chrome**、またはMozilla財団が提供する**Firefox**です。この2つのブラウザでは、Webサイトを開発するときに使用する**開発ツール（デベロッパーツール）**に様々な機能が実装されています。

　ここでは、一番シェアの大きいChromeの開発ツールの使い方を説明します。本書のコードなどを確認する際に参考にしてみてください。また、以降では「変数」「文字列」「=」などの用語や記号が出てきますが、これらについてはあとの章で詳しく説明するため、現時点ではわからなくても大丈夫です。

2.2.1　Chromeの開発ツールの使い方

Chromeの開発ツールを起動するには、以下のいずれかの操作を行います。

- Chromeの画面上で右クリックして［検証］を選択
- F12 キーを押す
- Windowsなら Ctrl + Shift + J キー、macOSなら Command + Option + I キーを押す

すると、Chromeの画面上に開発ツールが表示されます（図2.6）。

❖図2.6　Chromeの開発ツール ―― コンソール（Console）パネル

　Chromeの開発ツールでは、現在表示中のページのソースコードを確認できます。これにより、実装したコードがどのように動いているのかを確認したり、開発ツールから画面表示を変更したりできます。
　JavaScriptによる開発では、開発ツールの中でも、主に「コンソール（Console）」パネルと「ソース（Sources）」パネルを利用します。まずは、コンソールの使い方から見ていきましょう。

2.2.2　コンソール

　コンソール（Console）パネルでは、任意のコードを実行したり、値を確認したりできます。それでは、開発ツールのコンソールで次のコードを実行してみましょう。

▶コンソールでJavaScriptコードを実行

```
window.alert( "hello" );
```

　このJavaScriptコードを開発ツールのコンソールに入力します（図2.7）。入力したコードを実行するには、Enter キーを押します。

注意　このとき、scriptタグでJavaScriptコードを囲む必要はありません。scriptタグは、あくまでHTML内でJavaScriptコードを記述したい場合に使うものです。コンソールでは、実行したいJavaScriptコードをそのまま入力できます。

❖図2.7 コンソールにJavaScriptコードを入力

[Enter]キーでJavaScriptコードを実行すると、ブラウザの画面上にメッセージが表示されます（図2.8）。

❖図2.8 window.alert("hello");の実行結果

このようにコンソールでは、任意のコードを実行できます。簡単なプログラムを確認するときに便利なので、覚えておきましょう。

◆コンソールに値を出力

続いて、次のscriptタグを記述したHTMLファイルを作成し、Live Serverで開いて（右クリックして［Open with Live Server］を選択して）みましょう。

▶コンソールに値を出力するコード（print_console.html）

```
<script>
    let val = "hello";                valという名前の変数に文字列（"hello"）を代入
    console.log( val );               valの中身を確認（コンソールに出力）
</script>
```

ブラウザの画面が表示されたら、開発ツールのコンソールパネルを確認してみてください。すると、コンソールに「hello」と表示されたはずです（図2.9）。

❖図2.9 コンソールで値を確認

このように、`console.log`という関数を使うことで、コンソール上に値を出力（表示）できます。また、この状態でコンソールに`val`（変数の名前）と入力して[Enter]キーを押すと、`val`の中身を確認することもできます（図2.10）。

変数`val`が保持する値が表示される

❖図2.10　変数名を入力して値を確認

このように、コンソールパネルで、現在表示中のページ上でJavaScriptコードの値を確認したり、任意のコードを実行したりできます。本書のコードを確認するときにも使えるので、ぜひ積極的に利用してみてください。

2.2.3　エラーの確認

前項では、コンソールでコードを実行したり、値を確認したりしました。本項ではもう一歩進んで、コンソール上で**エラー**を確認してみましょう。

プログラムを記述していると、様々なエラーに遭遇します。エラーが発生する原因は様々ですが、書き方の誤りや仕様に沿わないコードを記述した場合にエラーが発生します。熟練のプログラマでも、コードを見ただけでエラーを完全に排除するのは困難です。このエラーを確認するときに使うのがコンソールパネルです。JavaScriptコードに問題があると、コンソールパネルにエラーの原因が表示されます。

それでは、次のJavaScriptコードを実行すると、ブラウザでどのようなエラーが発生するのか見てみましょう。

▶エラーの確認（console_error.html）

```html
<script>
  noFunc();
</script>
```

まず、このコードを記述したHTMLファイルを作成し、これまでと同じくLive Serverで開いてみましょう。そして、開発ツールのコンソールパネルを確認すると、図2.11のような画面が表示されるはずです。これは、コードの実行で問題が発生したことを表しています。

❖図2.11　エラーの発生

エラーとして表示される項目には、それぞれ図2.12のような意味があります。

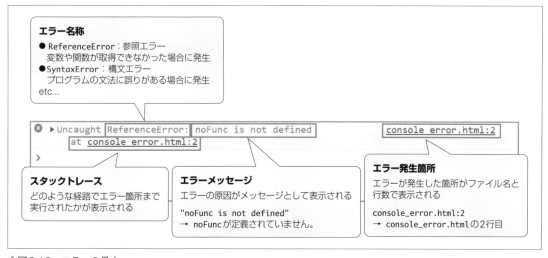

❖図2.12　エラーの見方

　これらのエラーの情報から、エラーの発生箇所と発生原因を特定してコードを修正していくことになります。以降、学習を進めていく中で見方を忘れてしまった場合には、本項に戻って復習するようにしてください。

　また、JavaScriptでは、エラーが発生すると、その時点でコードの実行は終了してしまうため、エラー発生箇所より後のコードは実行されません。注意してください。なお、エラーの名称については、第5章（5.2.2項）で紹介します。

note
エラーメッセージは、英語で表示されるため、英語が得意でない方は意図を理解しにくいかもしれません。そんなときは、エラーメッセージをコピーしてGoogleなどで検索してみましょう。同じようなエラーの解決方法が見つかったら、それをもとに発生した場所（ファイル名と行数）の周辺に記述ミスなどがないか確認してみてください。

プログラムが意図したとおりに動かない場合に、**デバッグ**という作業を行います。デバッグとは、**バグ**という「プログラムの記述や動作の間違い」を見つけ、それらを排除する作業のことです。**デバッグ作業では、一般的にプログラムの実行を一時停止しながら、値や挙動が意図したものになっているかを確認します。**

この項では、Chromeの開発ツールの**デバッガ**（デバッグ作業を支援する機能）の使用方法について簡単に説明します。

それでは、次のコードを例に、Chromeの開発ツールを使ってデバッグの仕方を確認しましょう。

▶デバッグの練習用コード（debugging/index.html）

```
<script>
    let a = 1;
    let b = 2;
    console.log( a + b );
</script>
```

これまでと同じく、このコードを記述したHTMLファイルを作成してから、Live Serverを起動して、Chromeの画面で開発ツールを開いてください。

そして、**ソース**（Sources）パネルを選択して、左サイドバーに表示されている「index.html」を選択します。すると、図2.13のような状態になります。

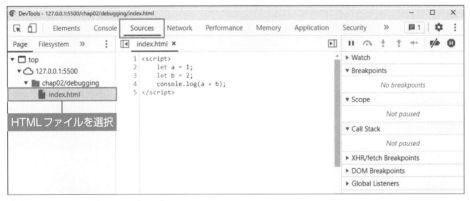

❖図2.13　ソース（Sources）パネル

scriptタグに記述されたコードは、ブラウザでHTMLを読み込んだ時点で実行されるため、開発ツールで画面を開いた時点ですべての処理がすでに完了しています。

◆コードの停止と画面の更新

それではここから、このコードの実行を一時停止して、コードが実行される過程を見てみましょう。

図2.14のように、2行目の行番号の左側をクリックして**ブレークポイント**を設置してみましょう。ブレークポイントを設置すると、その地点でコードの実行が一時停止することになります。

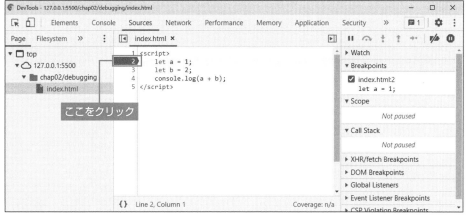

❖図2.14　2行目にブレークポイントを設置

この状態でブラウザ画面を更新すると、コードの実行が2行目で一時停止し、コードが停止中の行の背景色が薄い青色で表示されます（図2.15）。

> *note* ブラウザ画面を更新するには、以下のいずれかの操作を行います。
>
> ● ブラウザの左上にあるページの「再読み込みボタン」（Chromeは ↻ ）を押す
> ● Windowsなら [Ctrl] + [R] キー、Macなら [Command] + [R] キーを押す

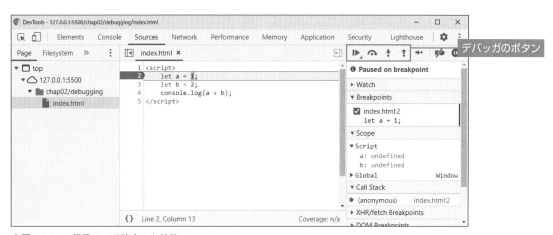

❖図2.15　2行目で一時停止した状態

図2.15の状態では、まだ2行目の let a = 1; は実行されていません。そこで、右上にあるデバッガの［Step Over］ボタン 🔵 を押すと、コードの実行が1行分だけ進みます。

これで、2行目の let a = 1; が実行されたため、変数aにはすでに1が代入されています。そのため、この状態では、コンソールでaと入力して変数aの中身を確認すると、その値の1がコンソール上に表示されます。なお、画面下部のコンソールを表示するには、開発ツールを開いた状態で [Esc] キーを押します。

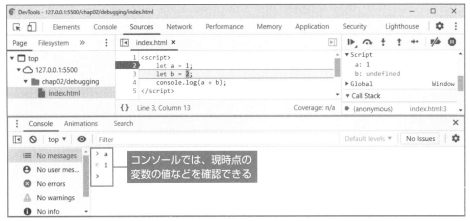

コンソールでは、現時点の
変数の値などを確認できる

❖図2.16　コンソールパネルを使ったデバッグ

　このように、デバッガを使って、コードの実行状況を確認できます。また、[Step Over] を含めて4つのボタン（表2.1）を使用できるため、ぜひ活用してください。

❖表2.1　デバッグに使用するボタンの種類

ボタン		機能
	Resume	次のブレークポイントまで処理を進める
	Step Over	処理を1行進める
	Step In	これから実行する処理が関数である場合、その関数の中に入り、処理を進める
	Step Out	実行中の関数から抜けて、処理を進める

　熟練の開発者でも、複雑なコードの処理を確認するときにはデバッガを使います。本書を進めていくうえで意図したとおりにコードが動かないときは、コンソールパネルやソースパネルを積極的に使ってみてください。

2.3　コード記述のルール

　本節では、JavaScriptの記述ルールについて紹介していきます。本書を通して、以下の記述ルールには、十分注意してください。

2.3.1　ルール1　大文字小文字の区別

　JavaScriptでは、大文字・小文字を厳密に使い分ける必要があります。一例を挙げると、次節で紹介する変数を宣言（使用）するときにletというキーワードを使いますが、これはすべて半角の小文字でなければなりま

せん。たとえば、次の例では、2つの文で意味が変わるため、注意が必要です。

▶JavaScriptは大文字・小文字は区別される（case_sensitive_1.html）

```
<script>
  let hello = "hello";  ───────────────── これ（let）は変数helloが宣言される
  Let bye = "goodbye";  ───────────────── これ（Let）はエラーが発生する
</script>
```

また、変数を宣言する際の変数名も大文字・小文字が区別されるので、注意してください。たとえば、次の2つの変数は、それぞれ異なるものとみなされます。

▶変数名は大文字、小文字に気をつける（case_sensitive_2.html）

```
<script>
  let val = "これは小文字の変数名です。";
  let VAL = "これは大文字のため、小文字の変数とは異なる変数とみなされます。";
</script>
```

2.3.2　ルール2 全角半角の区別

　プログラムのコードは、基本的に半角文字を使って記述します。ダブルクォート（"）で囲まれた文字列などの一部例外を除き、プログラム内で全角文字を使用することはありません。変数名では全角文字を使用できますが、不要なバグを招くため、文字列以外は半角英数字で記述するようにしましょう。また、コードにスペースを挿入するときも、全角スペースではなく、半角スペース、またはタブを使うようにしてください。

▶変数名は半角英数字で記述する（width_sensitive.html）

```
<script>
  let greeting = "半角英数字でコードは記述しましょう。";
  ｌｅｔ　ｇｒｅｅｔｉｎｇ = "letが全角のためエラー";  ───────── これ（ｌｅｔ）はエラーが発生する
</script>
```

2.3.3　ルール3 空白文字

　JavaScriptでは、基本的に空白文字（半角スペースやタブ、改行）は無視してコードが実行されます。そのため、コードを読みやすくするために、文の先頭を字下げする目的で、半角スペース等を挿入して記述するのが一般的です。
　たとえば、変数宣言に使用するletと変数名の間には半角スペースやタブ、改行のどれを使っても問題なく動作します。次の例では、letの前に半角スペース（5つ）、変数名val2と=の間にタブを挿入し、さらに改行を使用して、1つの式を記述しています。

```
<script>
    let val2 Tab = ⏎ ─────────────────────── let val2=1;として解釈されるため、問題なく動作する
1; ─────────────────────────────────────┘
</script>
```

2.3.4　ルール4 文と文の区切りのセミコロン

JavaScriptでは、一般的に文と文を区切るため、文末にセミコロン（;）を付けます。次の例では、`window.alert`関数を使用した2つの文を記述しています（画面上のダイアログに2種類の文字列を表示します）。

▶❶ 文と文の区切りにはセミコロンを記述（semicolon.html）

```
<script>
  window.alert( "hello world" );
  window.alert( "goodbye world" );
</script>
```

しかし、JavaScriptの場合、文と文を改行して別の行に記述すれば、文末のセミコロン（;）を省略できます。そのため、❷の例でも、❶の例と同様に問題なくコードが実行されます。

▶❷ セミコロンは省略も可能

```
<script>
  window.alert( "hello world" )
  window.alert( "goodbye world" )
</script>
```

JavaScriptを学習中の初心者は、文末のセミコロンを省略しないほうが、プログラム中にバグが混入しにくくなり、余計なトラブルにならずに済みます。最近では、文末のセミコロンを省略する記法を採用する開発者もいますが、省略できない記述パターンもあるため、初心者は文末にセミコロンを付けるのがよいでしょう。

ここでは、セミコロンを省略する際の注意点も説明しておきます。

◆文末のセミコロンの注意点

まず、文末にセミコロンを付ける場合には、次のように複数の文を1行で記述できます。

▶セミコロンを使い複数の文を1行で記述

```
<script>
  a = 1; b = 2;
</script>
```

この場合には、**文の終わりを意図的に示す必要があるため、セミコロンを省略できません。**

一方、a = 1という文だけであれば、以下のように記述することもできます。

▶1つの文を複数行で記載

```
<script>
a
=
1
</script>
```

このように記述した場合には、JavaScriptエンジンはコードの記述方法として妥当（解釈可能）な限り、改行を無視して1つの文（この場合はa = 1）としてコードを実行します。

また、returnやbreak、continueというキーワードを使う場合は、改行をはさむとセミコロン（;）が挿入されているものとして自動的に判断されて実行されます（break、continueについては第5章で説明します）。たとえば、次の例は、自作の関数fn1とfn2です。この2つの関数では、実行結果が異なります。

▶;を省略する場合、returnやbreak、continueなどでは改行に注意（semicolon_cautionary.html）

```
<script>
  function fn1() {
    return 1 ───────────────────────────── 改行していない場合
  }
  function fn2() {
    return ──────────────────────────────┐
    1 ───────────────────────────────────┘ 改行している場合
  }

  fn1() ─────────────────────────────────── fn1関数の実行結果は1
  fn2() ─────────────────────────────────── fn2関数の実行結果はundefined
</script>
```

fn2の場合、JavaScriptエンジンはreturnをreturn;と解釈し、returnに続けて戻り値（関数が返す値：ここでは1）が設定されていないと判断します。そのため、return 1のように、改行をはさまずに記述したときと実行結果が変わってきます。functionやundefinedなどの意味については、あとで詳しく説明するので、ここでは結果が異なることだけ押さえておいてください。

このように、セミコロンを省略すると意図しない動作になる場合があるため、**JavaScriptを学習中の初心者はセミコロンを付けて書くようにしましょう。**

2.3.5 ルール5 コメント

プログラムを記述していると、**コードとして実行したくないが、コードの説明やメモなどをプログラム内に記述したい場合があります。そのようなときにコメントを使います。** JavaScriptのコメントの書き方には、2通りの記述方法があり、それぞれ次のように記述します。

◆単一行をコメントにする場合

ダブルスラッシュ（//）を使用すると、ダブルスラッシュ以降の文字列をコメントとして、プログラムの実行対象外にできます。具体的には、次のように使います。

▶ダブルスラッシュを用いたコメント（comment_1.html）

```
<script>

    // これはコメント。プログラムとして実行されません。

    window.alert("hello"); // ダブルスラッシュより前のコードは実行されます。

    // window.alert("bye"); この場合は文の先頭からコメントとなるため、この行のコードは実行されません。

</script>
```

◆複数行や区間をコメントにする場合

複数行や一定の区間をコメントにしたい場合には、/* */でコメントにしたい場所を囲みます。具体的には、次のように使います。

▶/* */を用いたコメント（comment_2.html）

```
<script>

/*
この区間はコメントです。
この区間はコメントです。
*/

window.alert("hello" /* 文中でもコメントを記述できます。*/);

</script>
```

また、プログラムのコードを一時的にコメントにすることを**コメントアウト**と呼びます。プログラミングや開発でよく使われる言葉なので覚えておいてください。

▶コメントアウトの例

```
<script>
    // window.alert("hello"); ─────────── 一時的に実行したくないため、先頭にダブルスラッシュを
</script>                                  追加（実行可能なコードに戻すときには//を削除）
```

☑ この章の理解度チェック

[1] コード記述のルール

次の空欄を埋めて、文章を完成させてください。

> JavaScriptのコード内のアルファベットは ① が区別されるため、**let**などのキーワードを使用する際や変数名を付ける際には注意が必要です。また、プログラム中のアルファベットや数値は基本的に ② を使用して記述します。文と文の区切りには ③ を挿入するようにしましょう。また、コメントを挿入する際はダブルスラッシュ（**//**）を使用するか、コメントとしたい区間を ④ で囲みます。

[2] コンソールログの確認

次のコードをHTMLファイルで保存して、開発ツールのコンソール上に表示される値を答えてください。

▶練習用コード（sec_end2.html）

```
<script>
  let val1 = 789;
  let val2 = 3;
  let val3 = 789 % 3;
  console.log( val1 / val2 );
</script>
```

[3] エラーの確認

[2] のコードを次のように変更したところ、エラー（**ReferenceError**）が発生しました。エラーが発生した理由を答えてください。

▶練習用コード（sec_end3.html）

```
<script>
  let val1 = 789;
  let val2 = 3;
  let val3 = 789 % 3;
  console.log( val1 / Val3 );
</script>
```

[4] エラーの原因

[2] のコードの4行目（**let val3 = 789 % 3;**）にブレークポイントを設置して、コードを一時停止しました。このとき、コンソールで**val3**を入力して値を確認しようとしましたが、エラー（**Reference Error**）が発生してしまいました。その理由を答えてください。

[5] 開発ツールでの確認

[2] のコードの**val3**の値を、開発ツールを使って確認してください。

Column **なぜconsole.logを使うのか？**

　本書では、値の確認にconsole.logを使っています。一方、JavaScript学習書の中には、値を確認するときにdocument.writeという関数を使っているものもあります。document.writeの場合には、次のように実行することで、値を画面上に表示できます。

▶document.writeで値を画面に出力（document_write.html）

```
<script>
    document.write( "独習太郎" );
</script>
```

実行結果 document.writeで値を画面に出力

　一見すると初心者にはこちらのほうがわかりやすく感じるかもしれませんが、document.writeを使う場合は、次章で扱うオブジェクトの中身を確認できません。一方、console.logを使う場合は、オブジェクトの中身まで確認できます。

▶オブジェクトの確認（confirm_obj.html）

```
<script>
    document.write( { name: "独習太郎" } ); ———————— document.writeでオブジェクトを確認
    console.log( { name: "独習太郎" } ); ———————— console.logでオブジェクトを確認
</script>
```

実行結果 オブジェクトの確認

　また、document.writeで画面上に値を出力すると、画面のレイアウトにも影響するため、実際の開発でdocument.writeを使って値を確認することはありません。本書では、このような背景も踏まえてconsole.logを使って値を確認しています。

変数とデータ型

本章からJavaScriptのプログラムの記法について本格的に学んでいきましょう。まずは、プログラムに欠かすことができない変数について確認していきます。

3.1 変数

　変数とは、プログラムで使われる値を、**名前付きで管理するラベルのようなもの**です。プログラムを書いていると同じ値を何度も使ったり、一時的に値を保存したりしたいケースが出てきます。このようなときに、次の例のように変数で値に対して名前を付けておけば、好きなタイミングで繰り返し使用できます（図3.1）。

▶❶ 変数で値に名前を付ける（variable_intro.html）

```
// 変数を使用しない場合
console.log( "こんにちは" );          "こんにちは"という値は、この場限りの使用になる
> こんにちは                          （毎回、このように記述する必要がある）
                                                                        実行結果

// 変数を使用した場合
let hello = "こんにちは！";           helloという変数名で"こんにちは！"という値を取得できるようする。
let bye = "さようなら";               すると、変数名を指定することで繰り返し使用できる
console.log( hello );
> こんにちは！
console.log( hello );                 何回でも繰り返し使える
> こんにちは！                                                          実行結果
console.log( bye );
> さようなら
```

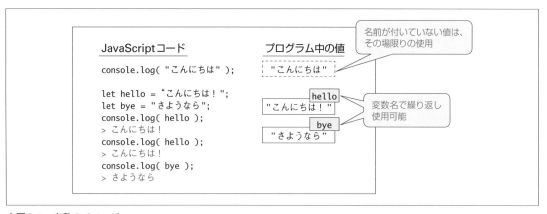

❖図3.1　変数のイメージ

　行頭の`>`の記号は、開発ツール（Chrome）のコンソール上の実行結果であることを表しています。**`>`はコードではないため、記述しないように注意してください。**実際には、図3.2のようにコンソールに表示されます。

❖図3.2　コンソールの表示イメージ

注意

❶の例では、scriptタグを省略しています。HTMLファイル内でJavaScriptコードを記述するときには必ずscriptタグで囲む必要があるため（図3.2上部）、コードを確認する場合には注意してください。**以降の説明では、scriptタグを省略し、JavaScriptコードのみ掲載します。**

なお、開発ツール（Chrome）のコンソールで直接確認する場合は、JavaScriptコードをそのまま記述できます（図3.A）。

❖図3.A　コンソールで直接JavaScriptコードを実行

次節で詳しく説明しますが、変数を使用する際にletというキーワードを記述します。また、一度、値を設定すると、それ以降、変更ができない特殊な変数もあり、そのような変数を**定数**と呼びます。次節では、変数と定数について、もう少し深く学んでいきましょう。

3.2 変数と定数

本節ではまず、基本的な変数と定数の扱い方について学んでいきましょう。

変数を使うには、まず変数の宣言を行う必要があります。変数の宣言方法はプログラミング言語の種類によって異なりますが、JavaScriptの場合はletというキーワードで変数を宣言します。**変数は宣言することによって初めて、変数名で値を管理できる状態になります。**

構文 変数の宣言方法

```
let 変数名 = 値;
```

変数名（識別子とも言います）はある程度決まった形式で命名しますが、基本的に半角英数字で命名すると考えてください。変数名の命名規則については3.3節で説明します。

それでは、変数を宣言して簡単なコードを実行してみましょう。次の例では、"こんにちは"という値に対してhelloという名前を付けています。そして、その変数をwindow.alertという機能（関数）に渡すことで、"こんにちは"とダイアログに表示します。なお、このように値に対して変数を設定することを「値を変数に代入する」と言います。

▶ダイアログに"こんにちは"を表示（alert_variable.html）

```
let hello = "こんにちは";                                     値を変数に代入する
window.alert( hello );                                        変数を関数に渡す
```

実行結果 ダイアログに"こんにちは"を表示

```
127.0.0.1:5500 の内容
こんにちは

                                OK
```

このプログラムでは、変数に値を代入するときに等号（=）を使っています。プログラムにおける等号（=）は**代入を表し**、数式のような左辺と右辺の値が等しいことを表すわけではないことに注意してください。プログラムの場合には、**=は右辺の値を左辺に代入する**ということをしっかり覚えておきましょう。

> *note* ES5までは、変数宣言にvarというキーワードが使われていました。ES6からは、letで変数宣言を行うことが推奨されているため、varは使わないようにしましょう。

3.2.2 **変数の本質** レベルアップ

本章の冒頭で、変数は「値を、名前付きで管理するラベルのようなもの」と説明しましたが、ここで変数の本

質について補足しておきます。現時点で完
全に理解する必要はありませんが、以降読
み進めていく中でイメージを捉えてくださ
い。

❖図3.3　メモリ空間のイメージ

　まず、プログラム上で使われる値はすべ
て**メモリ上**に保管されており、メモリ上の
場所は**アドレス**と呼ばれる数値で表現され
ます（メモリは、**メモリ空間**、**メモリス
ペース**とも言います）。一般的にアドレスを
表すときには16進数が使われますが、ここ
では簡略化のために番地を使ってメモリ空
間を表現します。たとえば、プログラム中
で"こんにちは"、"さようなら"という値が使われた場合には、図3.3のようなイメージになります。

　この図から、仮に"こんにちは"や"さようなら"という値を取得したい場合には、それぞれ3番地と4番地に
保管されている値を取得すればよいことがわかります。そして、この**アドレス（番地）を保持しているのが変数**
です（図3.4）。

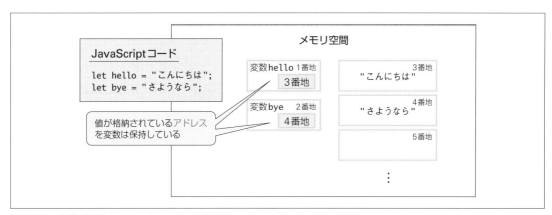
❖図3.4　変数が保持しているもの

　そのため、変数名を指定すると、その変数が保持しているアドレスの値を取得できます。これが変数と値の関
係です。**変数は、値そのものではなく、あくまで値の保管先の場所（アドレス）を保持しているということを覚
えておいてください。** このように、値が格納されているメモリのアドレスを保持していることを、「**変数は値への
参照を保持している**」と言います。

　つまり、次のような変数に格納された値を取得するコードをメモリ空間で表すと、図3.5のようなイメージにな
ります。

▶変数が保持する値の取得（reference_variable.html）

```
let hello = "こんにちは";
console.log( hello );
```

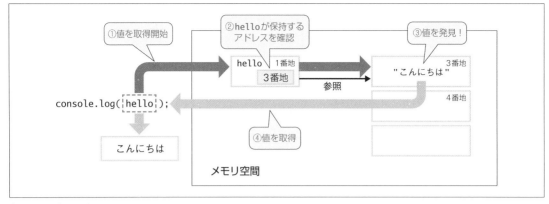

❖図3.5　値の取得イメージ

　図3.5のように、変数helloが保持しているのは、"こんにちは"という値が格納されているメモリのアドレス（3番地）の情報です。そのため、変数helloの値をプログラム中で取得すると、図3.5の①〜④のような流れで、変数helloの参照先の値が取得されます。

> **note** プログラミングを学習していると、**参照**という言葉が頻繁に出てきます。**プログラムにおける参照とは、メモリ空間上のアドレスのこと**を指します。図3.4のように、変数は「値への参照を格納する入れ物」です。そのため、「値」そのものと、変数に格納される「値への参照（アドレス）」は、異なるものであることに注意してください。プログラムの実行中に変数を取得するときには、JavaScriptエンジンは変数が保持している参照先の値を取得します。

　これから皆さんが学習を進めるうえで、変数の挙動が時に皆さんを混乱させるかもしれません。そんなときは、ぜひこの項で説明した変数の本質を思い出してみてください。

3.2.3　値の再代入

　それでは、変数の扱い方の続きを見ていきましょう。まずは、letを使って宣言した変数の値を上書きする方法について確認します。なお、変数の値を変更することを値の再代入と言います。
　ここでは、次のようなプログラムが実行された場合を考えてみましょう。

▶値の再代入（substitute_variable.html）

```
let greeting = "こんにちは";
console.log( greeting );
> こんにちは

greeting = "さようなら";　──────────────────────────── 値の再代入
console.log( greeting );
> さようなら　──────────────────────────────────── 値が変更される！！
```

このように値を再代入したときのメモリ空間上のイメージは、図3.6のようになります。

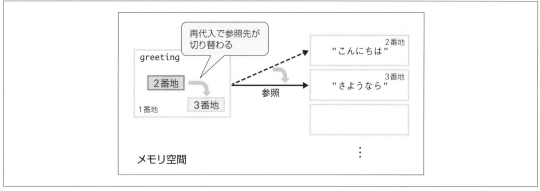

❖図3.6　値の再代入のイメージ

変数に別の値が代入されると、変数が保持しているアドレスが（代入された値のアドレスに）切り替わります。使われなくなった"こんにちは"という値は、他に使用箇所がない場合には自動的にメモリから削除されます。

note 値の再代入と似た用語に**変数の再宣言**があります。変数の再宣言とは、同じ変数名で重複して変数宣言を行うことを言います。letや後述するconstでは、変数の再宣言を行うとエラーになるので、注意してください。また、値の再代入と混同しないように注意しましょう。

▶letやconstでは変数の再宣言は行えない

```
let fruit = 'りんご';
let fruit = 'りんご';　――――――　同じ変数名で変数を宣言しているためエラーが発生！！
> Uncaught SyntaxError: Identifier 'fruit' has already been declared ―

　　　　　　　　　　　　　[意訳] 構文に関するエラー：fruitはすでに宣言されています。
```

3.2.4　変数のコピー

値の再代入では、変数が持つアドレスが切り替わることを学びました。では、変数を他の変数に代入したときはどうなるか、次の例で見てみましょう（図3.7）。この場合、**値が格納されているアドレスがそのまま受け渡されます**。

▶変数のコピー（copy_variable.html）

```
let hello = "こんにちは";
let greeting = hello;

console.log( greeting );
> こんにちは
```

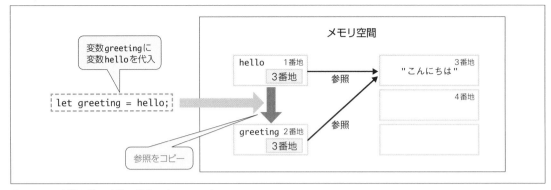

❖図3.7　変数を他の変数に代入したイメージ

　この場合には、helloとgreetingが保持するアドレス（3番地）は同じなので、"こんにちは"という値を他のメモリ領域にコピーするのは効率的ではありません。そのため、このような場合には、値を格納しているアドレスを受け渡すことによって、メモリを効率的に使用できます。

　では、このあとさらにgreetingに"さようなら"を代入して、greetingの値が変更された場合にはどうなるでしょう。

▶変数のコピー後、さらに値を代入（copy_and_substitute.html）

```
let hello = "こんにちは";
let greeting = hello;
greeting = "さようなら";

console.log( greeting );
> さようなら
```

　この場合も、前項の「値の再代入」と同じく、変数の保持している参照先が変わります（図3.8）。そのため、greetingの値が変更された場合には、greetingは新しい参照先の4番地への参照を保持することになります。

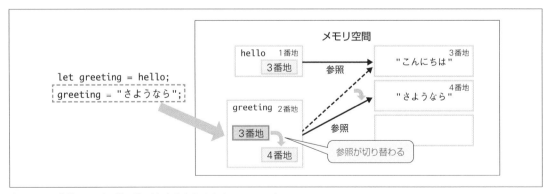

❖図3.8　変数のコピー後、値が上書きされたときのイメージ

ここで説明した「変数はアドレスを保持している」という考え方は、プログラムを深く理解するうえで重要なので、頭の片隅に入れておいてください。

3.2.5 定数

　値を変更できない変数を**定数**と呼びます。定数は、宣言したあとに値の再代入を行えません。この性質から、定数は、あとで変更されては困る値を扱うときに使用されます。定数を宣言するには、**const**というキーワードを使用します。

3

変数とデータ型

`構文` 定数の宣言方法

```
const 変数名 = 値;
```

　たとえば、3.2.1項で紹介したletの場合は、値の再代入を行うことができます。

▶letを使った場合には変数の値は値の再代入が可能

```
let greeting = "こんにちは";
greeting = "さようなら";  ──────────────────────────────────── 値の再代入

window.alert( greeting );
> さようなら
```

`実行結果`

```
127.0.0.1:5500 の内容
さようなら
                                    OK
```

　一方、constを使った場合には、値の再代入を行うことができないため、greeting = "さようなら";の部分でエラーが発生し、JavaScriptの実行が終了します。

▶constを使った場合は値の再代入は不可（const_variable.html）

```
const greeting = "こんにちは";
greeting = "さようなら";  ─────────────── この時点でエラーが発生！！
> Uncaught TypeError: Assignment to constant variable. ─┐
                            [意訳] 型に関するエラー：定数に対する値の代入です。
window.alert( greeting );  ─────────── エラーのため、この行は実行されない
```

　constのメモリ空間上では、図3.9のように参照がロックされるイメージです。

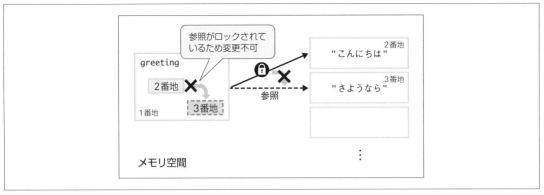

❖図3.9 constは値の再代入ができない

定数は上書き不可能であることから、変数と区別して使うために、**定数名がすべて大文字で表記される場**合がありますが、JavaScriptの場合は`greeting`のように定数に対しても小文字表記を使うケースがより一般的です。

▶定数はすべて大文字で表される場合がある

```
const CONST_VAL = "すべて大文字で記述する場合は_で単語をつなげます。";
```

上記のようにすべて大文字で表記されている場合は、定数と考えて間違いないでしょう。

練習問題　3.1

[1] `let`と`const`の違いについて答えてください。

[2] 次のコードを実行すると、エラーが発生しました。エラーは何行目で発生しますか。また、その原因は何でしょうか。

▶エラーが発生（const_error.html）

```
const fruit = "apple";
fruit = "banana";
console.log( fruit );
```

3.3　識別子の命名規則

　変数名は、**識別子**と呼ぶこともあります。識別子の命名には、ある一定のルールがあり、識別子の命名規則に従わない場合にはJavaScriptの実行時にエラーが発生します。まずは、識別子の命名規則について見てみましょう。

3.3.1　識別子の命名規則

　JavaScriptでは、次のルールに従って識別子の命名を行います。

識別子の命名規則

- 予約語は使用できない。
- 1文字目は、必ず**アルファベット**か**アンダースコア**（_）か**ドル記号**（$）から始めなくてはならない。
- 2文字目以降は数値（0-9）も使用可能。
- 大文字と小文字は区別される。
- åやüといったUnicodeのアルファベットや\uといった特殊な文字列（エスケープシーケンス）も使用可能。しかし、バグの原因となるため、特別な理由があるとき以外は使わないようにしたほうがよい。

　本項では、変数名を設定する際に必ず守らなくてはならないルールを挙げています。1つ目のルールの**予約語**とは、プログラムによってあらかじめ用途が決められているキーワードのことです。具体的には、表3.1のキーワードが予約語として定義されています。この予約語と同じ変数名を宣言することはできません。

▶予約語に一致する変数名は宣言不可

```
let break = "breakは予約語のためエラー ";  ──────────────── エラーが発生！！
let breakTea = "これはエラーにならない";
```

❖表3.1　予約語一覧

break	case	catch	class	const	continue	debugger
default	delete	do	else	export	extends	finally
for	function	if	import	in	instanceof	new
return	super	switch	this	throw	try	typeof
var	void	while	with	enum		

また、通常は表3.2のキーワードも使用できますが、JavaScript実行時に厳しくエラーチェックする**Strict モード**では使用できません（Strictモードについては第16章で解説します）。現在のJavaScriptは、Strict モードを前提に実行するべきなので、表3.2のキーワードも変数名として使わないようにしましょう。

❖表3.2　Strictモードで追加される予約語一覧

implements	let	private	public	yield	interface	package	protected	static

3.3.2　識別子の現実的な命名規則

　識別子の命名規則を守らない場合には、JavaScriptの実行時にエラーが発生します。しかし、ここで挙げているのはあくまで最低限守るべき規則なので、実際にはもう少し限定的な命名規則を使う必要があります。

　たとえば、**エスケープシーケンス**という特殊な文字列は、命名規則としても問題なく使用できます。しかし、現実的には、エスケープシーケンスを変数名に使うことはまずありません。このような特殊な文字列を変数名に使うと、不要なバグを招くからです。そのため、現実的に開発のときに使う命名規則は、以下のようになります。

実際に使うべき識別子の命名規則

● 予約語は使用しない。

　× break　　　　　　○ breakSomething

● 1文字目は、基本的にアルファベットの小文字から始める。

　× _world　　　　　　○ world

　　※ _ や $ は、一般的には特別な意味がある変数に使います。

● 同じ文字の並びで大文字、小文字のみで区別を行う識別子は使用しない。

　× Metal と metal　　　○ gold と silver

● 変数名からそのデータの役割が推測できるようにする。

　× s、m　　　　　　○ sports、music など

3.3.3　一般的な識別子の命名規則

　識別子の命名には、一般的にキャメルケース、スネークケース、または（限定的な状況で）パスカルケースといった手法が使われます。

◆ スネークケース

スネークケースでは、単語と単語をアンダースコア(_)で結合し、すべて小文字で表現します。

▶スネークケースを使った識別子の命名 (naming.html)

```
let person_name = "太郎";
let favorite_place_in_japan = "札幌";
```

小文字とアンダースコアで構成された識別子が、蛇が地上を這っているように見えるため、**スネークケース**と呼びます。

◆ キャメルケース

キャメルケースでは、単語と単語を結合して、1つ目の単語は小文字で始め、2つ目以降の単語の先頭は大文字にします。

▶キャメルケースを使った識別子の命名 (naming.html)

```
let personName = "太郎";
let favoritePlaceInJapan = "札幌";
```

結合された部分がラクダのこぶのように見えるため、**キャメルケース**と呼びます。

近年のトレンドとしては、変数名や関数名には**キャメルケース**を使います（ES5あたりまでは変数名や関数名にスネークケースが使われていましたが、近年ではキャメルケースが主流です）。

◆ パスカルケース

パスカルケースは、キャメルケースと似ていますが、一番最初の単語も大文字で始めます。一般的にパスカルケースは、第9章で説明するコンストラクタ関数やクラスで使用されるため、それら以外には使わないようにしましょう。これは、開発者間の暗黙的なルールの1つです。

▶パスカルケースを使った識別子の命名

```
// クラスの場合
class MyClass { }

// コンストラクタ関数の場合
function MyFunction() { }

// 一般的な変数にはパスカルケースは使用しない
let PersonName = "太郎";
```

ソフトウェアの開発は一般的にチームで行います。そのため、「その変数はどういう意図のものなのか」を相手に伝える意味で、識別子の命名は非常に大切です。これは、あなたが他の人のコードを読む立場になったときに痛感することです。

たとえば、次のようなコードがあったとします。

```
let a = 1000;
console.log( a * 1.1 ); ──────────────────────────────── Ⓐ
> 1100
```

このコードから「このコードを書いた開発者の意図」がわかる人はおそらくいないでしょう。もし仕事で他の人と開発を行っているときに、このようなコードに出会ったら、あなたはこのコードを書いた人を嫌いになるかもしれません。

それでは、先ほどのコードが次のように書かれていた場合はどうでしょうか。

```
const TAX_RATE = 1.1; ──────────────────────────────── Ⓑ
let productPrice = 1000;
console.log( productPrice * TAX_RATE );
> 1100
```

これなら、「このコードは消費税込みの金額を算出している」ということが**コードを見ただけでわかります**。1.1のように値をソースコード中に直に記述していた箇所（Ⓐ）を、TAX_RATEという定数に置き換えることによって（Ⓑ）、その実装の意図が明らかになっています。

Ⓐのように「意味や意図がわからない、ソースコード中に直に記述された値」のことを**マジックナンバー**と言います。実際の開発では、このようなマジックナンバーが増えれば増えるほど、あとのメンテナンスがしづらくなってきます。最初は動く機能を作ることで精一杯かもしれませんが、少し慣れてきたら人にわかりやすいコードを書くように気をつけてください。

練習問題　3.2

[1] 次のコードを、キャメルケースを使って書き換えてください。

▶**書き換え対象コード（camel_case.html）**

```
let product_price =1000;
let cart_item = "りんご";
let favorite_sport_category = "球技";
```

3.4 データ型

これまで、"太郎"のようにダブルクォート（"）で文字列を記述してきました。また、コード中に100のような数字を記述すると、数値として扱われます。

このように、プログラムで扱うデータにはいくつかの種類があり、そのデータの種類のことを**データ型**、または**型**と呼びます。利用可能なデータ型はプログラミング言語によって異なりますが、どのようなプログラミング言語でも、値は何らかのデータ型に分類されて処理されます。

ここでは、JavaScriptで扱われるデータ型の種類について見てみましょう。

3.4.1 データ型の種類

JavaScriptには、表3.3に示す8種類のデータ型があります。

❖表3.3　JavaScriptで使用可能なデータ型

データ型	値	
String	文字列	シングルクォート（'）、ダブルクォート（"）、バッククォート（`）で囲んだ文字列
Number	数値	$-(2^{53} - 1) \sim 2^{53} - 1$ の数値（整数または浮動小数点数） ※ $2^{53} - 1 = 9007199254740991$
BigInt	巨大な整数	任意の大きさの整数値
Boolean	真偽値	true / false
null	ヌル	null ※値が空（存在しない）ことを表します。
undefined	未定義	undefined ※値が未定義であることを表します。
Symbol	シンボル	一意で不変な値
Object	オブジェクト	キーと値を対で格納する入れ物

変数に格納される値は、必ず表3.3のいずれかの型に一致することになります。また、これら8つのデータ型は、大きく次の2つに分類されます（図3.10）。

- ● **プリミティブ型**　　　　　　オブジェクト以外のデータ型
- ● **非プリミティブ型（複合型）**　オブジェクト

プリミティブ型とオブジェクト（非プリミティブ型）の値では、プログラムの挙動に大きな違いがあるため、このように分類されています。また、以降の章で登場するWindowやArrayなどもオブジェクトに分類されます。

なぜこのように分類されるのかは、以降で少しずつ説明していくため、現時点では「このような形で分類される」ということをなんとなく覚えておいてください。

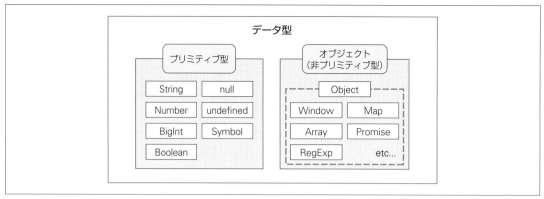

❖図3.10　プリミティブ型とオブジェクト

前項では、値にはデータ型があることを学びました。本項では、プログラムのソースコード内で文字列や数値などのデータ型の値を記述するための記号と構文を紹介します。データ型の値をコードで直接記述するための構文を**リテラル**と呼びます。

プログラムが解釈可能なリテラルを使うことによって、文字列や数値などの固定値をコードで使用できます。また、あとの章で学ぶ一部のオブジェクト（配列や正規表現）も、リテラルを使うことでコードを簡略化して定義（記述）できるので、あわせて見てみましょう。

◆文字列リテラル

シングルクォート（'）またはダブルクォート（"）で囲むことで文字列を表します。ES6からは、バッククォート（`）も使用できます（`は、文字列中に${変数名}の形式で変数や定数を挿入できます）。

```
'こんにちは'
"こんにちは"
`こんにちは ${name}`
```

◆数値リテラル

数値を表すときに使うリテラル（0〜9）です。10進数以外でも表現できます。

```
150
-43
1.1
```

◆BigIntリテラル

数値の後ろに付くnは、BigInt型のリテラルを表す記号です。

```
1234567891Øn
```

◆真偽値リテラル

true、falseは、真偽値を表すリテラルです。

```
true
false
```

◆nullリテラル

変数が参照を保持していないことを表すリテラルです。

```
null
```

◆オブジェクトリテラル

新しいオブジェクトの作成を行います。{ }で表します。

```
{
  name: "独習太郎",
  age: 15
}
```

◆配列リテラル

新しい配列の作成を行います。[ ]で表します（第11章で説明）。

```
[ Ø, 1, 2, 3, 4, 5 ]
```

◆正規表現リテラル

新しいRegExpオブジェクトの作成を行います。/ /で表します（第10章で説明）。

```
/ab+c/
```

◆関数リテラル

新しい関数の宣言を行います。functionというキーワードを使います（第6章で説明）。

```
let abc = function (){
  ...
}
```

ここで挙げたリテラルの種類については用語として覚えるよりも、実際にこれらのリテラルを使ってコードが書けるようになれば問題ないため、参考程度に捉えておいてください。

3.5 プリミティブ型

　それでは、実際にプリミティブ型について、それぞれ個別に確認していきましょう。なお、シンボル型は少し特殊なので、次節のオブジェクトで説明します。

3.5.1 文字列（String）

　文字列（String）を定義する場合には、**シングルクォート**（'）、**ダブルクォート**（"）、または**バッククォート**（`）を使います。

```
'これは文字列です。';
"これも文字列です。";
`これも文字列です。`;
```

　JavaScriptの場合には、シングルクォート（'）またはダブルクォート（"）のどちらを使っても特に違いはありません。一方、前後でクォートの種類が異なると、エラーになります。

▶クォートの種類が異なるとエラー

```
'これはエラーになります。";  ──────────────── 前後でクォートのタイプが異なるためエラー
```

　文字列同士は、プラス（+）の演算子を使って結合できます。

▶文字列の結合

```
console.log( "こんにちは。" + '太郎！' );
> こんにちは。太郎！
```

　また、シングルクォートやダブルクォートを文字列に含めたい場合もあるでしょう。そのようなときには、文字列に含めたいクォートの種類と別のクォートで全体を囲みます。

▶シングルクォートやダブルクォートを文字として表示（quotes.html）

```
// 良い例
console.log( '今日のおかずは"ウニ"だ！！' );  ──────── ダブルクォートを文字列に含めるために
> 今日のおかずは"ウニ"だ！！                             は、シングルクォートで全体を囲む
```

```
console.log( "今日のおかずは'ウニ'だ！！" );　──────── 上と逆のパターン
> 今日のおかずは'ウニ'だ！！

// 悪い例
console.log( "今日のおかずは"ウニ"だ！！" );　──────── クォートの種類が同じだとエラーになる
> Uncaught SyntaxError: missing ) after argument list ─── エラーが発生！！
                                                          [意訳] 構文エラー：引数の後の）があ
                                                          りません。
console.log( '今日のおかずは'ウニ'だ！！' );
> Uncaught SyntaxError: missing ) after argument list ─── エラーが発生！！
```

　悪い例では、ダブルクォートの中でさらにダブルクォートを使っています。文字列は、ダブルクォート同士ま
たはシングルクォート同士で囲まれた範囲なので、悪い例の場合にはJavaScriptエンジンは次のようにコードを
分解して解釈します。

"今日のおかずは"　|　ウニ　|　"だ！！"

　これだとウニの部分が不明なキーワードとなるため、プログラムでエラーが発生します。
　もしダブルクォートの中でダブルクォートを文字として表示したい場合には、**バックスラッシュ**（\）を使います。

▶ダブルクォートの中でダブルクォートを文字として表示する場合

```
console.log("今日のおかずは\"ウニ\"だ！！");
> 今日のおかずは"ウニ"だ！！
```

　このようにバックスラッシュに続けてダ
ブルクォート（\"）を使うことで、ダブル
クォートを文字として表示できます（シン
グルクォートの場合も同様です）。このよう
な**バックスラッシュに続く特殊な文字列を
エスケープシーケンス**と呼びます。
　表3.4は、JavaScriptで主要なエスケープ
シーケンスの一覧です。
　これらのバックスラッシュ（\）に続く記
号は、文字列の定義時に特別な意味を持ち
ます。たとえば、代表的なエスケープシー
ケンスに**改行**（\n）があります。これを文
字列の中で使うと、改行と同じ意味になり
ます。

❖表3.4　エスケープシーケンス一覧

エスケープシーケンス	意味
\b	バックスペース
\t	水平タブ
\v	垂直タブ
\n	改行
\r	復帰
\f	改ページ
\"	ダブルクォート
\'	シングルクォート
\`	バッククォート
\\	バックスラッシュ
\0	NULL文字
\x*XX*	2桁の16進数が表すLatin-1文字
\u*XXXX*	4桁の16進数が表すUnicode文字
\u{*XXXXXX*}	16進数のコードポイントが表すUnicode文字

```
console.log("一行目\n二行目");
> 一行目⏎
  二行目
```

変数とデータ型

このように、プログラムの動作として表現したい文字列を、エスケープシーケンスを使って表現できます。

 note
ES6から、文字列リテラルの中に変数や定数を挿入できる**テンプレートリテラル**を使えるようになりました。テンプレートリテラルを使う場合には、**バッククォート**（`` ` ``）で文字列を囲みます。また、テンプレートリテラルを使った文字列の定義では、次のように `` ` `` ` `` 内で変数を`${ }`で囲むことによって、**変数の値を文字列に挿入**できます。

▶テンプレートリテラルの使用例（template_literal.html）

```
let personName = "太郎";
window.alert( `こんにちは。${personName}` ); ———————— personNameの値を文字列に挿入
```

実行結果

```
127.0.0.1:5500 の内容
こんにちは。太郎
                              OK
```

練習問題 3.3

[1]「This is Tom's house.」という文字列を、エスケープを使う場合、使わない場合の2パターンで記述して、コンソールに値を出力してください。

3.5.2　数値（Number）

それでは、**数値（Number）**のデータ型について見ていきましょう。

JavaScriptでは、数値は**Number**型で表します。Number型は、$-(2^{53} - 1)$ から $2^{53} - 1$ までの数値を表現できます。また、数値の先頭に0b、0o、0xなどを付けることによって、10進数以外も表現できます（表3.5）。なお、10進数以外はあまり使わないため、初心者の方は10進数以外の説明は読み飛ばしてもかまいません。

❖表3.5　Number型で使用可能な数値の表現形式

名称	表現形式	JavaScriptでの表記例
10進数	0～9の10種類の数字で数値を表現	1234、0.5、.5
2進数	0、1の2種類の数字で数値を表現	0b11、0B11
8進数	0～7の8種類の数字で数値を表現	0o11、0O11、011
16進数	0～9の10種類の数字とA～Fの6種類のアルファベットで数値を表現	0x11、0X11

◆10進数

10進数で数値を表す場合には、∅以外の数値から始めます（0から始めた場合には、8進数と認識されるので、注意してください）。

また、次のように、**浮動小数点リテラル**（.）を使うことで、小数点以下の数値を表現できます。この場合には、∅.5のように∅から始めても10進数と認識されます。なお、浮動小数点の先頭の∅は省略することもできます。

▶浮動小数点の記述例（number.html）

```
console.log( 1234 + ∅.5 );
> 1234.5
console.log( 1234 + .5 );
> 1234.5
```

また、数値にeに続けて数値を記入した場合には、$10^{数値}$を表します。

▶eに続けて数値を記入した場合（number.html）

```
console.log( 3e4 );
> 30000 ─────────────────────────────────── 3 * 10 * 10 * 10 * 10
```

◆2進数

先頭に∅bまたは∅Bを付けることで、**2進数**で数値を表します。

▶2進数の記述例（number.html）

```
console.log( ∅b11 );
> 3 ─────────────────────────────────── 10進数では3と同値
```

◆8進数

先頭に∅o、∅O（ゼロオー）または∅を付けることで、**8進数**で数値を表します。

▶8進数の記述例（number.html）

```
console.log( ∅o11 );
> 9 ─────────────────────────────────── 10進数では9と同値
```

note 第16章で説明するStrictモードが有効になっている場合、先頭に∅を付けただけだとエラーが発生します。

▶Strictモードでは0を付けただけだとエラーとなる

```
<script>
  "use strict"; ─────────────────── Strictモードを有効化
  let a = ∅8∅; ─────────────────── エラーが発生！！
</script>
```

これは、先頭の∅だけでは表記としてまぎらわしく、コードにバグが混入しやすいためです。

◆16進数

先頭に0xまたは0Xを付けて、数字の0〜9、アルファベットのa〜f（大文字でも可）を続けることで、16進数で数値を表します。

▶16進数の記述例（number.html）

```
console.log( 0x11 );
> 17 ───────────────────────────────────────── 10進数では17と同値
```

◆数値計算で利用する演算子

数値計算では、表3.6の演算子を使用できます。比較的なじみ深いものばかりなので、覚えておくようにしましょう。

❖表3.6　数値計算に使用可能な演算子

記号	演算の種類	例	結果
+	加算	6 + 9	15
−	減算	20 − 15	5
*	乗算	3 * 7	21
/	除算	10 / 5	2
%	剰余	7 % 3	1（7を3で割ったときの余り）
**	べき乗	3 ** 2	9（3の2乗）

> *note* プログラミング言語によっては整数値（Integer）と浮動小数点数（Float）は異なるデータ型として扱われますが、JavaScriptの場合は整数値、浮動小数点数のどちらもNumber型として扱われます。そのため、整数値と小数値が混在した計算も行うことができます。
>
> ```
> let integerNumber = 100;
> let floatNumer = 100.0;
>
> console.log( integerNumber + floatNumer ); ─────── 小数値も整数値も混在して使用可能
> > 200
> ```

練習問題　3.4

[1] 次の計算結果をそれぞれコンソールに出力してみましょう。

① 5 + 6 − 1

② ①の結果に2を掛け合わせた値

③ ②の結果の3の剰余

④ ③の結果の3乗

3.5.3 | BigInt

BigIntは、任意の精度で整数値を扱える型です。数値の末尾にnを付けることで、BigInt型の数値として定義できます。Number型は、$-(2^{53} - 1)$から$2^{53} - 1$までの数値しか表せず、その範囲を超える数値の場合には値が丸め込まれます。一方、BigIntの場合には、Number型では表せない値の範囲を表現できます。

▶Number型とBigInt型 （bigint_1.html）

```
// Number型では正常処理の範囲外のため、誤った値が表示される
console.log( 2 ** 53 + 1 );
> 9007199254740992 ──────────────────────── 誤った値が表示される！！

// BigInt型であれば問題なく表示可能
console.log( 2n ** 53n + 1n );
> 9007199254740993n ──────────────────────── 正しい値が表示される！！
```

なお、BigInt型とNumber型は、混在して使用できないため、注意してください。

▶BigInt型とNumber型は混在して使用できない （bigint_2.html）

```
let num = 2;
let bi = 3n;

console.log( num * bi ); ────────── エラーが発生！！
> Uncaught TypeError: Cannot mix BigInt and other types, use explicit conversions ─┐
                [意訳] 型に関するエラー：BigInt型と他の型を混ぜることはできません。
```

また、BigIntは、あくまで整数値を表す型になるため、小数点以下の値は切り捨てられます。

▶BigIntは小数点以下切り捨て （bigint_2.html）

```
let three = 3n;
let five = 5n;

console.log( five / three );
> 1n ──────────────────────────────── 1.666..小数点以下は切り捨てられる
```

3.5.4 | 真偽値（Boolean）

真偽値（しんぎち）は、true（トゥルー）またはfalse（フォルス）という値を取ります。trueの場合には真、falseの場合には偽ということになります。真偽値は、if文などの条件文とあわせて使われます。if文などの条件文については、第5章で詳しく解説します。

▶真偽値を使って条件判定（boolean.html）

```
let isHungry = true;
if( isHungry ) {
  window.alert("お腹が減りました。");
}
```

実行結果

127.0.0.1:5500 の内容
お腹が減りました。

OK

　真偽値は、等価性（===または==）の結果として返されることがしばしばあります。等価性については、第4章で詳しく見ていきます。

▶等価性の結果としての真偽値

```
console.log( 10 === 10 );
> true
console.log( 10 === 9 );
> false
```

3.5.5 null

　nullは、参照を保持していないことを表します。すなわち、「変数が空である」ことを意図的に表す特別なリテラルです。図3.11のように、変数には値が格納されているメモリに対する参照が格納されますが、nullはその参照が空であることを表しています。

▶nullは変数が空であることを表す

```
// 変数helloは"こんにちは"への参照（アドレス）を保持
let hello = "こんにちは";
// 変数greetingは空（参照を保持しない）
let greeting = null;
```

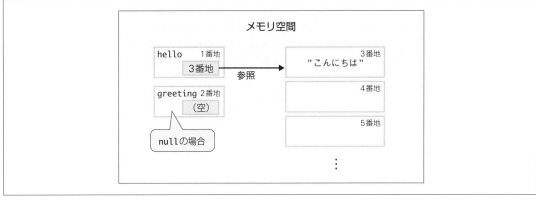

❖図3.11　nullのイメージ

3.5.6　undefined

　nullは参照を保持していないことを表しますが、**undefinedは変数が未定義である**ことを表しています。変数を宣言するときに値を代入しない場合には、undefinedがプログラムによって自動的に設定されます。nullは基本的に明示的に設定しない限り、変数に設定されることはありませんが、**undefinedはプログラムによって自動的に設定される**ことを覚えておきましょう。

　たとえば、次のように値を設定せずに宣言した場合はundefinedが設定されます。

▶変数宣言時に値を設定しない場合（undefined.html）

```
let name;                                                          値を設定しない
console.log( name );
> undefined
```

note　nullは変数が空であることを表すリテラルですが、undefinedは値が未定義という意味の特別な値です。両者は似たような意味のデータ型ですが、どのように使い分ければよいでしょう。先ほど説明したとおり、undefinedは、変数宣言時に値を設定しないときにプログラムによって自動的に設定される値です。一方で、nullは、空であることを明示的に設定したい場合に使用するリテラルです。もし変数が空であることを意図的に示したい場合には、nullを使うようにしましょう。

3.6 オブジェクト

JavaScriptのオブジェクトは、使用頻度も高く、JavaScriptの仕組みの根幹にも深く関わっています。そのため、オブジェクトを使いこなせるようになることは、JavaScriptを習得するうえでとても重要です。本節ではまず、JavaScriptのオブジェクトの基本的な書き方について確認していきます。

3.6.1 オブジェクトの初期化

JavaScriptにおける**オブジェクト**とは、変数を管理する入れ物のようなものです。変数宣言では変数ごとに値の場所（アドレス）を管理していましたが、オブジェクトでは複数の値を1つのまとまり（構造体）として管理できます。

オブジェクトを使うには、まずオブジェクトの初期化を行います。**初期化**とは、何らかの機能を使用可能な状態にすることです。つまり、**オブジェクトの初期化**は、「オブジェクトを使用可能な状態にすること」です。

構文 オブジェクトの初期化

```
let オブジェクトの名前 = {
    プロパティ1: 値1,
    プロパティ2: 値2,
    プロパティ3: 値3,
};
```

{ ～ }の部分は、**オブジェクトリテラル**と呼びます。この{ ～ }の中に、**プロパティ**（または**キー**と呼びます）と値を、コロン（:）で区切ってペアで格納していきます。また、オブジェクトの初期化時に留意すべき主な点を以下にまとめましたので、覚えておくとよいでしょう。

オブジェクト初期化時の主な留意点

```
const obj = {
    strProp: "文字列",
    intProp: 123,
    objectProp: {
        subProp: "値",
    },
    intProp: 456,
    boolProp: false,
};
```

❶ キーと値はコロン（:）で区切る

❷ キーと値のペア同士はカンマ（,）で区切る

❸ オブジェクトの値には他のオブジェクトを設定することが可能（すべてのデータ型の値が設定可能）

❹ プロパティの名前が重複した場合には、あとに定義したもので上書きされる（大文字・小文字は区別される）

❺ 最後のペアの後のカンマは省略可能

point
● オブジェクトの**プロパティ**（キー）には、文字列を使う（大文字・小文字を区別）。
● オブジェクトの値には、すべてのデータ型の値を使うことができる。

　続いて、オブジェクトの値の取得や変更を行いたい場合はどのようにすればよいのかを見ていきましょう。オブジェクトから値を取得・変更する場合には、次の2つの方法を使用できます。

● ドット記法
● ブラケット記法

3.6.2　ドット記法

ドット記法では、オブジェクトとプロパティをドットでつなぐことでオブジェクトの値の取得・変更ができます。

構文 ドット記法

オブジェクト名.プロパティ名

▶ドット記法でプロパティにアクセス（dot_syntax.html）

```
let person = {
  name: { first: "太郎", last: "独習" },  ———— オブジェクトのnameプロパティにオブジェクトを設定
  age: 18
};

console.log( person.age );  ———————————— ageプロパティの値の取得
> 18
```

```
console.log( person.name.last );  ─────────────  nameプロパティに設定されたオブジェクトの
> 独習                                            lastプロパティの値の取得


person.name.last = "次郎";  ──────────────────  lastプロパティの値の変更
person.gender = "男";  ────────────────────────  genderプロパティと値の追加
person.family = { wife: "花子", child: "三郎" }; ───  familyプロパティに他のオブジェクトを追加


console.log( person.family.wife );  ────────────  追加したオブジェクトのプロパティを確認
> 花子
console.log( person );  ──────────────────────  オブジェクトの中身を確認
> { age: 18, family: { wife: "花子", child: "三郎" }, gender: "男", name: { first: "太郎", ⏎
last: "次郎" } }
```

実行結果

　ドット記法で値を取得する場合には、ドット（.）をはさんでオブジェクトとプロパティを記述します。

　また、値を変更したい場合には、代入演算子（=）で値を代入できます。オブジェクトのプロパティにさらにオブジェクトを追加した場合には、`person.name.last`のようにドットをつなげて記述します。

　注意点としては、ドット(.)に続くキーワードは、**必ず、プロパティ名を直接指定する**ことです。たとえば、次のように変数にプロパティ名を表す文字列を格納し、ドット記法でアクセスすることはできません。

▶ドット記法では、変数からプロパティ名を指定できない

```
let person = { name: "太郎", age: 18 };


const prop = "name";


console.log( person.prop );  ─────────────────  propというプロパティをオブジェクトに探しにいく
> undefined  ────────────────────────────────  プロパティが存在していないことを表している！！
```

この場合には、personオブジェクトのpropプロパティに設定されている値を取得しにいきますが、見つからないため、値が未定義という意味のundefinedが返ってきます。オブジェクトが保持していないプロパティを取得しようとすると、undefinedが返ってくる、ということを覚えておいてください。

一方、次に説明する**ブラケット記法**では、**変数を使ってプロパティにアクセスできます**。この点に注意して、ブラケット記法を確認していきましょう。

Column **オブジェクトのメモリ空間イメージ**

たとえば、人に関する値を管理するpersonオブジェクトを、次のように定義してメモリ空間上のイメージについて確認してみましょう（図3.B）。

▶名前と年齢を持ったオブジェクト

```
let person = { name: "太郎", age: 18 };
```

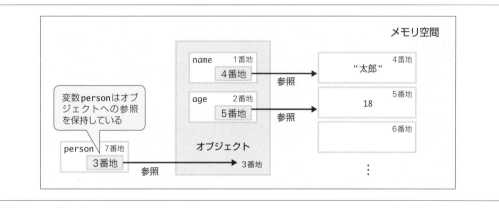

❖図3.B　オブジェクトのメモリ空間イメージ

図3.Bのように、オブジェクトが持つ各プロパティ（nameやage）は、その値への参照を保持しています。こうしてみると、オブジェクトは変数（プロパティ）を管理する入れ物のようなものです。そのため、オブジェクトのプロパティに対して値を設定する際や、値の再代入を行う際は、変数に値を設定するときと同じ考え方を適用できます。

3.6.3　ブラケット記法

ブラケット記法では、オブジェクトの後ろに [ ] を続けて、その中に**文字列**でプロパティ名を記述します。

構文 ブラケット記法

```
オブジェクト名[ "プロパティ名" ]
```

```
let person = {
  name: { first: "太郎", last: "独習" },
  age: 18
};

console.log( person["age"] );  ─────────────── 値の取得
> 18

console.log( person["name"]["last"] );  ─────────────── 値の取得
> 独習

person["name"]["last"] = "次郎";  ─────────────── 値の変更
person["gender"] = "男";  ─────────────── プロパティと値の追加
person["family"] = { wife: "花子", child: "三郎" };  ─────── 他のオブジェクトを追加

console.log( person["family"]["wife"] );  ─────── 追加したオブジェクトのプロパティを確認
> 花子
console.log( person );  ─────────────── オブジェクトの中身を確認
> { age: 18, family: { wife: "花子", child: "三郎" }, gender: "男", name: { first: "太郎", ⏎
last: "次郎" } }
```

　上記の例のように、ブラケット記法の場合、ダブルクォートで囲まれた文字列でプロパティ名を指定していることに注意してください。また、ブラケット記法の場合には、[ ]の中に変数を記述できるため、変数を使って値を取得できます。

▶変数を使ったプロパティ名の指定（bracket_variable.html）

```
const members = {
  member1: "太郎",
  member2: "次郎",
};

const keyBase = "member";

console.log(members[ keyBase + "1" ]);  ─────────────── 文字列が結合されてmember1になる
> 太郎

console.log(members[ keyBase + "2" ]);  ─────────────── 文字列が結合されてmember2になる
> 次郎
```

　このようにブラケット記法では、[ ]内で変数を使って文字列を整形し、その文字列（プロパティ名）に一致する値を取得できます。これはドット記法では実現できないことなので、覚えておきましょう。

> *Column* **オブジェクトリテラル内のブラケット記法**

ES6から、オブジェクトリテラルによる初期化の際にブラケット記法を使用してプロパティ名を定義できます。そのため、次のように変数を使ってプロパティを設定できます。

▶オブジェクトリテラル内のブラケット記法

```
const keyBase = "member";
let members = {
  [ keyBase + "1" ]: "太郎",
  [ keyBase + "2" ]: "次郎",
};
console.log( members );
> { member1: "太郎", member2: "次郎" }
```

3.6.4 プロパティの削除

オブジェクトのプロパティを削除するときには、**delete**演算子を使います。演算子の詳細は次章で扱います。

構文 deleteの記法

ドット記法
```
delete オブジェクト.プロパティ ;
```

ブラケット記法
```
delete オブジェクト[ "プロパティ" ];
```

▶deleteの使用例（delete_property.html）

```
let person = {
  name: { first: "太郎", last: "独習" },
  age: 18
};

console.log( person.age );
> 18
```

```
delete person.age; ───────────────────────────── ageプロパティを削除

console.log( person.age );
> undefined ──────────────────────── プロパティが見つからないためundefinedが取得される
```

3.6.5 メソッド

オブジェクトでは、特定の処理を行う機能を追加したい場合、関数を登録できます。また、オブジェクトに保持される関数は、メソッドと呼びます。関数の詳細は第6章で扱うため、本項ではひとまず、次のような書き方でオブジェクトに関数の機能を保持できる、と覚えておいてください。

構文 メソッドの定義と実行

オブジェクトの初期化時にメソッドを定義
```
let オブジェクト = {
  プロパティ: function( [ 引数 ] ) { 関数の処理 }
};
```

既存のオブジェクトにメソッドを追加
```
オブジェクト.プロパティ = function( [ 引数 ] ) { 関数の処理 }
```

メソッドの実行
```
オブジェクト.プロパティ( [ 引数 ] ); ──────────── メソッド（関数）の実行時には、末尾に()を付ける
```

引数 :引数と呼ばれるものを定義することで、メソッド実行時に値を渡すことができます。
関数の処理 :関数を実行したときの処理を記述します。

注意 [引数]という表記の[ ]は、[ ]に含まれる部分を省略して記述できることを表しています（この場合は、引数の記述を省略できることを表します）。この[ ]は、プログラムの構文の定義を表す際に一般的に使われる記号です。[ ]自体はコードではないため、記述しないように注意してください。
また、JavaScriptでは、配列を定義する際に[ ]の記号を使用しますが、この場合はコードを表すため、記述する必要があります（配列の[ ]の場合には、その旨を明記します）。ただし基本的には、**プログラムの構文説明で[ ]を記載している場合には、その部分が省略可能であることを表す**ので覚えておいてください。

たとえば、次のようにしてメソッドを定義・実行できます。

▶メソッドの記述例（object_method.html）
```
let person = {
  hello: function() { console.log( "こんにちは" ); }
};
```

```
person.hello();
> こんにちは

person.bye = function() { console.log( "さようなら" ) }
person.bye();
> さようなら

person.hello = function() { console.log( "Hello" ); } ——————— メソッドは上書きすることも可能
person.hello();
> Hello
```

また、オブジェクトやメソッドには、ユーザーが独自で定義するもの以外にも、JavaScriptエンジンによってすでに定義されているものがあります。そのようなJavaScriptエンジンがあらかじめ用意しているオブジェクトを**組み込みオブジェクト**と呼びます（詳細は第10章で扱います）。

たとえば、ここまで使用してきた`window.alert`や`console.log`なども、組み込みオブジェクトのメソッドです。

▶組み込みオブジェクトのメソッド（builtin_method.html）

```
// Windowオブジェクトのalertメソッドを実行
window.alert("hello");
window["alert"]("hello");

// Consoleオブジェクトのlogメソッドを実行
console.log("hello");
console["log"]("hello");
```

オブジェクトのメソッドを呼び出す場合には、ドット記法、ブラケット記法のどちらも使用できますが、主にドット記法を使います。プロパティの指定に変数を使用する場合には、ブラケット記法を使うようにしましょう。

> *Column* **オブジェクトリテラル内の省略記法**

ES6から、オブジェクトリテラル内でメソッドを記述する際に省略記法を使うことができます。余力があれば覚えておくとよいでしょう。

▶オブジェクトリテラル内のメソッドの省略記法

```
let person = {
    hello() { console.log( "こんにちは" ); } ——————— hello: function() { ... }を省略した記述
};

person.hello();
> こんにちは
```

また、すでに宣言済みの変数や関数の識別子を、そのままオブジェクトのプロパティ名として値を設定することもできます。

▶識別子をそのままプロパティ名として利用

```
let val = 10; ─────────────────────────── 変数の宣言
function fn() { } ────────────────────────── 関数の宣言

const obj = {
    val, ─────────────────────────── 「val: val」を省略した記述
    fn ──────────────────────────── 「fn: fn」を省略した記述
};
console.log( obj );
> { val: 10, fn: function() {} }
```

　ここまでがオブジェクトの基本的な使い方です。オブジェクトは、JavaScriptの言語仕様として大きな役割を持っています。「オブジェクトを理解することがJavaScriptを理解すること」と言っても過言ではありません。しかし、ここでそのすべてを説明すると皆さんを混乱させてしまうので、オブジェクトのより深い仕組みについては後続の章で詳しく見ていくことにしましょう。

練習問題　3.6

[1] プログラムで次のように使用可能なオブジェクトを、オブジェクトリテラルを使って作成してください。

```
let obj = { /* ここにプロパティを追加 */ };
console.log( obj.prop );
> true

console.log( obj.subObj.val );
> 100

obj.greeting();
> "こんにちは。"
```

[2] [1] のオブジェクトの使用箇所をすべてブラケット記法に書き換えてください。

[3] [2] のオブジェクトのsubObjオブジェクトに、プロパティval2とその値1000を追加してください。

3 変数とデータ型

シンボル（Symbol）は、ES6で追加された非常に特殊な型です。シンボル型はプリミティブ型に分類されますが、オブジェクトに深く関係するため、ここで説明していきます。

シンボルは、オブジェクトのプロパティに設定するための**一意の値**を生成するときに使います。「一意」とは、**決して他の値と重複しないこと**が担保されていることを意味します。そのため、シンボルを使って設定したプロパティは、決して他のプロパティと重複することがありません。

それでは、シンボルの定義方法から確認していきましょう。

構文 シンボルの定義方法

```
let 変数名 = Symbol( [ "ラベル" ] );
```

ラベル ：コンソールでデバッグするときに表示されるラベル名。ラベル名が同じでも、シンボルの値は異なる点に注意が必要です。

シンボルを定義するには、Symbol()を実行します。このとき、ラベルを渡すことができますが、ラベルの値が同じでも生成される値は異なります。ラベルは、あくまでコンソール上でシンボルを区別するための目印です。

▶シンボルに渡すラベルは目印

```
console.log( Symbol() );
> Symbol() ─────────────────────────────────── どのシンボルかわからない！
console.log( Symbol( "ラベルは目印" ) );
> Symbol( ラベルは目印 ) ────────────────────── どのシンボルかわかる！
```

それでは、オブジェクトのプロパティとしてシンボルを使ってみましょう。

▶シンボルを使ってプロパティを設定（symbol.html）

```
let mySymbl1 = Symbol(); ───────────────────── あるSymbolの値
let mySymbl2 = Symbol(); ───────────────────── 別のSymbolの値

const obj = {
  [ mySymbl1 ]: "値1", ─────────────────────── シンボルをキーにプロパティを定義
  [ mySymbl2 ]() { console.log( "こんにちは" ); } ── シンボルをキーにメソッドを定義
};

console.log( obj[ mySymbl1 ] ); ────────────── シンボルをキーに値を取得
> 値1


obj[ mySymbl2 ](); ──────────────────────────── シンボルをキーにメソッドを実行
> こんにちは
```

シンボルを使ってプロパティを指定する場合は、必ずブラケット記法を使用する必要があります。ドット記法では指定できないので注意しましょう。

 エキスパートに訊く

Q： シンボルの用途がよくわかりません。なぜシンボル型はできたのでしょうか。

A： 一般的に、プログラミング言語は時代に沿って機能が追加されていきます。JavaScriptも例外ではなく、年々機能が追加されています。つまり、バージョンAではなかったオブジェクトのプロパティが、最新のバージョンBで追加されるといったことがあります。このときに何が起こるか考えてみましょう。
　たとえば、あなたがバージョンAのJavaScriptを使って、`Object.iterator`というプロパティとそのメソッドを自前で定義していたとします。それが突然、次バージョンBのJavaScriptの言語仕様に`Object.iterator`が機能追加されたらどうでしょう。あなたは、これまで自分のプログラムの中で使っていた`Object.iterator`というプロパティ名を別の名称に変更する必要があります（図3.12）。

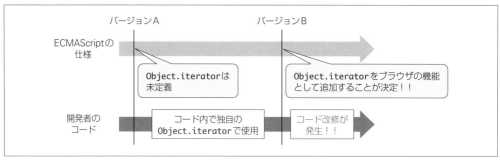

❖図3.12　シンボルがない場合

　これは極めて非合理的です。プログラミング言語によっては開発者は `__` から始まる名前を使用不可という決まりがありますが、JavaScriptの場合にはそういった決まりがないまま利用されてきた経緯があります。そのため、JavaScriptの言語仕様にオブジェクトの基本機能が新たに追加される場合、どんなに特殊なプロパティ名を採用したとしても、これまで様々な開発者が記述してきたJavaScriptコードと新しいプロパティ名が重複する、という危険性があります。
　これを回避するために、ES6でシンボルというデータ型が導入されました。シンボルは決して他の値と重複しないように作られているため、JavaScriptエンジンが提供するオブジェクトの新機能は、このシンボル型を使って実装されています。こうすることで、既存のJavaScriptコードを壊すことなく、新しい機能を追加できるようになっています。
　そのため、シンボルを一般の開発者が使う機会はほとんどありません。シンボルは一般の開発者向けというよりも、**JavaScriptエンジンが新しい機能を追加するときに既存の機能を壊さないためのデータ型**と覚えておいてください。

3.7 JavaScriptのデータ型の特徴

これまでString型やNumber型を始め、様々なデータ型について学んできました。本節では、JavaScriptのデータ型の確認方法や注意しなければいけない点について見ていきましょう。

3.7.1 動的型付け言語と静的型付け言語

JavaScriptのデータ型は、プログラムの実行時に値が設定された時点で自動的に決定されます。このようなプログラミング言語は、**動的型付け言語**と呼びます。

一方、C言語やJavaなどの場合は、開発者が明示的にデータ型を宣言する必要があり、このようなプログラミング言語は**静的型付け言語**と呼びます。

次の2つは、JavaScript、C言語でそれぞれ整数値を定義した場合の宣言方法の違いを表す例です。

▶動的型付け言語での変数宣言の例（JavaScript）

```
let num = 1;        ─────────────────── letでどんな型でも宣言可能
let chr = "a";      ─────────────────── letでどんな型でも宣言可能
```

▶静的型付け言語での変数宣言の例（C言語）

```
int num = 1;        ─────────────────── intは整数値の宣言に使うキーワード
char chr = "a";     ─────────────────── charは文字列の宣言に使うキーワード
```

JavaScriptのような動的型付け言語では、たとえばnum = 1と値が設定されたときに「numは数値（Number）を扱う変数」というようにデータ型が自動的に決定されます。

一方、C言語のような静的型付け言語では、変数を宣言するときに各データ型専用のキーワードを使ってデータ型を指定します。

一見、データ型によって変数宣言のキーワードを変える必要がない動的型付け言語のほうが便利と思うかもしれませんが、この2つの言語タイプにはそれぞれ図3.13のようなメリット・デメリットがあります。

動的型付け言語	静的型付け言語
●表記が簡素になる傾向	●表記が複雑になる傾向
●バグが混入しやすい	●バグが混入しにくい
●パフォーマンスが悪い	●パフォーマンスが良い

❖図3.13　動的型付け言語 vs 静的型付け言語

まず、動的型付け言語の場合は、変数の宣言時にデータ型の定義が自動的に行われるため、記述としては簡素になる傾向にあります。一方、プログラムが大きくなってくると、動的型付け言語ではデータ型の管理を行っていないため、バグが混入しやすくなります。そのため、一般的に大規模なプログラムを書く場合には、静的型付け言語が好まれます。

また、パフォーマンスの観点では、動的型付け言語はプログラムの実行時にデータ型の定義を行うため、静的型付け言語よりも動作が遅い傾向にあります。

このように、プログラミング言語によってデータ型の扱い方が変わってきます。

次項からは、動的型付け言語としての性質に注目しながら、JavaScriptのデータ型について理解を深めていきましょう。

> 近年、JavaScriptに求められる機能が多くなるにつれて、データ型の定義が可能な静的型付け言語を求める声が大きくなってきました。そのような中、注目を集めているのが**TypeScript**というプログラミング言語です。TypeScriptは、JavaScriptに変換可能なプログラミング言語（**AltJS**：代替JavaScript言語）で、データ型の定義まで行えるようになっています。そのため、大規模なプログラミングを行う場合にJavaScriptの代わりに使われることがあります。また、TypeScriptで書かれたコードをJavaScriptのコードに変換するような処理は、**トランスパイル**と呼びます。

3.7.2 データ型の確認方法

それでは、実際にデータ型を確認する方法について学んでいきます。JavaScriptでデータ型を確認するには、**typeof**という演算子を使います。これまで学んできたデータ型の値に**typeof**を先頭に付けてコンソールに表示すると、それぞれ次のような結果となります。

▶データ型の確認 (typeof.html)

```
console.log( typeof "hello" );
> string
console.log( typeof 10 );
> number
console.log( typeof 10n );
> bigint
console.log( typeof true );
> boolean
console.log( typeof undefined );
> undefined
console.log( typeof { } );
> object
console.log( typeof null );
> object ─────────────────────────────────── nullはobjectを返すので注意！
console.log( typeof Symbol() );
> symbol
```

プログラムを書いていると、型情報をチェックして何らかの処理を行いたい場合があります。そのようなときにtypeofという演算子を使います。また、**typeofによるデータ型の確認では、nullだった場合にobjectを返します。** これは、JavaScript言語の歴史的経緯に起因する仕様です（note参照）。nullもこの点は勘違いしやすいため、注意してください。

note　JavaScriptの最初の実装（Netscape）では、typeof null === 'object'になるバグがありました。シンボルの説明でも触れたように、このバグを修正すると既存のJavaScriptコードに影響が出るため、修正が見送られ、現在の挙動（typeof nullがobjectを返す）が仕様となっています。

　　　● [参考] The history of "typeof null"
　　　　https://2ality.com/2013/10/typeof-null.html

3.7.3　明示的な型変換

　データ型を他のデータ型に変換することを型変換と呼びます。JavaScriptでは、**明示的に型変換を行う方法が関数として用意されています。** これらの関数を使うと、JavaScriptの様々な場面で行われる型変換による結果がどのような値になるのかを確認できます（表3.7）。

❖表3.7　明示的な型変換

関数	用途	例	結果
Number(値)	数値へ変換する	Number("1")	1
		Number("hello")	NaN
		Number(true)	1
		Number(false)	0
Boolean(値)	真偽値へ変換する	Boolean(1)	true
		Boolean(0)	false
String(値)	文字列へ変換する	String(1)	"1"
		String(true)	"true"
BigInt(値)	BigInt型へ変換する	BigInt("20")	20n
		BigInt(true)	1n

note　NaN（Not a Number）は、文字列などの数値型以外から数値型に変換する際に変換不可能な場合に返される特殊な値です。表3.7のNumber("hello")は、"hello"が数値に変換不可能なため、NaNが返されます。

　それでは、データ型の変換が必要なのはどのような場合なのでしょうか。簡単に使用例について見てみましょう。たとえば、次のように1つの文に対して、複数のデータ型の値が混在している場合を考えてみます。

▶複数のデータ型が1つの文に記述されている場合

```
console.log( 1 + "1" );
>  "11"
```

この文では、数値の1と文字列の"1"が混在しています。このとき、開発者は数値を足し算した結果として2を得たかったのかもしれません。しかしこのような場合、JavaScriptは文字列の結合と判断し、"11"という結果を返します。

それでは、数値の足し算として処理したい場合は、どのようにすればよいでしょうか。このときに使うのが明示的な型変換です。

上掲の文を、次のように書き換えてみましょう。

▶文字列を数値に変換

```
console.log( 1 + Number( "1" ) );
> 2
```

このようにした場合、`Number( "1" )`は数値の1に変換されて加算演算子（+）によって処理されます。そのため、数値の足し算の結果として2が返されます。

それでは、もう1つ例を見てみましょう。次のように、数値の1と文字列の"1"を等価演算子（===）で比べた場合を考えてみます。

▶値の比較

```
const num = 1;
const str = "1";
console.log( num === str );
> false
```

ここで使っている等価演算子（===）では、値の比較と型の比較を行います。この場合は、型情報が数値型、文字列型のように異なるため、結果は偽（false）と判定されます。

これは、プログラミングを行ううえで、よく出くわすケースです。開発者としては同じ値なので真（true）が返される想定でプログラミングを行っていても、型情報が違うと意図せずfalseが返される場合があります。**1つの文に異なる型情報の値が含まれる場合には、注意してください。**

練習問題　3.7

[1] 次の値がそれぞれ真偽値型に変換したときにfalseになることを、Boolean関数を使って確認してください。なお、真偽値型に変換したときにfalseになる値は、**falsyな値**と呼びます。

```
0
""
null
undefined
```

前項では、JavaScriptのデータ型の明示的な型変換について確認しました。本項では、JavaScriptにおける**暗黙的な型変換**について見ていきましょう。暗黙的な型変換とは、**変数が呼び出された状況によって型情報が自動的に変換されること**を指します。

たとえば前項で確認したような、数値が文字列に自動的に変換されてしまう場合が暗黙的な変換の一例です。

▶暗黙的な型変換の例

```
console.log( 1 + "2" ); ───────────────── 数値の1が文字列に自動的に変換されて+で結合される
>  "12"
```

この例では、1つの文の中で数値と文字列が加算演算子（+）によって処理されています。加算演算子は、数値の足し算や文字列の結合に使う演算子です。このように**数値と文字列が混在した場合には、加算演算子は数値を文字列に暗黙的に変換したあと、文字列として結合します。**

これが暗黙的な型変換です。JavaScriptでは、**1つの文に複数のデータ型の値が含まれる場合は、型情報を統一して処理を行う**ということを覚えておいてください。

なお、減算演算子（–）は文字列では使えないため、次のような場合は数値として扱われます。

▶減算演算子の場合は数値として統一される

```
console.log( "2" – 1 );
> 1
```

このように、演算子によっても型情報の扱い方が変わってくるため、注意してください。

練習問題 3.8

[1] 次の出力結果が何になるか確認してください。

① `console.log( 1 * true )`

② `console.log( false + true )`

③ `console.log( Boolean( 0 ) )`

④ `console.log( Boolean( 1 ) )`

⑤ `console.log( Boolean( –1 ) )`

☑ この章の理解度チェック

[1] 変数

次の空欄を埋めて、文章を完成させてください。

変数とは、値が格納されているメモリの ① を保持しています。変数に新しい値が設定された場合には、変数が保持している ① が変更されることになります。あとで変更される可能性がある変数は、 ② というキーワードを使って宣言し、変更されない値に関しては ③ を使って、定数として定義します。また、ES5まで使用されていた ④ という変数宣言のキーワードは使わないようにしましょう。

[2] 文字列の操作

次の変数を使って、期待される文字列をコンソールに出力するプログラムを記述してください（加算演算子（+）を使った場合、テンプレートリテラルを使った場合の2つのプログラムを作成してください）。

▶変数（sec_end2.html）

```
const TAX_RATE = 1.1;
let productPrice = 1000;

/* コードを追記 */
> 商品の金額は1000円ですので、税込金額は1100円です。─────────── 左の文字列を出力
```

[3] 数値計算

① 12 の 2乗を5で割ったときの余りを計算してください。
② BigInt型の値を使って①を計算してください。
③ NaNは、どのようなときに返される値でしょうか。具体例を1つ挙げてください。

[4] nullとundefined

次の空欄を埋めて、文章を完成させてください。

nullは、変数が ① であることを表すキーワードで、基本的に ② が明示的に設定を行います。一方、undefinedは、主にJavaScriptエンジンによって自動的に設定される値で、変数が ③ であることを表しています。

[5] オブジェクトの記法

次のオブジェクトのnumプロパティの値に1を足して、その値をwindow.alert関数を使って画面に出力してみましょう。ドット記法、ブラケット記法を使って実装してみてください。

```
const counter = { num: 1 };
```

[6] 型変換

次の実行結果を答えてください。

① console.log(typeof null);
② console.log(100 + true);
③ console.log(1 + Number("hello"));
④ console.log(1 + Boolean("hello"));

Chapter **4**

演算子

本章では、プログラミングの処理には欠かせない演算子について見ていきましょう。前章でも+演算子などの基本的な演算子を使って簡単な処理を記述してきましたが、JavaScriptではこれ以外にも様々な処理が演算子によって行われます。すべてを一気に暗記する必要はありません。使いながら少しずつ慣れていってください。

4.1 演算子とオペランド

まずは、演算子の定義から確認していきましょう。

演算子とは、値をもとに何らかの処理を行い、その結果を返す記号のことです。これまで使ってきた=や+の記号などがそれに当たります。

そして、演算子によって処理される値は、**オペランド**と呼びます。たとえば、1 + 2という式であれば、+が演算子で1と2がオペランドということになります（図4.1）。

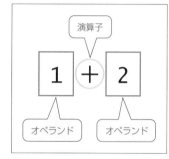

❖図4.1　演算子とオペランド

簡単なプログラムを記述する場合、演算子は直感的な動きをするため、その動作を特に意識する必要はありません。しかし、少し複雑な実行文などを記述する場合には、演算子の動きを理解していないと、どのようにコードが動くのかがわからなくなってきます。そのため、最初に演算子の動きについて確認しておきましょう。

それでは、次の実行文がどのように処理されるかを考えてみます。

```
a = 1 + 2;
```

この実行文は、次のようなステップで処理されます。

❶ 1 + 2の部分が処理され、結果の3が取得されます。
❷ a = 3の状態になるため、aに対して3が代入されます。

このような簡単な実行文の場合は、直感的に動くため、特に混乱することはありません。

しかし、よく考えてみると、なぜ+の演算子は=よりも先に実行されるのでしょうか。仮に❶と❷の処理の順番が逆ならば、その結果はまったく違うものになってしまいます。ここで重要なのが、**演算子の優先順位**という考え方です。

note プログラムにおける**実行文**、または**文**（Statement）とは、一言で言うと「PC（JavaScriptの場合はブラウザ）に対してプログラムのコードで命令するときのまとまり」のことです。JavaScriptの場合には、文と文はセミコロン（;）で区切られるため、このセミコロンで区切られた命令が1つの文となります。

▶文ごとにブラウザに命令を送る

```
let greeting = "hello";        "hello"という文字列をgreetingに代入する命令
console.log( greeting );       変数greetingをコンソールに出力する命令
window.alert( greeting );      変数greetingをアラートで画面に表示する命令
```

4.2 演算子の優先順位 レベルアップ

演算子の処理には優先順位があり、実行文の中に複数の演算子が存在する場合には、優先順位の高いものから順番に処理されていくことになります。それをまとめたものが表4.1です。つまり、同じ文に複数の演算子が使われている場合には、次ページ表4.1の優先順位21→1の順に演算子が処理されます（数字が大きいほうが優先順位が高い）。

なお、この表の内容は覚える必要はありません。演算子の優先順位に迷ったときに見返してみてください。

 point ● 演算子には適用の優先順位が存在し、優先順位が高いものから適用されていく。

たとえば先ほどの a = 1 + 2 の場合だと、=と+の2つの演算子があります。+が優先順位14、=が優先順位3なので、+のほうが先に処理され、次に=によって変数に代入されることになります（図4.2）。

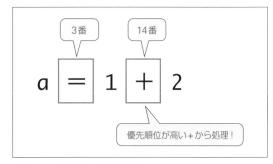

❖図4.2　演算子の優先順位

4.2.1 結合性

それでは、演算子の優先順位が同じ場合には、どのようなことが起こるのでしょうか。たとえば、次のような実行文を考えてみましょう。

▶代入演算子が複数使われている実行文

```
a = b = 1;
```

この場合には2つの=が実行文の中で使われているため、どちらが先に処理されるのかがわかりません。この順序を決めるために使われるのが、**演算子の結合性**という性質です。

結合性には、**左から右（左結合）**に処理するものと、**右から左（右結合）**に処理するものがあります。

たとえば、代入演算子の場合は右結合なので、先ほどの実行文は図4.3のように演算子の右側のオペランドを先に処理します。

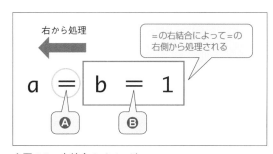

❖図4.3　右結合のイメージ

高	優先順位	演算子の種類	結合性	演算子
↑	21	グループ化	なし	(...)
		メンバーへのアクセス	左から右	... .
		計算値によるメンバーへのアクセス	左から右	... [...]
	20	new（引数リスト付き）	なし	new ... (...)
		関数呼び出し	左から右	... (...)
		オプショナルチェイニング	左から右	?.
	19	new（引数リストなし）	右から左	new ...
	18	後置インクリメント	なし	... ++
		後置デクリメント		... --
	17	論理 NOT	右から左	! ...
		ビットごとの NOT		~ ...
		単項 +		+ ...
		単項 -		- ...
		前置インクリメント		++ ...
		前置デクリメント		-- ...
		typeof		typeof ...
		void		void ...
		delete		delete ...
		await		await ...
	16	べき乗	右から左	... ** ...
	15	乗算	左から右	... * ...
		除算		... / ...
		剰余		... % ...
	14	加算	左から右	... + ...
		減算		... - ...
	13	左ビットシフト	左から右	... << ...
		右ビットシフト		... >> ...
		符号なし右ビットシフト		... >>> ...
	12	小なり	左から右	... < ...
		小なりイコール		... <= ...
		大なり		... > ...
		大なりイコール		... >= ...
		in		... in ...
		instanceof		... instanceof ...
	11	等価	左から右	... == ...
		不等価		... != ...
		厳密等価		... === ...
		厳密不等価		... !== ...
	10	ビット単位 AND	左から右	... & ...
	9	ビット単位 XOR	左から右	... ^ ...
	8	ビット単位 OR	左から右	... | ...
	7	論理 AND	左から右	... && ...
	6	論理 OR	左から右	... || ...
	5	Null 合体	左から右	... ?? ...
	4	条件	右から左	... ? ... : ...
	3	代入	右から左	... = ...
				... += ...
				... -= ...
				... **= ...
				... *= ...
				... /= ...
				... %= ...
				... <<= ...
				... >>= ...
				... >>>= ...
				... &= ...
				... ^= ...
				... |= ...
				... &&= ...
				... ||= ...
				... ??= ...
	2	yield	右から左	yield ...
		yield*		yield* ...
低	1	カンマ／シーケンス	左から右	... , ...

※MDN「演算子の優先順位」より抜粋。
https://developer.mozilla.org/
ja/docs/Web/JavaScript/
Reference/Operators/
Operator_Precedence

具体的には、次のような順序で実行文が処理されます。

❶ JavaScriptエンジンは、まず実行文を解析し、使われている演算子の優先順位を確認します。このとき、**優先順位に差があれば、優先順位が高い演算子から先に処理されます**。

❷ 使われている演算子の優先順位が同じ場合、実行文の左側の演算子から解析していきます。そして、**最初の=演算子（Ⓐ）に出会うと、右側の処理を先に行うべきと判断し、最初の=演算子（Ⓐ）の実行（代入）を保留します**。

❸ 右側にあるb ＝ 1の解析を優先し、2番目の=演算子（Ⓑ）に出会います。2番目の演算子の右側には数値の1がありますが、1という式は1という処理結果を返して終わります。したがって2番目の=演算子（Ⓑ）の右側の処理が終わったので、ようやく代入が実行され、変数bに1が代入されます。

> **note** プログラムにおいて**式**と表記した場合、何らかの値を返す処理のことを指します。つまり、変数に代入できるようなものはすべて式と言うことができます。
>
> ▶式の例
>
> ```
> let val = 1;              1は1という結果を返す式
> let val = "hello";        "hello"も"hello"という文字列を返す式
> console.log( 1 + 1 );     1 + 1も2という結果を返す式
> ```

❹ これで最初の=演算子（Ⓐ）の右側のオペランドの処理が終わりました。ようやく最初の=演算子（Ⓐ）による変数aへの代入が実行されます。このとき、変数aには何が入るのでしょうか。

実は「b ＝ 1」という式は、1という結果を返します。加算演算子+を使った「1 ＋ 1」という実行文が2を返すように、代入演算子を使った「b ＝ 1」という式は、代入した値をその結果として返します。つまり「b ＝ 1」という式は、次の2つの意味を持ちます。このことは、とても重要なので覚えておいてください。

「b ＝ 1」の意味

- 変数bに1を代入する。
- 代入した値をb ＝ 1の結果として返す（つまり1を返す）。

そのため、変数aには変数bと同じ値1が代入されます（図4.4）。

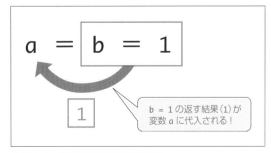

❖図4.4　代入演算子は結果を返す

このように演算子は、演算の処理が完了すると何らかの結果を返します。また、演算子の返す結果は、コンソールを使うと簡単に確認できます（図4.5）。

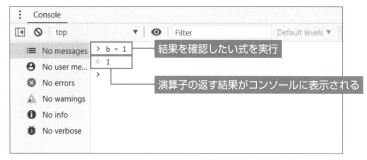

❖図4.5　演算子の結果の確認方法

自分の意図したとおりに動かない実行文に遭遇した場合には、演算子の優先順位と結合性を確認してみてください。

4.2.2　グループ化演算子

ここまで、演算子の優先順位と結合性の性質について学んできました。それでは、演算子の処理の順番を意図的に変更したい場合には、どのようにすればよいでしょうか。このようなときに使うのが、グループ化演算子です。**グループ化演算子**は、丸括弧（ ）で表します。（ ）で囲んだ部分は、演算の優先順位が21になり、最優先で処理が行われます。

たとえば、次のような文を考えてみましょう。

▶一般的な四則演算を用いた文

```
console.log( 1 + 2 * 3 );
> 7
```

このとき、+は優先順位が14、*は優先順位が15のため、2 * 3から処理が行われます（表4.2）。

しかし、1 + 2で加算した結果に対して、3を掛けたい（* 3）場合もあるでしょう。そのような場合にグループ化演算子（ ）を使います。

❖表4.2　数値計算に使われる演算子の優先順位

高	べき乗（**）
↑	乗算（*）、除算（/）、剰余（%）
低	加算（+）、減算（−）

▶グループ化演算子を使い、加算処理を最優先で行う

```
console.log( ( 1 + 2 ) * 3 );　　　　　　　　　　　　　　1 + 2を( )で囲み、演算の優先順位を上げる
> 9
```

このように優先的に計算したい箇所を丸括弧（ ）で囲むことによって、その処理の優先順位を上げることができます。

[1] 次のコードを実行した結果、変数a、変数bにはそれぞれどのような値が格納されるか答えてください。

```
let a = 0;
let b = 0;
a = 1 + ( b = 10 );
```

4.3　算術演算子

数値計算に使う演算子は、算術演算子と呼びます。前章の数値計算で少し紹介しましたが、JavaScriptで使用できる算術演算子には、表4.3のようなものがあります。

前章では、べき乗の確認まで行いましたね。ここでは、この算術演算子の中で挙動に注意する必要があるインクリメント演算子（++）とデクリメント演算子（--）について詳しく見てみましょう。

❖表4.3　算術演算子

演算子	用途	例	結果
+	加算	6 + 9	15
–	減算	20 – 15	5
*	乗算	3 * 7	21
/	除算	10 / 5	2
%	剰余	7 % 3	1（7を3で割ったときの余り）
**	べき乗	3 ** 2	9（3の2乗）

++	1を加算	let x = 2;
		++x; または x++;
		console.log(x);
			3

--	1を減算	let x = 2;
		--x; または x--;
		console.log(x);
			1

4.3.1　インクリメント演算子とデクリメント演算子

インクリメント演算子（++）とデクリメント演算子（--）は、オペランドに変数を取ることで、変数が保持している値に+1（インクリメント）、または-1（デクリメント）した値を、同じ変数の新しい値として設定できます。

▶インクリメント演算子とデクリメント演算子

```
let x = 0;
++x; ──────────────────── インクリメント演算子で変数xの値を+1する
console.log( x ); ──────── xの元の値(0)に+1した値がxに格納されるため、結果は1になる
> 1
```

```
--x; ─────────────────────────── インクリメント演算子で変数xの値を-1する
console.log( x ); ──────────────── xの元の値(1)に-1した値がxに格納されるため、結果は0になる
> 0
```

また、インクリメント演算子とデクリメント演算子には、上記のコードのようにオペランドの前方に記述する前置（++xや--x）のパターンと後置（x++やx--）のパターンの2種類の記述方法があります。

構文 前置と後置のパターンと呼び方

```
++オペランド ──────────────────────────── 前置インクリメント
オペランド++ ──────────────────────────── 後置インクリメント
--オペランド ──────────────────────────── 前置デクリメント
オペランド-- ──────────────────────────── 後置デクリメント
```

この前置と後置は、どちらも変数が保持する値に対して、+1、または-1した値を変数の新しい値として設定する役割があります。ただし、**前置と後置では、演算子の返す値が異なります**。どういうことかというと、4.2.1項で少し触れたとおり、演算子には何らかの処理を行う性質（**性質①**）の他に、演算の処理結果として何らかの値を返す性質（**性質②**）があります（b = 1の意味を思い出してください）。これは、本項で紹介しているインクリメント演算子、デクリメント演算子も同様です。

たとえば、前置インクリメントでは、次の2つの役割があります。

● 元の変数の値に1足した値を同じ変数の新しい値として代入する（性質①）
● 元の変数の値に1足した値を演算子の処理結果として返す（性質②）

▶前置インクリメント

```
let a = 0;
let b = ++a;
console.log( "a:", a, "b:", b );
> a:1 b:1 ─────────────────────────── 変数a、変数bは同じ値！！
```

※console.logでカンマ（,）で値を区切ると、複数の値を一度に確認できます。

一方、後置インクリメントでは、性質①は前置インクリメントと同じ挙動ですが、性質②の演算の処理が完了したときに返す値は**元の変数の値**になります。

▶後置インクリメント

```
let a = 0;
let b = a++;
console.log( "a:", a, "b:", b );
> a:1 b:0 ─────────────────────────── 変数bには+1する前の値が代入されている！！
```

この動作は、前置デクリメント（--a）と後置デクリメント（a--）の場合も同様です。

▶前置デクリメントを使った場合

```
let a = 0;
let b = --a;
console.log( "a:", a, "b:", b );
> a:-1 b:-1
```

変数a、変数bは同じ値！！
変数aの元の値に対して-1された値が
変数bに代入される

▶後置デクリメントを使った場合

```
let a = 0;
let b = a--;
console.log( "a:", a, "b:", b );
> a:-1 b:0
```

変数a、変数bは異なる値！！
変数aには-1された値が、変数bには
変数aを-1する前の値が代入される

　このような違いがあるため、インクリメント演算子、デクリメント演算子を使う場合には前後どちらに演算子を置くのか注意してください。

練習問題　4.2

[1] 次の実行文①〜⑤について、コンソールに表示される値が何になるか、演算子の優先順位と結合性を考慮して求めてください。

① `console.log( 2 * 3 ** 2 );`

② `console.log( 10 / 2 + (3 - 2) );`

③ `console.log( 10 / (2 + 3) - 2 );`

④ `let a = 1;`
　`console.log( a++ );`

⑤ `let a = 10, b = 1;`
　`console.log( --a * ++b );`

4.4　等価演算子

　本節では、等価演算子について学びましょう。等価演算子は、値を比較する際に使う演算子で、その戻り値（演算の結果）はBoolean型の真偽値（trueまたはfalse）になります。等価演算子には、表4.4のような演算子があります。

❖表4.4　等価演算子

❖表4.4　等価演算子

演算子	用途	例	結果
==	値が等しいことを確認	1 == "1"	true
		1 == 1	true
===	値と型が等しいことを確認	1 === "1"	false
		1 === 1	true
!=	値が等しくないことの確認	1 != "1"	false
		1 != 2	true
!==	値と型が等しくないことの確認	1 !== "1"	true
		1 !== 1	false

プログラムでは値の比較を行う処理が頻繁に出てくるため、等価演算子を使う機会が多くあります。等号を2つ重ねた場合（==）には、**値の比較のみを行い、型の比較は行いません**（図4.6）。一方、等号を3つ重ねた場合（===）には、**値と型の両方の比較を行います**。

二重等号（==）による値の比較を**抽象的な等価性**、三重等号（===）による値の比較を**厳格な等価性**と呼びます。コードを記述するときになんとなく二重等号（==）を使って値の比較を行っている開発者も多いですが、二重等号による比較では意図せぬ不具合に遭遇する場合があります。そのため、基本的に値の比較では**三重等号（===）**を使うべきです。

それでは、等価性の性質について、もう少し詳しく見ていきましょう。

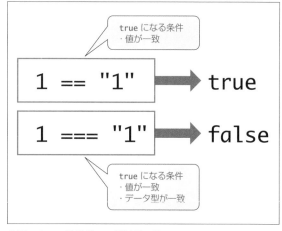

❖図4.6　二重等号、三重等号の違い

4.4.1　厳格な等価性

厳格な等価性（===）では、左右のオペランドの値と型を比較します。そのため、値が同じでも型が異なる場合には、演算子の結果は false になり、等価ではないとみなされます。

たとえば、次のような厳格な等価性の例を見てみましょう。

▶厳格な等価性

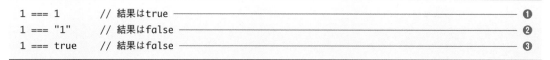

```
1 === 1      // 結果はtrue                                        ❶
1 === "1"    // 結果はfalse                                       ❷
1 === true   // 結果はfalse                                       ❸
```

❶の場合、値とデータ型が一致するため、===の等価性を確認するとその結果はtrueが取得され、等価である

とみなされます。

❷の場合、値は一見同じように見えますが、数値の1と文字列の"1"でデータ型が異なるため、その結果は
falseになり、等価ではありません。

❸の場合も同様に、数値の1と真偽値のtrueを比べており、この結果はfalseになり、等価ではありません。

それでは、❶～❸の等価式を、今度は抽象的な等価性を使って確認してみましょう。

4.4.2 抽象的な等価性

抽象的な等価性の場合は、厳格な等価性に比べて少し複雑です。**抽象的な等価性では、オペランドの型が異なる場合、型の変換を行い、左右のオペランドの型を合わせたうえでオペランドの値を比較します。**

それでは、先ほど厳格な等価性で比べた値を抽象的な等価性で比べてみましょう。

▶抽象的な等価性

```
1 == 1       // 結果はtrue ──────────────────────────────── ❶
1 == "1"     // 結果はtrue ──────────────────────────────── ❷
1 == true    // 結果はtrue ──────────────────────────────── ❸
```

❶の場合は、値とデータ型が一致するため、==の結果としてtrueが返されます。

❷の場合は、左と右でデータ型が異なるため、データ型の変換が行われます。このように数値と文字列の場合には、文字列は数値型に暗黙的に変換されて数値の1になります（3.7.4項を参照）。これによって左と右のオペランドの型が一致する状態になったため、値の比較が行われ（この場合は1 == 1）、trueが返されます。

❸の場合も、左右のオペランドで型が異なるため、型の変換がまず行われます。この場合には、右のオペランドの真偽値が数値に変換されて比較が行われます。trueをNumber(true)で変換すると数値の1が取得されるため、この場合も結果はtrueということになります。

その他にも、たとえばnullとundefinedを比べた場合には、trueを返します。

▶nullとundefinedの抽象的な比較

```
console.log( null == undefined );
> true
```

この詳細な仕様はECMAScript（https://262.ecma-international.org/5.1/#sec-11.9.3）に記載されていますが、とても複雑であり、この仕様を理解せずに演算子を使うとバグを生む原因になりえます。そのため、**基本的にJavaScriptで等価性の確認を行う場合には、厳格な等価性を使うようにしましょう。**

4.4.3 オブジェクトの比較

ここまで、プリミティブ型の値について比較を行ってきました。それでは、オブジェクトの比較の場合はどうなるのでしょうか。

結論から言うと、オブジェクトの比較の場合、その**オブジェクトが格納されているアドレス同士の比較を行います。**

たとえば、次のような比較を行ったとします。

▶オブジェクトの比較（compare_object.html）

```
const a = { };
const b = { };
console.log( a === b );
> false
```

この場合、変数aと変数bは、ともに空のオブジェクトを保持しているため、比較の結果はtrueになると思うかもしれません。しかし、この結果はfalseになります。それは、変数aと変数bはそれぞれ異なるオブジェクトに対して参照を保持しているためです（図4.7）。

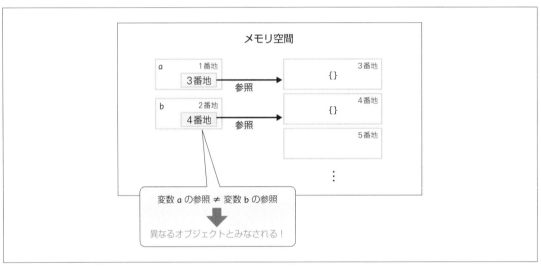

❖図4.7　オブジェクトの比較

これは重要なポイントなので、覚えておいてください。**プリミティブ値（プリミティブ型の値）の場合は取得した値を比較しますが、オブジェクトの場合はオブジェクトが格納されているアドレスを比較します。**

4.5 関係演算子

関係演算子は、オペランドを比較し、その比較が真かどうかに基づいてBoolean型の真偽値を返します。表4.5を確認してください（in演算子は、第9章で詳しく説明します）。

❖表4.5 関係演算子

演算子	用途	例	結果
A < B	AがBより小さいことの確認	1 < 2	true
		1 < 1	false
A > B	AがBより大きいことの確認	2 > 1	true
		1 > 1	false
A <= B	AがB以下であることの確認	1 <= 2	true
		2 <= 2	true
A >= B	AがB以上であることの確認	2 >= 1	true
		2 >= 2	true
A in B	AのプロパティがBのオブジェクトのプロパティとして含まれるかの確認	"val" in { val: 1 }	true
		"noVal" in { val: 1 }	false

練習問題 4.3

[1] 次の①～③の実行結果を答えてください。

① 1Ø < 2 * 6 - 2;

② 3 > 8 % 3;

③ (9 > 3) * 3;

4.6 代入演算子

代入演算子（＝）は、左のオペランドに対して、右のオペランドを代入するときに使います。まずは簡単な例を確認しましょう。

▶代入演算子（assignment_1.html）

```
let a = Ø; ——————————————————————————————————— ❶
let b;
let c = b = Ø; ——————————————————————————————— ❷
```

❶では、変数aに対してØが代入されています。

❷のように、複数の代入演算子が1つの実行文に存在する場合には、一番右側の値がそれぞれの変数に対して代入されます。なお、このように代入演算子をつなげて値を代入していく際の中間に位置する変数（上記の場合は変数bのこと）は、あらかじめ変数として宣言しておく必要があるので注意してください。

4.6.1 自己代入演算子

代入演算子には、**自己代入演算子**と呼ばれる演算子があります。自己代入演算子とは、代入演算子とその他の演算子の組み合わせで、+=のような形で表現される演算子のことです。

▶加算の自己代入演算子（assignment_2.html）

```
let a = 0;
a += 1;
console.log(a);
> 1
```

自己代入演算子では、左のオペランドと右のオペランドを使って演算した結果を、さらに左のオペランドに対して代入します。

具体的には、次のようなステップになります。

自己代入演算子の処理内容

❶ a + 1を行う。このとき、変数aの値は0のため、結果は1になる。
❷ ❶で求めた値を変数aに代入する。

つまり、次の3つの処理はすべて同じ意味になります（結果はすべて1）。

▶元の変数の値に1を足して、同じ変数に代入する処理

```
a = a + 1 ───────────────────── 自己代入演算子を使わない場合
a += 1 ───────────────────── 自己代入演算子を使った場合
++a ───────────────────── インクリメント演算子で表した場合
```

また、ここでは自己代入演算子の例として加算の処理を取り上げましたが、ここまで紹介してきた算術演算子（+、-、/、*、%、**）やこのあと紹介する論理演算子（&&、||）やNull合体演算子（??）なども同じように使うことができます（表4.6）。

❖表4.6　自己代入演算子

演算子	説明	例	結果

+=	加算の自己代入を行う	`let a = 10;`
		`a += 2;`
		`console.log( a );`
			12

-=	減算の自己代入を行う	`let a = 10;`
		`a -= 2;`
		`console.log( a );`
			8

/=	除算の自己代入を行う	`let a = 10;`
		`a /= 2;`
		`console.log( a );`
			5

*=	乗算の自己代入を行う	`let a = 10;`
		`a *= 2;`
		`console.log( a );`
			20

%=	余算の自己代入を行う	`let a = 10;`
		`a %= 3;`
		`console.log( a );`
			1

**=	べき乗の自己代入を行う	`let a = 10;`
		`a **= 2;`
		`console.log( a );`
			100

&&=	論理積の自己代入を行う（論理積は4.7節で説明）	`let a = true;`
		`a &&= false;`
		`console.log( a );`
			false

||=	論理和の自己代入を行う（論理和は4.7節で説明）	`lct a = truc;`
		`a ||= false;`
		`console.log( a );`
			true

??=	Null合体の自己代入を行う（Null合体は4.9.1項で説明）	`let a = null;`
		`a ??= "初期値";`
		`console.log( a );`
			初期値

4

演算子

練習問題　4.4

［1］次の①～⑤の実行結果を答えてください。

```
let a = 3;
a *= 10;
console.log( a );   ────────────────── ①
a /= 2;
console.log( a );   ────────────────── ②
a -= 10;
console.log( a );   ────────────────── ③
a %= 3;
console.log( a );   ────────────────── ④
a **= 3;
console.log( a );   ────────────────── ⑤
```

4.7 論理演算子

論理演算子は、オペランドの論理積または論理和を求めたいときに使う演算子です（図4.8・表4.7）。if文などの条件式で複数の条件を組み合わせるときに使います。

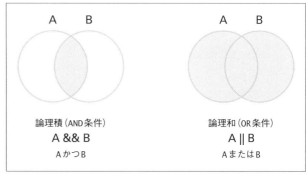

論理積（AND条件）
A && B
AかつB

論理和（OR条件）
A || B
AまたはB

❖図4.8　論理積と論理和

❖表4.7　論理演算子

演算子	用途	例	結果
&&	論理積（AND条件）を表す。A && Bの場合、AかつBの条件を表す	true && true	true
		true && false	false
		false && true	false
		false && false	false
`||`	論理和（OR条件）を表す。A `||` Bの場合、AまたはBの条件を表す	true `||` true	true
		true `||` false	true
		false `||` true	true
		false `||` false	false

表4.7を見てわかるとおり、論理積の場合には左右のオペランドがともにtrueのときのみにtrueを返し、それ以外の場合はfalseを返します。一方、論理和の場合には左右のオペランドのどちらかがtrueであればtrueを返し、それ以外の場合はfalseを返します。

それでは、プログラムが実行されるときに、この演算はどのように行われているのでしょうか。論理演算子を使いこなせるように、もう少し詳しく見ていきましょう。そのために、まずは論理演算子と関係の深いfalsyな値とtruthyな値について説明します。

4.7.1　falsyな値とtruthyな値 レベルアップ

Boolean関数で値を真偽値に変換したときに、falseが返ってくる値のことをfalsy（またはfalsyな値）、trueが返ってくる値のことをtruthy（またはtruthyな値）と呼びます。

falsyな値とは、具体的には以下に挙げた8つの値のことです。これ以外の値をBoolean関数で真偽値に変換した場合には、trueを返します。

> **falsy な値**
> - `false`
> - `Ø`
> - `-Ø`
> - `Øn`
> - `""`（空文字）
> - `null`
> - `undefined`
> - `NaN`

▶Boolean関数で真偽値に変換（bool.html）

```
console.log( Boolean( Ø ) );
> false
console.log( Boolean( "" ) );
> false
console.log( Boolean( null ) );
> false
console.log( Boolean( undefined ) );
> false
console.log( Boolean( NaN ) );
> false
```

truthyとfalsyは、以降の説明でも頻繁に出てくる用語なので、ぜひ覚えておいてください。

4.7.2 論理演算の挙動

JavaScriptの論理演算子は、次のように処理されます。

◆論理積（AND条件）

論理積（`&&`）の場合には、左から右にtruthyな値かどうかを判定します（図4.9）。**オペランドの評価の途中でfalsyな値が見つかった場合には、その値を論理積の結果として返し、演算子としての処理を終了します。**最後のオペランドまで到達すると、truthyかfalsyかは関係なく、そのオペランドが返されます。

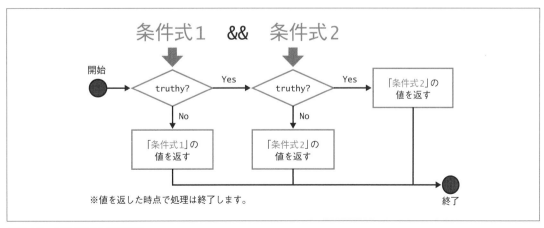

❖図4.9　真偽値以外の論理積

▶オペランドが真偽値以外の論理積の例（and_none_bool.html）

```
console.log( "hello" && "world" );
> world
console.log( "hello" && undefined );
> undefined
console.log( null && "world" );
> null
console.log( "hello" && "world" && "!!" );
> !!
```

　このような挙動を取るため、論理積の場合にはすべてのオペランドがtruthyであればtruthyな値が返り、falsyな値がオペランドに含まれている場合にはその値が結果として返ります。

 note プログラミングにおいて式や関数の処理をもとに何らかの値を取得することを、「（式を）評価する」と表現します。

◆論理和（OR条件）

　論理和（||）の場合も、左から右にtruthyかどうかを判定します（図4.10）。論理積と異なるのは、論理和の場合、**truthyな値が見つかった時点で、その値を論理和の結果として返し、演算子としての処理を終了する**点です。また、論理積と同様に最後のオペランドまで到達すると、truthyかfalsyかは関係なく、そのオペランドが返されます。

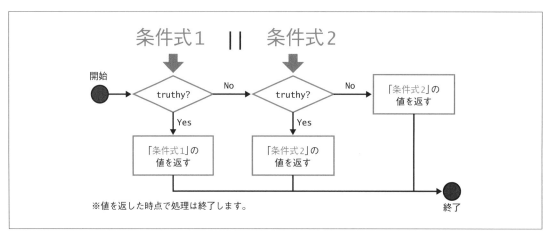

❖図4.10　真偽値以外の論理和

```
console.log( "hello" || "world" );
> hello
console.log( "hello" || undefined );
> hello
console.log( null || "world" );
> world
console.log( null || undefined );
> undefined
console.log( null || "" || undefined );
> undefined
```

　結果として、論理和の場合には、いずれかのオペランドがtruthyであればtruthyな値が返り、すべてのオペランドがfalsyの場合には一番最後のオペランドが演算子の結果として返されます。これが論理演算子が行う処理になります。処理内容がわからなくなった場合には、ぜひこの項を思い出してください。

4.8 その他の演算子

4.8.1 カンマ演算子

　カンマ演算子（,）はそれぞれの演算対象を左から右に評価し、最後のオペランドの値を返します。主に、次のように変数宣言時に使われます。

構文 カンマ演算子の記法

　式1, 式2, ...

　具体的には、次のように使います。

▶カンマ演算子を使った変数宣言

```
let a = 0, b = 1;                                                      変数a、変数bがそれぞれ宣言される
console.log(a, b);
> 0 1
```

4.8.2　単項演算子

　単項演算子は、オペランドが1つの演算子です。前章で確認したdelete演算子やtypeof演算子も単項演算子です。また、+演算子を単項演算子として使った場合、Number関数と同じように値を数値型に変換できます。表4.8を参考にして実行結果を確認してください。

❖表4.8　単項演算子

演算子	用途	例	結果
delete	オブジェクトから特定のプロパティを削除	const obj = { val: 1 }; delete obj.val;	obj: { }
typeof	データ型の確認	typeof 1	number
		typeof "hello"	string
!	真偽値に変換して、反対の真偽値を取得	!true	false
		!false	true
		!!true	true
		!"hello"（truthy→false）	false
		!""（falsy→true）	true
+	Number型への変換	+"10"	10
		+true	1
		+false	0
−	Number型へ変換して、正負を入れ替え	−"1"	−1
		−"2"	−2

練習問題　4.5

[1] 次の①〜④の実行結果を答えてください。

```
let person = { name: "Bob", age: "32", male: true };
delete person.name;
console.log( person ); ────────────────── ①
console.log( typeof person ); ────────────── ②
console.log( +person.age ) ───────────────── ③
console.log( !person.male ); ──────────────── ④
```

4.8.3　三項演算子 レベルアップ 初心者はスキップ可能

　三項演算子は、条件が真のとき、偽のときに実行する式を切り替えることができる演算子です。

構文 三項演算子

> 条件式 **?** 条件式がtruthyのときに実行する式 　**:**　条件式がfalsyのときに実行する式

具体的には、次のように使います。

▶三項演算子の使用例（ternary.html）

```
( 1 === 1 ) ? console.log( "真" ) : console.log( "偽" );
> 真
( 1 === 2 ) ? console.log( "真" ) : console.log( "偽" );
> 偽
```

　上記のコードでは、等価演算子の結果（?の左オペランド）がtrueの場合にはconsole.log("真")が実行され、falseの場合にはconsole.log("偽")が実行されます。

　三項演算子は、次章で扱うif文の省略記法として使われることがしばしばあります。現時点で少し難しく感じるようであれば、次章で紹介するif文について学習したあとにもう一度読み直してみてください。

4.9 ES6以降の演算子

　本章の最後に、ES6以降に追加された最新の演算子について紹介します。これらの演算子は、まだ対応していないブラウザがある可能性もあるため、使う際にはブラウザの対応状況を確認してください。各ブラウザの対応状況は、「Can I use」というサイトで一覧することができます（図4.11）。

● Can I use

　https://caniuse.com/

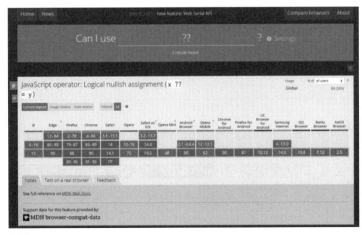

❖図4.11　Can I use

Null合体演算子 `レベルアップ` `初心者はスキップ可能`

Null合体演算子（??）は、変数に初期値を設定するときに使われる演算子です。左のオペランドがnullまたはundefinedの場合には、右のオペランドを返します。それ以外の場合には、左のオペランドを返します。

nullは変数が空であることを表す値であり、undefinedは変数が未定義であることを表す値です。そのため、これらの値が変数に設定されている場合には、数値や文字列などの有効な値が変数に格納されていないことを表します。このような場合に値を設定するのが、Null合体演算子です。

▶Null合体演算子の使い方（nullish_coalescing.html）

```
// 変数にnullを格納
let val = null;

// 右辺のvalはnullのため初期値がvalに設定される
val = val ?? "初期値";
console.log( `val [ ${ val } ]` );
> val [ 初期値 ]

// null、undefined以外は左のオペランドを返す
let num = 0;
num = num ?? 10;
console.log( `num [ ${ num } ]` );
> num [ 0 ]
```

なお、上記の例ではNull合体演算子の直前にnullを設定（let val = null;）していますが、実際のコードではプログラムのどこかでnullが設定されている可能性がある変数に対してNull合体演算子を使います。

また、似たような処理に論理和を使うパターンがありますが、論理和を使った場合にはnullやundefined以外のfalsyな値——たとえば、数値の0や""（空文字）——にも初期値が設定されます。

▶論理和（||）を使った場合

```
// "" はfalsyな値
let val = "";
val = val || "初期値";
console.log( `val [ ${ val } ]` );
> val [ 初期値 ]
```

論理和やNull合体演算子を使って初期値を設定する場合には、この点に注意してください。

オプショナルチェイニング演算子 `レベルアップ` `初心者はスキップ可能`

オプショナルチェイニング演算子（?.）は、オブジェクト以外の値に対してプロパティを取得したときにundefinedを返す演算子です。

通常、オブジェクトのプロパティの値を取得する際にはドット演算子（.）を使いますが、ドット演算子では左オペランドがオブジェクトでない場合にエラーが発生します。

▶オブジェクト以外にドット演算子を使った場合

```
const val = undefined.prop; ── undefinedはオブジェクトではないためエラーが発生！！
> Uncaught TypeError: Cannot read property "prop" of undefined ─┐
                    [意訳] 型に関するエラー：undefinedのpropプロパティを取得できません。
```

プロパティを保持できるのは、オブジェクトのみです。そのため、undefinedのようなプリミティブ型の値に対してドット演算子を使うと、このようなエラーが発生します。

一方、オプショナルチェイニング演算子を使った場合には、エラーは発生せずundefinedが返されます。

▶オプショナルチェイニング演算子を使った場合

```
const val = undefined?.prop;
console.log( val );
> undefined
```

◆オプショナルチェイニング演算子の使いどころ

JavaScriptの場合、エラーが発生するとそこで処理が終了してしまうため、オブジェクトかどうか不明瞭なときにオプショナルチェイニング演算子を使います。たとえば、次のようなケースが考えられます。

▶オブジェクトが多階層の場合（optional_chaining.html）

```
const person = {
  name: "独習 太郎",
  age: 28,
  parents: {
    mother: "Sara",
    father: "John",
  },
};

console.log( person.siblings ); ──────────────── ❶undefinedが取得される
> undefined
console.log( person.siblings?.length ); ──────── ❷オプショナルチェイニング演算子の場合
> undefined
console.log( person.siblings.length ); ───────── ❸ドット演算子の場合、エラーが発生！！
```

❶undefinedが取得される

オブジェクト（person）が存在しないプロパティ（siblings）を取得した場合には、undefinedになります。

❷オプショナルチェイニング演算子の場合

person.siblingsは取得結果がundefinedになりますが、person.siblingsにオプショナルチェイニング演算子を続けた場合にはエラーは発生しません（結果としてundefinedが返ります）。

❸ドット演算子の場合

ドット演算子の場合には、エラーが発生し、コードの処理が終了します。

このように、オブジェクトのプロパティとして存在するかどうかが不明瞭なときには、オプショナルチェイニング演算子を使用するのが効果的です。また、オプショナルチェイニング演算子をメソッドやブラケット記法と組み合わせて使う場合には、次のように記述します。

▶その他の書き方

```
// メソッドに使う場合は末尾の丸括弧の前に記述する
undefined?.notMethod?.();

// ブラケット記法と併用することもできる
undefined?.[ "prop" ];

// 使うことはないが、他のプリミティブ型に対しても使用可能
1?.prop;
```

☑ この章の理解度チェック

[1] 演算子とオペランド

次の空欄を埋めて、文章を完成させてください。

> 式 3 + 5において、記号+は ① 演算子と呼びます。また、一般的に演算子によって処理される
> 3や5のような値は、 ② と呼びます。 ① 演算子は、 ② が2つであるため、二項演算子
> に分類されます。一方で、論理否定演算子（!）のような ② が1つの演算子は ③ 演算子に分
> 類されます。JavaScriptで3つの ② を取る演算子は、記号？：で表される演算子ただ1つであ
> るため、この演算子のことを三項演算子と呼びます。

[2] 演算子の優先順位

次のコードを実行すると、コンソールには30という数字が表示されます。なぜ10 + 5の結果である
15に4を掛けた60にならないのでしょうか。グループ化演算子を使って、結果が60になるようにコード
を修正してください。

```
console.log( 10 + 5 * 4 );
> 30
```

[3] インクリメント演算子とデクリメント演算子

次のように、インクリメント演算子++を変数の前に置くか後ろに置くかで結果が異なります。このよう
な結果の違いが生じる理由を説明してください。

```
let x = y = 3;
console.log( x++ );
> 3
console.log( ++y );
> 4
```

[4] 厳密な等価性と抽象的な等価性

次の空欄を埋めて、文章を完成させてください。

> 厳密な等価性による等価演算 3 === "3"の結果は ① になりますが、抽象的な等価性による等価
> 演算 3 == "3"の結果は ② になります。
> 厳密な等価性では、左右のオペランドの値と ③ を比較し、その両方が一致するときにtrueを返
> し、どちらかが一致しないときにはfalseを返します。一方、抽象的な等価性では、左右のオペラン
> ドの ③ が異なるときには ③ を揃える暗黙的な変換が行われたあとに、厳密な等価性による
> 等価演算が行われます。

[5] 代入演算子

①〜③の`console.log`による出力結果がそれぞれどのようになるのかを確認してください。また、そのように出力される理由も答えてください。

```
let a;
console.log(a);                    ①
console.log(a = 10);               ②
console.log(a);                    ③
```

[6] 自己代入演算子

次の①〜④の式を、自己代入演算子を使って書き換えてください。

```
let a = 0;
a = a + 3;                         ①
a = a * 4;                         ②
a = a / 2;                         ③
a = a % 5;                         ④
console.log("a:", a);
> a: 1
```

[7] 論理演算子

①②の結果として、コンソールに出力される値を答えてください。

```
console.log( ( 0 || undefined ) && "こんにちは" );        ①
console.log( !( 0 || undefined ) && "こんにちは" );       ②
```

[8] その他の演算子

①〜③の結果として、コンソールに表示される値を答えてください。

```
console.log( null ? "リンゴ" : "バナナ" );                 ①
console.log( null ?? "パイナップル" );                     ②
console.log( { apple: "リンゴ" }?.fruit ?? "バナナ" );     ③
```

制御構文

この章の内容

ここまで、変数の挙動や演算子の働きについて学んできました。本章では、プログラムのもう1つの基本的な要素である**制御構文**について学んでいきましょう。

制御構文とは、コードが実行される処理の流れを条件分岐したり繰り返したり制御するための手段です。本書でこれまでに登場したプログラムは、どれも「記述された順番に処理が実行される」ものばかりでしたね。**記述した順番に実行される**処理の流れは、**順次**あるいは**逐次**と呼びます。しかし、順次で実行するだけでは実現できない処理も数多くあります。本章では、順次以外の処理の流れを実現するための手段（制御構文）について学んでいきましょう。

5.1 条件分岐

プログラムでよく見る制御構文の1つに**条件分岐**があります。条件分岐は、何らかの条件をもとに、実行する処理の流れを分岐します。JavaScriptの場合、`if`文と`switch`文の2つの構文を使うことができます。まずは、`if`文の記法について学んでいきましょう。

5.1.1 if文

JavaScriptの**if文**は、`if`に続く丸括弧`( )`内の**条件式**がtruthyの場合、それに続く波括弧`{ }`内のコードを実行します（図5.1）。条件式がfalsyな値の場合には、波括弧`{ }`内のコードは実行せず、if文の次の行に処理を進めます。なお、`{ }`で囲まれた部分は、**ブロック**（または**節**）と呼びます（用語として覚えておいてください）。

構文 if文の記法

```
if( 条件式 ) {
    ifブロック ─────────────────────────── 条件式が真（truthy）の場合に実行されるブロック
}
```

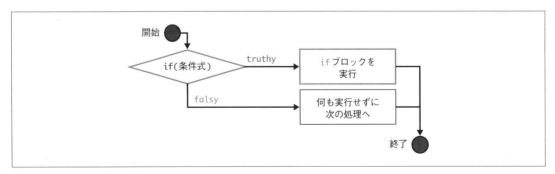

❖図5.1　if文による条件分岐イメージ

それでは、if文を使った簡単な例を見てみましょう。

▶if文の使用例（if_statement.html）

```
const fruit = "りんご";

if ( fruit ) {                                              ❶
    console.log("フルーツが見つかりました。");
}

if ( fruit === "ばなな" ) {                                  ❷
    console.log("ばななが見つかりました。");
}

if ( fruit === "りんご" ) {                                  ❸
    console.log("りんごが見つかりました。");
}
```

実行結果 if文の使用例

❶ if (fruit)

fruitには"りんご"が格納されているため、if文の条件式はtruthyな値（Boolean(fruit)とした場合にtrueになる値）になります。そのため、ifブロックのコードが実行され、「フルーツが見つかりました。」とコンソールに表示されます。**条件式にtrueやfalseなどの真偽値以外の値が渡ってきた場合には、その値がtruthyかfalsyかでifブロックが実行されるか否かが決まるので、覚えておいてください。**

❷ if (fruit === "ばなな")

fruitには"りんご"が格納されているため、fruit === "ばなな"の結果はfalseになります。そのため、ifブロックのコードは実行されません。

❸ if (fruit === "りんご")

fruit === "りんご"の結果はtrueになります。そのため、ifブロックのコードが実行され、「りんごが見つかりました。」とコンソールに表示されます。

`if...else`文では、`if`文の条件式がfalsyな場合には`else`ブロック内のコードを実行します（図5.2）。

構文 if...else文の記法

```
if( 条件式 ) {
    ifブロック ──────────────────────────── 条件式が真（truthy）の場合に実行されるブロック
} else {
    elseブロック ─────────────────────────── 条件式が偽（falsy）の場合に実行されるブロック
}
```

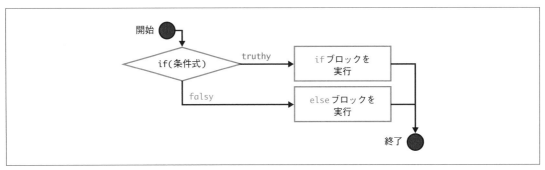

❖図5.2 　if...else文による条件分岐イメージ

if...else文を使った簡単な例を見てみましょう。

▶if...else文の使用例（if_else.html）

```javascript
const fruit = "りんご";

if ( fruit === "ばなな" ) {
    console.log( "ばななが見つかりました。" );
} else {
    console.log( "ばなな以外が見つかりました。" );
}
```

実行結果 if...else文の使用例

■Column ▶ ifブロックやelseブロックの省略記法

if文やelse文に続けてブロック{ }を記述するのが一般的ですが、このブロックは省略することもできます。ブロックを省略した場合には、if文やelse文に続く1行のコードが、条件式の結果に従って実行されます。

▶ifブロックやelseブロックを省略した場合

```
const fruit = "ばなな";

if ( fruit === "ばなな" )
    console.log("ばななが見つかりました。"); ──────── 条件式が真（truthy）の場合に実行。
else                                                    ここに2行以上書くとエラーになる
    console.log("ばなな以外が見つかりました。"); ──────── 条件式が偽（falsy）の場合に実行
    console.log("この文は条件式の結果によらず必ず呼ばれます。"); ── 必ず実行
```

実行結果 ifブロックやelseブロックを省略した場合

ただし、このような書き方はバグが混入しやすいため、基本的に**ブロックを使った書き方**を使うようにしましょう。

■Column ▶ else...if文の三項演算子での書き換え

else...if文は、三項演算子を使って書き換えることが可能です。特に条件によって変数に設定する値を変更したい場合などでは、三項演算子を使うと記述を簡略化できて便利なので、覚えておくとよいでしょう。

▶ if...else文で書いた場合（if_and_ternary.html）

```
let score = 90;
let gokaku;

if( score > 60 ) {
    gokaku = "合格";
} else {
    gokaku = "不合格";
}
```

```
console.log( gokaku );
> 合格
```

▶三項演算子で書いた場合 (if_and_ternary.html)

```
let score = 9Ø;
let gokaku = score > 6Ø ? "合格" : "不合格";
console.log( gokaku );
> 合格
```

if...else文のチェーン

if...else文をチェーン（鎖）のようにつなげて記述することで、複数の条件式を使った分岐を作成できます。

構文 if...else文のチェーンの記法

```
if( 条件式A ) {
    ifブロック ──────────── 条件式Aが真（truthy）の場合に実行されるブロック
} else if ( 条件式B ) { ──────── elseのあとにif文をつなげて記述
    else ifブロック ────────── 条件式Aがfalsyかつ、条件式Bが真（truthy）の場合に実行されるブロック
}
```

単純なif...else文の場合はif文の条件式でfalsyなものは必ずelseブロック内のコードで処理しますが、else文に続けて新たなif文を続けることで、さらに条件判定を加えることができます（図5.3）。

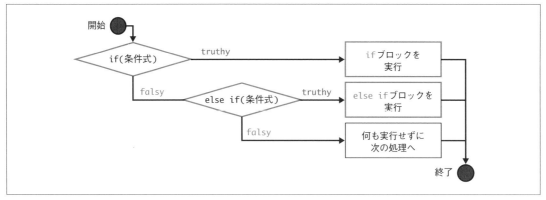

❖図5.3　if...else文のチェーンによる条件分岐イメージ

if...else文のチェーンの簡単な例を見てみましょう。

▶if...else文のチェーン（if_chaining.html）

```javascript
const fruit = "りんご";

if ( fruit === "ばなな" ) {
    console.log( "ばななが見つかりました。" );
} else if ( fruit === "りんご" ) {
    console.log( "りんごが見つかりました。" );
}
```

実行結果 if...else文のチェーン

　このチェーンでは1つの条件（if文）をつなげているだけですが、`else if`ブロックを複数個つなげたり、最後に`else`ブロックを追加したりなど、複数の条件を追加することも可能です。

▶複数条件を追加することも可能（if_chaining.html）

```javascript
const fruit = "みかん";

if ( fruit === "ばなな" ) {
    console.log( "ばななが見つかりました。" );
} else if ( fruit === "りんご" ) {
    console.log( "りんごが見つかりました。" );
} else if ( fruit ) {
    console.log( "フルーツが見つかりました。" );
} else {
    console.log( "フルーツが見つかりませんでした。" );
}
```

実行結果 複数条件を追加することも可能

note
JavaScriptには elseif というキーワードはないため、else と if の間に必ずスペースを空ける必要があります。

```
×    elseif
○    else if
```

5.1.4 if文と論理演算子

if文で複合条件を扱うときには、論理演算子を使います。論理演算子については4.7節を確認してください。

構文 if文と論理演算子

論理積（AND条件）
```
if( 条件式A && 条件式B && ... ) {
    ifブロック ───────────────────────── 条件式をすべて満たすときにifブロック内のコードを実行
}
```

論理和（OR条件）
```
if( 条件式A || 条件式B || ... ) {
    ifブロック ───────────────────────── 1つ以上の条件を満たすときにifブロック内のコードを実行
}
```

論理積を使う場合には、**すべての条件を満たすとき**に if ブロック内のコードが実行されます。

▶if文と論理積（if_and.html）

```javascript
const num = 5;
if( num >= 0 && num < 10 ) {
    console.log( "0以上10未満です。" );
} else {
    console.log( "それ以外です。" );
}
```

実行結果 if文と論理積

一方、論理和を使う場合には、**1つ以上の条件を満たすとき**にifブロック内のコードが実行されます。

▶if文と論理和（if_or.html）

```javascript
const fruit = "みかん";
if( fruit === "みかん" || fruit === "りんご" ) {
    console.log( "みかん、またはりんごです。" );
} else {
    console.log( "それ以外です。" );
}
```

実行結果 if文と論理和

なお、論理和は、if...else文のチェーンを使って記述することもできます。ためしに上記のコードをif...else文のチェーンで書き直してみたものが以下です。

▶if...else文のチェーンを使った例（if_or_alt.html）

```javascript
const fruit = "みかん";
if( fruit === "みかん" ) {
    console.log( "みかん、またはりんごです。" );
} else if( fruit === "りんご" ) {
    console.log( "みかん、またはりんごです。" );
} else {
    console.log( "それ以外です。" );
}
> みかん、またはりんごです。
```

この例では、`console.log( "みかん、またはりんごです。" );`の部分が重複して記述されていることを確認できます。このようなケースでは、if...else文のチェーンを使わず、論理和を使って記述したほうが冗長な記述を解消できます。

[1] 次のようなオブジェクトがあるとします。以下の2つの条件のように、オブジェクトのプロパティの値によって、コンソールに異なるメッセージを出力するif文を作成してください。

```javascript
const person = {
    name: "Bob",
    age: 28,
    gender: "male"
}
```

条件1 personのgenderプロパティが"male"かつpersonのageプロパティが25以上のとき、次のメッセージをコンソールに出力する

> Bobは25歳以上の男性です。

条件2 それ以外のとき、次のメッセージをコンソールに出力する

> Bobは25歳以上の男性ではありません。

5.1.5　演算子を使わないif文

　if文の例で少し確認しましたが、JavaScriptでは演算子を使わずに値をそのままif文の条件式として利用する記法がよく使われます。まずは例を見てみましょう。

▶演算子を使わないif文（if_truthy.html）

```javascript
const truthy = "truthyな値です。";

if ( truthy ) {

    console.log("条件式に渡された値はtruthyです。");

} else {

    console.log("条件式に渡された値はfalsyです。");

}
```
> 条件式に渡された値はtruthyです。

if文の条件式として文字列や数値が単純に渡された場合には、渡された値がtruthyかfalsyかを判定します（すなわち、Boolean(値)の結果を判定します）。

　なお、Boolean(値)は、渡された値がnullやundefinedではないかどうかを確認するときによく使われる記述です。値が0などのfalsyな値のときにも、Boolean(0)の結果はfalseになるため、Boolean(null)やBoolean(undefined)と同じ結果が取得されます。そのため、nullやundefinedでないことを確認したい場合には、きちんと記述してあげる必要があります。

▶nullやundefinedでないことを確認（if_not_nullish.html）

```javascript
const falsyVal = 0;

if ( falsyVal !== null && falsyVal !== undefined ) {

    console.log( "null, undefined以外の値です。" );

} else {

    console.log( "null、またはundefinedです。" );

}
> null, undefined以外の値です。
```

練習問題　5.2

[1] 変数に初期値を設定する、以下の2つのif文を記述してください。
　① 変数valの値がfalsyの場合に、"Hello"を初期値として設定するコードを記述してください。
　　例 let val = ""; の場合
　② 変数valの値がundefinedまたはnullの場合に "Hello" を初期値として設定するコードを記述してください。
　　例 let val = null; の場合

5.1.6　switch文

　switch文では、条件式に渡した値がcase節と一致した場合に、それ以降のコードを実行します。条件式の値がcase節のどれにも一致しない場合には、default節に続くコードが実行されます。

　まずは、基本的な記法について見てみましょう。

```
switch ( 条件式 ) {
    case 値1: ─────────────────────────────────── case1(条件式 === 値1)
        条件式の値が値1に一致する場合に実行されるコード
        [ break; ]
    case 値2: ─────────────────────────────────── case2(条件式 === 値2)
        条件式の値が値2に一致する場合に実行されるコード
        [ break; ]
    default:
        条件式の値が値1、値2に一致しない場合に実行されるコード
}
```

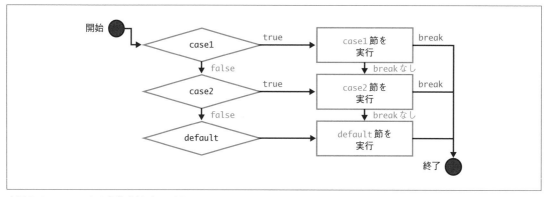

❖図5.4　switch文の条件分岐イメージ

　上記の例ではcase2までしか記述していませんが、switch文では任意の数だけcaseを追加できます。また、switch文では条件式の値とcase節の一致の判定には、厳密等価演算子（===）を使って値の比較を行っているものと考えてください。そのため、条件式とcase文の値の型が異なる場合は、一致したとみなされないため、注意してください。

▶条件式とcase文の値の型が異なる場合（switch_diff_data_type.html）

```
const val = 0; ──────────────────────────────── 数値の0
switch( val ) {
    case "0": console.log( "case文が実行されました。" ); ───── 文字列の"0"
    default: console.log( "default文が実行されました。" );
}
> default文が実行されました。
```

　また、switch文の場合には、それぞれのcase節の最後にbreakというキーワードを記述するのが一般的です。breakが実行されると、switchのブロック（{}で囲まれた部分）を抜けることになります。
　それでは、使用例を見てみましょう。

```
const whichCase = "case1";

switch ( whichCase ) {
    case "case1":

        console.log("case1 節を実行しました。");
        break;                                              ❶

    case "case2":

        console.log("case2 節を実行しました。");
        break;                                              ❷

    default:
        console.log("Default 節を実行しました。");

}
```

上記の例では、whichCaseに格納された値によって、コンソールに出力される値が変わってきます。ここで注意したいのは、各case節の最後にbreakを記述している点です。たとえば、❶をコメントアウトして、breakを実行しないようにしてみましょう。すると、次のように実行結果が変わります。

▶❶のbreakが実行されるとき

```
> case1 節を実行しました。
```

▶❶のbreakが実行されないとき（コメントアウトしたとき）

```
> Case1 節を実行しました。
> Case2 節を実行しました。
```

また、❷のbreakをコメントアウトすると、default節まで実行されるようになります。

note switch文では、case節の最後にbreakを呼び出さないと（書かないと）、意図せず他のcase節まで実行されることになります。この仕様はバグの混入の元になるため、switch文を敬遠する開発者もいます。そのため、if、else if、elseを使って、switch文を代用することがしばしばあります。switch文でbreakを書かない場合には、以降のcase節のコードも実行されるという点に注意してください。

練習問題　5.3

[1] 次のように、変数に渡される（格納される）動物の値（animal）によって、コンソールに出力する文字が変わるとします。このような制御を、switch文を使って作成してください。

```
let animal = "動物の名前";
```

▶ウサギが渡されたとき

> ウサギ

▶ウマが渡されたとき

> ウマ
> ウサギ

▶ゾウが渡されたとき

> ゾウ
> ウマ
> ウサギ

▶それ以外が渡されたとき

> 何かわかりません。

5.2　例外処理 レベルアップ 初心者はスキップ可能

　プログラムの実行には、エラーがつきものです。プログラムにおけるエラーは例外（Exception）とも呼び、例外が発生したときに実行する処理は例外処理と呼びます。例外処理は、ある程度本格的なプログラム（システムがいきなり停止すると困る場合など）に使う記法なので、初心者はいったん飛ばして次節に進んでもらってもかまいません。

例外処理の必要性

JavaScriptプログラムの特徴として、例外処理を記述していない場合、**例外が発生した時点で、それ以降のコードは実行されず、処理が終了してしまう**という点があります。これは、プログラムを実行するうえで致命的な問題になります。

たとえば、次のコードを実行してみてください。この例では、`TypeError`という例外が発生しますが、例外発生後のコードは実行されません。

▶例外発生後のコードは実行されない

```
const str = "hello";
str.toExponential();  ─────────────────────────────── 例外発生！！
console.log( "この行は実行されません。" );
```

実行結果 例外発生後のコードは実行されない

これが仮に本番稼働中のアプリケーションで発生したと仮定してみてください。アプリケーションの中心的な機能で例外が発生した場合はどうしようもありませんが、場合によっては動作しなくても許容される機能（たとえば、ログを書き込むような機能）で例外が発生し、それによってアプリケーション全体の機能が停止してしまっては目も当てられません（図5.5）。

そのため、適切に例外処理を記述することは、アプリケーションを安定的に稼働させるためにとても重要な要素となってきます。

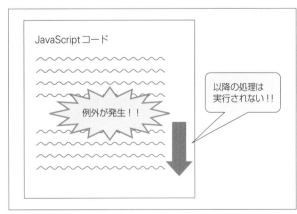

❖図5.5 例外が発生するとアプリケーションが止まってしまう！

代表的な例外の種類

それではまず、例外の種類について学んでいきましょう。例外には、大きく分けて次の2種類があります。

- JavaScriptエンジンが自動的に発生させる例外
- 開発者が明示的に発生させる例外

JavaScriptエンジンが自動的に発生させる例外には、未定義の変数を参照した場合や仕様に沿ったプログラムを記述できていない場合などに発生するものがあります。本項では、JavaScriptエンジンが発生させる例外の中でも、よく遭遇する例外の種類（オブジェクト）について見ていきましょう。

◆ ReferenceError

未定義の変数や関数を参照しようとした場合に発生します。

▶ 変数宣言していない変数を参照したとき（reference_error.html）

```
console.log( notExistingVal );  ─────────────────────── 例外が発生！！
> Uncaught ReferenceError: notExistingVal is not defined ┐
                        [意訳] 参照に関するエラー：notExistingValは定義されていません。
```

▶ 定義していない関数を参照したとき（reference_error.html）

```
nonExistingFunction();  ───────────────────────────── 例外が発生！！
> Uncaught ReferenceError: nonExistingFunction is not defined ┐
                  [意訳] 参照に関するエラー：nonExistingFunctionは定義されていません。
```

◆ SyntaxError

記法に間違いがある場合に発生します。

▶ else ifと書くべきところをelseifと書いた場合（syntax_error.html）

```
if ( false ) {

    console.log( "このコードは実行されません。" );

} elseif {  ─────────────────────── elseとifがつながってしまっている。例外が発生！！

    console.log( "こちらが実行されます。" );

}
> Uncaught SyntaxError: Unexpected token "{"  ──── [意訳] 構文に関するエラー："{"は想定外の記号です。
```

なお、例外のメッセージに"{"が想定外と記載されていますが、上記のコードがエラーになる原因はelseとifがスペースなしで結合されている（elseifと記述されている）ことにあります。SyntaxErrorが発生した場合には、発生箇所の周辺の記述に誤りがないか確認してみてください。

◆TypeError

主に、メソッド実行時に期待された型ではなかった場合に発生します。

▶数値型の値に対して、文字列を大文字に変換するtoUpperCaseを呼び出した場合

```
const num = 1;
num.toUpperCase(); ─────────────────────────────── 例外が発生！！
> Uncaught TypeError: num.toUpperCase is not a function ┐
                        ［意訳］型に関するエラー：num.toUpperCaseは関数ではありません。
```

ここまで紹介した例外は、JavaScriptエンジンがしばしば発生させる例外です。**これらの例外が発生すると、コードの実行がその時点で終了してしまうので、注意してください。**

5

制御構文

note これら以外にも、JavaScriptには様々な種類の例外があります。しかし、すべての例外をここで説明することはできませんし、覚える必要もありません。ここで紹介した中でも、ReferenceErrorとSyntaxErrorは、開発を行っていくうえで頻繁に発生する例外なので、まずはこの2つを覚えておくとよいでしょう。

- ● ReferenceError　未定義の変数を取得しようとしたことを表す例外。変数や関数がきちんと定義されているか確認してください。
- ● SyntaxError　記法（構文）に誤りがあることを表す例外。「記述に誤りがないか」または「構文が正しい用途で使用できているか」を確認してください。

5.2.3　try/catch/finally構文

前項では、JavaScriptエンジンが発生させる例外について確認しました。それでは、これらの例外が発生したときに、コードの実行を継続するにはどうすればよいでしょうか。

そのような場合に使うのが、**try/catch/finally構文**です。try/catch/finally構文では、try、catch、finallyの3つのブロックで例外が発生したときの処理を記述します（図5.6）。

構文 基本的なtry/catch/finally構文の記法

```
try {

    例外が発生する可能性のある処理

} catch( 例外識別子 ) {

    例外が発生したときの処理
```

```
} finally {

    例外の発生にかかわらず、必ず実行される処理

}
```

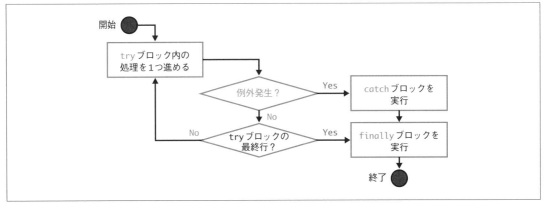

❖図5.6　try/catch/finally構文の処理イメージ

◆各ブロックの処理と役割

tryブロック

　例外が発生する可能性のある処理を**tryブロックに記述します**。**tryブロック内で例外が発生した場合には、その時点でcatchブロックに処理が移ります**。つまり、tryブロック内の例外が発生した行以降のコードは実行されません。

catchブロック

　catchブロックには、例外が発生したときの処理を記述します。また、**例外識別子**には、例外が発生した原因がオブジェクトになって渡されます。たとえば、前項で紹介したReferenceErrorなどがその代表的な例です。また、次項で紹介するthrowを使った場合には、文字列などのプリミティブ値も例外識別子として設定できます。

finallyブロック

　finallyブロックには、例外の発生有無にかかわらず実行したいコードを記述します。つまり、「tryブロックの終了後」または「catchブロックの終了後」に、finallyブロック内のコードは必ず実行されます。

　tryブロックで例外が発生する可能性のあるコードを囲むことによって、例外が発生したときにcatchブロックに処理を移し、コードの実行を継続できます。たとえば、次の例では、存在しない関数nonExistingFunction()を実行することで例外を発生させていますが、tryブロックで囲んでいるため、後続のコードが実行されます。

▶try/catch/finally構文の例（try_catch.html）

```
try {

    nonExistingFunction();                                               存在しない関数を実行
    console.log( "nonExistingFunctionでの例外により、これは実行されません。" );

                                                                         tryブロック内の以降の
} catch ( error ) {                                                      コードは実行されない

    console.error( "nonExistingFunctionは存在しないため、例外が発生しました。" );
    console.error( "エラータイプ：" + error.name );                      console.error()は、
    console.error( "エラーメッセージ：" + error.message );                エラー表示の形式でコン
                                                                         ソールに文字を出力する
} finally {                                                              関数

    console.log("後処理の記述が必要な場合はここに記述します。");

}

console.log( "例外が発生しても後続のコードが実行されます。" )
```

実行結果 try/catch/finally構文の例

　このとき、catch(error)の部分の例外識別子errorにエラーの内容が渡されます（ここではerrorにしましたが、例外識別子には任意の名前を付けることができます）。上記のコードでは、参照できない関数nonExistingFunctionを実行しているため、JavaScriptエンジン内部でReferenceErrorが発生し、それが自動的にerrorに設定される（渡される）ことになります。

　注意すべき点としては、例外が発生した時点でcatchに処理が移行するため、tryブロック中の例外発生箇所より下に記述されているコードは実行されない、ということです。つまり、上記のコードの場合、nonExistingFunction()の次行以降のコードは実行されません。

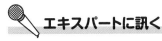
Q： `finally`ブロックは、どのようなケースで使うのでしょうか？

A： `finally`ブロックは、一般的に`try`ブロック内で開始した何らかの処理の後始末を記述するときに使います。たとえば、プログラムからファイルに何か書き込む場合を考えてみましょう。一般的にプログラムからファイルに文字を書き込む場合には、最初にファイルを開く操作を行います。そして、文字の書き込みが終了すると、ファイルを閉じる操作を行います。しかし、ファイルに書き込んでいる途中で何らかの例外が発生した場合、ファイルを閉じる操作が行われないため、プログラムがファイルを開いたままの状態になってしまいます（図5.7）。

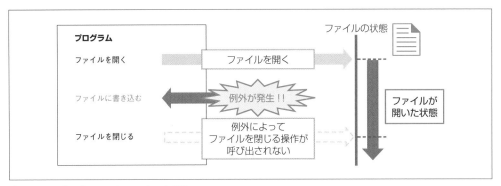

❖図5.7　プログラムからファイルを編集

「ファイルを閉じる」という操作は、エラー発生の有無にかかわらず、ファイルを開いたときに必ず行います。このような必ず行う操作を`finally`ブロックに記述することになります（図5.8）。

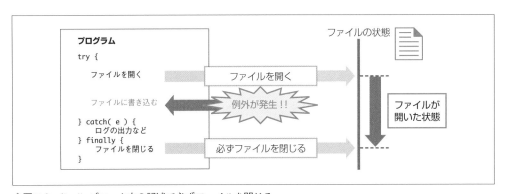

❖図5.8　`finally`ブロック内の記述で必ずファイルを閉じる

また、似たような操作に、データベースの読み書きがあります。データベースに接続するときには、まず「コネクション（接続）の確立」を行い、データベースへの操作が完了した時点で「コネクションの破棄」を行います。このように、開始時の処理と終了時の処理が対になっている処理を見つけた場合には、`finally`ブロックの利用を検討してみましょう。

[1] 次のコードは、何らかの原因でエラーになります。エラーになる行をtryブロックで囲み、後続の処理
が実行されるようにしてください。また、発生したエラーをコンソールに出力してください。

▶エラーが発生するコード

```
let b = 10 + a;
console.log( b );
console.log( "後続の処理" );　──────────── この処理が必ず実行されるようにしてください
```

5.2.4　明示的な例外のスロー

　意図的に例外を発生させたい場合には、**throw**というキーワードを使います。throwは日本語で「投げる」と
いう意味なので、プログラムで例外を発生させることを「例外を投げる」とも言います。

構文 throwの記法

```
try {

    throw 例外識別子;

} catch( 例外識別子 ) {

    例外発生時の処理

}
```

　throwに続く例外識別子がそのまま**catch(例外識別子)**に渡されます。また、**throw**を**try**ブロックの外で
使用した場合には、**throw**が呼び出された時点で処理が終了します。

▶明示的な例外のスロー（throw.html）

```
try {

    const num = "3";

    if ( typeof num !== "number" ) {
        throw "numは数値型でなければなりません。";
    }

    console.log(`${ num } x 5 = ${ num * 5 }`);　────────────── ❶
```

```
} catch ( error ) {

    console.error( error );

}
```

　上記の例では、変数numが数値でない場合にはthrowによって例外が投げられ、catchブロックに処理が移ります。一方、変数numに数値が格納されている場合には、❶が実行されることになります。

　また、このときthrowに続く例外識別子に、Errorオブジェクトも記述可能です。Errorは、例外発生時の情報を保持するためのオブジェクトです。また、Errorの前のnewキーワードはnew演算子と呼び、オブジェクトを作成するときに使う演算子です。ここまでオブジェクトに関してはオブジェクトリテラル{}で生成されたものしか扱ってきませんでしたが、実はオブジェクトには様々な種類が存在します。詳細は第9章で説明します。

▶Errorオブジェクトを例外識別子として設定した場合

```
try {
    throw new Error( "numは数値型でなければなりません。" );
} catch( error ) {
    console.error( error );
}
```

実行結果 Errorオブジェクトを例外識別子として設定した場合

エラー（例外）の種類によって、例外処理に分岐を記述できます。次の例では、第9章で学ぶinstanceofやコンストラクタを使っていますが、現時点では「エラーの種類によって条件分岐ができる」ということだけ理解できれば大丈夫です。

▶エラー（例外）の種類によって例外処理に条件分岐を持たせる（handling_by_error_type.html）

```
try {

    // 数値に対して文字列のメソッドであるtoUpperCaseを呼んだ場合
    const num = 1;
    num.toUpperCase();                                          TypeErrorが発生

    // 存在しない変数val2を参照した場合
    let val1 = val2 + 1;                                        ReferenceErrorが発生

} catch( error ) {
    // 例外の種類に応じて処理を分岐する
    if( error instanceof TypeError ) {
        console.log( "TypeErrorが発生したときの処理" );
    } else if( error instanceof ReferenceError ) {
        console.log( "ReferenceErrorが発生したときの処理" );
    }
}
```

また、エラー（例外）のオブジェクトを開発者自身が作成することもありますが、高度な内容になるため、ここでは説明を割愛します。初心者の場合、例外処理を使う機会はあまりありませんが、このような記法を見かけたときには何らかのエラーの発生に備えた処理を実装していると考えてください。

練習問題　5.5

[1] 以下の2条件のように、変数greetingの値によって挙動が変わるプログラムを作成してください。

条件1 変数greetingのデータ型がString型の場合
次のような文字列をコンソールに出力してください。

> {greetingの値}、いい天気ですね。

条件2 変数greetingのデータ型がString型以外の場合
例外を投げて、コンソールに「不正なデータ型です。」というエラーを表示してください。

5.3 基本的な繰り返し処理

プログラミングでは、**繰り返し処理**が頻繁に登場します（繰り返しのことを**ループ**とも呼びます）。本節では、繰り返し処理の基本的な記法について学んでいきます。また、第12章では、より高度な繰り返し処理の記法について学びます。

5.3.1 while文

`while`文は、条件式がtruthyのときに処理を繰り返し、falsyが取得されたときに処理を抜けます（図5.9）。

構文 while文の記法

```
while( 条件式 ) {
    whileブロック ──────────────────────── 条件式がtruthyの場合に繰り返し処理されるコードを記述
}
```

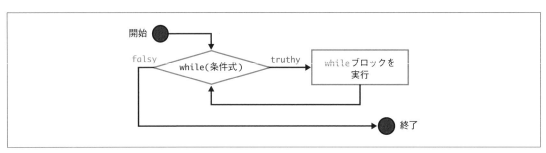

❖図5.9　while文の処理イメージ

while文の簡単な例を見てみましょう。

▶while文の使用例（while.html）

```
let i = 0; ───────────────────────────────────────── ❶

while ( i < 5 ) { ─────────────────────────────────── ❷
    console.log( i ); ─────────────────────────────── ❸
    i++; ─────────────────────────────────────────── ❹
}
```

このコードの処理の流れは、次のとおりです。

❶ 変数 i を 0 で初期化しています。

 note 繰り返し処理には、i や j、k といったアルファベット 1 文字の変数がよく使われます。覚えておくとよいでしょう。

❷ 次に、while文の条件式 i < 5 が評価されます。このときの変数 i の値は 0 なので、条件式 i < 5 は true を返します。そのためブロック { } 内の処理が実行されます。

❸ console.log(i); が実行され、コンソールには 0 が出力されます。

❹ i++; が実行され、変数 i の値がインクリメントされて 1 になります。その後、再び while文の条件式（❷）まで戻り、i < 5 が falsy になるまで、❷〜❹の処理を繰り返し行います。

 note while文による繰り返し処理では、条件式が falsy な値となるまで処理を繰り返します。仮に、条件式が最初から falsy な値の場合には、while ブロックの処理は一度も実行されません。

▶ 条件式が falsy の場合には、ブロック内のコードは一度も実行されない

```
while( 0 ) {
  console.log( "このコードは一度も実行されません。");
}
```

Column ▶ **無限ループに陥ったときの対処法**

　while文では、条件式が truthy の結果を返すとループが継続されるため、while(true) のように、場合によっては無限にループが繰り返されます（これを**無限ループ**と呼びます）。無限ループに陥った場合、JavaScriptの処理が終わらず、ブラウザの画面がフリーズしてしまいます。そのため、無限ループを発生させてしまった場合は、ブラウザのタブをいったん閉じて、コードを修正してから再度、画面を開いてみてください。

[1] 0〜6まで、2ずつカウントアップした数値をコンソールに出力する処理を、while文を使って記述してください。

▶想定される出力結果

```
> 0
> 2
> 4
> 6
```

5.3.2 for文

for文を使って繰り返し（ループ）処理を記述する場合は、「初期化処理」「ループ継続のための条件式」「ループごとの最後に実行される式」をセミコロン（;）で区切ります（図5.10）。

構文 for文の記法

```
for(❶初期化処理; ❷ループ継続の条件式; ❸ループごとの最後に実行される式) {
    ❷の式がtruthyの場合に繰り返し処理されるコードを記述
}
```

❶ **初期化処理**：初期化処理は、一般的にループで使用する変数を宣言するために使います。この処理は、**繰り返し処理が始まる一番初めのみ**実行されます。2回目以降のループでは実行されません。

❷ **ループ継続の条件式**：ループ継続のための条件式がtruthyである限り、forブロックの処理は繰り返し実行されます。条件式がfalsyになった瞬間にループを抜けます。

❸ **ループごとの最後に実行される式**：ループごとの最後に実行される式は、**各ループのforブロックの処理が終わったタイミング**で実行されます。一般的には、ループに使う変数のインクリメント処理（1を加算する処理）に使われます。

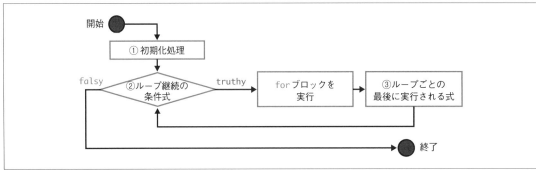

❖図5.10　for文の処理イメージ

基本的なfor文の例を見てみましょう。

▶基本的なfor文の使用例（basic_for.html）

```
      ❶      ❷      ❸
for( let i = 0; i < 5; i++ ) {      ❶ 初期化処理
    console.log( i );               ❷ ループ継続のための条件式
}                                    ❸ ループごとの最後に実行される式
```

実行結果　基本的なfor文の使用例

この例では、最初に初期化処理としてlet i = 0を実行しています。次に、条件式i < 5が評価され、iが5未満のときにブロック{ }内の処理が実行されます。ブロック{ }内のコードの実行が終わると、ループごとの最後に実行される式i++で、iの値に1を加算しています。そして、再び、条件式i < 5が評価される、という処理の流れが繰り返されます。

以上が基本的なfor文の処理の流れとなります。

note
for文の3つの式は、それぞれ省略することが可能です。for(;;)のように記述した場合には、while文の条件式にtrueを直接記述したwhile(true)と同じように、無限ループになります。
特定の条件でループを抜けるように記述したい場合には、break文と組み合わせて使いましょう。break文をwhile文やfor文のブロック内で使うことで、繰り返し処理を抜けて後続の処理を行うことができます。次の例では、Math.randomという関数で0～1までのランダムな値を取得し、その値が0.5より大きい場合にfor文の繰り返し処理を抜けます。

▶for文の条件式などを省略した場合の記法

```
for(;;) {
    const rand = Math.random();      // 0~1のランダムな値を取得
    console.log( rand );
    if( rand > 0.5 ) {
        // 0.5より大きい場合にfor文を抜ける
        break;
    }
}
```

練習問題 5.7

[1] 0〜9まで、3ずつカウントアップした数値をコンソールに出力する処理を、for文を使って記述してください。

▶想定される出力結果

```
> 0
> 3
> 6
> 9
```

5.3.3 配列とfor文

本項では、プログラミングで頻繁に利用される、for文を使った配列の繰り返し処理の方法について学んでいきます。

配列とは、複数の値を保持できるオブジェクトで、保持される値にはそれぞれ0から始まる添字（インデックスとも呼びます）が付与されます。配列の詳細は第11章で説明しますが、簡単に使い方を見ていきましょう。

構文 配列の定義

```
let 配列 = [ 値1, 値2, 値3, ... ];
```

※[ ]は、配列リテラルを定義するための記号です。省略可能を表す[ ]ではないので、注意してください。

上記のようにして定義した配列の要素には、0から順番に添字が割り振られることになります（図5.11）。また、配列の値には、すべてのデータ型の値を設定できます。

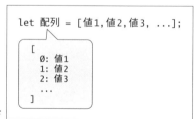

❖図5.11　配列のイメージ

それでは、実際に配列を定義して中身を確認してみましょう。配列に格納した各値には、添字を使ってアクセスできます。

▶配列の保持する値の取得・変更（array_modification.html）

```
const fruitArray = [ "りんご", "メロン", "みかん" ];

console.log( fruitArray[ Ø ] );  ──────────────── Ø番目（先頭）に格納された値の取得
> "りんご"
console.log( fruitArray[ 1 ] );  ──────────────── 1番目に格納された値の取得
> "メロン"

fruitArray[ Ø ] = "バナナ";  ──────────────── Ø番目に格納された値の変更
console.log( fruitArray[ Ø ] );
> "バナナ"
```

また、配列の要素数（配列に格納されている値の数）は、`length`プロパティから取得できます。

▶配列の長さを取得（array_length.html）

```
const numArray - [ 1, 2, 3, 4, 5, 6, 7 ];
console.log( numArray.length );
> 7
```

これらの配列の特徴を利用すると、配列の要素に対して次のような繰り返し処理を記述できます。

▶配列の要素に対して10ずつ加算（for_array.html）

```
const numArray = [ 1Ø, 2Ø, 3Ø ];

for(let index = Ø; index < numArray.length; index++) {  ──────────── ❶
  // 配列の値をコンソールに出力
  numArray[ index ] = numArray[ index ] + 1Ø;  ──────────── ❷
}

console.log( numArray );
> [ 2Ø, 3Ø, 4Ø ]
```

❶ `numArray.length`によって、配列の要素数を`for`ループの上限値としています。

❷ `index++`によって、`index`の値はØ, 1, 2 ...とインクリメントしていくため、`index`を使って配列から値を取得します。`numArray[ index ] + 1Ø`で元の配列の値に対して10を加算して、それを代入演算子によって配列の同じ添字の要素に新しい値として設定します。そのため、各要素に10加算した値が新しい要素として`numArray`に格納されます。

練習問題 5.8

[1] 配列内の数値をすべて加算した値（sum）を得るプログラムを、for文を使って記述してください。

▶配列の定義例

```
const arry = [ 10, 20, 23, 47 ];
```

5.3.4 for...in文

for...in文は、オブジェクトの要素に対して繰り返し処理を行うときに使います。

構文 for...in文の記法

```
for( const key in obj ) {
    オブジェクトの各プロパティに対する繰り返し処理
}
```

key：オブジェクトのプロパティが1つずつ渡されます。
obj：オブジェクトや配列を設定できます。

for...in文の簡単な例を見てみましょう。

▶for...in文を使ってオブジェクトの要素をすべてコンソールに出力（for_in.html）

```
const fruits = { apple: "りんご", banana: "バナナ", orange: "オレンジ" };

for( const key in fruits ) {
 console.log(`キー[${key}] 値:[${fruits[key]}]`);
}
```

実行結果 for...in文を使ってオブジェクトの要素をすべてコンソールに出力

 note 配列も同様に、for...in文を使って繰り返し処理を行うことができます。しかし、for...in文では、渡される要素の順番が担保されていません。そのため、基本的に配列に対してはfor文（5.3.3項）かfor...of文（5.3.7項）を使うとよいでしょう。

練習問題 5.9

[1] オブジェクト内のすべてのプロパティの値を加算した値を得るプログラムを作成してください。ただし、プロパティ名がskipの場合は、加算せずにスキップするようにしてください。

▶加算対象のオブジェクト

```
const obj = {
    prop1: 10,
    prop2: 20,
    skip: 20, ──────────────────────────── この値は加算しない
    prop3: 23,
    prop4: 47,
};
```

for...in文と列挙可能性 `レベルアップ` `初心者はスキップ可能`

本項では、**for...in文**の挙動に関わる列挙可能性について見ていきましょう。for...in文で繰り返し処理を行ったときに取得されるプロパティは**列挙可能プロパティ**と呼び、その設定を**列挙可能性**（enumerable）と呼びます。つまり、列挙可能性が有効なプロパティはfor...in文の取得対象となり、無効なプロパティはfor...in文で取得されません。

それでは、なぜこの列挙可能性が必要なのでしょうか。

for...in文はオブジェクトの要素を列挙するときに使いますが、時には列挙したくないプロパティをオブジェクトに保持する必要がある場合があります。たとえば、配列（第9章で説明しますが、配列もオブジェクトの一種です）の場合には配列の要素数をlengthというプロパティに保持していますが、length自体は配列の要素でないため、for...in文では取得したくありません。そのため、lengthプロパティでは、デフォルトで列挙可能性が無効な状態になっています。

▶配列のlengthプロパティはfor...in文では取得されない

```
// 配列を定義
const arry = [ "リンゴ", "バナナ" ];

// 配列のキーをループで取得
for( const key in arry ) {
    console.log( key );
}

// 配列の中身を確認
console.log( arry );
```

実行結果 配列のlengthプロパティはfor...in文では取得されない

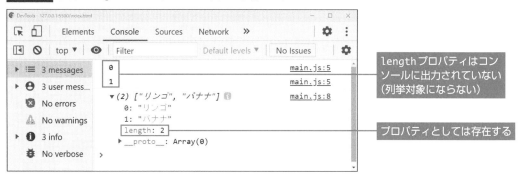

このような制御を行うために列挙可能性が存在します。以降の説明では、実際にコードで列挙可能性の確認を行いますが、少し高度な内容になるので、初心者はいったん飛ばして進んでもらってもかまいません。基本的には、列挙可能性がどのような概念なのかだけ知っていれば、実際の開発で特に困ることはないでしょう。興味のある方は引き続き、列挙可能性について読み進めてください。

列挙可能性の設定は、**プロパティ記述子**（**ディスクリプタ**とも呼びます）というオブジェクトのプロパティとして保持されています（図5.12）。なお、プロパティ記述子にはデータ記述子とアクセサー記述子の2つの設定が存在し、列挙可能性はデータ記述子に分類されます。

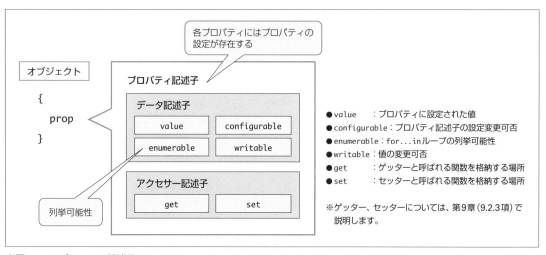

❖図5.12　プロパティ記述子

このプロパティ記述子は、プロパティの挙動を制御する隠し設定のようなもので、あとで紹介するメソッドを使わない限り、確認することも変更することもできません。そのため、通常、オブジェクトに対してプロパティを設定するときには、プロパティ記述子を意識することはありません。しかし、実はオブジェクトの各プロパティはプロパティ記述子を持っており、その設定値を変更することで、プロパティの挙動を変えることができます。

point
● 各プロパティは、プロパティ記述子によってプロパティの挙動を制御している。

たとえば、これまでのようにオブジェクトリテラルやドット演算子でオブジェクトのプロパティに値を設定した場合、プロパティ記述子内の列挙可能性の設定にはデフォルト値として true が設定されるため、for...in 文の列挙対象となります。この設定値は、Reflect.getOwnPropertyDescriptor（または Object.getOwnPropertyDescriptor）メソッドで確認できます。

構文 Reflect.getOwnPropertyDescriptor/Object.getOwnPropertyDescriptor の記法

```
const プロパティ記述子 = Reflect.getOwnPropertyDescriptor( オブジェクト名, "プロパティ名" );

const プロパティ記述子 = Object.getOwnPropertyDescriptor( オブジェクト名, "プロパティ名" );
```

　それでは、Reflect.getOwnPropertyDescriptor を使って、オブジェクトリテラルでプロパティと値を設定したときの列挙可能性を確認してみましょう。

▶プロパティ記述子の確認（check_descriptor.html）

```
const obj = { prop: "値" };
const propDesc = Reflect.getOwnPropertyDescriptor( obj , "prop" );
console.log( propDesc );
```

実行結果 プロパティ記述子の確認

　このように、通常のプロパティの設定方法では、列挙可能性（enumerable）には true が設定されるため、for...in 文での列挙対象になります。

　この列挙可能性をたとえば false に変更すると、そのプロパティは for...in 文の列挙対象から外れることになります。プロパティ記述子の設定を変更するには、Reflect.defineProperty（または Object.defineProperty）メソッドを使います。

構文 プロパティ記述子の設定方法

```
Reflect.defineProperty( 設定対象のオブジェクト, "プロパティ名", プロパティ記述子 );

Object.defineProperty( 設定対象のオブジェクト, "プロパティ名", プロパティ記述子 );
```

　それでは、実際にオブジェクトに対して列挙可能性を無効にしたプロパティを追加してみましょう。

▶プロパティ記述子の設定（change_descriptor.html）

```
const obj = { prop1: "これは列挙可能プロパティです。"};

Reflect.defineProperty(obj, "prop2", { value: "これは列挙可能プロパティではありません。", ⏎
enumerable: false });

for( const key in obj ) {
  console.log( key, obj[ key ] );
}
> prop1 これは列挙可能プロパティです。
```

このように、列挙可能性（enumerable）を無効にしたプロパティは、for...in文の列挙対象にならないことが確認できます。

プロパティ記述子には、enumerable以外にもvalue（値の格納場所）、writable（値の変更可否）、configurable（プロパティ記述子の設定変更可否）などを設定するプロパティがあります。ここでは詳しい説明を割愛しますが、プロパティにはこのようにプロパティの挙動を定義する設定があることを知っておいてください。

━━ 練習問題　5.10 ━━

[1] 配列には、デフォルトでlengthプロパティがありますが、これが列挙対象にならないことをコードで確認してください。

5.3.6　for...in文とSymbol　レベルアップ　初心者はスキップ可能

ES6で追加されたSymbol型のプロパティも、for...in文の列挙対象にならないため、注意してください（Symbol型の場合、列挙可能性がtrueであっても、for...in文の列挙対象にはなりません）。

▶Symbol型はfor...inの列挙対象にはならない（for_in_symbol.html）

```
const s = Symbol();
const obj = { [s]: "Symbol型のプロパティのため、列挙対象とはなりません。" };

for( const key in obj ) {
  console.log( key, obj[key] );
}
>                                                      コンソールには何も表示されない
```

for...of文

for...of文では、**反復可能オブジェクト**に対する繰り返し処理を記述できます。反復可能オブジェクトとは、その名のとおり、反復処理が可能なオブジェクトという意味ですが、詳細は第12章で説明します。代表的な反復可能オブジェクトとしては配列（Array）やMap、Setなどがあるため、本項ではひとまず、for...of文でこれらのオブジェクトに対して繰り返し処理を記述できる、ということを覚えてください。配列（Array）やMap、Setの詳細については、第11章で説明します。

構文 for...of文の記法

```
for( const value of iterable ) {
    反復可能オブジェクトの各要素に対する繰り返し処理
}
```

| value | ：反復可能オブジェクトの種類によって渡される値が変わります。配列やSetの場合は値が渡されますが、Mapの場合はプロパティと値が対になった配列が[プロパティ , 値]という形式で渡されます。 |
| iterable | ：反復可能オブジェクト（配列、Map、Set、String、argumentsなど）を設定できます。 |

それではさっそく、配列を使った例について見ていきましょう。配列に対してfor...of文で繰り返し処理を行った場合には、要素の値が渡されます。

▶for...of文を使って配列の各値をコンソールに出力（for_of.html）

```
const fruits = [ "りんご", "バナナ", "オレンジ" ];

for( const value of fruits ) {
    console.log( value );
}
> りんご
> バナナ
> オレンジ
```

一方、Mapオブジェクトに対してfor...of文で繰り返し処理を行った場合には、プロパティと値が対で格納されている配列が渡されます。

▶for...of文を使ってMapの各値をコンソールに出力（for_of_map.html）

```
const map = new Map;
map.set( "apple", "りんご" ); ──────────────── キーと値のペアをMapに登録
map.set( "banana", "バナナ" );

for( const row of map ) {
    // 配列の0番目にキー、1番目に値が格納されている
    console.log( row[ 0 ], row[ 1 ] );
}
```

```
> apple りんご
> banana バナナ
```

また、Mapのループを記述する場合には、**分割代入**と組み合わせて使うこともあります。分割代入については、11.1.6項で詳しく説明します。

▶分割代入によってキーと値を個別の変数に直接取得 (for_of_destructuring.html)

```
const map = new Map;
map.set( "apple", "りんご" );      // キーと値のペアをMapに登録
map.set( "banana", "バナナ" );

for( const [ key, value ] of map ) { ───────────────────────── 分割代入
    // 分割代入構文により、任意の変数名でキーと値を受け取り、ループ内で使用可能
    console.log( key, value );
}
> apple りんご
> banana バナナ
```

練習問題 5.11

[1] 配列内の数値をすべて加算した値（sum）を得るプログラムを、for...of文を使って記述してください。また、この配列には、数値以外の値も格納される可能性があるものとします。

ヒント 数値型であることを判定するには、typeof演算子を使いましょう。

▶配列の定義例

```
const arry = [ 1Ø, "文字列", 2Ø, true, 23, 47 ];
```

5.3.8 オブジェクトをfor...of文で使う レベルアップ 初心者はスキップ可能

オブジェクトリテラル{ }で定義したオブジェクトは、反復可能オブジェクトではないため（理由は第12章で説明）、for...of文では使えません。しかし、Objectの静的メソッドを使うことで、for...of文で利用できる配列や反復可能オブジェクトへ変換できます。静的メソッドについては、第9章で詳しく扱います。

◆ プロパティの配列を取得する場合

オブジェクトのプロパティに対して繰り返し処理を行いたい場合は、Object.keysを使ってプロパティの配列を取得します。

Object.keysの記法

```
const プロパティの配列 = Object.keys( オブジェクト );
```

▶オブジェクトのプロパティを配列で取得（object_keys.html）

```
const fruits = { apple: "リンゴ", banana: "バナナ" };
const props = Object.keys( fruits );
console.log( props );
> [ "apple", "banana" ]

// for...of文でプロパティの配列をループ
for( const prop of props ) {
  console.log( prop, fruits[ prop ] );
}
> apple リンゴ
> banana バナナ
```

◆値の配列を取得する場合

オブジェクトの値に対して繰り返し処理を行いたい場合は、`Object.values`を使って値の配列を取得します。

構文 Object.valuesの記法

```
const 値の配列 = Object.values( オブジェクト );
```

▶オブジェクトの値を配列で取得（object_values.html）

```
const fruits = { apple: "リンゴ", banana: "バナナ" };
const values = Object.values( fruits );
console.log( values );
> [ "リンゴ", "バナナ" ]

// for...of文で値の配列をループ
for( const value of values ) {
  console.log( value );
}
> リンゴ
> バナナ
```

オブジェクトの値のみ必要な場合には、`Object.values`を使うとよいでしょう。

◆ プロパティと値のペアを配列で取得する場合

オブジェクトのプロパティと値を繰り返し処理で利用したい場合は、Object.entriesを使ってプロパティと値のペアを配列として取得します。

▶プロパティと値をペアで保持する配列を取得（object_entries.html）

```
const fruits = { apple: "リンゴ", banana: "バナナ" };
const entries = Object.entries( fruits );
console.log( entries );
> [ [ apple, "リンゴ" ], [ banana, "バナナ" ] ]

// for...of文でプロパティと値のペアの配列をループ
for( const entry of entries ) {
  console.log( entry[0], entry[1] );  ──────────── 0番目にプロパティ、1番目に値が格納されている
}
> apple リンゴ
> banana バナナ
```

また、Object.entriesを使う場合は、プロパティと値が[apple, "リンゴ"]のような配列に変換されるため、Mapと同様に分割代入を使った記法を利用できます。

▶分割代入を使った省略記法（entries_destructuring.html）

```
for( const [ key, value ] of Object.entries( { apple: "リンゴ", banana: "バナナ" } ) ) {
  console.log( key, value );
}
> apple リンゴ
> banana バナナ
```

> *Column* ▶ **for文、for...in文、for...of文の使い分け**
>
> ここまで、for、for...in、for...ofという3種類のfor文について見てきましたが、配列とオブジェクトで次のように使い分けるとよいでしょう。
>
> **配列のループ**
> 　for文またはfor...of文を使いましょう。for...of文を使う場合は添字が取得できないため、添字が必要な場合にはfor文を使うとよいでしょう。
>
> **オブジェクト（Object）のループ**
> 　オブジェクトは、for文ではループ処理を記述できません。プロパティのみ必要な場合にはfor...in文で繰り返し処理を記述してもよいですが、その際には列挙可能性について注意してください。Object.valuesやObject.entriesを使った書き方は、とても有用でモダンな書き方です。積極的に取り入れてみてください。

練習問題 5.12

[1] オブジェクト内のすべてのプロパティの値を加算した値（sum）を得るプログラムを、for...of文を使って作成してください。ただし、値が数値以外の場合またはプロパティ名がskipの場合は、加算せずにスキップするようにしてください。

▶オブジェクトの定義例

```
const obj = {
    prop1: 1Ø,
    prop2: "文字列",
    prop3: 2Ø,
    skip: 2Ø,
    prop4: true,
    prop5: 23,
    prop6: 47,
};
let sum = Ø;    // sumに値を加算していく
```

5

制御構文

5.3.9 break文

　break文を使うことで、break文を含むブロックの処理を抜けて後続の処理を行います（図5.13）。break文は主にwhile文、for文、switch文のブロック内で使いますが、あとで紹介するlabel文と組み合わせて使うことでif文などの処理を抜けることができます。

　たとえば、次のように使います。

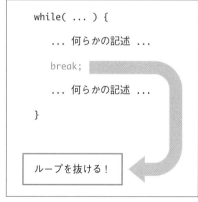

```
while( ... ) {
    ... 何らかの記述 ...
    break;
    ... 何らかの記述 ...
}

ループを抜ける！
```

❖図5.13　break文の処理イメージ

▶break文を使ってループから抜け出す例（break.html）

```
let i = Ø;
while ( true ) {

    if ( i > 3 ) {
        break;                                    ── iが3より大きい場合にwhileループを抜ける
    }
```

```
    console.log( i );
    i++;

}
> 0
> 1
> 2
> 3
```

練習問題　5.13

[1] 以下の配列を for...of 文を使ってループし、配列の値をコンソールに1つずつ出力してください。ただし、"break" という文字列が配列から取得されたタイミングで、ループ処理を抜けるようにしてみてください（"break" という文字もコンソールログに出力してからループを抜けてください）。

▶対象の配列

```
const breakTestArry = [ "ぬけない", "not break", "break", "この前で抜ける" ];
```

5.3.10 continue文

　continue文がwhile文やfor文のような繰り返し処理の中で呼び出された場合には、現在のループ中の処理を中断して、次のループをブロックの最初から実行します（図5.14）。
　たとえば、次のように使います。

❖図5.14　continue 文の処理イメージ

▶continue文の使用例（continue.html）

```
let i = 0;
while ( i < 8 ) {

    i++;
```

```
    if ( i % 2 ) {     // 奇数のときにtrue、偶数のときにfalse

        // 奇数のときに以降のコードを実行せず、ブロックの先頭に処理を移す
        continue;
    }

    console.log( i );     // 奇数のときにはこの行は実行されない

}
> 2
> 4
> 6
> 8
```

練習問題 5.14

[1] for文とcontinue文を使って、次のように3回目のループのみ出力しないプログラムを作成してください。

> 1回目のループです。
> 2回目のループです。
> 4回目のループです。

5.3.11 label文

label文は、ブロック{ }に対してラベル（任意の名前）を付与します。continue文やbreak文でラベルを指定することで、そのブロックに対してcontinueやbreakの操作を行います（図5.15）。

continue文と組み合わせて使う場合は、for文やwhile文などの繰り返し処理のブロックに付与したラベルのみ指定できます。一方、break文と組み合わせて使う場合は、繰り返し処理以外のブロック（たとえばif文など）に付与したラベルも指定できます。

```
parent: for( ... ) {
  for( ... ) {
    for( ... ) {
        ...
        break parent;
        ...
    }
  }
}
```

parentラベルの
ループを抜ける！

❖図5.15　label文の処理イメージ

```
labelName: { break labelName; }
labelName: if( ... ) { break labelName; }
labelName: switch( ... ) { case …: break labelName; }
labelName: for ( ... ) { [ continue | break ] labelName; }
labelName: while ( ... ) { [ continue | break ] labelName; }
```

labelName：ブロック{ }に対して付与するラベル（任意の名前）です。

　たとえば、複数のループ処理が入れ子になっている状態で、すべてのループを抜ける処理を実装したい場合には、label文とbreak文を使います。

▶すべてのループをbreak文で抜ける処理（label.html）

```
const str = [ "a", "b", "c" ];
const num = [ 10, 20, 30 ];

alphabet:
for( let i = 0; i < str.length; i++ ) {
    numeric:
    for( let j = 0; j < num.length; j ++ ) {
        console.log( `アルファベット: [ ${ str[ i ] } ]`, `数値: [ ${ num[ j ] } ]` );

        if( str[ i ] === "b" && num[ j ] === 30 ) {
            break alphabet;  ───────────────────── 親のループ（alphabet）に対するbreak処理
        }
    }
}
> アルファベット: [a] 数値: [10]
> アルファベット: [a] 数値: [20]
> アルファベット: [a] 数値: [30]
> アルファベット: [b] 数値: [10]
> アルファベット: [b] 数値: [20]
> アルファベット: [b] 数値: [30]
```

　また、C/C++などのプログラミング言語では特定の場所まで処理をスキップできるgoto文がありますが、JavaScriptにはありません。そのため、goto文のような処理を実装したい場合も、break文とlabel文を組み合わせて記述します。

▶条件に応じてブロック内の処理をスキップ（goto_like.html）

```
block: {
    const rand = Math.random();
    if( rand > 0.5 ) {
        break block;
```

```
    }
    console.log( "0.5より大きいときはスキップされます。" );
}
console.log( "blockの後続処理です。" );
```

実行結果 条件に応じてブロック内の処理をスキップ

※randが0.5より大きいときのコンソールの出力結果。

☑ この章の理解度チェック

[1] for文

次のプログラムをfor文を使って書き直してください。

```
let i = 5;

while ( i < 10 ) {
    console.log( i );
    i++;
}
```

[2] If...elseチェーン

for文を使って、1から100までの数をコンソールに出力するプログラムを作成してください。また、作成するプログラムでは、次の条件も満たしてください。

● 3の倍数のときは、その数の代わりに「Fizz」を出力する。
● 5の倍数のときは、その数の代わりに「Buzz」を出力する。
● 3の倍数かつ5の倍数のときは、その数の代わりに「Fizz Buzz」を出力する。

[3] for...in文と列挙可能性

次の空欄を埋めて、文章を完成させてください。

for...in文は、オブジェクトから1つずつプロパティを取り出して繰り返し処理を行うためのものですが、すべてのプロパティが取り出されるわけではありません。for...in文で取り出されるプロパティのことを 　①　 プロパティと呼びます。

たとえば、オブジェクト**obj**のプロパティ**prop**が 　①　 であるかどうかは、プロパティ**prop**の設定を保持している 　②　 と呼ばれるオブジェクトを、次のように取得することで確認できます。

```
const propDesc = Reflect.getOwnPropertyDescriptor( obj , "prop" );
console.log( propDesc );
```

取得したオブジェクト（propDesc）の 　③　 というプロパティの値が**true**かどうかで 　①　 であるかどうかが決まります。

[4] for...of文

次のようなオブジェクトがあるとします。

```
const capitals = {
    日本: "東京",
    アメリカ: "ワシントン",
    イギリス: "ロンドン"
};
```

for...of文と分割代入、**Object.entries**を使って、オブジェクトのプロパティの値をすべて、次のフォーマットでコンソールに出力してください。

▶フォーマット

日本の首都は東京です。

[5] 例外処理

次のプログラムの**console.log**による出力の結果がどのようになるのかを確認してください。そして、そのように出力される理由を答えてください。

```
try {
    console.log("tryブロックの処理を開始します。");
    throw "例外を投げました。";
    console.log("tryブロックの処理を終了します。");
} catch ( e ) {
    console.error( "catchブロックの処理を開始します。" );
    console.error( "catchした値：" + e );
    console.error( "catchブロックの処理を終了します。" );
} finally {
    console.log("finallyブロックの処理を実行します。");
}

console.log( "try/catch/finally文の後続のコードを実行します。" );
```

Chapter **6**

関数

関数とは、**インプット**（入力）を受け取り、何らかの処理を行ってから結果として**アウトプット**（出力）を返す、一連の処理のまとまりのことです（図6.1）。

関数を使って処理をまとめることによって、同じ処理を何度も書く必要がなくなり、コードの再利用性や保守性を高めることができます。そのため、実用的なプログラムを書くときには、同じ処理は関数にまとめます。本章では、JavaScriptにおける関数の使い方や特徴について学んでいきます。

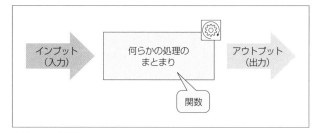

❖図6.1　関数

6.1 　関数の定義方法

それではまず、関数の定義方法から確認していきましょう。JavaScriptで関数を定義する方法は、主に次の2種類があります。

- 関数宣言によって定義する方法
- 関数式によって定義する方法

基本的にどちらの方法でも同じように関数を定義できます。これら2つの方法について、まずは確認してみましょう。

6.1.1 　関数宣言による関数の定義

関数宣言で関数を定義する場合は、`function`キーワードに続けて関数名を記述します。関数に渡すインプットは**引数**と呼び、関数名に続く()内に設定します。関数のアウトプットは**戻り値**と呼び、`return`に続けて値を設定します。

構文 関数宣言による関数の定義

```
function 関数名( [ 引数1, 引数2, ... ] ) {

    関数を実行したときに実行したいコード

    [ return 戻り値; ]
}
```

※[return 戻り値;]の[ ]は、return 戻り値;という記述が省略可能であることを表します

このように定義した関数を実行するには、次のように記述します。右辺で関数名（と引数）を指定して関数を実行し、左辺の変数に関数の戻り値を格納します。また、戻り値（関数の実行結果）が必要ない場合には、戻り値を変数に代入する必要がないため、左辺の変数は省略できます。

構文 関数を実行する方法

> **戻り値を変数に格納する場合**
> `let 戻り値を格納する変数 = 関数名( [ 引数1, 引数2, ... ] );`
>
> **戻り値が必要ない場合**
> `関数名( [ 引数1, 引数2, ... ] );`

　たとえば、次のようにして関数の定義（宣言）と実行を行います。

▶関数の定義と実行（function_declaration.html）

```
// 関数の宣言
function sum( val1, val2 ) {
    return val1 + val2;                                          ❷
}

// 関数の実行
let result = sum( 10, 20 );                                     ❶❸
console.log( result );
> 30
```

　上記コードの関数の実行は、次のような流れで処理されます。図6.2とあわせて確認してください。

❶関数の実行

　`sum( 10, 20 )`のように関数名の末尾に`( )`を付けると、関数の実行を表します。そのため、`sum`という名前で宣言された関数が実行されます。このとき、末尾の丸括弧`( )`に`10, 20`を設定しているため、これが関数`sum`の実行時に使う引数として渡されます。

❷関数の実行元に戻り値を返す

　`return`文で設定した戻り値（`val1 + val2`）が関数を実行した結果として、関数の実行元（呼び出し元）に返されます。

❸関数の実行結果をresultに代入

　代入演算子（`=`）によって、関数`sum`の実行結果が変数`result`に代入されます。

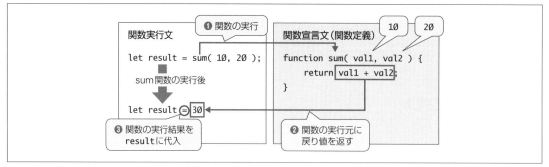

❖図6.2　関数の定義と実行

　これは非常にシンプルな関数の例ですが、もっと複雑な処理を行う関数でも、基本的な役割は変わりません。関数は、何らかのインプット（引数）を受け取り、関数内のコードを実行した後にアウトプット（戻り値）を実行元に返します。

練習問題　6.1

[1] 2つの引数で数値を受け取り、その積を計算して返す関数multiplyを定義してください。関数を定義したら、次のコードを実行して結果も確認してください。

```
console.log( multiply( 7, 9 ) );
console.log( multiply( -11, 9 ) );
```

6.1.2 　引数と戻り値

JavaScriptの関数宣言時に設定する引数と戻り値の基本的な特徴について見ていきましょう（図6.3）。

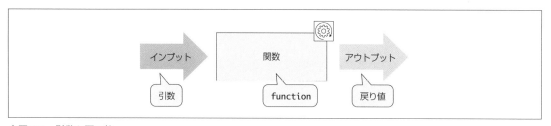

❖図6.3　引数と戻り値

◆引数

JavaScriptの引数には、次のような特徴があります。

- 引数は、関数の中で変数と同じように使用できる。
- 引数の命名規則は、変数（識別子）の命名規則に準拠する。
- 引数を受け取る必要がない関数は、引数を省略できる。
- 引数を複数個設定する場合には、カンマ（,）で引数同士を区切る。
- 関数宣言時に設定する引数を**仮引数**、関数実行時に渡す引数を**実引数**と呼び分けることがある（図6.4）。

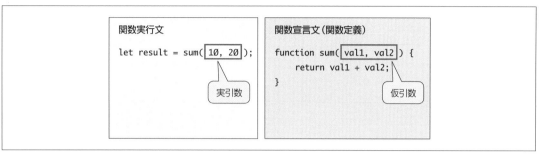

❖図6.4　仮引数と実引数

- 引数が複数個ある場合には、実引数で渡した順番で仮引数に値が渡される（図6.5）。

```
関数実行文                    val1 = 10
         結果：Ø.5            val2 = 20    関数宣言文（関数定義）
let result1 = div( 10, 20 );
                               function div( val1, val2 ) {
let result2 = div( 20, 10 );       return val1 / val2;
         結果：2                }
                    val1 = 20
                    val2 = 10
```

❖図6.5　実引数の順番で仮引数に値が渡る

- 実引数の個数と仮引数の個数が一致しない場合には、図6.6のような挙動を取る。

```
            実引数の個数 ＞ 仮引数の個数    関数宣言文（関数定義）

            sum( 10, 20, 30 );           function sum( val1, val2 ) {
val1 = 10                                    return val1 + val2;
val2 = 20   実引数の個数 ＜ 仮引数の個数     }
3Øは無視
            sum( 10 );

                    val1 = 10
                    val2 = undefined
```

❖図6.6　実引数の個数と仮引数の個数が一致しない場合

● 実引数は、関数内でのみ使用できる**arguments**という特殊なオブジェクトにも渡される（図6.7）。これは、仮引数を設定しない場合でも、実引数の値を関数内で取得できることを表している。また、このように引数の個数が決まっていない状態を**可変長引数**と呼ぶ（あまり使う機会はないため、参考程度に知っておくとよいでしょう）。

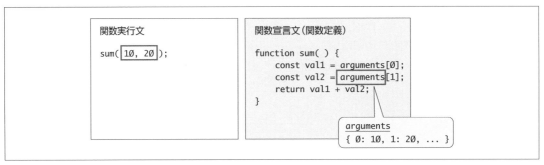

✤図6.7　argumentsオブジェクトにも実引数が渡される

　関数の引数は、あくまでその関数内でのみ有効な識別子です。そのため、関数の外では、引数に与えた識別子にアクセスすることはできないので、注意してください。また、実引数には、変数を設定することも可能です。

▶引数は関数内でのみ有効な識別子（arguments.html）

```
let externalVal = 3;

// 関数宣言
function add5( internalVal ) {
  return internalVal + 5;                   引数（internalVal）はこの関数内で有効
}

const result = add5( externalVal );         実引数に変数（externalVal）を設定

console.log( result );
> 8;

console.log( internalVal );                 関数外から引数にアクセスするとエラーが発生！
```

練習問題　6.2

[1] 引数なしの関数noArgumentFuncを関数宣言で定義して、実行してください。また、実行したときに、コンソールに「引数がない関数です。」と出力されるようにしてください。

[2] 2つの引数を掛け算した値をコンソールに出力する関数multiplyを定義して、実行してください。また、関数multiplyの実行結果から、関数multiplyに対して3つ以上引数を渡したときに、3つ目以降の実引数が無視されることも確認してください。

```
multiply( 2, 3 );
> 6
multiply( 15, 2, 10 );
> 30
```

[3] 次の関数を引数なし、実引数を1つ、実引数を2つで実行して、コンソールに表示されるログを確認し、
実引数を設定しなかったときに引数にundefinedが渡されることを確認してください。

```
function twoArgumentFunc( arg1, arg2 ) {
    console.log("arg1:", arg1);
    console.log("arg2:", arg2);
}
```

◆戻り値

　JavaScriptにおける戻り値には、次のような特
徴があります。

- 戻り値は、関数内のreturn文で設定した
  値になる。
- return文は複数記述できるが、一番初め
  のreturn文が呼び出された時点で関数の
  処理は終了する（図6.8）。
- return;のように記述して戻り値を設定
  しない場合は、undefinedが実行元に返
  される。

```
関数宣言文

function sum ( val1, val2 ) {
    return val1 + val2;
    return val1 * val2;
}
```
この時点で処理は終了！
次の行は実行されない

❖図6.8　return文が呼び出された時点で関数は終了

- return文が関数内に存在しない場合は、関数の最終行まで処理が完了した時点でundefinedが実行元に
  返される。
- returnによって戻り値が関数から返される場合でも、必ずしも実行文で戻り値を受け取る必要はない
  （図6.9）。

```
関数実行文

let result = sum( 10, 20 );
sum( 20, 10 );
```
どちらも問題なく
実行される

```
関数宣言文（関数定義）

function sum ( val1, val2 ) {
    return val1 + val2;
}
```

❖図6.9　戻り値は無視しても問題はない

戻り値で特筆すべき点としては、return文が実行されると、関数の処理がその時点で終了することです。そのため、if文などと組み合わせて強制的に関数を終了するためにreturn文が使われることがあります。

▶return文によって関数の処理を終了（return.html）

```
function printSum( a, b ) {

    // 数値型以外が引数に渡されたときには関数の処理を終了
    if( typeof a !== "number" || typeof b !== "number"  ) {

        console.log( "引数が不正なデータ型のため、関数の処理を終了します。" );

        return;
    }

    console.log( a + b );

}

// 文字列を渡した場合
let result = printSum( "10", "20" );
> 引数が不正なデータ型のため、関数の処理を終了します。

console.log( result );
> undefined

// 数値を渡した場合
printSum( 10, 20 );
> 30
```

このreturn文が実行されると関数（printSum）の処理は終了し、関数の呼び出し元（❶）に処理が戻る。returnに値を設定しない場合は戻り値がundefinedになる

❶

練習問題　6.3

[1] 関数の実行結果（戻り値）として"Hello World"を返す関数helloを作成、実行して、その結果をコンソールに出力してください。

[2] 引数（personName）として渡された値が文字列の場合に、「こんにちは、{personName}」とコンソールに出力する関数（hello）を定義してください。また、引数の値が文字列でない場合には、「引数に文字列を渡してください。」とコンソールに出力してください。

[3] 次の関数fn1、fn2を実行したときの戻り値を答えてください。

```
function fn1() {
    const val = 1 + 1;
    console.log( val );
}
function fn2() {
    console.log( 7 % 3 );
    return;
}
```

6.1.3 関数式による関数定義

関数の定義は、代入演算子を使って変数に対して関数式を代入することでも行うことができます。

構文 関数式による関数定義

```
const 関数名 = function( [ 引数1, 引数2, ... ] ) {

    何らかの処理

    [ return 戻り値; ]
}
```

※[return 戻り値;]の[ ]は、return 戻り値;という記述が省略可能であることを表します。

構文 関数を実行する方法

```
let 戻り値を格納する変数 = 関数名( [ 引数1, 引数2, ... ] );
```

関数式による関数定義では、const 関数名 = function() { ... }というように関数を定義しています。関数式で定義した関数も、関数宣言で定義した関数と同じように使うことができます。

▶関数式の使用例（function_expression.html）

```
const minus = function( val1, val2 ) {
 return val1 - val2;
}

let result = minus( 10, 5 );

console.log( result );
> 5
```

関数宣言または関数式のどちらで定義しても、関数の使用方法や機能に大きな違いはありませんが、細かいところで異なる部分があるため、その点について確認していきましょう。

◆関数宣言と関数式の違い① —— 関数名の重複

関数名が重複している場合の挙動が異なります。

関数宣言の場合

関数宣言で関数名が重複している場合、エラーにはならず、**あとから宣言されたほうの関数によって機能が上書きされる**ことになります。

▶関数宣言で関数名が重複している場合（chofuku.html）

```javascript
function chofuku() {
    console.log( "こんにちは" );
}

function chofuku() {
    console.log( "さようなら" );
}

chofuku();
> さようなら ──────────────────────────── あとに定義された関数が実行される
```

関数式の場合

関数式で関数名が重複している場合には、**エラーが発生**します。

▶関数式で関数名が重複している場合（chofuku.html）

```javascript
const chofuku = function() {
    console.log( "こんにちは" );
}

const chofuku = function() { ──────────────────── エラーが発生！！
    console.log( "さようなら" );
}
```

これは、関数式で使っている const というキーワードが、同じ変数名で宣言したとき（変数の再宣言時）にエラーを発生させるためです。

point
- 関数宣言で関数名が重複している場合は、あとから宣言された関数で上書きされる。
- 関数式で関数名が重複している場合には、エラーが発生する。

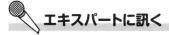

Q : 関数宣言で関数の定義を行った場合には、重複を避ける方法はないのでしょうか？

A : 関数宣言の場合でも、ES6で追加されたES Modulesという機能を有効化することによって、重複した関数名が使われたときにエラーを発生させることができます。なお、ES Modulesを有効化してコードを記述するのが、現在のJavaScriptプログラミングのトレンドです。ES Modulesの詳細は第16章で説明します。

▶ES Modulesを有効化して関数名の重複エラーを発生させる（chofuku_esm.html）

```
<script type="module"> ──────── type="module"属性を付与するとES Modulesが有効化

    function chofuku() {
        console.log("hello");
    }

    function chofuku() { ──────── エラーが発生！！
        console.log("bye");
    }
> Uncaught SyntaxError: Identifier 'chofuku' has already been declared ─┐
                    ［意訳］構文に関するエラー：chofukuはすでに宣言されています。
</script>
```

なお、上記のコードでは、2つ目の関数の宣言時にエラーが発生します。

◆関数宣言と関数式の違い② ── 実行文の記述位置

関数の宣言部より前に関数の実行文を記述できるかどうかが変わってきます。

関数宣言の場合

関数宣言で関数定義を行った場合には、**関数の宣言文より前に実行文を記述できます。**

▶実行文を関数宣言文より前に記述

```
hello();
> こんにちは

function hello() {
    console.log( "こんにちは" );
}
```

関数宣言より前に関数を実行しているため、一見エラーになりそうですが、関数宣言で関数定義を行った場合にはエラーになりません。

関数式の場合

関数式で関数定義を行った場合には、関数定義より前に実行文を記述するとエラーが発生します。

▶実行文を関数式より前に記述

```
hello();                                                        エラーが発生！！
> Uncaught ReferenceError: hello is not defined
                                        [意訳] 参照に関するエラー：helloは定義されていません。

const hello = function() {
    console.log( "こんにちは" );
}
```

関数式を使う場合には、関数の定義より前に関数を実行するとエラーが発生するので、注意してください。

練習問題 6.4

[1] 「関数宣言による関数定義」を行った場合は、関数宣言より前で関数を呼び出せることを、コードを作成、実行して確認してください。

[2] 「関数式による関数定義」を行った場合は、関数式の記述より前で関数を呼び出そうとするとエラーが発生することを、コードを作成、実行して確認してください。

6.1.5 Functionコンストラクタによる関数定義
`レベルアップ` `初心者はスキップ可能`

関数は、Functionコンストラクタというコンストラクタ（第9章で説明）を使って作成することもできます。コンストラクタ（コンストラクタ関数とも呼びます）とは、オブジェクトを作成するために使う特別な関数のことです。Functionコンストラクタは、通常は使わないため、参考程度に知っておけばよいでしょう。

Functionコンストラクタを使う場合には、関数を文字列から作成できます。

構文 Functionコンストラクタの記法

```
const 関数名 = new Function( [ "引数1", "引数2", ... , ] "本文" );
```

引数1、引数2：関数の引数名を文字列で定義します。
本文　　　　：最後の引数が関数の本文です。これも文字列で定義します。

▶Functionコンストラクタを使った関数の作成（fn_constructor.html）

```
// 関数addをFunctionコンストラクタから作成
const add = new Function( "val1", "val2", "return val1 + val2;" );
```

```
// 関数（add）の実行
const result = add( 1, 2 );

console.log( result );
> 3
```

このようにFunctionコンストラクタを使って関数を作成する場合には、**引数や関数の本文を文字列として定義**できます。そのため、Functionコンストラクタは、動的に（コードの実行状況に応じて）関数を作成できます。ただし、一般的に関数定義は、関数宣言または関数式を使って行います。**Functionコンストラクタを使う必要がある場合には、脆弱性（セキュリティホール）が発生しないように注意する必要があります。**

note Functionコンストラクタは文字列から関数を作成できますが、文字列を直接コードとして実行する方法に**eval**関数があります。これもセキュリティ上の理由から、やむを得ない場合を除いては使うべきではありません。evalの使用はなるべく避けるようにしましょう。

▶evalで文字列をコードとして実行

```
eval( "console.log( 1 + 2 );" );
> 3
```

6.2 関数を使いこなすために

ここまでJavaScriptの関数の基礎を学んできましたが、本節ではJavaScriptの関数が持つ便利な機能や使用上の注意点について見ていきましょう。

6.2.1 デフォルト引数

JavaScriptの関数では、**デフォルト引数**という機能を使うことができます。デフォルト引数を設定することで、関数実行時に値が渡されなかった仮引数に対して**デフォルト値（初期値）**を設定できます。

構文 デフォルト引数の記法

```
function( arg1 = 初期値1, arg2 = 初期値2 ) { ... }
```

▶デフォルト引数による初期値の設定（default_args_1.html）

```
function plus( a, b = 5 ) {
    return a + b;
}
```

```
// 引数を1つしか渡さない場合
console.log( plus( 1 ) );
> 6 ──────────────────── 引数bには、デフォルト引数の5の値が設定されて計算される


// 引数を2つ渡した場合
console.log( plus( 1, 10 ) );
> 11 ──────────────────── a = 1, b = 10で計算される
```

また、**デフォルト引数の値が設定されるのは、仮引数に渡ってきた値が**undefined**の場合に限ります。**null の場合にはデフォルト値による設定が行われないので、注意してください。

▶デフォルト引数はundefinedのときに設定される（default_args_2.html）

```
function hello( greeting = "こんにちは、", person = "独習太郎" ) {
    console.log( greeting + person );
}

// 引数にundefinedを渡した場合
hello( undefined, undefined );
> こんにちは、独習太郎

// 引数にnullを渡した場合
hello( null, null );
> 0 ──────────────────── null + nullは0 + 0に変換されるため0になる


// 引数を省略した場合
hello();
> こんにちは、独習太郎 ──────────── 引数を省略した場合もundefinedが仮引数に渡る
```

 note デフォルト引数は、undefinedが渡されたときに初期値を設定します。nullの場合には初期値が設定されないので、注意しましょう！

練習問題 6.5

[1] 円の半径（radius）と円周率（pi）をそれぞれ第1引数と第2引数で受け取り、円の面積を計算して返す関数（calcAreaOfCircle）を作成してください。ただし、デフォルト引数を使うことで、円周率を指定しなかった（第2引数を省略した）ときは、円周率として3が設定されるようにしてください。

 ヒント 円の面積は「円周率 × 半径 × 半径」で求めることができます。

JavaScriptでは、引数の名前を指定して値を渡すことができません。たとえば、近年人気のプログラミング言語Pythonでは、以下のようにして引数名を指定して値を渡すことができます。

▶Pythonでは引数名を指定して値を設定できる

```python
# これはPythonのコード
def python_fn(arg1, arg2):
    print(f'{arg1} {arg2}')

python_fn(arg2="World", arg1="Hello")
> Hello World
```

そのため、JavaScriptで第1引数以降の引数に対して値を渡したい場合には、必ずそれより前の引数にも何らかの値を渡す必要があります。

▶第1引数は使わないため、第2引数にのみ値を渡したい！

```javascript
function fn( arg1 = "初期値1", arg2 = "初期値2" ) {
    console.log( arg1, arg2 );
}

fn( undefined, "引数2" );
> 初期値1 引数2
```

引数が2つ程度であればさほど問題には感じませんが、たとえば引数の数が大量になってくると、とても冗長な記述になってしまいます。また、引数の順番を間違えると、処理自体がそもそも意図したものにならないため、バグの混入につながります。そのため、**引数が多くなってきた場合には、引数をオブジェクトとしてまとめるのが一般的です**。

▶引数をオブジェクトとしてまとめる（object_args.html）

```javascript
function fn( obj ) {
    obj.arg1 ??= "初期値1"; ───────────────┐
    obj.arg2 ??= "初期値2"; ───────────────┤── 初期値を設定（Null合体の自己代入を使用）
    console.log( obj.arg1, obj.arg2 );
}

const params = { arg2: "引数2" };
fn( params );
> 初期値1 引数2
```

6

関
数

引数として渡したい値をオブジェクトとしてまとめて関数に渡すことによって、初期値を生かして関数を実行できます。また、引数が多くなるとコードの可読性が下がるため、引数が多くなってきたときは、引数をオブジェクトにまとめることを検討してみましょう。

6.2.3 引数にオブジェクトを渡したときの挙動に注意
レベルアップ　初心者はスキップ可能

JavaScriptで関数の引数としてオブジェクトを使う場合には、少し注意する必要があります。第3章で説明したように、**変数に格納されているのはメモリ空間のアドレス**です。そのため、オブジェクトが関数の引数として渡されたときに、関数内でオブジェクトのプロパティの値が変更されると、関数外のオブジェクトにも変更が反映されます。

▶関数内でプロパティの値を変更（care_obj_args.html）

```
const obj = { val: 1 };　――――――――――――――――――― valの値に1を設定したオブジェクト（obj）を定義

function fn( obj2 ) {　―――――――――――――――――――――――❶
    obj2.val = 2;　―――――――――――――――――――――――――❷
}

fn( obj );　――――――――――――――――――――― オブジェクト（obj）を関数（fn）の引数に使用
console.log( obj.val );
> 2　――――――――――――――――――――――――― obj.valの値が2になっている！
```

たとえば上記のコードでは、関数fnに対してオブジェクト（obj）を渡し、プロパティの値を変更していますが、これを図解すると図6.10のようになります。

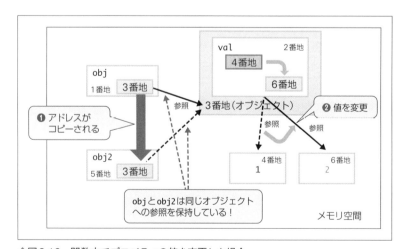

❖図6.10　関数内でプロパティの値を変更した場合

❶アドレスのコピー

関数fnを実行するときに渡したobjのアドレスがobj2にコピーされます。これは、オブジェクトが保管されているメモリのアドレスがコピーされているだけなので、**objとobj2は同じオブジェクトへの参照を保持しています**。

❷オブジェクトの値の変更

obj2.val = 2;でプロパティの値を変更しています。このとき、objとobj2は同じオブジェクトを参照しているため、関数外からobj.valの値を確認すると、obj2と同様に変更後の数値2が取得されます。

一方、関数内で別のオブジェクトを変数に格納した場合には（図6.11）、**変数が参照しているオブジェクト自体が別のものに変わるため、関数外の変数が参照しているオブジェクトに影響はありません**。これは、引数にオブジェクトを渡すときに注意すべきポイントです。

▶関数内で別のオブジェクトを変数に設定（replace_obj_args.html）

```
const obj = { val: 1 };  ──────────────── オブジェクトA

function fn( obj2 ) {
    obj2 = { val: 2 };  ──────────────── オブジェクトAとは別のオブジェクトBを設定
}

fn( obj );
console.log( obj.val );
> 1  ──────────────── オブジェクトAに関数内の変更は影響しない
```

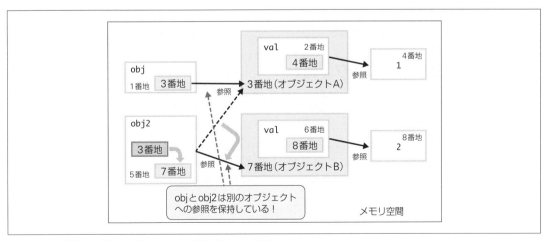

❖図6.11　関数内で別のオブジェクトを変数に設定した場合

note 引数でオブジェクトを渡した場合は、オブジェクトの中身を変更（値の変更やプロパティの追加・削除）すると、関数外のオブジェクトにも影響します。しかし、新しいオブジェクトを設定した場合は、関数外のオブジェクトには影響しません。

練習問題　6.6

[1] 以下のコードを実行したとき、①〜③のコンソールへの出力がどのようになるか考えてください。

```javascript
const obj1 = { num: 3 };
const obj2 = { num: 3 };
let num = 3;

function fn( object1Arg, object2Arg, numberArg ) {
  object1Arg = { num: 5 };
  object2Arg.num = 5;
  numberArg = 5;
}

fn( obj1, obj2, num );

console.log( obj1.num ); ─────────────────── ①
console.log( obj2.num ); ─────────────────── ②
console.log( num ); ─────────────────────── ③
```

6.3 コールバック関数

　本節では、コールバック関数について学んでいきます。**コールバック関数とは、他の関数に引数として渡す関数のことです。**コールバック関数は、JavaScriptで開発を行っているとよく出てくる記法です。本節でコールバック関数の仕組みについてマスターしましょう。

本章ではこれまで関数について学んできましたが、JavaScriptにおける関数とはいったい何なのでしょうか。一言で表すと、JavaScriptにおける**関数とは実行可能なオブジェクト**です。**関数はオブジェクトの一種であり、オブジェクト｛ ｝と異なるのは「実行可能である」という点だけです**。そのため、関数に対してもプロパティやメソッドを設定できます。

▶関数にプロパティやメソッドを追加（fn_is_object.html）

```javascript
// 空の関数を定義
function fn() { }

fn.fullName = "独習太郎"; ──────────────── オブジェクトのようにプロパティの追加が可能

fn.hello = function() { ──────────────── メソッドの追加も可能
 console.log( "こんにちは、独習太郎" );
}

// プロパティの取得
console.log( fn.fullName );
> 独習太郎

// メソッドの実行
fn.hello();
> こんにちは、独習太郎
```

JavaScriptでプロパティやメソッドを追加できるのはオブジェクトだけなので、これで関数がオブジェクトの一種であるということが証明できたことになります。

note --

実行可能なオブジェクトの**実行可能**とは、関数の末尾に付ける丸括弧()のことで、この()は関数の実行を表します。他のオブジェクトでは末尾に()を付けるとエラーになりますが、関数の場合は関数が実行されます。

▶関数は実行可能なオブジェクト

```javascript
function fn() { }      // 関数オブジェクト
const obj = { }        // オブジェクトリテラルで定義した空のオブジェクト

fn(); ──────────────── 関数の実行を表す
obj(); ──────────────── {}で定義したオブジェクトは実行できないため、エラーが発生！
```

----

[1] 関数はオブジェクトであることから、その他のデータ型の値（文字列や数値など）と同様に変数に代入できます。次のコードを実行して、関数（hello）を他の変数（obj）に代入した後も、objが関数として問題なく実行できることを確認してください。

```
function hello( name ) {
  console.log( `こんにちは、${name}` );
}

const obj = hello;

obj( "独習太郎" );
```

6.3.2 コールバック関数の仕組み

　前項で説明したように、関数はオブジェクトの一種なので、オブジェクトのように他の関数の引数として渡すことができます。この引数で渡される関数のことをコールバック関数と呼びます。コールバック関数は、通常、引数として渡された関数内で実行されます。

構文 コールバック関数の記法

```
function fn( callback ) {
    通常の関数と同様に処理を記述可能

    let result = callback( [ param1, param2, ... ] ); ──────── コールバック関数の実行

    通常の関数と同様に処理を記述可能
}
```

fn	：コールバック関数を受け取る関数です。関数内でコールバック関数を実行します。
callback	：コールバック関数を受け取る引数です。他で定義された関数がこの引数に渡されます。
param1、param2	：コールバック関数は通常の関数と同じように引数を渡して実行できます。
result	：コールバック関数から戻り値を受け取ることもできます。

　まずは、シンプルなコールバック関数の使用例について確認してみましょう。

▶コールバック関数によって表示されるメッセージを切り替え（callback_basic.html）

```
function saySomething( callback ) { ──────── コールバック関数を受け取る関数

  const result = callback(); ──────── コールバック関数の実行
  console.log( `${result}、独習太郎！` );
```

```
}

function hello() {
  return "こんにちは";
}

function bye() {
  return "さようなら";
}

saySomething( hello );  ──────────────────── コールバック関数を引数に設定して、関数を実行
> こんにちは、独習太郎！

saySomething( bye );  ──────────────────── コールバック関数を引数に設定して、関数を実行
> さようなら、独習太郎！
```

この場合には、saySomethingに渡されたhello関数、bye関数がコールバック関数です。saySomething関数内では、渡されたこれらのコールバック関数をcallbackという引数で扱います（図6.12）。関数はオブジェクトの一種なので、通常のオブジェクトを引数で受け取ったときと同様に、callbackとhelloやbyeが参照している先の関数は同じものです。

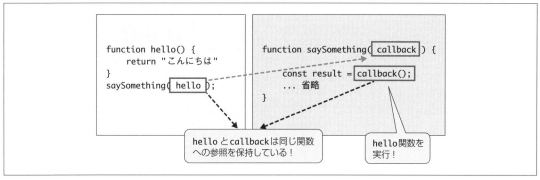

❖図6.12　コールバック関数の仕組み

関数名の末尾に付く丸括弧（ ）は、関数の実行を表します。そのため、次の2つのコードの意味は大きく異なります（図6.A）。

```
saySomething( hello );──────────────────────────── ❶
saySomething( hello() );────────────────────────── ❷
```

❶はhelloをコールバック関数としてsaySomethingに渡していますが、❷はhelloの実行結果（すなわち、"こんにちは"）をsaySomethingに渡しています。ここが、初心者がよく勘違いするポイントです。両者の違いに注意してください。"こんにちは"をsaySomethingに渡した場合、文字列は関数ではないため、丸括弧（ ）を付けて呼び出そうとするとエラーが発生します。

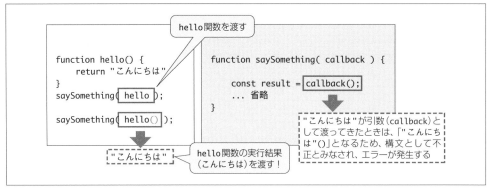

❖図6.A　関数の末尾の丸括弧()は関数の実行を表す

あらかじめJavaScriptエンジンによって準備されている関数（組み込み関数）の中にも、コールバック関数を引数に取る関数があります。本項では、その代表的な関数であるsetTimeoutを使いながら、コールバック関数に対する理解を深めましょう。

setTimeoutは、第1引数で渡したコールバック関数を**特定の秒数だけ待ってから実行する**特別な関数です。

構文　setTimeoutの記法

```
setTimeout( callback, [ms , param1, param2, ... ] );
```

callback　　　　　　：コールバック関数を受け取る引数です。
ms　　　　　　　　　：待機ミリ秒を指定する引数です。
param1、param2　：コールバック関数の実行時に渡す実引数です。

たとえば、3秒後にコールバック関数の処理を実行するには、次のように記述します。

▶3秒後にコンソールにメッセージを出力（setTimeout.html）

```
function hello() {
    console.log( "こんにちは" );
}

setTimeout( hello, 3000 );    // 3秒後に以下のメッセージが表示される
> こんにちは
```

上記のコードを実行すると、3秒後にコンソールにメッセージが表示されるはずです。setTimeoutも前項と同じく、コールバック関数をsetTimeoutの中で実行しています（図6.13）。

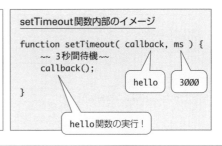

```
function hello() {
    console.log( "こんにちは" );
}
setTimeout( hello, 3000 );
```

setTimeout関数内部のイメージ

```
function setTimeout( callback, ms ) {
    ~~ 3秒間待機~~
    callback();
}
```

hello   3000

hello関数の実行！

❖図6.13　setTimeoutの処理イメージ

setTimeoutに渡す関数を変更することで、任意の関数を特定の秒数だけ待機した後に実行できます。このように、コールバック関数の仕組みを利用することで、setTimeoutのような汎用的な関数を作成できます。

練習問題　6.8

[1] コンソールに「こんにちは」というメッセージを出力する関数helloを関数式で定義し、setTimeout関数を呼び出してから5秒後にhelloが実行されるコードを作成してください。

6.3.4　コールバック関数に引数を渡すパターン　レベルアップ

前項で紹介したsetTimeoutでは、第3引数以下を設定することで、コールバック関数に対して引数を渡して実行できます。

▶コールバック関数を引数ありで実行（setTimeout_args.html）

```
function hello( name ) {
    console.log( "こんにちは、" + name );
}

setTimeout( hello, 3000, "独習太郎" );    // 3秒後に以下のメッセージが表示される
> こんにちは、独習太郎
```

このように記述した場合には、"独習太郎"がhelloの引数nameに渡され、setTimeout内で実行されることになります。少しイメージしにくいかもしれないので図6.14を見てください。

```
function hello( name ) {
    console.log( "こんにちは、" + name );
}

setTimeout( hello, 3000, "独習太郎" );
```

```
                              hello    3000    "独習太郎"

function setTimeout( callback, ms, arg1 ) {
    ~~ 3秒間待機~~
    callback( arg1 );
}
```

❖図6.14　コールバック関数を引数ありで実行

　このようにsetTimeoutの場合、コールバック関数の実行時にcallback(arg1)のようにして引数ありで関数を実行していると考えてください。そのため、コールバック関数helloのname引数に対して"独習太郎"が渡されます。なお、setTimeoutの第3引数以下は可変長引数のため、実際にはもう少し複雑な方法でコールバック関数を実行しています。図6.14はあくまで大まかなイメージとして捉えてください。

練習問題　6.9

[1] 次のような結果をコンソールに出力する関数calcを、コールバック関数を使って作成してください。

```
function plus(a, b) { return a + b; }
function minus(a, b) { return a - b; }

function calc( val1, val2, callback ) {
    /* ここに処理を記述 */
}
// 実行例
calc( 1, 2, plus );
> 3
calc( 10, 2, plus );
> 12
calc( 10, 2, minus );
> 8
```

6.3.5　無名関数を使ったコールバック関数

　コールバック関数を定義するときには、無名関数（anonymous function）と呼ばれる関数をたびたび使います。無名関数とは、名前がない関数のことです。無名関数と区別するために、これまで扱ってきたような名前が付いている関数は、名前付き関数と呼ぶことがあります。基本的に名前付き関数は複数回呼び出されることを想定していますが、無名関数は一度しか呼び出されないようなケースで使われます。

```
function( [arg1, arg2, ... ] ) { ... }
```

　それでは、無名関数を使ってコールバック関数を定義してみましょう。無名関数をコールバック関数として使う場合は、これまで名前付き関数を引数としていた箇所を無名関数に置き換えるだけです（図6.15）。

▶無名関数をコールバック関数として使用（anonymous_fn.html）

```
setTimeout( function() {

    console.log( "こんにちは" );

}, 3000 );    // 3秒後に以下のメッセージが表示される
> こんにちは
```

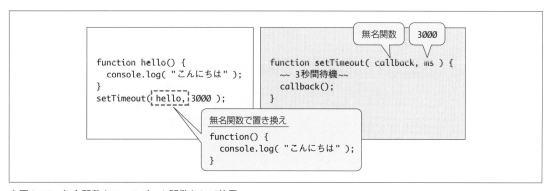

❖図6.15　無名関数をコールバック関数として使用

　なお、これまで学んできた関数式やオブジェクトのメソッドなども無名関数を変数やプロパティに設定していると考えられます。

▶無名関数をコールバック関数以外に使用するケース

```
// 無名関数を変数に代入
const fn = function( ) { }

// オブジェクトのプロパティに無名関数を設定
const obj = {
    method: function( ) { }
}
```

[1] 以下のような無名関数を使用したコードがあります。

```
setTimeout( function() {
  console.log( "こんにちは" );
}, 3000 );
```

このように無名関数を引数に渡す記述が可能な理由を、①〜④の問いに取り組みながら理解しましょう。

① 無名関数 function() { console.log("こんにちは"); } を変数 hello に代入するコードを作成してください。

② すべてのオブジェクトは、toString() というメソッドを持っています。toString() メソッドは、オブジェクトを表す文字列を返します。このメソッドを変数 hello から呼び出して、コンソールにその戻り値の文字列を出力することで、hello（つまり無名関数）がオブジェクトであることを確認してください。

③ ②で変数 hello がオブジェクトであることを確認できました。したがって、hello は、他のオブジェクトと同様に関数の引数に渡すことができます。setTimeout に渡して、3秒後に hello が実行されるコードを作成してください。

④ ③では、setTimeout に変数 hello を介して無名関数 function() { console.log("こんにちは"); } を渡しました。しかし、無名関数はオブジェクトであり、変数に代入できること、関数の引数に渡せることを①〜③で確認しました。したがって変数を介さずに直接、関数の引数に渡すこともできるはずです。setTimeout の第1引数に直接、無名関数を記述して、③と同様に動作することを確認してください。

6.4 アロー関数

　アロー関数とは、ES6で追加された**無名関数の省略記法**のことです。たとえば、コールバック関数に使う無名関数をアロー関数に書き換える場合、次のように記述できます。

▶ 無名関数からアロー関数への書き換え（arrow_fn.html）

```
// 無名関数
setTimeout( function() {
    console.log( "こんにちは" );
}, 1000 );

// アロー関数
setTimeout( () => console.log( "こんにちは" ), 1000 );
```

上記のコードでは、無名関数の記述がアロー関数によって省略できていることを確認できます。なお、=> の部分がアロー（矢印）に似ているため、アロー関数と呼びます。

6.4.1 アロー関数の記法

アロー関数は、引数の個数や関数の本文の行数によって、省略できる度合いが変わってきます。本項では、それぞれのパターンでどのように記述できるか確認してみましょう。

①引数がない場合

> **構文**

```
() => { 関数の本文; };
```

引数がない場合には、アロー関数の先頭の () は省略できません。無名関数で書き換える場合は、次のように記述できます。

> **構文** 無名関数で書き換える場合

```
function() { 関数の本文; }
```

②引数が1つの場合

> **構文**

```
引数 => { 関数の本文; };
```

引数が1つの場合には、アロー関数の先頭の () は省略できます。無名関数で書き換える場合は、次のように記述できます。

> **構文** 無名関数で書き換える場合

```
function( 引数 ) { 関数の本文; }
```

③引数が複数の場合

> **構文**

```
( 引数1, 引数2, ... ) => { 関数の本文; };
```

引数が複数の場合には、アロー関数の先頭の( )は省略できません。無名関数で書き換える場合は、次のように記述できます。

無名関数で書き換える場合

```
function( 引数1, 引数2, ... ) { 関数の本文; }
```

④関数の本文（実行文）が1行の場合

```
( 引数1, 引数2, ... ) => 関数の本文;
```

関数の本文が1行の場合には、{ }を省略できます。また、「関数の本文」は、そのまま戻り値となります。無名関数で書き換える場合は、次のように記述できます。

無名関数で書き換える場合

```
function( 引数1, 引数2, ... ) {
    return 関数の本文;
}
```

⑤関数の本文（実行文）が複数行の場合

```
( 引数1, 引数2, ... ) => {
    関数の本文;
    return 戻り値;
}
```

関数の本文が複数行の場合には、{ }を省略できません。また、戻り値を返す場合には、return文を明記する必要があります。無名関数で書き換える場合は、次のように記述できます。

無名関数で書き換える場合

```
function( 引数1, 引数2, ... ) {
    関数の本文;
    return 戻り値;
}
```

⑥関数の本文（実行文）が1行かつ戻り値がオブジェクトの場合

```
( 引数1, 引数2, ... ) => ( { プロパティ1: 値1, プロパティ2: 値2 } )
```

　関数の本文が1行かつ戻り値がオブジェクトの場合には、オブジェクトリテラル{ }を丸括弧( )で囲みます。これは、アロー関数の本文を囲む括弧{ }の部分と記述を区別するためです。無名関数で書き換える場合は、次のように記述できます。

構文 無名関数で書き換える場合

```
function( 引数1, 引数2, ... ) {
    return { プロパティ1: 値1, プロパティ2: 値2 }
}
```

6
関数

練習問題　6.11

[1] 以下の①～③の無名関数をアロー関数に書き換えてみましょう。

① 引数がなく、関数の本文が1行の例

```
const hello = function() {
    console.log( "こんにちは" );
}
hello();
> こんにちは
```

② 引数が1つで、関数の本文が1行の例

```
const double = function(num) {
    return num * 2;
}
console.log( double(10) );
> 20
```

③ 無名関数を使ったコールバック関数の例

```
setTimeout( function( name ) {
    console.log( "こんにちは、" + name );
}, 3000, "独習太郎" );    // 3秒後に以下のメッセージが表示される
> こんにちは、独習太郎
```

アロー関数と無名関数の違い `レベルアップ` `初心者はスキップ可能`

アロー関数は基本的に無名関数と同じ挙動を取るものの、特定のケースで挙動が異なるため、書き換えの際には注意が必要です（表6.1）。特に注意したいのは**this の挙動の違い**ですが、これについては第8章で説明します。

❖表6.1　無名関数とアロー関数で挙動が異なるケース

キーワード	無名関数	アロー関数	備考
this	this を持つ	this を持たない	第8章で説明
arguments	arguments を持つ	arguments を持たない	本項で説明
new	new でのインスタンス化が可能	new でのインスタンス化が不可	第9章で説明
prototype	prototype を持つ	prototype を持たない	第9章で説明

本項では、arguments の挙動の違いについて見ていきましょう。arguments は、関数実行の際に渡される引数（実引数）を保持する配列風のオブジェクトです。arguments は、無名関数や名前付き関数を実行したときに、関数内で自動的に使用できる状態になっています。

▶無名関数では arguments を使用できる（arrow_fn_args.html）

```
const hello = function( ) {
    console.log( "こんにちは、" + arguments[ 0 ] );
}
hello( "独習太郎" );
> こんにちは、独習太郎
```

上記のコードでは、hello 関数に仮引数を設定していませんが、**arguments** には実引数の値が渡されます。このような性質から、arguments は可変長引数を扱う場合に使われていました。一方、アロー関数内では、arguments は準備されないため、使用できません。

▶アロー関数内では arguments は使用できない（arrow_fn_args.html）

```
const hello =( ) => {
    console.log( "こんにちは、" + arguments[ 0 ] ); ──────────────── エラーが発生！
}
hello( "独習太郎" );
```

実質的には arguments は可変長引数を処理するときにしか使われず、ES6 からはスプレッド演算子（12.3 節で説明）によって可変長引数の処理が記述できるようになっています。そのため、arguments が使えなくても不便に感じることはないでしょう。余裕があれば参考程度に知っておいてください。

☑ この章の理解度チェック

[1] 引数

```
function hello( name ) {                                        ①
    console.log( "こんにちは、" + name );
}

hello( "独習太郎" );                                            ②
> こんにちは、独習太郎
```

以下は、上記のコードに関する説明です。空欄を埋めて、文章を完成させてください。

①の引数nameのように、関数を定義するときに使う引数は ① と呼びます。それに対して、①の
"独習太郎"のように、関数を実行するときに渡した引数（値）は ② と呼びます。関数を定義した
ときの ① の個数と、関数を実行するときに渡した ② の個数が一致しなくてもエラーは発生
しません。たとえば、上記のコードで、引数を渡さずにhelloを実行した場合、引数nameには自動
的に ③ が設定されます。そのため、hello();を実行すると、コンソールには ④ と出力さ
れます。

[2] 戻り値

以下の関数が実行されたときに、①〜③の各変数に格納される値（戻り値）を答えてください。

```
function hello() {
    console.log( "こんにちは" );
}
const returnVal1 = hello();                                     ①

const double = function( num ) {
    if ( typeof num !== "number" ) {
        console.log( "引数が不正なデータ型のため、関数の処理を終了します。" );
        return;
    }
    return num * 2;
}
const returnVal2 = double( 10 );                                ②
const returnVal3 = double( "100" );                             ③
```

[3] デフォルト引数

次の空欄を埋めて、文章を完成させてください。

関数のデフォルト引数とは、関数実行時に値が渡されない場合や ① が渡される場合に、仮引数に ① の代わりになるデフォルト値（初期値）を設定する機能のことです。

```
function fn(arg1, arg2 = 10, arg3 = "100") { };
```

たとえば、このような関数 fn を定義した場合、引数が渡されなかったときに仮引数arg1、arg2、arg3 に設定されるデフォルト値は、それぞれ ② 、 ③ 、 ④ となります。

[4] コールバック関数

① setTimeout の利用
setTimeout とコールバック関数を使って、2秒後に " こんにちは、○○ " とコンソールに出力するプログラムを作成してください。○○の部分は、setTimeout の第3引数に設定した値を出力してください。

② アロー関数への書き換え
①で記述したプログラムを、アロー関数を使って省略して記述してみてください。

③ コールバック関数を複数利用
2つのコールバック関数を処理する関数 calcAndDisp を作成しましょう。calcAndDisp を実行すると、以下の挙動を取るように実装してください。

```
function add( val1, val2 ) { return val1 + val2; }
function minus( val1, val2 ) { return val1 - val2; }

// 3 + 2の結果がコンソールに表示される
calcAndDisp( add, console.log, 3, 2 );
> 5

calcAndDisp( minus, alert, 3, 2 );
// 1（3 - 2の結果がアラートとして画面に表示される）
```

[5] アロー関数

以下の①〜⑤の名前付き関数を、アロー関数の記法で書き換えてください。

① function fn1(num1, num2) { return num1 + num2; }
② function fn2(num) { return num * 2; }
③ function fn3() { console.log("Hello World"); }
④ function fn4(name) {
    console.log("Hello World");
    console.log(`Hello ${name}!`);
  }
⑤ function fn5() { return { name: "独習太郎" }; }

スコープ

本章では、関数と関わりのあるスコープという概念について学びます。スコープは、プログラムの挙動を理解するうえで極めて重要な概念の1つなので、本章できちんとマスターしましょう。

7.1 スコープの定義

スコープとは、実行中のコードから参照できる、変数や関数の範囲のことです。 ここまで、特に何も意識せず変数や関数を使っていましたが、実は変数や関数を参照（使用）できる範囲はスコープによって決まっています。たとえば、次のコードでは、関数fnScopeA内で変数valAを宣言し、関数fnScopeB内で変数valAを使おうとしています。しかし、**関数内で宣言された変数は、その関数のスコープ（関数スコープ）に属するため、他の関数から参照できません**（図7.1）。そのため、存在しない変数を取得しようとしたとみなされ、ReferenceErrorという参照エラーが発生します。

▶別のスコープに存在する変数や関数は参照不可

```
function fnScopeA() {
    let valA = 100;
}

function fnScopeB() {
    console.log( valA );                                     エラーが発生！
    > Uncaught ReferenceError: valA is not defined
}                                           [意訳] 参照に関するエラー：valAは定義されていません。
fnScopeB();
```

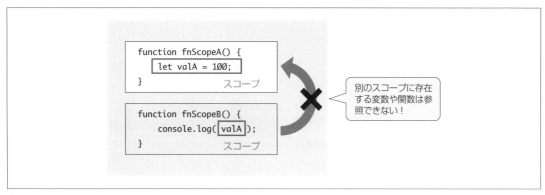

❖図7.1　別のスコープに存在する変数や関数は参照不可

このように、変数や関数のスコープが生成されます。スコープが生成される条件には、ここで例として挙げた関数スコープを含め、表7.1の5種類があります。

❖表7.1　JavaScriptのスコープ

種類	概要
グローバルスコープ	JavaScriptファイルの**トップレベル**（note参照）、またはHTMLファイルの**script**タグの直下で、「**var**を使って定義された変数や関数」または「関数宣言によって定義された関数」が属するスコープ
スクリプトスコープ	JavaScriptファイルのトップレベル、またはHTMLファイルの**script**タグの直下で、**let**や**const**を使って宣言された変数や関数が属するスコープ
関数スコープ	関数内で宣言された変数や関数が属するスコープ
ブロックスコープ	**if**文や**while**文などのブロック内で、**let**または**const**で宣言された変数や関数が属するスコープ
モジュールスコープ	第16章で説明するES Modulesの機能が有効なときに、JavaScriptファイルのトップレベル、またはHTMLファイルの**script**タグの直下で宣言された変数や関数が属するスコープ

note　プログラムにおける**トップレベル**とは、通常、関数で囲まれていない範囲のことを指します。具体的には、HTMLから読み込まれたJavaScriptファイル直下のコードや、HTMLの**script**タグ直下のコードです。ただし、関数は関数スコープ、**if**ブロックで囲まれた部分はブロックスコープとなるため、本章の説明では関数やブロックで囲まれていないコードをトップレベルと呼びます（図7.A）。

❖図7.A　トップレベルとは

　変数や関数は、表7.1のいずれかのスコープに必ず属し、基本的には**変数や関数の宣言文と、それらを使用する行（実行文の行）が同一スコープ内に存在する場合**に参照可能になります。この他に、特定の条件を満たすと他のスコープの変数や関数が参照できる場合（レキシカルスコープ）もありますが、これについては7.3節で確認します。

point
● 変数や関数は、何らかのスコープに必ず属する。
● 別スコープに存在する変数や関数は基本的に使用できない。

練習問題　7.1

　[1] スコープとは何かを答えてください。

7.2 スコープの特徴

本節では、表7.1に挙げた5種類のスコープについて、もう少し詳しく確認していきましょう。

7.2.1 関数スコープ

前節で触れたとおり、関数内で宣言された変数や関数は、関数スコープに配置されます（図7.2）。また、関数の引数も関数スコープに含みます。

関数スコープは、関数ごとに作成されるため、異なる関数スコープに配置された変数や関数を使うことはできません。

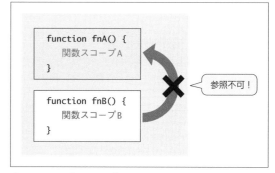

❖図7.2　関数スコープ

▶異なる関数スコープに属する変数や関数は使用できない（fn_scope.html）

```
function fnA() {
    /* fnAスコープ開始 */
    let valA = "fnA内の値";
    const subA = function() { console.log( "fnA内の関数" ) };

    console.log( valA ); ──────────────── valAは同じスコープで宣言された変数のため参照可能
    subA(); ──────────────────────── subAは同じスコープで宣言された関数のため実行可能
    /* fnAスコープ終了 */
}
fnA();
> fnA内の値
> fnA内の関数

function fnB() {
    console.log( valA ); ──────────────── fnAのスコープ外のためエラーが発生！！
    subA(); ──────────────────────── fnAのスコープ外のためエラーが発生！！
}
fnB();

console.log( valA ); ──────────────── fnAのスコープ外のためエラーが発生！！
subA(); ──────────────────────── fnAのスコープ外のためエラーが発生！！
```

7.2.2　ブロックスコープ

ブロックスコープは、if文やfor文などのブロック{ }内で、letまたはconstキーワードを使って宣言された変数や関数が属するスコープです（図7.3）。なお、varを使って宣言された変数や関数宣言で定義された関数は、ブロックスコープを無視して、1つ外側のスコープに属することになります。また、ブロックスコープの場合も関数スコープと同様に、他のブロックスコープに属する変数や関数を参照することはできません。

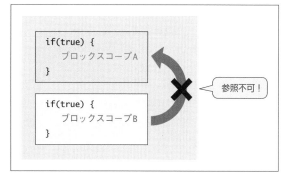

❖図7.3　ブロックスコープ

▶ブロックスコープの例（block_scope.html）

```
if ( true ) {
    /* ブロックスコープ開始 */
    let letVal = "letで宣言";
    const constFn = function () { console.log( "constで宣言" ); };
    var varVal = "varで宣言";                                        ——— varで変数を定義
    function fnStmt() { console.log( "関数宣言" ); }                ——— 関数宣言で関数を定義
    /* ブロックスコープ終了 */
}

// 以下、別のブロックスコープが生成される
if( true ) {
    console.log( letVal );                                          ——— エラー発生！！
    constFn();                                                      ——— エラー発生！！
    console.log( varVal );                                          ——— 問題なく取得可能！
    fnStmt();                                                       ——— 問題なく取得可能！
}
```

上記のコードでは、letやconstを使って宣言した変数や関数の場合は他のブロックスコープから取得できませんが、varや関数宣言を使った場合は他のブロックスコープからも参照できます。なお、if(true)の部分を省略してブロック{ }だけにしても、ブロックスコープは生成されます。ただし、実際には第5章で学んだif文やfor文、while文などとあわせて使うことが多いため、仮にif(true)としていると考えてください。

▶{ }のみでもブロック文は記述できる

```
{
    //  ブロックスコープが生成される
}
```

7.2.3 グローバルスコープ

　グローバルスコープは、「JavaScript ファイルのトップレベル、または HTML ファイルの script タグの直下に記述したコード」内で、「var を使って定義された変数や関数」または「関数宣言（function () { ... }）によって定義された関数」が属するスコープです。

　グローバルスコープに配置された変数や関数は、コードのどこからでも参照可能な状態になります。

▶グローバルスコープはコードの内のどこからでも参照可能

```
<script>
    var globalVal = "グローバル変数";  ─────────────────── トップレベルで変数を宣言
    function globalFn() { return "グローバル関数"; }  ─────── トップレベルで関数を宣言

    function callGlobals() {
        console.log( globalVal, globalFn() );  ─────────── 関数内から参照
    }
    callGlobals();
    >  グローバル変数  グローバル関数
</script>
```

　上記のコードから、グローバルスコープに配置された変数 globalVal や関数 globalFn が関数 callGlobals 内から問題なく参照できていることがわかります。また、グローバルスコープに配置された変数や関数は、異なる script タグからも参照可能な点に注意してください。

▶グローバルスコープの変数や関数は script タグをまたいで参照可能（other_script_tag.html）

```
<script>
    var globalVal = "グローバル変数";
    function globalFn() { return "グローバル関数"; }
</script>

<script>
    console.log( globalVal, globalFn() );  ─────────────────── 異なる script タグから参照
    >  グローバル変数  グローバル関数
</script>
```

これは、`<script src="JavaScriptファイル">`のようにファイルを読み込む形で実行された場合も同様です。基本的にすべての`script`タグやJavaScriptファイルでグローバルスコープは共有されます（図7.4）。

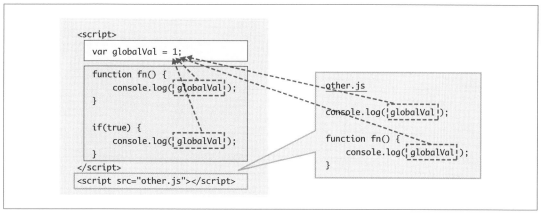

❖図7.4　グローバルスコープは共有される

Column ▶ **グローバルスコープとWindowオブジェクト**

　本項では、`var`や関数宣言を使って定義した変数や関数がグローバルスコープに属するという説明をしました。実は、これらの変数や関数は、**Windowオブジェクト**というオブジェクトのプロパティやメソッドとして値が保持されます。

▶グローバル変数はWindowオブジェクトのプロパティに格納される

```
var globalVal = "グローバル変数";
function globalFn() { return "グローバル関数"; }
console.log( globalVal, window.globalVal ); ――――――― Windowオブジェクトのプロパティ
> グローバル変数　グローバル変数
console.log( globalFn(), window.globalFn() ); ――――――― Windowオブジェクトのメソッド
> グローバル関数　グローバル関数
```

　上記のコードから、トップレベルで`var`を使って宣言した変数は、Windowオブジェクトのプロパティとしても取得できることがわかります。そして、このことから、JavaScriptの**Windowオブジェクトに格納されているプロパティやメソッドは、`window`を省略して記述できる**ということがわかってきます。たとえば、`setTimeout`はJavaScriptエンジンの組み込み関数（あらかじめ使用可能な状態になっている関数）ですが、この関数を実行するときには先頭に`window`を付けても付けなくても同じ意味になります。

7.2.4 　スクリプトスコープ

　ES6で追加された**スクリプトスコープ**は、「JavaScriptファイルのトップレベル、またはHTMLファイルのscriptタグの直下に記述したコード」内で、「letやconstを使って定義された変数や関数」が属するスコープです。グローバルスコープと同様、スクリプトスコープに配置された変数や関数もコード内のどこからでも参照可能なため、基本的にはグローバルスコープと区別せずに使うことができます。

▶スクリプトスコープ（script_scope.html）

```
<script>
    let scriptVal = "スクリプトスコープの変数";
    const scriptFn = function() { return "スクリプトスコープの関数"; }
</script>
<script>
    console.log( scriptVal, scriptFn() );
    > スクリプトスコープの変数　スクリプトスコープの関数
</script>
```

　ただし、**スクリプトスコープに配置された変数や関数は、グローバルスコープのときと違い、Windowオブジェクトのプロパティとして格納されることはありません**。

▶スクリプトスコープの変数はWindowオブジェクトのプロパティにはならない

```
let scriptVal = "スクリプトスコープの変数";
console.log( window.scriptVal );
> undefined
```

▶スクリプトスコープとグローバルスコープ

```
let globalVal = "スクリプトスコープの変数";
window.globalVal = "グローバル変数";
console.log( globalVal );
> スクリプトスコープの変数
```

このように2つの同名の識別子がスクリプトスコープとグローバルスコープに存在する場合には、スクリプトスコープの値が取得されます。これは、**変数名が重複していた場合には、スコープチェーン（7.3.2項）**という考え方に基づいて取得される値が決定されるためです。スクリプトスコープ、グローバルスコープのいずれも、どこからでも参照可能なスコープなので、基本的に同じように使うことができますが、この2つが異なるスコープであることは知っておいてください。

7.2.5 モジュールスコープ

モジュールスコープは、ES6で追加されたES Modulesという機能を有効化したときに生成されるスコープです。ES Modulesの機能を有効化するには、`script`タグに対して`type="module"`を設定します。

▶ES Modules を有効化

```
<script type="module">
    /* ES Moduleが有効化 */
</script>
```

これによってモジュールスコープが有効になるため、JavaScriptファイルのトップレベル、またはHTMLファイルの`script`タグの直下で宣言された変数や関数は、モジュールスコープに属することになります。モジュールが有効になると`script`タグの単位でモジュールが形成され、他のモジュール内の変数や関数を参照できなくなります（図7.5）。

▶同じモジュールの変数や関数のみ参照可能

```
<script type="module">
    let moduleVal = "モジュールスコープの変数";
    console.log( moduleVal );
    > モジュールスコープの変数
</script>
<script type="module">
    console.log( moduleVal ); ─────────────────── エラーが発生！！
</script>
```

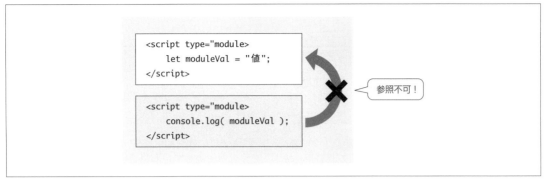

❖図7.5　モジュールスコープ

　ES Modulesを有効にした場合、モジュールスコープの生成以外にもJavaScriptの挙動が変わる部分があるので、注意が必要です。ES Modulesの詳細は第17章で説明します。

note ES6でES Modulesが追加される前は、即時関数（即時実行関数）を使ってスコープを制限していました。**即時関数は、関数定義と同時に関数の実行を行う特殊な記法**です。即時関数内に実行したいコードを記述することで、スコープを即時関数の関数スコープに制限できます。

構文 即時関数の記法

```
(function( [ 仮引数1, 仮引数2, ... ] ) {

    /* この部分のコードは関数定義と同時に実行される */

})( [ 実引数1, 実引数2, ... ] );
```

▶即時関数の使用例（iife.html）

```
(function fnA( ) {

    /* 即時関数fnAのスコープ */
    const val = "即時関数外からは参照不可";

})();

(function fnB( ) {

    /* 即時関数fnBのスコープ */
    console.log(val); ─────────────────────── エラーが発生！！

})();
```

このように記述することによって、スコープを即時関数の関数スコープに限定し、スクリプトスコープへの宣言を避けることができます。

ES6以降ではES Modulesの追加によってモジュールスコープが使えるようになり、即時関数の記述は以前ほど利用されなくなりましたが、このような記法もあることを参考として知っておくとよいでしょう。

7.2.6 スコープのまとめ

これで5種類のスコープの説明が終わりました。JavaScriptではスコープの種類やスコープに属する条件が少々複雑で、結局どのようなときにどのスコープに属するのか、わかりにくく感じた方もいるかもしれません。そこで本節の最後に、スコープと条件を表7.2にまとめておきますので、参考にしてみてください。

❖表7.2　スコープ条件一覧

	トップレベル	関数内	ブロック内	モジュール内のトップレベル
let	スクリプトスコープ	関数スコープ	ブロックスコープ	モジュールスコープ
const	スクリプトスコープ	関数スコープ	ブロックスコープ	モジュールスコープ
var	グローバルスコープ	関数スコープ	ブロックの外側のスコープに配置される※1	モジュールスコープ
関数宣言	グローバルスコープ	関数スコープ	ブロックの外側のスコープに配置される※2	モジュールスコープ

※1　たとえば、if文の1つ外側のスコープが関数スコープの場合には、関数スコープに変数が配置されます。
※2　Strictモード（16.5.2項を参照）のときは、ブロックスコープが有効になります。

 エキスパートに訊く

Q： なぜスコープが必要なのでしょうか？　また、スコープを利用する際に注意すべき点はありますか？

A： 初心者の頃はスコープのありがたみがよくわからないかもしれません。しかし、もしプログラムにグローバルスコープしかなければ、コード量が多くなるにつれて、変数名の重複を避けることが難しくなってくることは容易に想像できます。また、JavaScriptの場合には、ファイルが分かれていたとしても、グローバルスコープやスクリプトスコープはファイルをまたいで適用されます。つまり、他のファイルで同じ変数名が定義（使用）されていると、プログラムが意図しない挙動を取る可能性があります。そのため、グローバルスコープやスクリプトスコープなどに変数を直接宣言することは**グローバル汚染**と呼ばれ、実際の開発では避けるべきとされています。変数を定義するときには、なるべく関数スコープやブロックスコープで行い、グローバルスコープやスクリプトスコープは綺麗な状態にしておくように心がけるとよいでしょう。

[1] 次のコードの①〜⑨の変数や関数がそれぞれどのスコープに属するか答えなさい。

▶スコープの確認（which_scope.html）

```
<script>
    var a; ─────────────────────────────── ①
    let b; ─────────────────────────────── ②

    function fn1() { ───────────────────── ③
        var c; ───────────────────────── ④
        let d; ───────────────────────── ⑤

        if( true ) {
            var e; ─────────────────── ⑥
            let f; ─────────────────── ⑦

            function fn2() {} ────────── ⑧
        }
    }
    const fn3 = function() {} ──────────── ⑨
</script>
```

7.3 レキシカルスコープ

　ここまでスコープの種類を確認してきましたが、JavaScriptでは**同一スコープ以外にも、レキシカルスコープ
に配置された変数や関数は参照できます**。レキシカルスコープはプログラミングにおいて重要な概念なので、本
節でマスターしましょう。

7.3.1 レキシカルスコープの定義 レベルアップ

　プログラミングにおけるレキシカル（lexical）とは、「**ソース中のどこに書かれたか**」という意味になります。
そのため、**レキシカルスコープとは、記述する場所によって、参照できる変数が異なるスコープ**のことを指しま
す。もう少し具体的に言うと、レキシカルスコープは、**実行中のコードが属するスコープ（自スコープ）の外側
のスコープ**になります（図7.6）。

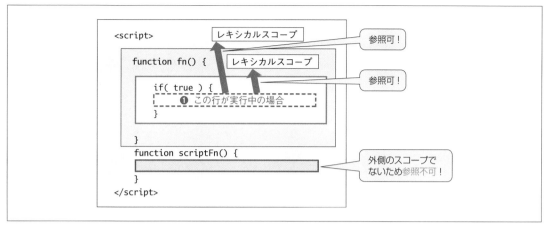

❖図7.6　レキシカルスコープ

　自スコープでなくても、レキシカルスコープに配置された変数や関数は参照することが可能です。そのため、図7.6でいうと、❶の行が実行中のときには、関数 fn の関数スコープやその外側のグローバルスコープ、スクリプトスコープの変数や関数を参照できます。つまり、グローバルスコープに配置された scriptFn は参照できますが、scriptFn 内に配置された変数や関数は参照できません。

▶レキシカルスコープの挙動（lexical_scope.html）

```
<script>
  let scriptVal = "スクリプトスコープの変数";

  function fn() {
    let fnVal = "関数スコープの変数";
    if( true ) {
      console.log( scriptVal, fnVal ); —————————————————————— ❶
      console.log( scriptFn() ); ———————————————————————————— ❷
      console.log( sVal ); —————————————————————————————————— ❸
    }
  }

  function scriptFn() {
    let sVal = "scriptFnの変数";
    return "scriptFnの実行結果";
  }

  fn();
</script>
```

❶ scriptVal、fnValは、ともにレキシカルスコープの変数であるため、参照可能です。

❷ scriptFn()は、レキシカルスコープであるグローバルスコープの関数のため、実行可能です。

❸ sValは、scriptFn内で宣言されているので、レキシカルスコープの変数ではありません。そのため、エラーが発生します。

　このように自スコープの外側のスコープがレキシカルスコープとなるため、レキシカルスコープは**外部スコープ**や**親スコープ**とも呼びます。また、記述した時点で決定するスコープのため、**静的スコープ**と呼ぶこともあります。様々な呼び方がありますが、意図するところは同じですので混乱しないようにしてください。

 point ● 実行中のコードから見た外側のスコープのことをレキシカルスコープと呼ぶ。
　　　　　　 ● レキシカルスコープで宣言された変数や関数は参照可能。

7.3.2　スコープチェーン レベルアップ

　前項では、レキシカルスコープによってスコープの外側の変数や関数を参照できることについて学びました。それでは、レキシカルスコープに同じ名前の変数が複数存在した場合はどうなるのでしょうか。

▶レキシカルスコープに同じ名前の変数が複数存在する場合

```
<script>
    window.whichVal = "グローバルスコープ";
    let whichVal = "スクリプトスコープ";

    function outerScope() {
        let whichVal = "outerScope関数スコープ";

        function innerScope() {
            let whichVal = "innerScope関数スコープ";
            console.log( whichVal );
            > innerScope関数スコープ
        }
```

```
        innerScope();
    }

    outerScope();
</script>
```

　上記のコードでは、自スコープ（innerScopeの関数スコープ）に存在するwhichValの値が出力されます。しかし、仮にwhichValが自スコープに存在しない場合には、JavaScriptエンジンは外側のスコープを1つずつたどってwhichValの変数を探しにいき、見つかった時点でその変数をwhichValの参照先の値として利用します（図7.7）。

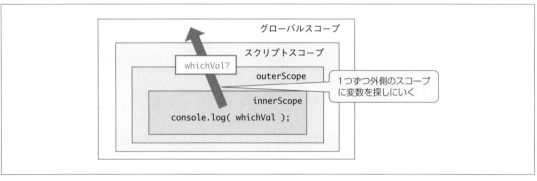

❖図7.7　スコープチェーン

　このような、レキシカルスコープが多階層に連なっている状態を**スコープチェーン**と呼びます。変数が自スコープに見つからない場合には、スコープチェーンをたどって変数を探しにいく、ということを覚えておいてください。なお、グローバルスコープとスクリプトスコープでは、グローバルスコープのほうが外側のスコープとなります。そのため、グローバルスコープまで変数を探しにいって見つからない場合には、エラーとなります。

point ● 変数が自スコープに見つからない場合には、スコープチェーンに存在するスコープを1つずつたどって、
使用する変数が決定される。

練習問題　7.3

　[1] レキシカルスコープとはどのようなスコープか答えてください。

　[2] 次のようなコードを変更したときに、エラーが発生しました。エラーが発生した箇所と原因を答えてください。また、必要最低限の範囲にスコープを保つように、コードを修正してください。

```
<script>
    let rand;

    function chance() {

        rand = Math.random();

        if( rand < .5 ) {
            let result = "成功";
        } else {
            let result = "失敗";
        }

        return result;
    }

    console.log( chance() );
</script>
```

7.3.3　クロージャ レベルアップ 初心者はスキップ可能

　クロージャ（Closure）とは、関数内で使用されている変数がレキシカルスコープの変数の値を保持し続ける状態のことです。関数内で使われる引数や変数は、関数が終了すると関数外からは参照できないため、不要とみなされて定期的にメモリから削除されます。この処理は**ガベージコレクション**と呼び、JavaScriptエンジンによって自動的に行われます（図7.8）。

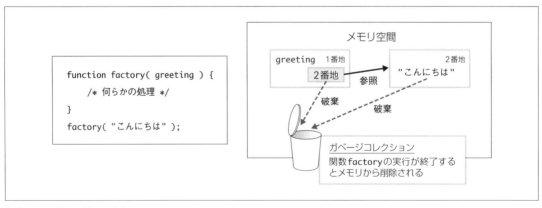

```
function factory( greeting ) {
    /* 何らかの処理 */
}
factory( "こんにちは" );
```

メモリ空間

greeting　1番地　　　　　　　　　　　　　2番地
2番地　　参照　　"こんにちは"

破棄　　　　　破棄

ガベージコレクション
関数factoryの実行が終了するとメモリから削除される

❖図7.8　ガベージコレクション

そのため、一般的に関数内で宣言された変数は関数の終了とともに参照不可能になりますが、次のコードのようにレキシカルスコープの変数が保持する値を使用している関数が戻り値として実行元に返された場合には、その値はガベージコレクションの対象とはならず、保持し続けられます（図7.9）。

▶レキシカルスコープの変数の値を使用している関数が戻り値となる場合（closure.html）

```
function factory( greeting ) {
    function innerFn( name ) {
        console.log( greeting + " " + name );  ─────── レキシカルスコープの変数（greeting）を使用
    }
    return innerFn;  ──────────────────────── 関数innerFnを実行結果として返す
}

const hello = factory( "こんにちは" );
hello( "太郎" );
> こんにちは 太郎
```

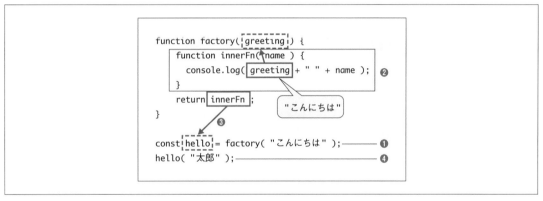

❖図7.9　処理の流れ

このコードの実行の流れは、次のようになります。

❶ 関数factoryが実行されます。このとき、関数factoryのgreetingには、"こんにちは"が渡されます。

❷ 関数factory内のコードが実行されるときに、関数innerFnが宣言されます。innerFn内ではgreetingが使われているため、レキシカルスコープのfactoryの引数のgreetingの値（"こんにちは"）がinnerFn内のgreetingが参照する先の値となります。

❸ 関数innerFnは戻り値として実行元に返されます（関数はオブジェクトの一種なので、戻り値としても返すことができます）。そのため、変数helloには関数factory内で宣言された関数innerFnが代入されます。

❹ 関数helloを実行すると、innerFn（❷の部分）が実行されます。このときのgreetingの値は、❷で取得したレキシカルスコープのgreetingの値（"こんにちは"）がそのまま保持されている状態となります。

本来であれば、関数factoryの実行完了とともに、引数greetingが保持する値はメモリから削除されます。しかし、今回の場合にはinnerFn内でレキシカルスコープのgreetingの値を使用しており、さらに、innerFnが関数factoryの戻り値として実行元に返されるため、innerFnが❹のように外部から実行される可能性があります。そのため、このような状態では「innerFn内のgreetingが参照する先の値（"こんにちは"）」はガベージコレクションの対象にはならず、残り続けることになります。この状態を**クロージャ**と呼びます。

このようにクロージャを利用することで、処理内容の異なる関数を**動的**に作成できます。動的とは、実行状況によって結果が変わる状態のことです。今回の例で言えば、関数factoryに与える引数を変更して実行すれば、コンソールへの出力内容が異なる別の関数が作成されます。

▶クロージャで動的に関数を作成

```
function factory( greeting ) {
    ... 省略
}
const hello = factory( "こんにちは" );
hello( "太郎" );
> こんにちは 太郎
const bye = factory( "さようなら" );
bye( "太郎" );
> さようなら 太郎
```

引数を変えることで、動作の異なる
関数（helloとbye）を作成できる

つまり、上記のコードでは関数factoryに渡す引数によって、処理内容（コンソールに出力されるメッセージ）が異なる2つの関数helloとbyeを作成しています。そのため、関数helloとbyeをそれぞれ関数宣言するのではなく、関数factoryの定義だけで、異なる挙動を取る関数を作成できていることになります。また、クロージャを利用すると、継続的に値の状態を保存できるため、関数内で使う値の状態を保持し続けたいときに有用です。

たとえば次の例では、incrementFactoryのreturnに続く無名関数内でレキシカルスコープの変数countの値を使用しています。これによって、increment();を実行したときには変数countの値は継続して保持されるため、++countによって現状のcountの値に対して1加算した結果がコンソールに表示されます。

▶数値を関数の実行ごとに1を加算し、ログに出力（closure_increment.html）

```
function incrementFactory() {
    let count = 0;
    return function() { ──────────── 無名関数（関数A）をincrementFactoryの実行結果として返す
        console.log( ++count ); ──────── レキシカルスコープのcountの値を使用
    }
}
const increment = incrementFactory();
increment(); ──────────────── この関数の実行は関数Aの実行を意味する
> 1
increment();
> 2
increment();
> 3
```

クロージャは、初心者にはなかなか理解するのが難しい概念です。ぜひ、コードを動かしながら挙動を確認してみてください。また、12.1節ではクロージャを使ってイテレータと呼ばれるオブジェクトを作成するので、実践的な例として参考にしてみてください。

☑ この章の理解度チェック

[1] スコープの種類

次の表の空欄を埋めて、文章を完成させてください。

❖JavaScriptのスコープ

	トップレベル	関数内	ブロック内	モジュール内のトップレベル
let	①	③	④	⑤
const	①	③	④	⑤
var	②	③	ブロックの ⑥ のスコープに配置される※1	⑤
関数宣言	②	③	ブロックの ⑥ のスコープに配置される※2	⑤

※1 たとえば、**if**文の1つ ⑥ のスコープが ③ の場合には、 ③ に変数が配置されます。
※2 Strictモードのときは、 ④ が有効になります。

[2] スコープの範囲

次の①〜⑦で変数**val**を参照しようとしたとき、**"グローバル"**、**"関数内"**、エラーのいずれの結果となるか答えてください（②の場合は、関数**fn1**を実行しようとしたとき、実行できるかどうかを答えてください）。なお、JavaScriptの場合は、エラーが発生した時点でコードの実行は終了するため、コメントアウトをうまく利用しながら、それぞれの挙動を確認しましょう。

```
<script>
    let val = "グローバル";
    function fn1() {
        let val = "関数内";

        if( Math.random() < .5 ) {
            console.log( val ); ────────────────── ①
            fn1(); ──────────────────────────── ②
        }

        function fn2() {
            console.log( val ); ────────────────── ③
        }
```

```
            console.log( val ); ─────────────────────── ④

            fn2();
            return val;
        }

        function fn3() {
            console.log( val ); ─────────────────────── ⑤
        }

        console.log( val ); ─────────────────────────── ⑥

        const result = fn1();
        console.log( result ); ───────────────────────── ⑦
        fn3();
    </script>
```

[3] クロージャ

クロージャを使って、次の挙動を満たす関数（**delayMessageFactory**）を実装してみてください。

▶実行したときの挙動を確認してください

```
/**
 * ケース1
 * この場合には2秒後にダイアログで「こんにちは」が出力されます。
 */
const dialog = delayMessageFactory( alert, 2000 );
dialog( "こんにちは" );


/**
 * ケース2
 * この場合には1秒後にコンソールログに「こんばんは」が出力されます。
 */
const log = delayMessageFactory( console.log, 1000 );
log( "こんばんは" );
```

[4] クロージャを、アロー関数を使って簡略化

[3] で作成した関数（**delayMessageFactory**）を、アロー関数を使って省略して記述してみてください。

this キーワード

この章の内容

JavaScriptには、オブジェクトへの参照を格納する**this**という特殊なキーワードがあります。これは、あなたがこれからJavaScript開発者として歩みを進めていく中で、必ず目にするキーワードです。**this**キーワードを使うことによって、何が便利になるのでしょうか。そして、**this**キーワードを使うにあたって、何に注意すればよいのでしょうか。本章では、JavaScript開発に欠かすことのできない**this**の使い方について詳しく学んでいきましょう。

8.1 実行コンテキスト

　JavaScriptの**this**キーワードを理解するには、まず実行コンテキストについて知っておく必要があります。**実行コンテキストとは、コードが実行される際に、JavaScriptエンジンによって準備されるコードの実行環境の**ことです。

　JavaScriptの**コードが実行される前に必ず実行コンテキストが生成され、どのような状態でコードが実行されているのかという情報が実行コンテキストごとに保持されます**（図8.1）。

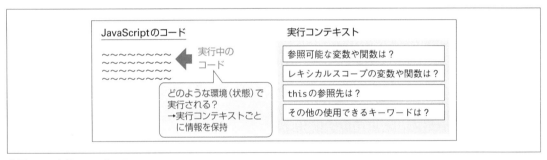

❖図8.1　実行コンテキスト

　実行コンテキストが生成されるタイミングは、主に2種類あります。

　　①HTMLの**script**タグの直下やJavaScriptファイルの直下に記述されたコードが実行される直前。
　　②関数が実行される直前。

　①では**グローバルコンテキスト**と呼ばれる実行コンテキストが生成され、②では**関数コンテキスト**と呼ばれる実行コンテキストが生成されます。

　つまり、コード内で関数を実行すると複数の実行コンテキストが生成され、実行コンテキストごとに次のような情報が保持されることになります。

　　●「その実行コンテキスト内で宣言された変数や関数」または「レキシカルスコープの変数や関数」
　　●「**this**の参照先」や「その他の使用可能な変数やキーワード」

　そのため、各々の実行コンテキストが保持する内容（変数や関数、**this**の参照先など）は異なります。
　ここで一番重要なのは、**実行コンテキストが変わると**this**の参照先の値も変わる**ということです。それ以外の細かいことについては、初心者はひとまず覚えなくても大丈夫です。

point ● 実行コンテキストによって、使用できる変数やthisキーワードの参照先が異なる。

8.1.1 グローバルコンテキスト

　グローバルコンテキストは、トップレベルでコードを実行する前に生成される実行コンテキストです。すなわち、HTMLのscriptタグの直下やJavaScriptファイルの直下に記述された**コードが実行される前に、まずグローバルコンテキストが生成されます**（図8.2）。グローバルコンテキストでは、同コンテキスト内で宣言した変数や関数以外にも、Windowオブジェクト（window）とthisが使用可能な状態になります。

❖図8.2　グローバルコンテキスト

◆Windowオブジェクト

　Windowオブジェクト（window）は、これまで使ってきたNumberやString、consoleやsetTimeoutなど、ブラウザがあらかじめ用意してくれているオブジェクトと関数（Web API）をプロパティに持つ特殊なオブジェクト（**グローバルオブジェクト**）です。Windowオブジェクトは、コードのどこからでも参照でき、またwindow.の部分を省略して記述することもできます。これまでログを出力するときにも、window.console.logではなく、console.logと記述して問題なくコードが実行できたことを思い出してください。

▶Windowオブジェクト（window.html）

```
<script>
    // window.は省略してもしなくてもどちらでもOK
    window.console.log( "こんにちは" );
    console.log( "さようなら" );

    function fn() {
        // Windowオブジェクトはコード内のどこからでも参照可能
        console.log( "はい、さようなら。" )
    }
    fn();
</script>
```

コード中でWindowオブジェクトにアクセスするときは必ず先頭は小文字にする
（○：window　×：Window）

thisキーワード

8.1.1　グローバルコンテキスト　**205**

 point
- Windowオブジェクト（`window.`）は省略して記述可能。
- Windowオブジェクトはコードのどこからでも参照可能。

◆ this

`this`キーワードは実行コンテキストによって参照先の値が切り替わりますが、グローバルコンテキストの`this`はグローバルオブジェクト（Windowオブジェクト）を参照します。

▶ グローバルコンテキストのthisの参照先はWindowオブジェクト

```
<script>
    /* トップレベルで実行した場合のthisはWindowオブジェクトを参照する */
    console.log( this === window )
    > true
</script>
```

 point
- グローバルコンテキストの`this`はWindowオブジェクトを参照する。

 エキスパートに訊く

Q： `globalThis`というキーワードをネットで見ました。`globalThis`とは何でしょうか？

A： `globalThis`は、実行環境に応じたグローバルオブジェクトを取得するための識別子です。グローバルオブジェクトは、JavaScriptの実行環境によって変わります。たとえば、ブラウザ環境の場合のグローバルオブジェクトは、Windowオブジェクトです。しかし、ブラウザ内部のWeb WorkerやService Workerと呼ばれる特殊な実行環境でJavaScriptコードが実行された場合、グローバルオブジェクトは`self`という識別子になります。また、Node.js環境でコードが実行された場合、グローバルオブジェクトは`global`という識別子になります。

このような違いは、環境をまたいで動作するコード（Universal JavaScript）を記述する場合にとても面倒です。そのため、ES2020のバージョンから、`globalThis`というキーワードによって、JavaScriptが実行される環境に応じたグローバルオブジェクトを取得できるようになっています。

```
// ブラウザで実行した場合
console.log( window === globalThis );
> true


// Node.jsで実行した場合
console.log( global === globalThis );
> true
```

8.1.2 関数コンテキスト

関数コンテキストは、関数が実行されるときに生成される実行コンテキストです。関数コンテキストでは、同コンテキスト内で宣言した変数や関数以外にも、レキシカルスコープの変数やthisキーワード、argumentsオブジェクト（第6章）やsuperという特殊なキーワードが使用できます（図8.3）。なお、superは、クラス継承が行われる特殊な条件下でのみ利用可能なキーワードです（詳細は第9章で説明します）。

関数コンテキストのthisは動作が少し複雑なため、8.2節であらためて確認していきます。

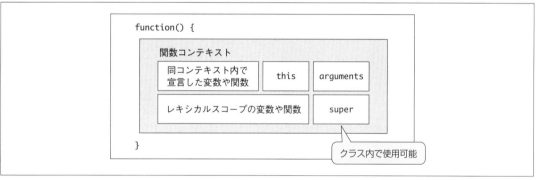

❖図8.3　関数コンテキスト

note　図8.3では、関数コンテキストの中にWindowオブジェクト（window）が存在しませんが、Windowオブジェクトへの参照はwindow.windowでグローバルスコープから取得可能な状態になっています。そのため、関数コンテキストから、レキシカルスコープの変数としてWindowオブジェクトを取得できます。少し混乱するかもしれませんが、Windowオブジェクトのプロパティがグローバルスコープの変数として、すべてのスコープから取得可能な状態になっています。そのため、window.windowにWindowオブジェクトへの参照を保持していると、他のすべてのスコープからWindowオブジェクト自身も取得できることになります。

▶window.windowはwindow自身への参照を保持している

```
console.log( window.window === window );
> true
```

このことは知らなくても特に問題ありませんが、理屈で覚えたい方は知っておくとよいでしょう。

8.1.3 コールスタック

　コールスタックとは、**実行コンテキストの積み重ね**のことです。グローバルコンテキストや関数コンテキストは、同コンテキスト内のコードの実行をすべて完了したタイミングで消滅しますが、同コンテキスト内のコードで他の関数が呼び出されると呼び出し元のコンテキストの上に積み上げられる形で関数コンテキストが新たに作成されます。これが繰り返されたときには、JavaScriptエンジン上でどんどん関数コンテキストが積み上がっていく状態になります。これを**コールスタック**（または**実行コンテキストスタック**）と呼びます。

　たとえば、次のようなコードを実行した場合のコールスタックの動作を考えてみましょう。

▶コールスタックの動作

```
<script>                                                    ❶

    function first() {
        second();                                           ❸
    }

    function second() {
    }

    first();                                                ❷
                                                            ❹
</script>
```

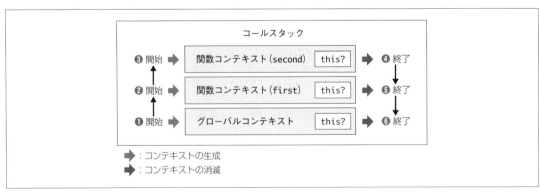

❖図8.4　コールスタック

上記のコードでは、まずトップレベルのコードの実行前（❶）にグローバルコンテキストが生成されます。そして、❷でfirst()が実行されたときに関数コンテキストがグローバルコンテキストの上に積み上がります。そして、次にfirst()内でsecond()が実行されている（❸）ため、さらに関数コンテキストが積み上がります。second()の中では他の関数は呼び出されていないので、これ以上コンテキストは積み上がりません。

second()の実行が完了するとsecond()の関数コンテキストが消滅し（❹）、あとは同様に、実行が終了したコンテキストから消滅（❺❻）していきます。これがコールスタックの動作です。

◆ ブラウザのコールスタック

ブラウザは、コールスタックを保持することで、実行コンテキストごとのthisの参照先やコンテキスト内で宣言された変数の情報を保持しています。この状態は、ブラウザの開発ツールで確認できます。

▶開発ツールでコールスタックを確認（confirm_callstack/index.html）

```html
<script>
    function first() {
        let firstVal = "firstコンテキスト";
        second();
    }

    function second() {
        let secondVal = "secondコンテキスト";
        debugger; ───────────────────────── この地点でコードの実行を停止する
    }

    first();
</script>
```

※debuggerというキーワードは、開発ツールを開いた状態でコードを実行したときに、コードの実行を停止します。

実行結果 開発ツールでコールスタックを確認

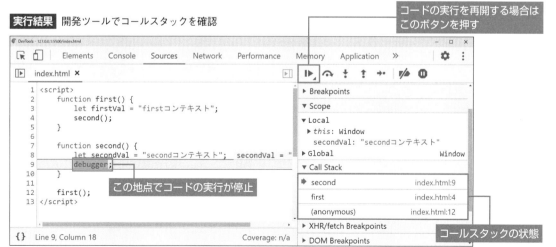

開発ツールの「Sources」パネルを開き、右下の「Call Stack」の欄でコールスタックを確認できます。たとえば、ここでfirstの欄をクリックすると、関数firstの実行コンテキストのthisや変数を確認できます（図8.5）。

コールスタックは、コードがどこから呼び出されて、どのような状態で実行されたのかを知るために有効な手段です。デバッグの1つの手段として活用してみてください。

```
▼ Scope
▼ Local
    firstVal: "firstコンテキスト"
    ▶ this: Window
▶ Global                        Window
▼ Call Stack
    second                      index.html:9
▶ first                         index.html:4
    (anonymous)                 index.html:12
```

変数やthisの値を確認できる！

クリック

❖図8.5　firstをクリック

8.2 関数コンテキストのthisの挙動

本節では、関数コンテキスト内のthisの動作について確認していきましょう。

8.2.1 関数コンテキストのthisの種類

関数コンテキスト内のthisは、関数の実行の仕方によって、参照する先の値が異なります。これは、大きく次の2種類に分類できます。

◆オブジェクトのメソッドとして実行した場合

thisの参照先は、メソッドが格納されているオブジェクトです。「メソッドとして実行する」とは、つまり「オブジェクト.メソッド()」の形式で実行することです（図8.6）。末尾の丸括弧()が付かない限り、メソッドを実行していることにはならないので、注意してください。

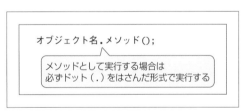

オブジェクト名.メソッド();

メソッドとして実行する場合は
必ずドット(.)をはさんだ形式で実行する

❖図8.6　メソッドとして実行

◆関数として実行した場合

thisの参照先は、グローバルオブジェクト（ブラウザの場合はWindowオブジェクト）です（図8.7）。

それでは、それぞれの挙動を確認していきましょう。

関数名();

関数として実行する場合は
ドット(.)はない

❖図8.7　関数として実行

オブジェクトのメソッドとして実行した場合

オブジェクトのメソッドとして実行される関数内のthisの参照先は、メソッドが呼び出される元になったオブジェクト（ドット演算子の前のオブジェクト）です。以降、**呼び出し元のオブジェクト**と呼びます。

次のコードでは、メソッドhelloを実行したときの呼び出し元オブジェクトはtaroです。そして、メソッドhello内のthisは、このtaroを参照しています（図8.8）。

▶メソッドとして実行された場合のthis

```
const taro = {
    name: "太郎",
    hello: function() {
        console.log( "こんにちは、" + this.name )
    }
}


taro.hello();
> こんにちは、太郎
```

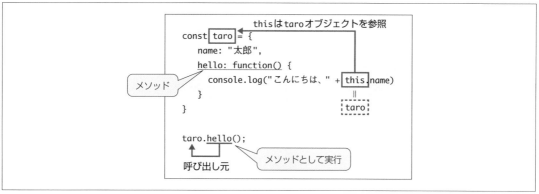

❖図8.8　thisは呼び出し元のオブジェクトを参照

メソッドは、オブジェクトに格納されている関数のことを指します。taro.hello()のように関数を実行した場合、オブジェクト（taro）のメソッドとして関数（hello）を実行していることを意味します。

関数として実行した場合

一方、オブジェクトのメソッドではなく、ただの関数として実行された場合のthisの参照先は、Windowオブジェクトです（図8.9）。

▶関数内のthisの参照先はWindowオブジェクト（window_this.html）

```
window.name = "花子";

function hello() {
  console.log( "こんにちは、" + this.name );
}

hello();
> こんにちは、花子
```

```
window name = "花子";

function hello() {
  console.log("こんにちは、" + this name);
}                              ‖
  ┌─ 関数として実行 ─┐      window
hello();
```

❖図8.9　thisはWindowオブジェクトを参照

そのため、上記のコードで関数helloを実行したときに、**this.name**プロパティで取得されるのは、Windowオブジェクトの**name**プロパティに格納した**"花子"**になります。

note　ES5で追加されたStrictモード（16.5節で紹介）を有効にすると、関数として実行したときのthisの値がWindowオブジェクトではなくundefinedになるため、注意してください。

▶Strictモードでは関数として実行したときのthisがundefinedになる（strict_this.html）

```
"use strict";                                      ──── Strictモードを有効化
function confirmThis() {  console.log( this );  } ──── thisの値を確認
confirmThis();
> undefined                                        ──── Windowオブジェクトではなくundefinedになる
```

point
- オブジェクトのメソッドとして実行された場合の**this**の参照先は呼び出し元オブジェクト。
- 関数として実行された場合の**this**の参照先はWindowオブジェクト（ただし、Strictモードが有効の場合には、**this**は**undefined**になる）。

練習問題　8.1

[1] 次のコードの①と②でコンソールに出力される文字列を答えてください。

```
window.name = "花子";

function hello() {
    console.log( "こんにちは、" + this.name );
}

const taro = {
    name: "太郎",
    hello: hello     // 上で定義した関数helloをhelloプロパティに登録
}

hello(); ─────────────────────────────── ①
taro.hello(); ────────────────────────── ②
```

8.2.4　アロー関数内でthisが使われた場合の挙動
レベルアップ　**初心者はスキップ可能**

本項では、ES6で追加されたアロー関数内でthisが使われたときの挙動を確認していきましょう。

アロー関数の特徴として、**アロー関数が実行されたときの関数コンテキストには、thisが存在しません**（6.4.2項を参照）。そのため、アロー関数内でthisキーワードが使われた場合には、スコープチェーンをたどって、レキシカルスコープに対してthisを探しにいきます（図8.10）。そして、そのとき最初に見つかったthisが、アロー関数のthisキーワードの参照先として使われます。たとえば、図8.10のような場合にアロー関数arrowFn内でthisの値を取得しようとすると、1つ外側の関数fnのthisの値が取得されます。

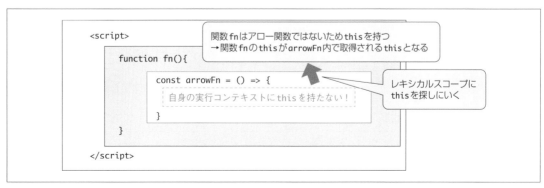

```
<script>

    function fn(){

        const arrowFn = () => {
            自身の実行コンテキストにthisを持たない！
        }

    }

</script>
```

> 関数fnはアロー関数ではないためthisを持つ
> →関数fnのthisがarrowFn内で取得されるthisとなる

> レキシカルスコープに
> thisを探しにいく

❖図8.10　アロー関数はthisを持たない

実際にコードで確認してみましょう。

▶アロー関数はthisを持たない（arrow_this.html）

```
const taro = {
    name: "太郎",
    hello: function () {                          jiro.helloから見たレキシカルスコープは
                                                  この関数スコープとなる
                                                  ➡このコンテキストのthisはtaroオブジェクト
        const jiro = {
            name: "次郎",
            hello: () => {                         アロー関数はthisを持たない
                console.log( "こんにちは、" + this.name );  ➡レキシカルスコープにthisを探しにいく
            }
        };

        jiro.hello();

    }
};
taro.hello();
```

実行結果 アロー関数はthisを持たない

上記のコードでは、`taro.hello`は無名関数、`jiro.hello`はアロー関数を使ってメソッドを定義しています。このとき、アロー関数である`jiro.hello`は自身の関数コンテキストに`this`を持たないため、レキシカルスコープの`taro.hello`の`this`を使います。この`this`は`taro`オブジェクトへの参照となるため、結果として「こんにちは、太郎」がコンソールに出力されます。

なお、オブジェクトリテラル内のメソッドの省略記法は、無名関数のメソッド定義と同じ意味になります。

▶メソッドの省略記法は無名関数のメソッド定義と同じ意味

```
const obj = {
    method() { }                              これはmethod: function() { }と定義した場合と同じ
}
```

このように、関数内でthisを使っている場合には、無名関数とアロー関数の挙動が異なるため、注意してください。

 point --
● アロー関数は自身の関数コンテキストにthisを持たないため、レキシカルスコープのthisを参照しにいく。

練習問題　8.2

[1] 以下のコードを実行したとき、コンソールに表示されるメッセージを答えてください。

```javascript
window.name = "独習 太郎";
const which = () => {
    console.log( this.name );
}

const hanako = {
    name: "独習 花子",
    callName() {
        which();
    }
}

hanako.callName();
```

8

this キーワード

8.2.5　コールバック関数におけるthisの参照先
レベルアップ **初心者はスキップ可能**

本項では、少し発展したケースとして、コールバック関数とその中で使われるthisの挙動について見ていきましょう。

8.2.2項で「オブジェクトのメソッドとして実行される関数内のthisの参照先は、呼び出し元オブジェクト」と説明しました。それでは、前項で記述したtaro.helloメソッドをコールバック関数として異なる関数に渡したときの挙動を確認してみましょう。

▶オブジェクトのメソッドをコールバック関数としたとき（callback_this.html）

```javascript
window.name = "花子";

const taro = {
    name: "太郎",
```

```
    hello: function() {
        console.log("こんにちは、" + this.name);
    }
}

function greeting( callback ) {
    callback();  ──────────────────  callback関数（taro.hello）がこの時点で実行される
}

greeting( taro.hello );  ──────────  taro.helloを引数に渡す（この時点ではまだ実行されていない）
```

実行結果 オブジェクトのメソッドをコールバック関数としたとき

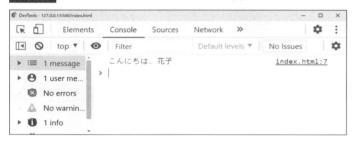

　上記のコードを実行すると、コンソールには「こんにちは、花子」と表示されます。今回の場合はtaro.helloの関数を実行しているため、一見taro.nameの値が取得されそうですが、実際はwindow.nameの値が取得されている点に注意してください。

　この理由は、上記のコードではtaro.helloが参照している先の関数がcallbackとして引数に渡り、callback()という形で実行されているからです（図8.11）。このとき、関数が「オブジェクト.メソッド()」の形式で実行されていないことに注意してください。callback()はあくまで関数として実行されているため、thisの参照先はWindowオブジェクトになります。

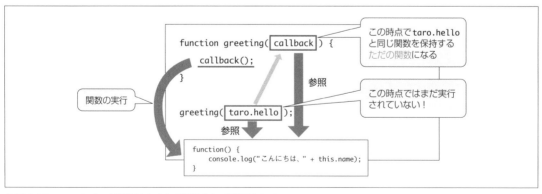

❖図8.11　コールバック関数はあくまで関数として実行される

同様のことは、オブジェクトのメソッドを変数に代入したときにも発生します。

▶オブジェクトのメソッドを変数に代入したとき（ref_this.html）

```
window.name = "花子";

const taro = {
    name: "太郎",
    hello: function() {
        console.log( "こんにちは、" + this.name );
    }
}

const helloWho = taro.hello; ───────────────── メソッドを変数に格納
helloWho(); ─────────────────────────── 関数として実行される
> こんにちは、花子
```

この場合もhelloWho()は「オブジェクト.メソッド()」の形式では実行されておらず、関数として実行されているため、thisはWindowオブジェクトを参照しています。

　ここまで、関数の実行状態によってthisの参照先が切り替わることを見てきましたが、thisの参照先を開発者が指定する方法もあります。次節では「thisの束縛」と呼ばれる、thisを特定の値に固定する方法について見ていきましょう。

練習問題　8.3

[1] 次のコードの実行したときにコンソールに表示される値を答えてください。

```
window.a = 10;
window.b = 11;

const obj = {
    a: 5,
    b: 7,
    calc() {
        console.log( this.a + this.b );
    }
}

setTimeout( obj.calc, 2000 );
```

8.3 thisの束縛 （レベルアップ） （初心者はスキップ可能）

thisを特定の値に固定（束縛）するには、bind、apply、callという3つのメソッドを使います。

> **note** 本節の内容は、実際にJavaScriptで開発する際に必ず知っておかなければならない知識ですが、コードに慣れていないと難しく感じるかもしれません。そのため、初心者や難しいと感じる方はいったん読み飛ばし、JavaScriptに慣れてきてから取り組んでください。

8.3.1 bindメソッド

bindメソッドを使うと、thisの参照先の値を自由に変更できます。bindを使ってthisの参照先を変更することを、bindによるthisの束縛と言います。

まず記法から確認していきましょう。

構文 bindの記法

```
const newFn = fn.bind( obj [, param1, param2, ... ] )
```

fn	：this、または引数を束縛したい関数かメソッドを指定します。
obj	：関数fn内のthisの参照先にしたいオブジェクトを指定します。
param1、param2	：bindでは関数fnに渡す引数も指定できます。
newFn	：bindによって、thisまたは引数が束縛された、新しい関数が格納されます。

bindによってthisを束縛するときには、関数fnに続けて.bind（束縛したいオブジェクト）を記述します。これによって、関数fnのthisの参照先がbindメソッドの第1引数のオブジェクトに束縛された、新たな関数がnewFnに格納されます（図8.12）。このとき、bindメソッドは、関数fnを実行しているわけではありません。あくまでthisの参照先を固定した新しい関数（newFn）を作成しているだけなので、混同しないように注意してください。

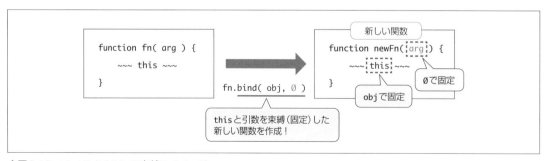

❖図8.12　bindによるthisの束縛のイメージ

point ● bind()は関数を実行するのではなく、関数のthisを束縛した新しい関数を作成しているだけ。

実際にbindメソッドを使ってthisと引数を束縛してみましょう。

▶bindを利用してthisを束縛（bind_this.html）

```
function hello( greeting ) {
    console.log( greeting + this.name );
}

const taro = {
    name: "太郎"
}

// bindでthisと引数を束縛
const helloTaro = hello.bind( taro, "こんにちは、" );
helloTaro();
> こんにちは、太郎
```

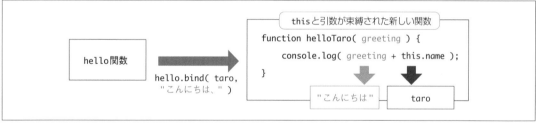

❖図8.13　helloメソッドのthisと引数を束縛

　bindメソッドで新たに作成された関数helloTaroのthisと引数は、bindメソッドの第1引数、第2引数でそれぞれ固定されることになります（図8.13）。そのため、helloTaroを実行すると、コンソールに「こんにちは、太郎」と表示されます。

8.3.2　bindメソッドの利用ケース

　それでは、bindメソッドが実際にどのようなケースで使われるか見てみましょう。
　bindメソッドが主に使われるのは、コールバック関数として渡す関数のthisや引数を束縛したい場合です。たとえば、オブジェクトのメソッドをコールバック関数として渡した場合は、関数として実行されてしまうため、thisの参照先がWindowオブジェクトとなってしまいます。しかし、bindメソッドを使うことで、thisの参照先のオブジェクトを開発者の意図したものに指定できます。

▶2秒後に"こんにちは、太郎"とコンソールに表示する場合

```
window.name = "花子";

const taro = {
    name: "太郎",
    hello: function() {
        console.log( "こんにちは、" + this.name );
    }
}

// 2秒後に"こんにちは、太郎"とコンソールに表示される
setTimeout( taro.hello.bind( taro ), 2000 ); ───────────── bindでthisをtaroに固定
// 3秒後に"こんにちは、花子"とコンソールに表示される
setTimeout( taro.hello , 3000 ); ───────────────────────── bindなし
```

実行結果 2秒後に"こんにちは、太郎"、3秒後に"こんにちは、花子"とコンソールに表示する場合

　上記のコードでは、指定秒数だけ待機してから関数を実行するsetTimeoutを使っています。しかし、setTimeoutにtaro.helloをただ単に渡しただけでは、thisの参照先がWindowオブジェクトになってしまいます（図8.14）。そこで、bindでthisの参照先をtaroオブジェクトにすることによって、setTimeout内でコールバック関数が実行されたときのthisの参照先をtaroオブジェクトに束縛します。

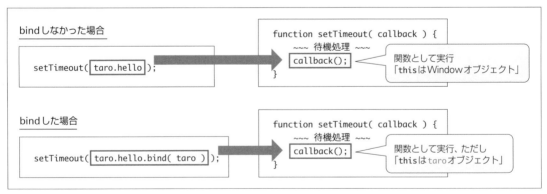

❖図8.14　bindによるコールバックのthisの束縛

　また、この書き方が難しいと感じる場合は、次のように記述することもできます。

```
const taro = {
  name: "太郎",
  hello: function() {
    console.log( "こんにちは、" + this.name );
  }
}

// 無名関数でtaro.hello();を囲む
setTimeout( function() {
  taro.hello();  ─────────────────────────────────────────  ❶
}, 2000 );   // 2秒後に以下のメッセージが現れる
> こんにちは、太郎
```

このように無名関数でtaro.hello()をラップした（囲んだ）場合には、❶のtaro.helloメソッドの実行部分が「オブジェクト.メソッド()」の形式で記述できることに注意してください。これによってsetTimeout内でcallback()として実行されるのは、ラップした無名関数になるため、その中のtaro.hello()はオブジェクトのメソッドとして実行されることになります。

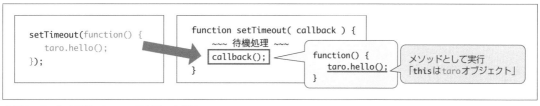

❖図8.15　無名関数でメソッドを囲った場合

8.3.3　callメソッド　使用頻度低

前項で学んだbindメソッドでは、新しい関数を生成するだけで、その関数は実行しません。しかし、callメソッドでは、thisや引数を束縛した、新しい関数を作成し、その関数を即時に実行します。

構文　callの記法

```
fn.call( obj [, param1, param2, ... ] );
```

fn	：this、または引数を束縛したい関数かメソッドを指定します。
obj	：関数**fn**内のthisの参照先にしたいオブジェクトを指定します。
param1、param2	：callでは関数**fn**に渡す引数も指定できます。

callメソッドは、bindメソッドと同じ形式で引数を渡します。唯一、bindメソッドと異なるのは、callメソッドを呼び出した時点で、thisや引数が束縛された関数が実行される点です。

▶callメソッドの使用例（call_this.html）

```
const taro = { name: "太郎" };

function hello( greeting ) {
 console.log(`${ greeting }、${ this.name }`);
}

hello.call( taro, "こんにちは" );　──────────────── thisと引数を束縛して関数helloを実行！！
```

実行結果 callメソッドの使用例

```
DevTools - 127.0.0.1:5500/index.html                        −  □  ×
⊑  ⫿    Elements   Console   Sources   Network   ≫      ⚙  ⋮
⊩ ⦸  top ▼ ◉   Filter          Default levels ▼   No Issues   ⚙
▶ ≣ 1 message     こんにちは、太郎               index.html:5
▶ ⊖ 1 user me...   > |
```

> note　アロー関数は、そもそもthisを持っていないため、bindやcallによるthisの束縛も使用できません。注意してください。

▶アロー関数に対してはthisの束縛はできない（call_arrow.html）

```
// hello関数から見たレキシカルスコープはグローバルスコープになる
window.name = "花子";

const hello = () => {
    console.log( "こんにちは、" + this.name );
}
hello.call( { name: "太郎" } ); ──────────── アロー関数ではthisを束縛できない！
> こんにちは、花子
```

8.3.4　applyメソッド　`使用頻度低`

applyメソッドは、callメソッドと同じく、thisや引数を束縛して新しい関数を作成し、その関数を即時に実行します。callメソッドと異なるのは、applyメソッドでは、引数の束縛に配列を使うという点です。

構文 applyの記法

```
fn.apply( obj [, array] );
```

fn　　　：this、または引数を束縛したい関数かメソッドを指定します。
obj　　：関数fn内のthisの参照先にしたいオブジェクトを指定します。
array　：applyメソッドの第2引数には配列を指定します。配列に格納された要素が関数fnの引数としてそれぞれ渡されます。

```
const taro = { name: "太郎" };

function hello( greeting, name ) {
    console.log(`${ greeting }、${ name }`);
}

hello.apply( null, [ "こんにちは", "太郎" ] );——————— thisと引数を束縛して関数helloを実行！！
> こんにちは、太郎
```

　上記の例では、関数helloの引数greetingとnameを、配列の0番目（"こんにちは"）と1番目（"太郎"）の要素で、それぞれ束縛しています。また、このとき、関数hello内ではthisを使っていないため、applyメソッドの第1引数にnullを設定しています。

　もう1つ、別の例も見てみましょう。たとえば、Mathオブジェクトのmaxメソッドでは、引数に渡された値の中で一番大きな値を戻り値として返しますが、比較する値を引数に1つずつ指定する必要があります。そのため、仮に配列内の一番大きな数値を取得したい場合には、次のように記述する必要があります。

▶Math.maxで配列内の一番大きな数値を取得する場合

```
const vals = [ 1, 2, 3 ];
// 一番大きな数値を確認
console.log( Math.max( vals[ 0 ], vals[ 1 ], vals[ 2 ] ) );
> 3
```

　しかしapplyメソッドを使うと、次のように記述できます。

▶Math.maxで配列内の一番大きな数値を取得する場合（applyメソッド）

```
const vals = [ 1, 2, 3 ];
// 一番大きな数値を確認
console.log( Math.max.apply( null, vals ) );——————— thisは使用しないため、nullを第1引数に渡す
> 3
```

　このようにすると、配列の値をわざわざ1つずつ引数に指定する必要がなくなり、より簡潔にコードを記述できます（なお、Math.max内ではthisを使っていないため、applyメソッドの第1引数にはnullを設定しています）。ただし、ES6で追加されたスプレッド演算子を使うと、同様の実装をより直感的に記述できるため、現在は上記の記述方法はあまり使われません（**thisの束縛があわせて必要なケースでのみ使われます**）。スプレッド演算子を使った記述方法については、12.3.2項を参照してください。

　本章では、**bind**、**call**、**apply**の使い方について説明してきました。これらのメソッドが必要になるのは、基本的に**thisの参照先を変更したいケース**です。初心者はあまり使う機会がないかもしれませんが、参考知識としてこのような機能があることを知っておくとよいでしょう。

☑ この章の理解度チェック

[1] 実行コンテキストとは

次の空欄を埋めて、文章を完成させてください。

　実行コンテキストとは、コードが実行されるときに、JavaScriptエンジンによって準備されるコードの実行環境のことです。実行コンテキストには、主に　①　と　②　があります。特に注意すべきなのは、実行コンテキストが変わると　③　の参照先の値も変わる点です。また、実行コンテキストが積み重なってできたものを　④　と呼びます。

[2] 関数コンテキストのthis

次のコードを実行したとき、①〜⑤で表示されるメッセージを答えなさい。

```
window.greeting = "こんにちは";

function hello() {
    console.log( this.greeting );
}

hello();                                              ①

const dog = {
    greeting: "ワンワン",
    hello
};

dog.hello();                                          ②

const gorilla = {
    greeting: "ウホウホ",
    hello
};

gorilla.hello();                                      ③
const transform = gorilla.hello;
transform();                                          ④

setTimeout( gorilla.hello, 2000 );                    ⑤
```

[3] thisの束縛

　[2] の⑤のコードで「ウホウホ」とコンソールに表示するには、どのようにすればよいでしょうか。**bind**を使って書き換えてみてください。

クラス

この章の内容

クラスの記法は、コードを整理したり、同じ構造のオブジェクトを複数作成したりするときに使われます。ES5までのJavaScriptでは、クラスの記法は存在しませんでした。しかし、ES2015（ES6）でクラスが追加されたことにより、JavaScript開発でも徐々にクラスの記法が浸透してきています。また、ES2022では、クラスの仕様が拡張されており、さらに便利に記述できるようになっています。今後、クラスを利用する場面がますます増えることが予想されるため、本章でしっかりマスターしましょう。

9.1 クラスの基礎

9.1.1 クラスとオブジェクト

クラスとは、オブジェクトを作成するためのひな形のようなものです（図9.1）。クラスには、オブジェクトに設定したいプロパティやメソッドを定義でき、それをもとにオブジェクトを簡単に作成できます。また、オブジェクトの作成時に実行される処理（**コンストラクタ**）を実装することにより、プロパティに設定される値などをオブジェクトごとに変更できます。これにより、ひな形のクラスを1つ作成するだけで、同じような構造の複数のオブジェクトを簡単に作成できます。

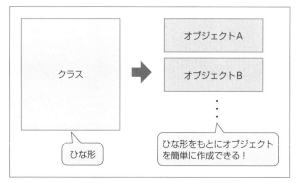

❖図9.1　クラスはオブジェクトを作成するためのひな形

たとえば、これまでオブジェクトを作成するときには、オブジェクトリテラルを使っていました。しかし、この方法では、同じような構造のオブジェクトを作成するときでも、作成したいオブジェクトの数だけ個別に定義する必要があります。

▶オブジェクトリテラルでは毎回定義しなければならない

```
// ユーザー情報を管理するオブジェクトを仮定した場合
// ユーザー：独習太郎
const taro = {
    username:"独習太郎",
    password: "taro-pwd",
    login() {
        console.log( `ログイン [ ${this.username} / ${this.password} ]`);
    }
}
```

```
// ユーザー：独習花子
const hanako = {
    username:"独習花子",
    password: "hanako-pwd",
    login() {
        console.log( `ログイン [ ${this.username} / ${this.password} ]`);
    }
}
```

これをクラスを使って書き直すと、次のようなコードになります。このコードの具体的な意味は次節以降で詳しく学ぶため、ここではなんとなくコードが整理されていることを実感してもらえれば大丈夫です。

▶ クラス記法で書き直した場合（class_base.html）

```
// ユーザーを作成するクラスの定義
class User {
    constructor( username, password ) {
        this.username = username;
        this.password = password;
    }

    login() {
        console.log( `ログイン [ ${this.username} / ${this.password} ]`);
    }
}

const taro = new User( "独習太郎", "taro-pwd" );   ──────────  オブジェクトの作成：独習太郎
const hanako = new User( "独習花子", "hanako-pwd" )  ──────────  オブジェクトの作成：独習花子
```

このように記述することによって、具体的に次のメリットがあります。

メリット① コードの重複部分がなくなり、コードのメンテナンスがしやすくなる

オブジェクトの作成に必要な情報をクラスにまとめることによって、**同じようなコードを何回も記述する必要がなくなります**。同じようなコードを何回も記述するのは、手間がかかるだけなく、記述ミスによるバグ混入の可能性も上がり、アプリケーションの機能拡張や修正を困難にする、非常に良くないやり方です。それに対し、クラスを使えば、手間や記述ミスが減り、よりメンテナンスしやすいコードを記述できます。

メリット② オブジェクトの作成が簡単に行えるようになる

クラスからオブジェクトを作成するコードは、const taro = new User("独習太郎", "taro-pwd");のように1行で済みます。そのため、作成するオブジェクトの数が増えれば増えるほど、オブジェクトリテラルよりもクラスを使うほうが、より簡単にオブジェクトを作成できます。

クラスの定義

まずは、クラスの定義方法から確認しましょう。ES6で仕様追加されたクラスは、次のように定義します。

構文 クラスの記法

```
class クラス名 {
```
――――――――――――― クラス全体を波括弧{}でくくる

```
    constructor( [ 引数, ... ] ) {
        this.プロパティ = 値;
    }
```
オブジェクトが作成されるときに
呼び出されるメソッド（❶）

thisに設定したプロパティが生成される
オブジェクトに設定される（❷）

```
    メソッド( [ 引数, ... ] ) {

    }
```
生成されるオブジェクトに設定される
メソッドは、クラスの直下に記述（❸）

```
}
```

　まずクラスには、**コンストラクタ**（constructor）を記述します。**コンストラクタは、オブジェクトの生成が行われるときに実行される関数（メソッド）です**（❶）。そのため、コンストラクタ内で生成されるオブジェクトに設定したいプロパティを定義します。これは、**this**に対してプロパティを設定することで実現できます（❷）。また、生成されるオブジェクトにメソッドを追加したい場合には、クラスの直下（コンストラクタと同じ並び）に記述します（❸）。

インスタンス化

　クラスからオブジェクトを生成する処理を**インスタンス化**と呼びます。また、インスタンス化によって生成されるオブジェクトは、**インスタンス**と呼びます（インスタンスは、**インスタンスオブジェクト**、または単に**オブジェクト**とも呼びます）。インスタンス化によってインスタンスを作成するには、**new演算子**を使います。

構文 インスタンス化によってオブジェクトを生成する

引数あり[※1]
```
const オブジェクト = new クラス名( [ 引数1, 引数2, ... ] );
```

引数なし[※2]
```
const オブジェクト = new クラス名;
```

※1　引数1，引数2，...は、コンストラクタの引数に渡されます。
※2　引数なしでインスタンス化を行うときは丸括弧()を省略できます。

　new演算子でインスタンス化を行う場合には、図9.2のような処理が行われます。

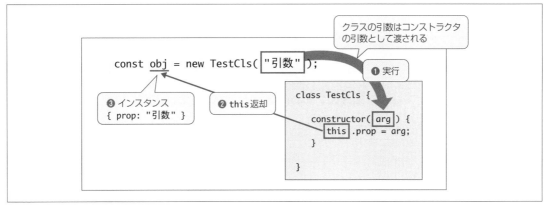

❖図9.2　new演算子の処理

❶ new演算子により、クラスのコンストラクタが実行されます。このとき、クラス名に続く()に渡された値は、コンストラクタに引数として渡されます。

❷ コンストラクタの実行を終えると、その中で使われているthisがnew演算子の結果として返されます。そのため、生成されるインスタンスにプロパティを設定したい場合には、「this.プロパティ」のようにthisに対してプロパティを追加します。

❸ 図9.2の例では、コンストラクタの中でthis.propに値を設定しているため、返されるインスタンスは{ prop: "引数" }になります。

　これが、new演算子によるインスタンス化の一般的な処理の流れです。**クラス内で記述するthisキーワードは、生成されるインスタンスを表すことを覚えておきましょう。**

　一方、生成されたインスタンスは、あくまでオブジェクトなので、これまで見てきたようにドット記法などを用いてプロパティの値の取得・変更を行うことができます。

▶インスタンスのプロパティの取得・変更（class_prop.html）

```
class TestCls {

    constructor( arg ) {
        this.prop = arg;
    }

}

const obj = new TestCls( "引数" ); ──────────── インスタンス化
console.log( obj.prop );
> 引数 ───────────────────── クラス（TestCls）内でthis.propに
                              設定した値が取得される

obj.prop = "値の変更"; ───────────────── オブジェクトのプロパティの値を変更
console.log( obj.prop );
> 値の変更
```

Column ▶ **コンストラクタ関数内でreturn文が使われている場合**

　コンストラクタ内にreturn文が存在し、そのreturn文によってオブジェクトが返された場合には、そのオブジェクトがnew演算子の戻り値になります。ただし、通常、コンストラクタ内ではreturn文は使わず、thisを使ってインスタンスオブジェクトを作成するため、あくまで参考程度に知っておけば十分です。

▶コンストラクタ内にreturn文があるとき（class_return.html）

```
class TestCls {
    constructor() {
        this.prop = "値"; ─────────────── return文があるためthisは無視される
        return { test: "returnで返されたオブジェクト" };
    }
}


console.log( new TestCls );
> { test: "returnで返されたオブジェクト" };
```

9.1.4 メソッド定義

　次に、メソッドの定義方法と実行方法について確認しましょう。クラスで定義したメソッドは、インスタンスから実行できます。

▶メソッドの定義と実行（class_method.html）

```
class TestCls {
    method( arg ) {
        console.log( `引数:[ ${ arg } ]でメソッドを実行 ` );
    }
}


const test = new TestCls;
test.method( "テスト" );
> 引数:[ テスト ]でメソッドを実行
```

　上記のコードでは、コンストラクタを記述していないため、testオブジェクトはプロパティを持ちません。しかし、method(...) { ... }をクラスに定義することで、test.method()でメソッドを実行できます（図9.3）。

❖図9.3　メソッドの定義と実行

また、メソッド内でも、thisを通してインスタンスのプロパティの取得・変更を行うことができます。

▶メソッド内のthisを通したプロパティの取得・変更（class_sample.html）

```
class User {

    constructor( username, password ) {
        this.username = username;
        this.password = password;                    インスタンスのプロパティに値を設定
    }

    login() {
        console.log( `ログイン [ ${this.username} / ${this.password} ]`);
    }                                          プロパティに設定された値を取得

    changePassword( pwd ) {
        this.password = pwd;                         プロパティ（password）の値を変更
        console.log( `パスワードが[ ${ this.password } ]に変更されました。` );
    }
}
// インスタンス化
const taro = new User( "独習太郎", "taro-pwd" );

taro.login();
> ログイン [ 独習太郎 / taro-pwd ]

taro.changePassword( "new-pwd" );
> パスワードが[ new-pwd ]に変更されました。

taro.login();
> ログイン [ 独習太郎 / new-pwd ]
```

上記のコードでは、loginメソッドやchangePasswordメソッド内のthisはtaroオブジェクトを参照しています（図9.4）。

9
クラス

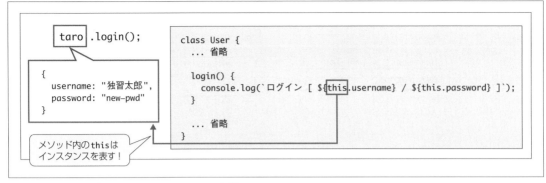

❖図9.4　メソッド内のthisはインスタンスへの参照

　この挙動は不思議に感じるかもしれませんが、第8章で説明した、オブジェクトのメソッドとして実行されたときのthisの参照先を思い出してください。**メソッドとして実行されたときのthisは、呼び出し元オブジェクトを参照します**。そのため、図9.4では、loginメソッドを実行したときのthisの参照先はtaroオブジェクトになります。同じ理由で、複数インスタンスでそれぞれ同じメソッドを実行したときも、thisはそれぞれ呼び出し元オブジェクトを参照します（図9.5）。

▶複数インスタンスで同じメソッドを呼び出した場合

```
class User {
    constructor( username, password ) {
        this.username = username;
        this.password = password;
    }

    login() {
        console.log( `ログイン [ ${this.username} / ${this.password} ]`);
    }
}

// taroオブジェクトの作成
const taro = new User( "独習太郎", "taro-pwd" );
taro.login();
> ログイン [ 独習太郎 / taro-pwd ]

// hanakoオブジェクトの作成
const hanako = new User( "独習花子", "hanako-pwd" );
hanako.login();
> ログイン [ 独習花子 / hanako-pwd ]
```

❖図9.5 thisは呼び出し元オブジェクトを参照（イメージ）

　このように、クラスのメソッド内のthisは、呼び出し元オブジェクトを参照するので、覚えておいてください。また、オブジェクトのメソッド内から、同じオブジェクトの他のメソッドを実行するときにも、thisを使います。

▶メソッド内から他のメソッドを実行（call_method_in_class.html）

```
class User {
    constructor( username, password ) {
        this.username = username;
        this.password = password;
    }

    login() {
        this.check();                                           ← thisを通して他のメソッドを実行
        console.log( `ログイン [ ${this.username} / ${this.password} ]`);
    }

    check() {
        console.log( `ログイン情報をチェックします。`);
    }
}

const taro = new User( "独習 太郎", "taro-pwd" );
taro.login();
> ログイン情報をチェックします。
> ログイン [ 独習太郎 / taro-pwd ]
```

note　クラス名はパスカルケース（単語の先頭を大文字）を使いますが、プロパティ名やメソッド名はキャメルケース（単語の先頭を小文字）を使います。パスカルケースとキャメルケースの詳細は3.3.3項を参照してください。

[1] 先ほどのUserクラス（p.233）に、rollプロパティとcheckRollメソッドを追加してください。プロパティとメソッドの仕様は、次のとおりとします。

- rollプロパティに、コンストラクタの第3引数の値を渡す。
- checkRollメソッドは、rollプロパティの値が"admin"であれば「管理者権限です。」とコンソールに表示し、それ以外の値の場合には「一般ユーザーです。」とコンソールに表示する。

9.2 クラスに関わるその他の実装

本節では、クラスに関わる次の実装について確認していきましょう。

- 静的メソッドと静的プロパティ
- ゲッターとセッター
- クラスの継承
- 生成元クラスの確認
- hasOwnPropertyメソッドとin演算子

9.2.1 静的メソッドと静的プロパティ

ここまで、クラスからインスタンスオブジェクトを作成して、そのオブジェクトからメソッドやプロパティを使う方法について説明しました。本項では、インスタンス化が不要で、そのままクラスから利用できる**静的プロパティ**、**静的メソッド**について説明します。静的プロパティは**スタティックプロパティ**、静的メソッドは**スタティックメソッド**とも呼びます。

note　静的メソッド、静的プロパティと区別するため、インスタンスのメソッドやプロパティを**インスタンスメソッド**、**インスタンスプロパティ**と呼ぶことがあります。

静的プロパティや静的メソッドを定義するには、メソッド名の先頭に`static`キーワードを付与します。

構文 静的メソッド、静的プロパティの定義方法

```
class クラス名 {
    static プロパティ名 = 値;
    static メソッド名() { ... }
}
```

本項の冒頭でも触れましたが、静的プロパティ、静的メソッドの場合には、インスタンス化を行わずにクラスから直接、参照できます。

構文 静的メソッド、静的プロパティの利用方法

```
クラス名.プロパティ名;
クラス名.メソッド名();
```

　静的プロパティと静的メソッドの使用例を見てみましょう。

▶静的プロパティ、静的メソッドの使用例（class_static.html）

```
class Human {

    static TYPE = "普通の人";                                    ← 静的プロパティを定義

    static staticMove() {                                      ← 静的メソッドを定義
        console.log( Human.TYPE + "は歩いて移動します。" );
    }

    constructor( name ) {
        this.name = name;
    }

    move() {                                                  ← インスタンスメソッド
        console.log( this.name + "は歩いて移動します。" );
    }

}

const taro = new Human( "太郎" );
Human.staticMove();
> 普通の人は歩いて移動します。

console.log( Human.TYPE );
> 普通の人

taro.move();
> 太郎は歩いて移動します。
```

　静的プロパティや静的メソッドにアクセスする場合には、クラス名（Human）に続けてプロパティ名、メソッド名を記述していることに注意してください。**オブジェクト（taro）に続けて静的プロパティや静的メソッドを記述することはできません。それは、静的プロパティや静的メソッドがクラス側に属するからです**（図9.6）。

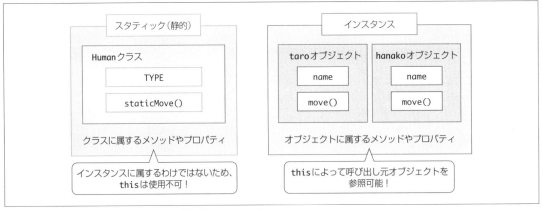

そのため、静的メソッド内では、thisを使ってもインスタンスを取得できません。thisキーワードが使えるのは、「オブジェクト.メソッド名()」の形式でメソッドが実行されて、**インスタンスオブジェクトが特定される場合**のみです。静的メソッドの呼び出しは、「**クラス名.静的メソッド名()**」の形式であり、**インスタンスを特定できないため**、thisキーワードでインスタンスを取得できない点に注意してください。

 note インスタンスメソッド内から、静的プロパティや静的メソッドにアクセスする場合は、this.constructor.静的メソッドのように記述することが可能です。

▶インスタンスメソッド内から静的プロパティや静的メソッドを利用

```
class TestCls {
    static STATIC_PROP = "静的プロパティ";
    static staticMethod() { return "静的メソッド" }
    method() {
        console.log( this.constructor.STATIC_PROP );
        console.log( this.constructor.staticMethod() );
    }
}

const test = new TestCls;
test.method();
> 静的プロパティ
> 静的メソッド
```

なお、静的メソッド（や静的プロパティ）内からは、this.constructor.〜のような記述で、他の静的メソッドや静的プロパティにアクセスすることはできないため、注意してください。

静的メソッドとインスタンスメソッド

前項のまとめとして、静的メソッドとインスタンスメソッドがそれぞれアクセス（参照）できるものを確認しましょう（図9.7）。

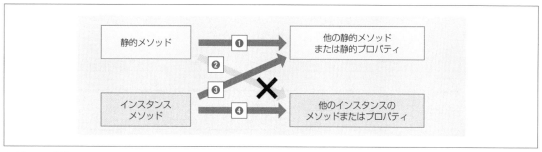

❖図9.7　静的メソッドとインスタンスメソッドの関係

❶ 静的メソッドから他の静的メソッドや静的プロパティは、クラス名を使って参照できます。

❷ 静的メソッドからインスタンスのメソッドやプロパティは、**参照できません**。

❸ インスタンスメソッドから他の静的メソッドや静的プロパティは、クラス名または`this.constructor`を使って参照できます。

❹ インスタンスメソッドから他のインスタンスのメソッドやプロパティは、`this`を通して参照できます。

練習問題　9.2

[1] 次のコードを実行したときに画面に"**こんにちは**"と表示したかったのですが、エラーが発生しました。エラーの原因を特定して修正してください（実際にコードを実行して、コンソールでエラー発生箇所を確認してみてください）。

▶コンソールに「こんにちは」と表示したいが、エラーが発生する（class_error_before.htm）

```
class StdClass {

    constructor( arg ) {
        this.arg = arg;
    }

    static printFn= console.log;

    static print( arg ) {
        printFn( arg );
    }
```

クラス 9

```
    print() {
        this.constructor.print( this.arg );
    }

}

const std = new StdClass( "こんにちは" );
std.print();
```

9.2.3 ゲッターとセッター `レベルアップ` `使用頻度低`

クラスを記述していると、プロパティの値を取得・変更するときに特定の処理もあわせて実行したい場合があります。そのときに使うのが、**ゲッター（ゲッターメソッド）**、**セッター（セッターメソッド）**です。

それではまず、ゲッター、セッターの定義方法から確認していきましょう。クラス内でゲッター、セッターを定義するには、メソッド名の前にgetキーワード、setキーワードを付与します。

構文 ゲッターとセッターの定義方法

```
class クラス名 {
    get ゲットプロパティ () { ──────────────────────── ゲッター
        return ゲットプロパティを参照した際に取得される値;
    }

    set セットプロパティ ( 設定された値 ) { ──────────── セッター
        プロパティに値を設定するときに実行したい処理
    }
}
```

このように定義したゲッター、セッターは次のようにして呼び出すことができます。

構文 ゲッターとセッターの使用方法

```
const obj = new クラス名;
console.log( obj.ゲットプロパティ ); ──────────────── ゲッターの実行
obj.セットプロパティ = 値; ──────────────────────── セッターの実行
```

上記の例を見てわかるとおり、ゲッター、セッターを実行するときには、メソッドの実行とは違い、末尾の括弧()は必要ありません。オブジェクトのプロパティのように値の取得・変更を行えば、ゲッターメソッドやセッターメソッドが実行されることになります。そのため、ゲットプロパティやセットプロパティは、他のプロパティ名と重複しないようにする必要があります。

それでは、ゲッター、セッターの簡単な使用例を見てみましょう。

次の例では、`fullname`プロパティをゲッターで定義し、`age`プロパティをセッターで定義しています。

▶ゲッター、セッターの使用例（getter_setter.html）

```
class Person {
    constructor( firstname, lastname ) {
        this.firstname = firstname;
        this.lastname = lastname;
        /* this.fullnameの定義は書かない！ */
    }

    get fullname() {
        return this.lastname + this.firstname;    ──── fullnameが取得された場合には
    }                                                   氏名を結合して返す

    set age( value ) {
        this._age = Number( value );    ──────── ageに値が設定された場合には_ageに数値を設定
    }

    get age() {
        return this._age;    ──────────── ageが取得された場合には_ageプロパティの値を返す
    }
}

const taro = new Person( "太郎", "独習" );

// ゲッターを通して値を取得
console.log( taro.fullname );    ────────────────── ❶
> 独習太郎

// セッターを通して文字列で値を設定
taro.age = "18"    ──────────────────────── ❷

// ゲッターを通して値を取得
console.log( typeof taro.age );    // taro._ageの値が返される
> number    ──────────────────────────── 数値型が取得される

// オブジェクトの状態を確認
console.log( taro );
> { firstname: "太郎", lastname: "独習", _age: 18 }    ───── ❸
                                        └──────── _ageプロパティにageの値は保持
```

❶ fullnameゲッターの挙動

　上記のコードでは、fullnameというゲッターを定義し、taro.fullnameと記述してプロパティのように取得しています。これによって、fullnameゲッターが実行され、その結果として戻り値（this.lastname + this.firstname）が返されます。

❷ ageセッターの挙動

　ageセッターでは、代入演算子で設定された値（"18"）がセッターの引数（value）に渡されます。ageセッターでは、Numberによって文字列が数値に変換されて_ageプロパティに設定されます。そのため、taro.ageゲッターで取得した値は、数値型になります。

❸ _ageプロパティにageの値は保持

　実際の値は_ageプロパティに保持しているため、オブジェクトのプロパティに_ageプロパティが追加されていることに注意してください。

 エキスパートに訊く

Q : 先ほどの「ゲッター、セッターの使用例」（p.239）の_ageもそうですが、たまにアンダースコア（_）から始まるプロパティを見かけます。_には、どのような意味があるのでしょうか？

A : クラスのプロパティやメソッドの先頭にアンダースコア（_）を付けた場合には、そのプロパティやメソッドは**クラス内のみの使用に制限している**（クラス外から参照してはいけない）ことを表します。実際には、先ほどの_ageプロパティのようにオブジェクトに追加されるため、taro._ageのように記述すれば値を取得・変更できます。しかし、ES6のクラスの記法では、クラスの外部からアクセス権限を制御する方法がないため、アンダースコアのような目印を付けて、他の開発者にクラス外から使用されないようにしています。
　なお、クラスのプロパティやメソッドのアクセス権の制御は、ES2022で仕様追加されています（これについては9.3節で説明します）。

練習問題　9.3

[1] 9.2.3項で定義したPersonクラス（p.239）に対して、genderセッター、genderゲッターを定義してください。セッターとゲッターの仕様は、次のとおりとします。

● genderセッター

　値が"男"、"女"、"トランスジェンダー"の場合には、_genderプロパティにその値を格納します。それ以外の場合は、例外を発生させます。例外のメッセージは、「genderプロパティには"男"、"女"、または"トランスジェンダー"を設定してください。」にします。

● genderゲッター

　_genderプロパティの値を返します。

9.2.4 クラスの継承 レベルアップ

クラスの継承とは、既存のクラスを継承する（引き継ぐ）ことで、**既存のクラスの機能を利用して、少し機能の異なるクラスを新たに生成する記法**です。これによって、既存のクラスのコードを再利用でき、冗長な記述を減らすことができます（図9.8）。

▶クラスの継承の記法（class_extends.html）

```
// 継承元クラス（親クラス）
class Parent {
    constructor( value ) {
        this.parentProp = value;
    }


    parentMethod() {
        console.log( "親クラスのメソッド" );
    }
}


// 継承先クラス（子クラス）
class Child extends Parent {        // extendsでParentクラスを継承 ──────── ❶

    constructor( parentProp, childProp ) {
        super( parentProp );                // 親クラスのコンストラクタを実行 ──────── ❷
        this.childProp = childProp;     // 子クラス独自のプロパティを追加
    }

    childMethod() {     // 子クラス独自のメソッドを追加
        // 親クラスのプロパティを取得
        console.log( `子から親にアクセス[ ${ this.parentProp } ]` ); ──────── ❸
    }


}
// 子クラスからインスタンス化
const childObject = new Child( "親", "子" );
// オブジェクトの確認
console.log( childObject );
> { parentProp: "親", childProp: "子" } ─────── 親クラスのプロパティも設定されている ─┐
childObject.parentMethod();     // 親クラスのメソッドも実行可能！ ──────────────┤──── ❹
> 親クラスのメソッド                                                              ┘
childObject.childMethod();      // 子クラスのメソッドも実行可能！
> 子から親にアクセス[ 親 ]
```

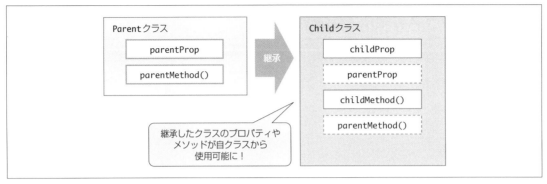

❖図9.8　クラス継承のイメージ

❶extendsでクラスを継承

クラスの継承の記法では、`extends`キーワードを使ってクラスを継承します。上記の例では、Childクラスが Parentクラスを継承しています（Parentは継承元の**親クラス**、Childクラスは継承先の**子クラス**です）。なお、複数のクラスを継承することはできないので、注意してください。

❷superキーワードで親クラスのコンストラクタを実行

子クラスにコンストラクタを記述する場合は、必ず**super**をキーワードで親のコンストラクタを実行します。`super( ... )`を呼び出さないとエラーになるため、注意してください。また、`super( ... )`の実行の前に`this`キーワードにアクセスした場合も、エラーが発生します。

❸親のプロパティの取得

`this`キーワードを通して親クラスのプロパティやメソッドにアクセスできます。また、子クラスに親クラスと同じ名前のメソッドが存在する場合、`super`キーワードを通して親クラスのメソッドを指定することもできます。

▶superで親クラスのメソッドを実行（class_super_method.html）

```
class Parent {
    method() { console.log( "親クラスのメソッド" ) }
}
class Child extends Parent {
    method() { console.log( "子クラスのメソッド" ) }
    myMethod() { this.method() }                        ─── 子クラスのmethodを実行
    parentMethod() { super.method() }                   ─── 親クラスのmethodを実行
}

const obj = new Child;
obj.myMethod();
> 子クラスのメソッド
obj.parentMethod();
> 親クラスのメソッド
```

❹親クラスのプロパティとメソッドが利用可能

Childクラスから作成したオブジェクト（childObject）には、親クラスのプロパティ（parentProp）が存在することを確認できます。また、childObject.parentMethod();のように、親クラスのメソッドを使うこともできます。

練習問題　9.4

[1] 以下のParentクラスに対して、familyNameプロパティとintroductionメソッドを実装し、Child
オブジェクトからintroductionメソッドを実行してください。プロパティとメソッドの仕様は、次のとおりとします。

● familyNameプロパティ

　Parentのコンストラクタに渡された引数で初期値が設定されます。

● introductionメソッド

　「名字はfamilyNameです。」とコンソールに表示します。

▶ベースとなるコード（Parentクラス）

```
class Parent {
}

class Child extends Parent {
}

// 以下の結果になるように実装してください。
const taro = new Child( "独習" );
taro.introduction();
> 名字は独習です。
```

9.2.5　生成元クラスの確認

インスタンスの生成元クラスを確認するには、instanceof演算子を使います。

構文 instanceofの記法

```
let result = インスタンス instanceof クラス名;
```

インスタンスの生成元クラス名がinstanceofの右オペランドのクラス名と一致する場合にはtrueが返り、一致しない場合にはfalseが返ります。このクラス名の比較対象には、継承元のクラスも含まれます。つまり、次のような結果になります。

```
class Parent { }
class Child extends Parent { }

const obj = new Child;
console.log( obj instanceof Child );
> true
console.log( obj instanceof Parent );
> true
```

　上記の例では、オブジェクト（obj）はChildクラスを使ってインスタンス化を行っています。また、Childクラスは Parentクラスを継承しているため、オブジェクトの生成元となったクラスをinstanceofで検査した場合、どちらの結果もtrueになります。

Column　すべてのクラスはObjectクラスを継承している？

　先ほどのコードでは、次のようにObjectに対して比較した場合にも、結果はtrueが返ってきます。

▶Objectが生成元クラスかどうか確認

```
console.log( obj instanceof Object );
> true
```

　この結果は、ParentクラスがObjectクラスを継承していることを表しています。これは、JavaScriptでは明示的に継承元クラスを記述しない場合には、自動的にObjectクラスを継承するようになっているためです。つまり、Objectクラスは、すべてのクラスが継承しているクラスということになります。

　そのため、一部例外を除き、すべてのインスタンスオブジェクトは、Objectクラスのメソッドを使うことができます。たとえば、ObjectクラスにはhasOwnPropertyというメソッドが定義されており、このメソッドを使うことによって、オブジェクトがプロパティを保持しているのかを確認できます。

▶hasOwnPropertyによるプロパティの存在確認

```
class Person {
    constructor() {
        this.name = "独習太郎";
    }
}

const taro = new Person;
console.log( taro );
> { name: "独習太郎" }

console.log( taro.hasOwnProperty( "name" ) );  ────── 実装していないhasOwnProperty
> true                                                  メソッドが利用可能！
```

このように Person クラスで hasOwnProperty を使うことができるのは、暗黙的に Object クラスを継承しているからなのです。

hasOwnProperty メソッドと in 演算子

hasOwnProperty は自身のオブジェクトにプロパティが存在するかを確認するメソッドですが、同じような機能を持つ in 演算子もあります。本項では、これらの使い分けについて学びます。

構文 hasOwnProperty の記法

```
let 真偽値 = オブジェクト.hasOwnProperty( "プロパティ名" );
```

構文 in 演算子の記法

```
let 真偽値 = "プロパティ名" in オブジェクト;
```

hasOwnProperty メソッドと in 演算子には、次のような違いがあります。

hasOwnProperty が true を返す条件

hasOwnProperty の結果が true になるのは、プロパティ名が自身のオブジェクトのプロパティとして存在する場合です。これには、継承したクラスのプロパティも含まれます。一方、メソッド名と一致しても true にはならないので、注意してください。

in 演算子が true を返す条件

in 演算子の結果が true になるのは、オブジェクトが保持するプロパティまたはメソッドと一致した場合です。これには、継承したクラスのプロパティやメソッドも含まれます。

そのため、プロパティのみを確認する場合には hasOwnProperty を使い、メソッドまで確認する場合には in 演算子を使ってください。

▶プロパティやメソッドの存在確認 (hasOwnProperty.html)

```
class Person {
    constructor() {
        this.name = "独習太郎";
    }
    hello() {
        console.log( "こんにちは" );
    }
}
```

```
const taro = new Person;

console.log( taro.hasOwnProperty( "name" ) );  ──────── hasOwnPropertyメソッドを使った
> true                                                   プロパティの存在確認

console.log( "name" in taro );  ──────────────────────── in演算子を使ったプロパティの存在確認
> true

console.log( taro.hasOwnProperty( "hello" ) );  ──────── hasOwnPropertyメソッドを使った
> false                                                  メソッドの存在確認

console.log( "hello" in taro );  ─────────────────────── in演算子を使ったメソッドの存在確認
> true
```

また、Objectクラスは自動的に継承されるため、in演算子でObjectクラスのメソッドを確認した場合には
trueが返されます。

▶Objectクラスのメソッドの存在確認

```
console.log( "hasOwnProperty" in taro );
> true
```

練習問題　9.5

[1] 以下のコードの①～④の実行結果を答えてください。

```
class Parent {
    constructor( familyName ) {
        this.familyName = familyName;
    }
    introduction() {
        console.log( `名字は${ this.familyName }です。` );
    }
}

class Child extends Parent {
    constructor( familyName ) {
        super( familyName );
    }
}
```

```
const taro = new Child( "独習" );

console.log( taro.hasOwnProperty( "familyName" ) ); ─────────────── ①
console.log( taro.hasOwnProperty( "introduction" ) ); ───────────── ②
console.log( "introduction" in taro ); ──────────────────────── ③
console.log( "hasOwnProperty" in taro ); ────────────────────── ④
```

9.3 ES2022でのクラス記法 レベルアップ

ES2022のバージョンから、クラスの機能が拡張されています。ブラウザによっては、まだ機能が実装されていない可能性もあるため、実際の環境で使うためにはBabelやwebpackといった、古いブラウザでも動くコードに変換してくれるソフトウェアが必要になる場合があります。

note
● Babel https://babeljs.io/
ES6以降の新しい記法で書かれたコードを古い記法のコードに変換します。これによって、古いブラウザで実装されていない最新の記法を使ったコードを、古いブラウザで実行可能なコードに変換できます。

● webpack https://github.com/webpack/webpack
複数ファイルに分割されたJavaScriptのコードを、1つのファイルに結合します。これによって、機能単位でファイルを分割でき、コードが整理しやすくなります。一般的にBabelと併用します。ファイル分割の手法については、第16章で紹介します。

9.3.1 コンストラクタの省略

ES6（ES2015）のクラス記法では、プロパティを設定する場合には、必ずコンストラクタ内で行う必要があります。しかし、**ES2022のクラスの記法では、クラスのトップレベルでプロパティを宣言できるようになりました**。これにより、プロパティに値を設定するだけであれば、コンストラクタを省略できます。

```
// ES2015のクラスで書いた場合
class ES2015 {
    constructor() { ──────────────────────── コンストラクタ内でプロパティを設定
        this.prop = 0;
    }
}

// ES2022のクラスで書いた場合
class ES2022 {
    prop = 0; ─────────────────────── クラスのトップレベルでプロパティを設定可能
}
```

なお、コンストラクタの引数を受け取ってプロパティに設定したい場合は、ES2015のクラスと同様に、コンストラクタ内で初期値を設定する必要があります。

▶コンストラクタの引数をプロパティに設定する場合（class_es2022_2.html）

```
class ES2022 {

    prop1 = 0; ─────────────────── コンストラクタの引数を代入しない場合

    constructor( arg ) {
        this.prop2 = arg; ─────────── コンストラクタの引数を代入する場合、constructor内で行う
    }

}
```

9.3.2　プライベートなアクセス権の追加

ES2022のクラスの記法では、自クラス内からのみアクセス可能なプロパティやメソッドを定義できるようになりました。そのため、**ES2022のクラスでは、パブリックとプライベートの2種類のアクセス権を使い分けること**ができます。

◆パブリックなプロパティやメソッド

パブリックは、クラスの外からでもプロパティやメソッドにアクセス可能な状態を表します（パブリックプロパティ、パブリックメソッドと呼びます）。なお、これまで扱ってきたクラスのプロパティやメソッドは、このパブリックに分類されます。

◆プライベートなプロパティやメソッド

プライベートは、自クラス内からのみアクセス可能な状態を表します。このプロパティやメソッドの定義方法がES2022から追加された仕様です（**プライベートプロパティ**、**プライベートパブリックメソッド**と呼びます）。

プライベートプロパティやプライベートメソッドを定義する場合には、先頭に#を付けます。

▶パブリックとプライベート（class_private.html）

```
class Counter {
    #count = 0; ───────────────────── プライベートプロパティ

    #print() { ────────────────────── プライベートメソッド
        console.log( this.#count );
    }

    increment() { ───────────────────── パブリックメソッド
        this.#count++;
        this.#print(); ──────────────── プライベートメソッドを実行
    }

}

const counter = new Counter;
counter.increment(); ──────────────── パブリックメソッドを実行
> 1

counter.#count = 10; ─────────────── プライベートプロパティはクラス外からアクセス不可！
counter.#print(); ────────────────── プライベートメソッドはクラス外からの実行不可！
```

このように、プライベートのアクセス権を使うことによって、クラス外から参照できるプロパティやメソッドを明確に記述できるようになるため、より厳格にクラスを定義できます。

note プライベートプロパティを使うときは、クラスのトップレベルで宣言する必要があるため、注意してください。

```
class StdClass {
    // #val; ────── 宣言は必ず必要！！（//を削除してコメント解除するとエラーが発生しなくなる）

    setVal() {
        this.#val = 0; ──────────────────────────── エラー発生！！
        > Private field '#val' must be declared in an enclosing class ┐
    }          [意訳] プライベートフィールド '#val' はクラスで囲まれた部分で宣言する必要があります。
}
```

[1] 次のクラスを、ES2022のクラス記法で書き直してください。なお、_から始まるプロパティはプライベートプロパティとします。

```
class Person {

    constructor( firstname ) {
        this._lastname = "独習";
        this._firstname = firstname;
    }

    get fullname() {
        return this._lastname + this._firstname;
    }

    set age( value ) {
        this._age = Number( value );
    }

    get age() {
        return this._age;
    }

}

const taro = new Person( "太郎" );
taro.age = 18;
console.log( taro.age );
> 18
console.log( taro.fullname );
> 独習太郎
```

9.4　プロトタイプ レベルアップ 初心者はスキップ可能

　本章の冒頭で「JavaScriptのクラスはES2015（ES6）で仕様追加された」と説明しました。しかし、ES5でも、関数を使えば、クラスと同等の機能を実装できます。現在は本節で紹介する関数によるクラスの定義を実装することは基本的にありませんが、その仕組みを学ぶことはJavaScriptの言語仕様を理解するうえで非常に役立ちます。

というのも、JavaScriptは**プロトタイプベース言語**と呼ばれ、言語仕様の根底には関数と密接に関わる**プロトタイプ（prototype）**と呼ばれる仕組みがあります。そして、**ES6から仕様追加されたクラスも、裏側で動いている仕組みはプロトタイプ**であるため、自分の思うとおりにコードを動作させるにはプロトタイプの仕組みを理解する必要があります。

　本節では、JavaScript言語の中心的な仕組みであるプロトタイプについて理解しましょう。

- JavaScriptのクラスはプロトタイプという仕組みに基づいて動いている。
  プロトタイプは、JavaScriptを思いどおりに記述できるようになるために理解しておくべき極めて重要な仕組みです。しかし、コードに慣れていないと難しく感じるかもしれません。そのため、初心者や難しいと感じた人はいったん読み飛ばし、JavaScriptに慣れてきてから取り組んでください。

9.4.1 コンストラクタ関数

　ES5のバージョンまでは、JavaScriptのオブジェクトは**コンストラクタ関数**とnew演算子を使って生成していました。コンストラクタ関数とは、class内で使用するコンストラクタ（constructor）と同様の働きをする関数です。これは、次のように定義できます。

構文 コンストラクタ関数の定義

```
function FunctionName( [引数1, 引数2, ... ] ) {
    this.プロパティ名 = 値;
}
```

　コンストラクタ関数の関数名（FunctionName）には、一般的な関数と区別するためにパスカルケースを使います。

　コンストラクタ関数内のthisは、クラスのコンストラクタ内のthisと同様に、生成されるオブジェクトのインスタンスを参照します（図9.9）。また、インスタンス化を行うときも、クラスと同様にnew演算子を使います。

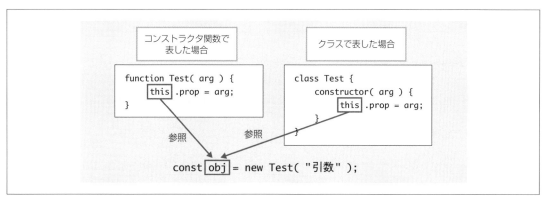

❖図9.9　コンストラクタ関数とクラス

図9.9の比較では、同じオブジェクト（obj）がコンストラクタ関数とクラスで生成されています。このように、本質的にはクラスのコンストラクタもコンストラクタ関数も同じです。そのため、JavaScriptでは、「オブジェクトを生成するもの」という意味で、クラスとコンストラクタ関数をまとめて**コンストラクタ**と呼ぶことがあります（図9.10）。

❖図9.10　コンストラクタとオブジェクトの関係

point ● JavaScriptでは、クラスとコンストラクタ関数をまとめて「コンストラクタ」と呼ぶ。
● コンストラクタとは、「オブジェクトを生成するもの」を意味する。

Column ▶ **JavaScriptのオブジェクト**

JavaScriptで**オブジェクト**と言う場合、以下の2種類の意味に分類できます。

Objectコンストラクタのインスタンス

1つ目は、`Object`コンストラクタによって生成されるインスタンスのことです。なお、オブジェクトリテラル`{ }`は、`Object`コンストラクタのインスタンス化（`new Object`）を簡略化して記述できるようにしたものなので、これも`Object`コンストラクタのインスタンスになります。

▶{}はnew Objectと同じ意味

```
console.log( { } instanceof Object );
> true;
```

非プリミティブ型を表すオブジェクト

2つ目は、文字列や数値などのデータ型の視点で見たときに非プリミティブ型に分類される値（オブジェクト）のことです。本項で説明したコンストラクタによって生成されるインスタンスは、すべて非プリミティブ型に分類されます。プリミティブ型以外はすべて非プリミティブ側に分類されるため、関数や配列もオブジェクトになります。そのため、厳密にはコンストラクタ関数も「関数」であるため、オブジェクトです。

少し混乱するかもしれませんが、オブジェクトが何を表すかは、文脈によって判断するようにしてください。

9.4.2 プロトタイプとは？

それでは、JavaScript言語の中心的な仕様の1つであるプロトタイプ（prototype）について学びましょう。
まず、プロトタイプには、次の4つの特徴があります。

特徴1 プロトタイプは関数オブジェクトに保持される特別なプロパティ

関数もオブジェクトの一種なので、関数にもプロパティを保持できます。プロトタイプ（prototype）は、インスタンス化に関係する特別なプロパティとして、関数オブジェクトに保持されています。

▶プロトタイプは関数に自動的に設定されているプロパティ（prototype.html）

```
function Test() { }

// 関数はオブジェクトの一種
Test.prop = "値";———————————————— Test関数はオブジェクトなので、プロパティに値を設定できる
console.log( Test.prop );
> 値

// prototypeプロパティの存在確認
console.log( "prototype" in Test );
> true ———————————————————————— 関数を定義するとprototypeプロパティが自動的に設定される
```

上記のコードでは、console.log("prototype" in Test);の結果としてtrueが返されているため、Testコンストラクタ関数にprototypeプロパティが存在することを確認できます（図9.11）。このprototypeプロパティは、関数を定義したときに自動的に設定されます。また、このprototypeに設定されている値はオブジェクトになります。

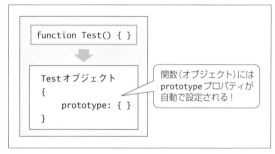

❖図9.11　prototypeは関数オブジェクトのプロパティ

▶prototypeにはオブジェクトが格納されている（prototype_is_object.html）

```
function Test() { }
console.log( typeof Test.prototype );
> object
```

特徴2 prototypeオブジェクトには関数（メソッド）を格納する

prototypeオブジェクト（prototypeプロパティに設定されているオブジェクト）に登録された関数は、インスタンスから実行可能なメソッドになります。次のコードを見てください。

▶prototypeにメソッドを登録（prototype_method.html）

```
function Person( name ) {
    this.name = name;
}

Person.prototype.hello = function() {  ────────  Personコンストラクタのprototypeオブジェクトの
    console.log( `こんにちは、${ this.name }` );              helloプロパティに無名関数を登録
}

const taro = new Person( "独習太郎" );
taro.hello();  ──────────────────────  helloメソッドを実行
> こんにちは、独習太郎

const hanako = new Person( "独習花子" );
hanako.hello();
> こんにちは、独習花子
```

上記のコードでは、taro.hello();としたときに、prototypeに登録したhello関数で使われるthisが呼び出し元オブジェクト（taro）を参照していることに注目してください。そのため、prototypeに登録される関数は、クラスのメソッドと同等に扱われることがわかります。

特徴❸ **prototypeはインスタンス化の際に__proto__にコピーされる**

new演算子によってコンストラクタからインスタンスを作成するとき、コンストラクタ関数のprototypeプロパティに格納されているオブジェクトへの参照が、インスタンスの__proto__という特別なプロパティにコピーされます。

▶prototypeと__proto__は同じオブジェクトを保持する（prototype__proto__.html）

```
function Test() { }
Test.prototype.hello = function() { console.log( "こんにちは" ) };
const instance = new Test;

console.log( instance.__proto__ === Test.prototype );  ────  __proto__とprototypeは
> true                                                        同じオブジェクト

instance.__proto__.hello();  ──────────────────────  __proto__を通してメソッドを実行
> こんにちは
```

prototypeはコンストラクタ関数のプロパティですが、__proto__はコンストラクタ関数のprototypeオブジェクトへの参照が保持されるインスタンスのプロパティです（図9.12）。混合しないように注意してください。
　インスタンス化されたオブジェクトからは、__proto__を通してprototypeに登録した関数を実行できます。

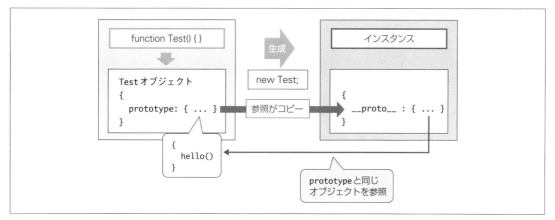

❖図9.12　prototypeへの参照が__proto__にコピーされる

特徴4 __proto__は省略することが可能

__proto__は、記述を省略できます。そのため、一般的にはインスタンスのメソッドの実行時には、__proto__は記述しません。

▶__proto__は省略することが可能（trim_prototype.html）

```
function Test() { }
Test.prototype.hello = function() { console.log( "こんにちは" ) };
const instance = new Test;
console.log( instance.__proto__.hello === instance.hello ); ─────── __proto__の関数と一致
> true

instance.hello(); ───────────────────────────────── __proto__は省略可能！
> こんにちは
```

以上がプロパティタイプ（prototype）の基本的な仕組みです。コンストラクタにはprototype、インスタンスには__proto__という特別なプロパティが存在し、同じオブジェクトを参照しています（図9.13）。これによって、コンストラクタのprototypeに定義したメソッドは、生成したすべてのインスタンスで共有され、インスタンスのメソッドとして呼び出すことができます。

❖図9.13　コンストラクタとインスタンスの関係

クラス記法とプロトタイプ

クラス記法を使った場合でも、裏側で動作する仕組みはプロトタイプベースです。そのため、クラスで定義したメソッドの場合も同様に、__proto__を通してメソッドが実行されます。

▶ クラスもプロトタイプベースで動いている（class_prototype.html）

```
class Test {
    hello() { console.log( "こんにちは" ) };
}

const instance = new Test;

Test.prototype.hello();
> こんにちは

instance.__proto__.hello();
> こんにちは

instance.hello();
> こんにちは
```

また、クラスで定義したメソッドは、prototypeを通して上書きすることもできます。

▶ クラスのメソッドをprototypeから変更（change_from_prototype.html）

```
class Test {
    hello() { console.log( "こんにちは" ) };
}

const instance = new Test;

Test.prototype.hello = function() { console.log( "Hello" ) }  ── prototypeのhelloメソッドを
                                                                 上書き
instance.hello();
> Hello
```

prototypeと__proto__は同じオブジェクトへの参照を保持しているため、prototypeのメソッドに対して行った変更はすべてのインスタンスに反映されます（図9.14）。

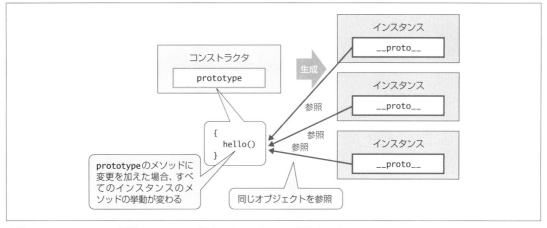

❖図9.14　prototypeの変更は__proto__経由でインスタンスに反映される

　このように、クラス記法を使った場合でも、JavaScriptのオブジェクトはプロトタイプの仕組みの上で動作しているのです。

9.4.4 プロトタイプチェーン

　本項では、プロトタイプが多階層に連なるケースについて学びましょう。

　プロトタイプが多階層になっているときの挙動を理解するポイントは、次の3つです。

① ほぼすべてのオブジェクトは、__proto__という特殊なプロパティを保持します（ただし例外的に保持しない場合もあります）。

② オブジェクトのプロパティを参照するとき、オブジェクト内にプロパティが見つからなければ、暗黙的に__proto__オブジェクト内のプロパティやメソッドを探しにいきます（そのため、__proto__を省略して__proto__のプロパティやメソッドにアクセスできます）。

③ __proto__にも一致するプロパティが見つからなかった場合は、さらに__proto__のオブジェクトが持つ__proto__に一致するプロパティを探しにいくことになります。そのため、次のコードのように__proto__が複数階層に連なっている状態の場合でも、obj.hello()と記述してメソッドを実行すれば、obj.__proto__.__proto__.hello();が実行されることになります。

▶__proto__が多階層になっている場合 （nested_prototype.html）

```
const obj = {
    __proto__: {
        __proto__: {
            hello() {
                console.log( "こんにちは" );
            }
        },
    },
```

```
};
obj.hello();  ─────────────────────────  obj.__proto__.__proto__.hello();が実行される
```

 実行結果 __proto__が多階層になっている場合

この場合も、JavaScriptエンジンはメソッドが見つかるまで、__proto__をどんどんさかのぼっていき、最初に見つかったメソッドを実行します（図9.15）。このように、__proto__が連なっている状態を**プロトタイプチェーン**と呼びます。

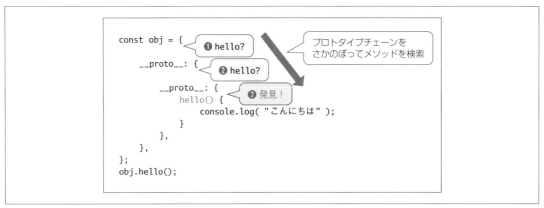

❖図9.15　プロトタイプチェーンの探索

図9.15のようにobj.hello()が実行されたときのプロパティ（メソッド）の探索過程は、次のようになります。

❶ 自身のプロパティとしてhelloが存在するか確認して、あればそれを実行し、なければ❷に進みます。

❷ __proto__内にhelloがあるか確認します。あればそれを実行し、なければ❸に進みます。

❸ helloが存在するため、helloを実行します。このとき、仮にhelloが存在しない、かつ__proto__が存在しない場合、または__proto__にnullが設定されている場合には、そこで探索は終了します。このときにはundefinedが結果として返るため、関数として実行するとエラーが発生します。

これが、プロトタイプチェーンの探索プロセスです。なお、先ほどのコードでは、プロトタイプチェーンを作成するために、オブジェクトに対して直接__proto__を設定していますが、この方法は推奨されません。プロトタイプチェーンを作成するには、本章で説明したクラスの継承を行うか、もしくはObject.createメソッドなどを使って__proto__を含むオブジェクトを作成します。

```
const resObj = Object.create( protoObj );
```

resObj ： Object.createの引数に指定したオブジェクト（**protoObj**）への参照を__proto__に格納した空のオ
ブジェクトが作成されます。仮に**protoObj**が{ hello: function() {} }のようなオブジェクトの場合、
Object.create(protoObj)を実行すると、**resObj**は次のようなオブジェクトとして生成されます。

```
{
    __proto__: { hello: function() {} }
}
```

protoObj ： __proto__の参照先として設定したいオブジェクトを渡します。

このObject.createを使うと、引数に渡したオブジェクトが戻り値の__proto__に格納されるので、次の
ようにプロトタイプチェーンを作成できます。

▶プロトタイプチェーンの作成 —— fruit3のプロトタイプチェーン —— （fruit_prototype.html）

```
const fruit1 = {
    apple: function () {
        console.log("リンゴ");
    },
};

// fruit1が__proto__に設定された新しいオブジェクトをfruit2に代入
const fruit2 = Object.create(fruit1);

// fruit2にbananaを追加
fruit2.banana = function () {
    console.log("バナナ");
};

// fruit2が__proto__に設定された新しいオブジェクトをfruit3に代入
const fruit3 = Object.create(fruit2);

// fruit3にmelonを追加
fruit3.melon = function () {
    console.log("メロン");
};

fruit3.apple();
> リンゴ
fruit3.banana();
> バナナ
fruit3.melon();
> メロン
```

fruit3からプロトタイプチェーンに存在するメソッドを実行

9

クラス

上記のコードでは、fruit1をfruit2の`__proto__`に設定し、さらにfruit2をfruit3の`__proto__`に設定しています。そのため、fruit3のオブジェクトを`console.log( fruit3 );`と記述してコンソールで確認すると、図9.16のようなプロトタイプチェーンが形成されていることを確認できます。

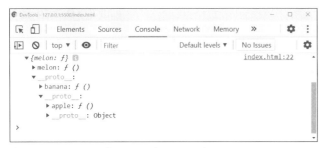

❖図9.16　fruit3のプロトタイプチェーン（`console.log( fruit3 );`の実行結果）

そのため、fruit3の`__proto__`をたどると、bananaやappleが見つかるため、`fruit3.banana()`、`fruit3.apple()`のメソッドを実行できます。なお、この実行結果の最後の行、appleメソッドと同じ並びに見える`__proto__: Object`については、現時点では気にしないでください（このあとのColumn「プロトタイプチェーンの終端」で説明します）。

9.4.5　プロトタイプ継承

前項では、他のオブジェクトを`__proto__`に設定することで、`__proto__`を通して他のオブジェクトの機能を利用できるオブジェクトを作成しました。このように、他のオブジェクトの機能を引き継ぐことを**継承**と呼び、他のコンストラクタのprototypeを継承することを**プロトタイプ継承**と呼びます。

たとえば、次の例では、Parentコンストラクタのprototypeを、Childコンストラクタで継承しています。

▶プロトタイプ継承の例（extend_prototype.html）

```
// 親のコンストラクタを宣言
function Parent() { }

// 子のコンストラクタを宣言
function Child() { }

// 親のプロトタイプにメソッドを追加
Parent.prototype.parentMethod = function() {
    console.log("親のメソッド");
}

// 親のプロトタイプを継承
Child.prototype = Object.create( Parent.prototype ); ————————————————— ❶
```

レベルアップ 初心者はスキップ可能

```
// 子のプロトタイプにメソッドを追加
Child.prototype.childMethod = function() { ─────────────────────────────── ❷
    console.log("子のメソッド");
}

// インスタンス化
const childObj = new Child;
childObj.parentMethod();
> 親のメソッド
childObj.childMethod();
> 子のメソッド
```

　上記のコードでは、❶の時点で親のprototypeを子のプロトタイプに継承しています。このときのChild.prototypeの状態は、{ __proto__: { parentMethod() } }です。そのため、ここにchildMethodを追加して（❷）、インスタンス化を行った場合、Child.prototypeは図9.17のような構造になります。

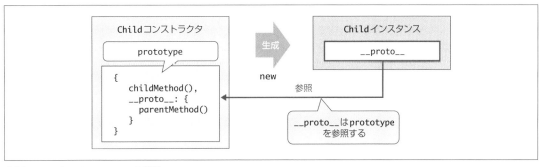

❖図9.17　Child.prototypeの構造

　このように、親のメソッドがプロトタイプチェーン上に存在することになります。なお、このプロトタイプチェーンは、コンソールからも確認できます。ぜひ上記のコードを実行して確認してみてください。

実行結果 プロトタイプ継承の例（Child.prototypeをコンソールで確認）

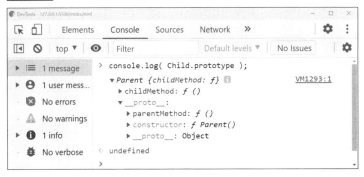

余談ですが、上記のコードでは、親コンストラクタの**prototype**を継承しているだけで、親コンストラクタのプロパティまでは継承していません。親コンストラクタのプロパティを子コンストラクタで継承するには、次のように記述します。

▶親のプロパティを継承

```
function Parent( parentProp ) {
    this.parentProp = parentProp;
}

function Child( childProp, parentProp ) {
    Parent.call( this, parentProp );   ───────── 親コンストラクタをthisを束縛して実行
    this.childProp = childProp;
}
const child = new Child( "子プロパティ", "親プロパティ" );
console.log( child );
> { parentProp: "親プロパティ", childProp: "子プロパティ" }
```

このコードでは、**Child**コンストラクタの中で**Parent**コンストラクタを**call**メソッドで実行することで、**Parent**コンストラクタのプロパティを継承しています。**call**で実行しているのは、**Parent**と**Child**の**this**が参照する先のオブジェクトを一致させるためです。

thisは実行コンテキストによって参照先が変わるため、単に**Parent(parentProp)**と実行すると、**this**の参照先が**Child**のコンテキストと異なるオブジェクトになってしまいます。そのため、**call**を使って**this**の参照先を**Child**と同じオブジェクトにしています。なお、**現在のJavaScriptでは、callを使った継承の記法は使いません。**あくまで動作を理解するための説明と考えてください。

Column ▶ プロトタイプチェーンの終端

p.244のコラムでは「**Object**クラスは、すべてのクラスが継承しているクラス」と説明しましたが、これはプロトタイプを継承していることを表しています。一部の例外を除き、プロトタイプチェーンの終端は、**Object**コンストラクタのプロトタイプ（**Object.prototype**）になります。これは、クラスやコンストラクタ関数で他のプロトタイプを継承しなかった場合には、**Object**コンストラクタの**prototype**が自動的に継承されるためです。そのため、基本的にすべてのオブジェクトは、**Object**コンストラクタのメソッドを使うことができる状態になっています。

▶すべてのオブジェクトはObjectコンストラクタのメソッドを使用可能

```
const obj = new function () { };   ───────── 無名関数をコンストラクタとして使用
console.log( obj.__proto__ );   ───────── プロトタイプの中身を確認
```

実行結果 すべてのオブジェクトはObjectコンストラクタのメソッドを使用可能

なお、Objectコンストラクタのプロトタイプを継承したくない場合には、次のように記述します（__proto__を持たないオブジェクトが作成できます）。

▶ __proto__を持たないオブジェクトの作成

```
const obj = Object.create( null );
```

9.4.6 hasOwnPropertyメソッドとin演算子の仕組み

9.2.6項で学んだhasOwnPropertyメソッドとin演算子の挙動を、プロトタイプの概念に沿って確認しましょう。プロトタイプベースでこれらの処理を考えた場合、その違いは次のように極めて明確です（図9.18）。

hasOwnPropertyメソッド
自身のオブジェクトのプロパティとして存在するかどうかを確認します。

in演算子
プロトタイプチェーンまで含めてプロパティが存在するかを確認します。

ぜひ、このイメージを覚えておいてください。

プロトタイプは、JavaScriptの根幹を支える仕様の1つです。初心者には少し難しいかもしれませんが、ぜひ、開発ツールなどを駆使しながら本章のコードを自身で確認してみてください。

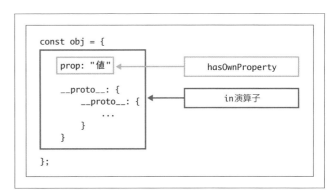

❖図9.18　hasOwnPropertyとin演算子の確認範囲

☑ この章の理解度チェック

[1] User クラスの作成

usernameプロパティとdeletedプロパティを保持するUserクラスを作成してください。username は、コンストラクタの引数で初期化されるものとします。また、deletedフラグが1のUserオブジェクトは無効なユーザーとみなしたいため、deletedプロパティの初期値は0にしてください。

[2] login メソッドの実装

[1] で作成したUserクラスに、loginメソッドを追加してください。なお、loginメソッドは、deletedプロパティの値によって次のようなログメッセージが出力されるように実装してください。

> **deletedが0の場合**
> > usernameはログインに成功しました。

> **deletedが0以外の場合**
> > usernameはログインに失敗しました。

[3] AdminUser クラスの作成

[1][2] で作成したUserクラスを継承するAdminUserクラスを作成し、AdminUserクラスに対してdeleteUserメソッドを追加してください。メソッドの仕様は、次のとおりとします。

● deleteUser メソッドの仕様
他のUserオブジェクトを引数に取り、そのオブジェクトのdeletedフラグを1に変更します。その後、コンソールに以下のメッセージを表示します。

> {削除されたユーザー名}を削除しました。

[4] 作成したクラスの実行

[1] ～ [3] で作成したUserクラスとAdminUserクラスから、それぞれインスタンスを作成し、AdminUserクラスのdeleteUserメソッドを使って、作成したUserインスタンスをログイン不可（deletedプロパティを1に変更）にしてください。

[5] 適切なオブジェクトかどうか判定

AdminクラスのdeleteUserメソッドに渡された引数がUserオブジェクトでない場合、例外を発生させてください。例外のメッセージは「Userオブジェクトを引数にする必要があります。」とします。

組み込みオブジェクト

組み込みオブジェクト（ビルトインオブジェクト）とは、JavaScriptエンジンによってあらかじめ提供されているオブジェクト群のことです。これらのオブジェクトには、WindowオブジェクトのようにJavaScriptエンジンによってすでにインスタンス化済みでそのまま使えるものもあれば、開発者がコンストラクタを呼び出して個別にインスタンス化を行ってから使うものもあります。本章では、代表的な組み込みオブジェクトについて学んでいきます。

注意　本章では、組み込みオブジェクトのメソッドなどを一覧表で紹介していますが、そのすべてを完璧に覚える必要はありません。なんとなく知っておく程度でよいため、立ち止まらずにどんどん学習を進めていくようにしてください。

10.1　Windowオブジェクト（window）

　まずは、Windowオブジェクトから見ていきましょう。Windowオブジェクトには、開発者がブラウザを操作するためのWeb APIが格納されています。Windowオブジェクトは、開発者が書いたコードが実行される前にすでに**window**という識別子（オブジェクト名）で使用可能な状態となっており、この**window**を通してブラウザを操作します（図10.1）。

　具体的には、関数や他の組み込みオブジェクトがWindowオブジェクト（window）のプロパティとして格納されています。たとえば、配列オブジェクトを生成するコンストラクタはwindow.Array、日付を取り扱うコンストラクタはwindow.Dateのように、windowのプロパティとして格納されています。

　また、Windowオブジェクト（window）は**グローバルオブジェクト**と呼ばれる特別なオブジェクトであり、グローバルオブジェクト名（ブラウザの場合にはwindow）を省略してプロパティやメソッドを呼び出せるという特徴があります。たとえば、window.setTimeoutなら、setTimeoutと記述すれば使うことができます。

▶windowは省略可能

```
window.setTimeout( () => { console.log( "こんにちは。" ); }, 1000 );
setTimeout( () => { console.log( "こんにちは。" ); }, 1000 ); ──────── 上記の文と同じ意味
```

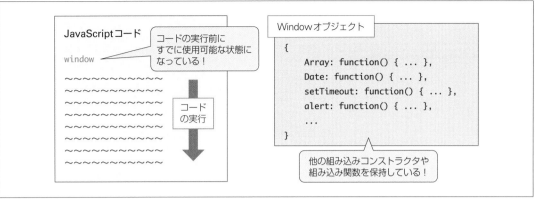

❖図10.1　Windowオブジェクトはwindowという識別子で利用

10.1.1　Windowオブジェクトのメソッド

　WindowオブジェクトにはWeb APIとして使用可能なメソッドやコンストラクタが数多く含まれているため、そのすべてを説明することはできません。ここでは、Windowオブジェクトに格納されている代表的なメソッドを一覧で紹介します（表10.1）。覚える必要はありませんが、ざっと目を通してみてください。

❖表10.1　Windowオブジェクトの代表的なメソッド

メソッド名／構文	戻り値	説明
setTimeout(**fn**, ↵ [**delay, arg1, arg2, ...**])	**timeoutID**	関数（**fn**）をミリ秒後（**delay**）に実行するタスクを登録する。**arg**で渡した引数は**fn**の引数になる。**timeoutID**はclearTimeoutで使用する
setInterval(**fn**, ↵ [**interval, arg1, arg2, ...**])	**intervalID**	関数（**fn**）をミリ秒ごと（**interval**）に実行するタスクを登録する。**arg**で渡した引数は**fn**の引数になる。**intervalID**はclear Intervalで使用する
requestAnimationFrame(**fn**)	**requestID**	関数（**fn**）の実行を次の再描画の前に行うタスクを登録する。画面描写処理を邪魔したくないときに使用する
queueMicrotask(**fn**)	undefined	関数(**fn**)をマイクロタスク（ジョブキュー）に登録する
clearTimeout(**timeoutID**)	undefined	**timeoutID**のタスクをキャンセルする
clearInterval(**intervalID**)	undefined	**intervalID**のタスクをキャンセルする
cancelAnimationFrame(**requestID**)	undefined	**requestID**のタスクをキャンセルする
btoa(**str**)	**encodedStr**	文字列（**str**）をBase64形式のエンコード文字列（**encodedStr**）に変換する
atob(**encodedStr**)	**str**	Base64形式のエンコード文字列（**encodedStr**）を文字列（**str**）に変換する
alert(**str**)	undefined	文字列（**str**）を画面のダイアログに表示する
confirm(**str**)	**result**	質問（**str**）と［OK］［キャンセル］ボタンを含むダイアログを画面に表示する。［OK］の場合には**result**にtrueが返される
prompt(**question**[, **default**])	**inputStr**	質問（**question**）形式のテキストが入力可能なダイアログを出力する。入力欄のデフォルト値は**default**で設定可能。入力文字（**inputStr**）が戻り値となる
close()	undefined	現在表示中のウィンドウを閉じる

次ページへ続く

メソッド名／構文	戻り値	説明
open(**url**, ⏎ [**windowName, windowFeatures**])	undefined	文字列（**url**）で指定したページを**windowName**で指定した画面で開く。新しい画面で開くときには、**windowName**に_blankを入力する。また、表示位置や大きさは**windowFeatures**で指定可能。オプションの指定方法が多様であることと、あまり使わないため、詳細は割愛する

| scrollBy(**x, y**) scrollBy(**option**) | undefined | 現在の画面左上を基準として水平方向（**x**）、垂直方向（**y**）分だけスクロールする。**x, y**はピクセル数を入力する。また、オプション（**option**）を指定する場合には、オブジェクト形式で記述する |

			option	top	垂直方向へのスクロール量
				left	水平方向へのスクロール量
				behavior	auto ｜ instant ｜ smooth
				auto	ブラウザの判断に任せる
				instant	一瞬でスクロールする
				smooth	滑らかにスクロールする

| scroll(**x-coord, y-coord**) scrollTo(**x-coord, y-coord**) scroll(**option**) scrollTo(**option**) | undefined | HTMLの左上を基準とした水平方向（**x-coord**）、垂直方向（**y-coord**）の指定量、スクロールする。また、オプション（**option**）を指定する場合には、オブジェクト形式で記述する |

			option	top	HTML左上からの垂直方向ピクセル数
				left	HTML左上からの水平方向ピクセル数
				behavior	auto ｜ instant ｜ smooth
				auto	ブラウザの判断に任せる
				instant	一瞬でスクロールする
				smooth	滑らかにスクロールする

| postMessage(**message**, ⏎ **targetOrigin**[, **transfer**]) | undefined | Windowオブジェクト間のメッセージのやり取りを行う。主にページに埋め込まれた**iframe**※のWindowオブジェクトと親のWindowオブジェクト間でのメッセージのやり取りに使われる |

※**iframe**とは、他サイトをページの一部として埋め込んで表示するとき使うタグです。<iframe src="埋め込みたいページのURL"></iframe>とすることで、他サイトをページ内に表示できます。

表10.1の中から、例として setInterval と confirm の使い方を見ていきましょう。

◆setIntervalを使った処理

たとえば、ここまでたびたび登場した setTimeout は経過時間後に関数を実行するメソッドですが、setInterval を使うと、指定した時間ごとに関数を実行できます。また、繰り返しの実行を終了する場合には、clearInteval を使います。

▶setIntervalを使った繰り返し処理（setInterval.html）

```
let counter = 0;
const intervalID = setInterval( () => {

    counter++; ─────────────────────────────────── counterに1加算する
    console.log( counter );

    if( counter === 3 ) { ─────────────────────── counterが3のとき
```

```
        clearInterval( intervalID );  ───────────────── インターバル処理の終了
        console.log( "インターバル終了" );

    }
}, 1000 );  ────────────────────────────── インターバル（間隔）のミリ秒
```

実行結果 setIntervalを使った繰り返し処理

　上記のコードは、1秒ごとに1インクリメントされた数値がコンソールに表示されます。また、数値が3に達したときにはclearIntervalが実行されるため、繰り返し処理が終了します。

◆confirmを使った処理

　ここまではalertを使って画面上にダイアログを表示していましたが、confirmを使うとユーザーに確認を促すダイアログを表示できます。

▶confirmを使った処理（confirm.html）

```
if( confirm( "画面を閉じますか？" ) ) {
    /* [OK] のとき */
    window.close();  ──────────────────── 表示中の画面を閉じる

}
```

実行結果 confirmを使った処理

[OK] で画面を閉じる

　confirmでは、[OK] ボタンが押されるとtrueが返ってきます。そのため、ifブロック内のコードが実行されるため、window.closeによって画面が閉じられます。

表10.2は、Windowオブジェクトの代表的なプロパティの一覧です。リファレンスとして使用してください。

❖表10.2 Windowオブジェクトの代表的なプロパティ

プロパティ	説明
innerWidth	ブラウザウィンドウの内側境界の横幅を返す。これには、スクロールバーを含む
innerHeight	ブラウザウィンドウの内側境界の高さを返す。これには、スクロールバーを含む
outerWidth	スクロールバーを含めたブラウザ全体の外側境界の横幅を返す。これには、サイドバーやウィンドウの操作部分、ウィンドウをリサイズする境界やハンドルを含む。基本的には、ブラウザの外側境界は必要ないため、ブラウザウィンドウの横幅を取得するときにはinnerWidthを使用する
outerHeight	スクロールバー、ツールバーを含めたブラウザ全体の外側境界の高さを返す
pageXOffset scrollX	Webページの水平方向へのスクロール量をピクセル数で返す。つまり、Webページが水平方向にスクロール可能なとき、ページの左端からどれだけスクロールしたかを取得できる
pageYOffset scrollY	Webページの垂直方向のスクロール量をピクセル数で返す。つまり、Webページの一番上からどれだけスクロールしたかを取得できる
screenLeft screenX	ディスプレイの左端からブラウザウィンドウの左端までをピクセル数で返す
screenTop screenY	ディスプレイの上端からブラウザウィンドウの上端までをピクセル数で返す
self	Windowオブジェクトのエイリアス
frames	window内のiframeを配列風（array-like）オブジェクトとして返す
parent	現在のwindowの親のWindowオブジェクトを返す。iframeなどのサブwindowで使用する
top	ウィンドウの階層での最上位のWindowオブジェクトを返す
undefined	未定義であることを意味するUndefined型の値

表10.2を見てわかるとおり、Windowオブジェクトには、ブラウザの位置や大きさを表すプロパティが格納されています。図10.2に各プロパティで取得できる値をまとめましたので、参考にしてください。

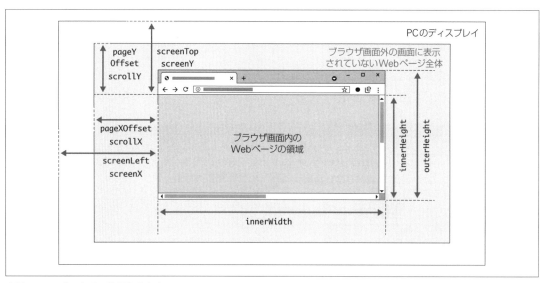

❖図10.2 ブラウザの位置と大きさ

note これまでもたびたび登場したundefinedは、Windowオブジェクトのプロパティです。少し違和感を抱くかもしれませんが、JavaScriptが誕生したときの仕様が今も残っているため、このようになっています。特に知らなくても問題はありませんが、豆知識として紹介しておきます。

▶undefinedはリテラルではない

```
console.log( window.undefined );
> undefined
```

練習問題　10.1

[1] 1秒後ごとにブラウザの内側境界の横幅をコンソールに表示する機能を実装してください。

10.2　日付と時刻を扱うオブジェクト（Date）

日付と時刻を表す**Date**オブジェクトについて見ていきましょう。

Dateオブジェクトは、**協定世界時（UTC）の1970年1月1日深夜0時からの経過時間をミリ秒単位で保持**しており、それによって時刻を計算しています（図10.3）。

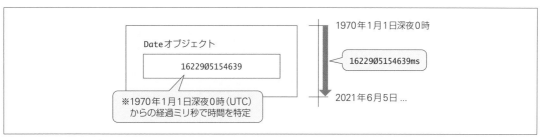

❖図10.3　Dateオブジェクトは特定日時からの経過ミリ秒を保持

---

note 日付や時刻を扱うときに使うGMT、UTC、JSTの意味を押さえておきましょう。

● GMT（Greenwich Mean Time：グリニッジ標準時）

グリニッジ標準時（GMT）とは、ロンドンにあるグリニッジ展望台を通る子午線における時刻のことで、かつては世界の標準時（国や地域で使われる時刻）の基準として使われていました。GMTは、天体観測によって算出される時刻です。

● **UTC**（Coordinated Universal Time：**協定世界時**）

協定世界時（**UTC**）は、現在、世界の標準時として使われています。UTCは原子時計（セシウム原子の振動数を基準とした時計）によって算出されるため、GMTより厳密な時刻の定義が可能です。ただし、大まかにはGMTとUTCは、ほぼ同じ時刻を表します。

● **JST**（Japan Standard Time：**日本標準時**）

日本標準時（**JST**）は、協定世界時から9時間の時差があるため、UTC＋9で表されます（図10.A）。JST＝UTC＋9と覚えておいてください。

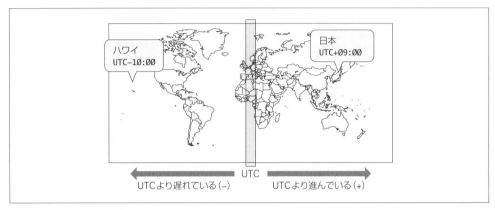

❖図10.A　UTCとの時差

10.2.1　Dateオブジェクトの作成

Dateオブジェクトは、主に次の4つの方法でインスタンス化します。

構文 Dateオブジェクトのインスタンス化

```
let 変数名 = new Date();                                          ❶
let 変数名 = new Date( ミリ秒 );                                   ❷
let 変数名 = new Date( "YYYY[-MM-DDTHH:mm:ss.sssTZD]" );           ❸
let 変数名 = new Date( 年, 月[, 日, 時, 分, 秒, ミリ秒 ] );        ❹
```

❶現在時刻

引数を省略した場合には、現在時刻を保持するDateオブジェクトが生成されます。

▶現在時刻を取得するDateオブジェクトを作成（init_date.html）

```
let now = new Date();
console.log( now );
> Tue May 04 2021 16:02:44 GMT+0900（日本標準時）
```

ここで取得した時刻には、GMT+0900が自動で付与されています。JavaScriptのDateオブジェクトの時刻には、PCに設定されているタイムゾーンが自動的に割り当てられます。そのため、特にタイムゾーンを指定しない場合には、PCに設定されているタイムゾーンによる現地時刻を表すことになります。

note タイムゾーンとは、同じ標準時を利用する地域や区分のことです。

❷ 1970年1月1日深夜0時から経過した時刻をミリ秒で指定

1970年1月1日深夜0時からの経過時間で日時を指定するには、時間をミリ秒換算で設定します。

▶ミリ秒で時刻指定（init_date.html）

```
let date = new Date( 24 * 60 * 60 * 1e3 ); ───────── 24時間 * 60分 * 60秒 * 1000ミリ秒 = 1日
console.log( date );
> Fri Jan 02 1970 09:00:00 GMT+0900 （日本標準時）
```

また、上記の例では、1日分を加算しているため1970年1月2日となり、日本標準時で出力されるため+9時間が追加されて「1970年1月2日午前9時」と表示されています。

❸ 日付フォーマット文字列の使用

RFC2822（インターネット技術の標準化団体IETFによる時刻表記を表す規格）またはISO8601（日付や時刻を表す際の国際規格）に準拠した時刻表記で指定します。一般的には、ISO8601の表記を使います。ISO8601の時刻表記にも表記のバリエーションがありますが、一般的に次のフォーマットで記述します。

書式 ISO8601の日付フォーマット

```
YYYY-MM-DDTHH:mm:ss.sssTZD
```

```
YYYY ：年を4桁で表します。
MM   ：01~12までの2桁で月を表します。
DD   ：01~31までの2桁で日を表します。
T    ：日付と時刻を「T」でつなげて表記します。
HH   ：00~23までの2桁で時間を表します。
mm   ：00~59までの2桁で分を表します。
ss   ：00~59までの2桁で秒を表します。
sss  ：1桁以上でミリ秒を表します。
TZD  ：タイムゾーンの設定を行います。Zまたは+hh:mmまたは-hh:mmを設定できます。
       Z             ：Zを末尾に付けるとUTC（協定世界時）を表します。
       +hh:mm｜-hh:mm ：UTC（協定世界時）からの相対的な経過時間を00 ～ 23の時間、00 ～ 59の分で表します。
```

▶例

```
2021-05-04T02:35:00.123+09:00
2021-05-04T02:35Z
2021-05-04T02:35
```

タイムゾーンを設定せずにDateオブジェクトを作成した場合は、現地時刻（日本の場合、+09:00）と認識されます。

ここでは、タイムゾーンを考慮してtoISOStringメソッドを使って、時刻を表示してみます。toISOStringでは、Dateオブジェクトが保持している現地時間と同時刻のUTC（協定世界時）の時刻を表示できます。

▶ISO 8601の日付フォーマットで指定（init_date.html）

```
// タイムゾーンの設定なし
// 現地時刻（JST）
const localTime = new Date( "2021-05-04T02:35:00" ); ───────────── Ⓐ
console.log( localTime.toISOString() );
> 2021-05-03T17:35:00.000Z ───────────── -9時間された時刻が取得される


// 世界標準時を指定
// ZによりUTC時刻
const utcTime = new Date( "2021-05-04T02:35:00Z" ); ───────────── Ⓑ
console.log( utcTime.toISOString() );
> 2021-05-04T02:35:00.000Z ───────────── UTC時刻のため、変わらない


// ハワイ時間を指定
// -10時間によりハワイ時刻
const hawaiiTime = new Date( "2021-05-04T02:35:00-10:00" ); ───────────── Ⓒ
console.log( hawaiiTime.toISOString() );
> 2021-05-04T12:35:00.000Z ───────────── +10時間された時刻が取得される
```

Ⓐタイムゾーンの設定なし

タイムゾーンの設定なしの場合は、現地時刻で日時が取得されます。日本標準時（JST）はUTCより9時間進んでいるため、UTCに直すと-9時間した値が表示されます。

Ⓑ世界標準時を指定

Zを末尾に付けると、世界標準時（UTC）で時刻が取得されます。toISOStringはUTC時刻に変換しますが、すでにUTCのため、指定した時刻と同じ時刻が取得されます。

Ⓒハワイ時間を指定

ハワイ時刻はUTCに比べ10時間遅いため、UTCに直すと+10時間された値が表示されます。

❹年月日などを引数に分けたインスタンス化

年月日などをそれぞれ別の引数に分けて数値で指定することもできます。

▶引数を分けて日時を設定（init_date.html）

```
let date = new Date( 2021, 0, 4, 2, 35, 0 );
console.log( date );
> Mon Jan 04 2021 02:35:00 GMT+0900 ───────────── 日本標準時
```

この記法を使う場合には、注意点が1つあります。Dateオブジェクトで月を数値で表すときは、0〜11までの整数値で指定します。数値の0が1月、11が12月を表すため、注意してください。

point

- 月は0（1月）〜11（12月）までの数値で表される。

10.2.2 Dateオブジェクトの値を取得するメソッド

Dateオブジェクトで値を取得するときに使用可能なメソッドを一覧で紹介します（表10.3）。覚える必要はありませんが、どのような方法で値が取得できるのか、なんとなくでよいので知っておいてください。

また、getUTCDateのように、メソッド名にUTCが入るものはUTC時刻、UTCが入らないものは現地時刻（JSTの場合には日本標準時）で時刻が扱われます。

❖表10.3　Dateオブジェクトの値を取得するメソッド

メソッド	戻り値	説明
getDate() getUTCDate()	dateInt	Dateオブジェクトの日（dateInt）を数値で返す
getDay() getUTCDay()	dayInt	Dateオブジェクトの曜日（dayInt）を数値で返す。 0（日曜日）〜6（土曜日）
getMonth() getUTCMonth()	monthInt	Dateオブジェクトの月（monthInt）を数値で返す。 0（1月）〜11（12月）
getFullYear() getUTCFullYear()	yyyy	Dateオブジェクトの年（yyyy）を4桁の数値で返す
getYear() ※使用非推奨	yearInt	1900を引いた年を2桁または3桁の数値（yearInt）で返すが、使用禁止。 代わりにgetFullYearを使用する
getHours() getUTCHours()	hourInt	Dateオブジェクトの時（hourInt）を数値で返す
getMinutes() getUTCMinutes()	minuteInt	Dateオブジェクトの分（minuteInt）を数値で返す
getSeconds() getUTCSeconds()	minuteInt	Dateオブジェクトの秒（minuteInt）を数値で返す
getMilliseconds() getUTCMilliseconds()	msInt	Dateオブジェクトのミリ秒（msInt）を数値で返す
getTime()	ms	1970年1月1日深夜0時からの経過時間をミリ秒（ms）で取得する
getTimezoneOffset()	tzdOffset	現地のタイムゾーンから見たUTC+0との時差を分単位の数値（tzdOffset）で取得する（JSTの場合、-540が取得される）
toString()	datetimeStr	Dateオブジェクトの日時を文字列（datetimeStr）で返す ▶例 "Tue May 04 2021 18:48:59 GMT+0900"（日本標準時）
toISOString()	datetimeStr	Dateオブジェクトの日時をISO8601表記の文字列（datetimeStr）で返す ▶例 "2021-05-04T09:48:59.217Z"

次ページへ続く

メソッド	戻り値	説明
toJSON	**jsonStr**	DateオブジェクトをJSONで使用するために文字列に変換する（**toISOString**と同じ文字列が取得される）
toDateString()	**dateStr**	Dateオブジェクトの年月日を文字列（**dateStr**）で返す ▶例 "Tue May 04 2021"
toTimeString()	**timeStr**	Dateオブジェクトの現地時間を文字列（**timeStr**）で返す ▶例 "18:48:59 GMT+0900"（日本標準時）
toLocaleString🔗 ([**locales, options**])	**datetimeStr**	ロケール（**locals**）、オプション（**options**）に合わせたDateオブジェクトの日時を文字列（**datetimeStr**）で返す ▶例 (new Date).toLocaleString("ja-JP", { timeZone: "UTC" }); > "2021/5/4 10:53:40"
toLocaleDateString🔗 ([**locales, options**])	**dateStr**	ロケール（**locals**）、オプション（**options**）に合わせたDateオブジェクトの現地日付を文字列（**dateStr**）で返す。ロケール、オプションの指定方法は**toLocaleString**と同じ
toLocaleTimeString🔗 ([**locales, options**])	**timeStr**	ロケール（**locals**）、オプション（**options**）に合わせたDateオブジェクトの現地時間を文字列（**timeStr**）で返す。ロケール、オプションの指定方法は**toLocaleString**と同じ
toUTCString	**utcDatetimeStr**	Dateオブジェクトの現地時刻をUTC時刻で表す文字列（**utcDatetimeStr**）に変換する ▶例 (new Date("2021-05-04T02:35:00")).toUTCString(); > "Mon, 03 May 2021 17:35:00 GMT"

10.2.3　Dateオブジェクトの値を設定するメソッド

　Dateオブジェクトの値を設定するときに使用可能なメソッドを一覧で紹介します（表10.4）。これも覚える必要はありませんが、一度目を通しておいてください。

　setUTCDateのように、メソッド名にUTCが入るものはUTC時刻、UTCが入らないものは現地時刻（JSTの場合には日本標準時）で扱われます。

❖表10.4　Dateオブジェクトの値を設定するメソッド

メソッド	戻り値	説明
setDate(**dateInt**) setUTCDate(**dateInt**)	**ms**（1970年1月1日深夜0時から現在までの経過時間：単位はミリ秒）	Dateオブジェクトの日（**dateInt**）を数値で設定する。月末日を超える場合には、月が1繰り上がる。0を設定すると、前月の末日が取得される
setMonth(**monthInt**) setUTCMonth(**monthInt**)	同上	Dateオブジェクトの月（**monthInt**）を数値で設定する。0（1月）～11（12月）。11を超える場合には、年が1繰り上がる
setFullYear(**yyyy** [, **monthInt**, **dateInt**]) setUTCFullYear(**yyyy** [, **monthInt**, **dateInt**])	同上	Dateオブジェクトの年（**yyyy**）、月（**monthInt**）、日（**dateInt**）を数値で設定する
setYear(**yyyy**) ※使用非推奨	同上	Dateオブジェクトの年（**yyyy**）を数値で設定するが、使用禁止。代わりに**setFullYear**を使用する
setHours(**hourInt**) setUTCHours(**hourInt**)	同上	Dateオブジェクトの時（**hourInt**）を数値で設定する。23を超える場合には、日が1繰り上がる
setMinutes(**minuteInt**) setUTCMinutes(**minuteInt**)	同上	Dateオブジェクトの分（**minuteInt**）を数値で設定する。59を超える場合には、時が1繰り上がる
setSeconds(**secondInt**) setUTCSeconds(**secondInt**)	同上	Dateオブジェクトの秒（**secondInt**）を数値で設定する。59を超える場合には、分が1繰り上がる
setMilliseconds(**msInt**) setUTCMilliseconds(**msInt**)	同上	Dateオブジェクトのミリ秒（**msInt**）を数値で設定する。999を超える場合には、秒が1繰り上がる
setTime(**ms**)	同上	1970年1月1日深夜0時からの経過時間をミリ秒（**ms**）で設定する

たとえば、次のように記述した場合、new Dateで生成したDateオブジェクトの日付を変更できます。

▶Dateオブジェクトの値を変更（change_date.html）

```
const dt = new Date( "2021-01-01" ); ———————————————— 2021/01/01
dt.setDate( 4 ); ———————————————————————————————— 日を4日に変更
dt.setMonth( 11 ); —————————————————————————————— 月を12月に変更

console.log( dt ); ——————————————————————————————— 日付を確認
> Sat Dec 04 2021 09:00:00 GMT+0900 （日本標準時）

console.log( dt.getDay() ); ——————————————————————— 曜日を確認
> 6 （土曜日）
```

練習問題　10.2

[1] 2022年5月12日 午前3時12分13秒333ミリ秒をJSTで設定したDateオブジェクトを作成してください。

[2] [1] の日を変更して、2022年5月15日が何曜日か答えてください。

[3] [1] の月を変更して、2022年8月15日が何曜日か答えてください。

Dateオブジェクトから直接呼び出すことができる静的メソッドを一覧で紹介します（表10.5）。これも覚える必要はありませんが、一度目を通しておいてください。

❖表10.5　Dateの静的メソッド

メソッド	戻り値	説明
UTC(年，[月，日，時，分，秒，ミリ秒])	utcDatetime	Dateコンストラクタと同様にDateオブジェクトを生成する。ただし、UTC時刻（utcDatetime）で生成される
now()	ms	1970年1月1日深夜0時から現在までの経過時間をミリ秒（ms）で取得する
parse(datetimeStr)	ms	1970年1月1日深夜0時から日付フォーマット文字列（datetimeStr）の時刻までの経過時間をミリ秒（ms）で取得する

 エキスパートに訊く

Q： プロの開発者は、実際どこまでメソッドなどの記法について覚えているのでしょうか？

A： 人にもよりますが、プロであってもすべてを完璧に覚えているわけではありません。もちろん、過去の経験の中で何度も同じような記述を行っているうちに書き方を記憶することはあります。しかし、これは意図して覚えようとしたというよりも、気づいたら体が勝手に覚えてしまったという状態です。

プログラムの場合、記述が少しでも間違っていると、エラーが発生したり、処理結果が変わったりするため、結局はドキュメントを見て使い方を確認したり、インターネットで書き方を調べたりする必要があります。そのため、関数やメソッドの記法などは簡単に目を通して、（詳細に暗記するのではなく）どのようなことができるのかを押さえておくことをお勧めします。だいたい、どのようなことができるのかを知っていれば、あとは必要になったときに具体的な記述方法を調べればよいだけなので、時間を節約できます。

10.2.5 **日付の計算**

それでは、ここまで学んできたDateオブジェクトを使って、よく利用する日付計算について学んでいきましょう。

◆日時XのY日後の日付を取得

まずは、ある日時XのY日後の日付を求める方法について紹介します。

▶指定日付の2日後の日付を取得（compare_dates.html）

```
const now = new Date( 2021, 0, 31 ); ——————————————————————— 2021/01/31

const twoDaysLater = new Date( now.getFullYear(), now.getMonth(), now.getDate() + 2 );
console.log( twoDaysLater.toDateString() );
> "Tue Feb 02 2021"
```

現在日時に2日を加算して新しく
Dateオブジェクトを作成

ある特定の日時（now）から相対的な日付を取得したい場合には、現在の日付（now.getDate()）に値を加算します。また、この方法は、年、月、日、時、分、秒、ミリ秒にも同様に適用できます。

 note Dateコンストラクタに設定する月や日の引数が取り得る値（月であれば0〜11）の範囲外で設定された場合には、年や月の繰り上げなども考慮された形で新しいDateオブジェクトの時刻が生成されます。

◆当月の月初、月末の取得

月初の曜日や月末の日付などを取得したい場合がたびたびあります。そのようなときには、次のようなコードで取得できます。

▶当月の月初、月末の取得（start_end_month.html）

```
const date = new Date();

const firstDay = new Date( date.getFullYear(), date.getMonth(), 1 ); ——————————— 月初
console.log( firstDay.toDateString() );
> "Sat May 01 2021"

const lastDay = new Date( date.getFullYear(), date.getMonth() + 1, 0 ); ——————————— 月末
console.log( lastDay.toDateString() );
> "Mon May 31 2021"
```

日付に0を代入すると、**前月の末日**が取得できます。そのため、月に+1してから日を0とすることで、当月の末日を取得するといったことも可能です。

◆日付の差分を求める

Dateオブジェクトが保持する値は、1970年1月1日深夜0時からの経過時間（ミリ秒）であることを思い出してください。そのため、日付同士の差分は、ミリ秒単位の数値の差分となります。

たとえば、2つのDateオブジェクトの差分の日数を計算する場合には、両者の差を求め、ミリ秒単位から日単位に換算しましょう。

```
const dayUnit = 1000 * 60 * 60 * 24; ──────────────── ミリ秒 * 秒 * 分 * 時間 = 1日
const yearEnd = new Date( 2021, 11, 31 ); ─────────── 2021/12/31
const yearBegin = new Date( 2022, 0, 1 ); ─────────── 2022/01/01
const diffDays = Math.abs( yearEnd - yearBegin ) / dayUnit;
                      ❷              ❶               ❸
console.log( diffDays );
> 1
```

このプログラムの処理の概要は、次のようになります。

❶ yearEnd - yearBeginによって、2つの日付の差分（ミリ秒）を取得できます（この結果は、yearEnd.getTime() - yearBegin.getTime()のように、明示的にミリ秒を取得して減算した場合と同じです）。

❷ Math.absというMathの静的メソッドで、❶の結果の絶対値を取得します（引き算の順番によっては、値がマイナスになっている可能性があるため）。

❸ 結果（戻り値）の単位はミリ秒なので、日単位に直すために1日をミリ秒で表したdayUnitで❷の結果を割ります。このようにして、日付の差分なども求めることができます。

練習問題　10.3

[1] 2022年5月の月初と月末が何曜日になるか答えてください。

[2] [1] の月初日の日付を30日進めた日程を答えてください。

[3] [2] の日付を20か月進めた日時を答えてください。

10.3　RegExpオブジェクト　レベルアップ　初心者はスキップ可能

　JavaScriptでは、**RegExp**オブジェクトを使うことで、正規表現を扱うことができます。**正規表現とは、文字列をパターンの一致で検索するときに使う記法です。**通常の検索では特定の文字列に対する完全一致しか判定できませんが、正規表現を使うことであいまいな検索条件を指定できます。

　たとえば、ある文字列の羅列から、携帯電話番号のフォーマットに一致する文字列を抽出したい場合を考えてみてください。このような検索を行う場合には、携帯番号の組み合わせの数が莫大になってしまうため、通常の検索では対応できません。一方、正規表現を使うと、次のようにして携帯番号を特定できます。

▶不規則な文字列から携帯番号を抽出（regexp_tel.html）

```
const targetString = "5341nb;g090-1234-5678f29q0g070-9876-5432nfw"; ──────── 検索対象文字列

const mobileNumPattern = /(070|080|090)-\d{4}-\d{4}/g; ──────── 正規表現を定義

const mobileNums = targetString.matchAll( mobileNumPattern ); ──────── 一致を検索

for( const mobileNum of mobileNums ) {
    console.log( mobileNum[ 0 ] );                    ── 取得された携帯番号をコンソールに表示
}
> 090-1234-5678
> 070-9876-5432
```

　上記のコードの処理内容は、あとで詳しく説明するため、現時点では理解する必要はありません。現時点では、正規表現を使うと、このようなあいまいな検索ができる、ということだけ知っておいてください。

point ● 正規表現は、あいまいな文字列の検索に使用する。
正規表現は、Web開発をしているとたびたび使う記法ですが、必要に迫られないとなかなか覚えられません。挙動が理解しにくい部分があるため、使い方について説明していきますが、一気に理解しようとせず、必要になったときに読み返してください。

10.3.1 RegExpオブジェクトの作成

　RegExpオブジェクトは、次の2種類の方法でインスタンス化できます。

構文 RegExpオブジェクトのインスタンス化

正規表現リテラルを使う場合
```
let RegExpオブジェクト = /正規表現/[フラグ]
```

RegExpオブジェクトからインスタンス化する場合
```
let RegExpオブジェクト = new RegExp("正規表現" [,"フラグ"]);
let RegExpオブジェクト = new RegExp(/正規表現/ [,"フラグ"]);
```

※[フラグ]の[ ]は省略可能であることを表しています。

　文字列の場合は文字をシングルクォートなどでくくることで定義しますが、正規表現は/と/でくくることで定義します。また、正規表現を使った検索では、検索モードを**フラグ**によって指定できます。フラグについては10.3.4項で説明します。

note 正規表現リテラルを使う場合、/と/でくくることで、new RegExpと記述した場合と同様に、RegExpオブジェクトが生成されます。

▶正規表現リテラルで定義した場合もRegExpオブジェクトが生成される

```
console.log(/abc/ instanceof RegExp);
> true
```

そのため、/abc/.test("テスト文字列")のように、RegExpのメソッドを続けて呼び出すことができます。

10.3.2 正規表現に関わるメソッド

　ここでは、正規表現に関わるメソッドを一覧で紹介します。正規表現に関わるメソッドは、RegExpオブジェクト（表10.6）とStringオブジェクト（表10.7）に格納されています。表10.6と表10.7の説明では、次項（10.3.3項）で紹介する、正規表現で使用可能な特殊文字が使われています。メソッドの意味がわからないときには、10.3.3項の表10.8で正規表現の特殊文字の意味を確認しながら、学習を進めてください。

❖表10.6　RegExpオブジェクトのメソッド

メソッド	戻り値	説明

test(testStr)	真偽値	正規表現がテスト文字列（testStr）内で一致する場合には、trueを返す。それ以外には、falseを返す
		`/abc/.test( "012abc" );`
		`> true`

exec(testStr)	配列 | null	execでは、抽出結果を配列として返す。一致箇所がない場合には、nullが返る
		`/a(b)c(d)e/.exec( "babcde" );`
		
		▶結果（戻り値）と意味は以下のとおり
		`[`
		　　`0: "abcde",` ────────── マッチング文字列
		　　`1: "b",` ──────────── 1つ目の( )内で一致した文字列
		　　`2: "d",` ──────────── 2つ目の( )内で一致した文字列
		　　`index: 1,`
		　　`input: "babcde",`
		　　`groups: undefined`
		`]`
		
		[0]：マッチング文字列
		[n]：( )を使った抽出箇所が要素に追加される
		[index]：一致箇所の開始インデックス
		[input]：execの第1引数（testStr）

メソッド	戻り値	説明
match(**regex**)	配列 | null	文字列と正規表現（**regex**）の一致結果を配列で返す。一致箇所がない場合には、nullが返る `"babcde".match(/a(b)c(d)e/);` ————————— ❶ ▶結果（戻り値）と意味は以下のとおり `["abcde", "b", "d", index: 1, input: "babcde"]` [0]：マッチング文字列 [n]：()を使った抽出箇所が要素に追加される [index]：一致箇所の開始インデックス [input]：入力文字（**testStr**） ❶のように、文字列に続けてメソッドが記述された場合には、ラッパーオブジェクト（10.6節）である**String**オブジェクトのメソッドが呼び出される

matchAll(**regex**)	**iteratorObject**	文字列と正規表現（**regex**）のすべての一致箇所をイテレータ（**iterator Object**）として返す（イテレータについては第12章で説明）。また、matchAll使用時は、globalフラグ（g）を必ず有効にする必要がある（フラグについては10.3.4項で説明）
		
		`const str = "return request";`
		`const it = str.matchAll(/re(\S+)/g);`
		`for(const v of it) {`
		`    console.log(v);`
		`}`
		`> ["return", "turn", index: 0, ... ]`
		`> ["request", "quest", index: 7, ... ]`

replace(**regex**, ↵
replaceStr)
	replacedStr	正規表現（**regex**）での一致箇所を文字列（**replaceStr**）で置換した文字列（**replacedStr**）を返す。また、()で囲んだ箇所は、置換文字列（$1〜）として使うことができる
		
		`"apple, lemon".replace(/([a-z]+), lemon/, "banana, ↵`
		`$1" );`
		`> "banana, apple"`

search(**regex**)	**index** | –1	正規表現（**regex**）が文字列内で最初に一致した箇所のインデックス（**index**）を返す。一致しなかった場合には、–1が返る
		
		`"text".search(/a/);`
		`> –1`
		`"hello, abc".search(/a/);`
		`> 7`

split([**separator**↵ [, **limit**]])	配列	文字列が分割文字（**separator**）によって分割された配列を返す。分割数の上限は、**limit**で指定可能。分割文字には、文字列または正規表現を使用可能 `"return request response".split(/\s/);`　　　// 空白で分割 `> ["return", "request", "response"]`

10.3.3 正規表現で使用可能な特殊文字

正規表現で検索パターンを定義するときに使用する、特殊文字（**メタ文字**）を確認していきましょう。

比較的よく使われる特殊文字を一覧で紹介します（表10.8）。すべて覚える必要はありませんが、一度目を通しておいてください。

❖表10.8　正規表現で使用可能な特殊文字（regexp_char.html）

文字	説明
ドット（.）	改行文字以外の任意の1文字に一致する（sフラグが有効の場合には、改行文字にも一致する）。具体的には、\n（U+000A）、\r（U+000D）、ラインセパレータ（U+2028）、段落区切り文字（U+2029）以外に一致する `/./.test( "a" );    // true`
[abc]	aまたはbまたはcの1文字に一致する。[ ] で囲まれた部分は、文字クラスと呼ぶ `/[abc]/.test( "apple" );    // true`

[^abc]	aまたはbまたはc以外の1文字に一致する
	
	`/[^abc]/.test( "fs" );    // true`
	`/[^abc]/.test( "ab" );    // false`

[a-z] [A-Z0-9]	[a-z]　　半角小文字英字のaからzの1文字に一致する [A-Z0-9]　半角大文字英字のAからZまたは0から9の1文字に一致する **文字クラス内のハイフン（-）は、範囲を表す**
\w	半角英数字またはアンダースコア（_）の1文字に一致する。文字クラスで記述した場合には、[a-zA-Z0-9_] になる `/\w/.test( "_" );    // true`
\W	\w（半角英数字またはアンダースコア）以外の1文字に一致する。文字クラスで記述した場合は、[^a-zA-Z0-9_] になる `/\W/.test( "_" );    // false`
\d	0〜9の数値1文字に一致する `/\d/.test( "0" );    // true`
\D	\d（数値）以外の1文字に一致する `/\D/.test( "a" );    // true`

\s	スペース、タブ、改ページ、改行を含むホワイトスペース1文字に一致する。以下の文字クラスに相当する
	
	`[ \f\n\r\t\v\u00a0\u1680\u180e\u2000-\u200a\u2028\u2029\u202f\u205f\u3000\ufeff]`
	
	`/\s/.test( " " );    // true`

\S	\s以外の1文字に一致する `/\S/.test( " " );    // false`
\n	改行文字（U+000A）に一致する
\r	復帰文字（キャリッジリターン）に一致する
\t	タブ（U+0009）に一致する
\v	垂直タブ（U+000B）に一致する

^	文頭一致を行う（mフラグが有効の場合には、改行文字（\n）の直後の一致も判定対象になる）
	
	`/^te/.test( "test" );    // true`
	`/^te/.test( "1test" );    // false`

文字	説明

$	文末一致を表す（mフラグが有効の場合には、改行文字の直前の一致も判定対象になる）
	
	`/st$/.test( "test" ) ;      // true`
	`/st$/.test( "test1" );     // false`

{n} {m,n} {m,}	{n}　　直前の文字がn回繰り返す場合に一致する {m,n}　直前の文字がm回〜n回繰り返す場合に一致する {m,}　　直前の文字がm回以上繰り返す場合に一致する

+	1回以上の文字の繰り返しを表す
	
	`/a+/.test( "bbb" );      // false`
	`/a+/.test( "bab" );      // true`
	`/a+/.test( "aaaa" );     // true`

*	0回以上の文字の繰り返しを表す
	
	`/a*/.test( "" );        // true`
	`/a*/.test( "bab" );      // true`
	`/a*/.test( "bb" );       // true`

?	直前の文字が0回または1回繰り返す場合に一致する。*、+、?、{}の後ろに使った場合には、マッチング箇所が最短一致になる。最短一致とは、マッチング箇所が最短になることを言う（以下の例参考）
	
	`/.?/.test( "" );          // true`
	`/a+/.exec( "aaaA" );       // 一致箇所は"aaa"になる`
	`/a+?/.exec( "aaaA" );      // 一致箇所は"a"になる（最短一致）`

(abc)	()で囲んだ部分をパターンマッチ箇所として、後方参照で使用できる。後方参照とは、マッチングした箇所を後に再利用することを言う
	
	● 同一正規表現内で再利用（\数値）
	\数値（1〜）で一致部分を再利用できる
	
	`/(#)テスト\1/.test( "#テスト#" );      // (#)なので、\1は#と同じ意味`
	`> true`
	
	● 置換文字列として使用（$数値）
	$数値（1〜）で一致部分を使って置換できる
	
	`"<h1>テスト</h1>".replace(/<h1>(.+)<\/h1>/, "<h2>$1</h2>" );`
	`> "<h2>テスト</h2>"`
	
	● 一致した文字列を抽出して配列として保持する場合
	
	`let result = /a(b)c(d)e/.exec( "abcde" );`
	`console.log(result);`
	`> ["abcde", "b", "d", ...];`

ab|cde	abまたはcdeの文字列に一致する `/(ab|cde)d/.test( "abd" );      // true`
\	特殊文字を文字列として表す場合に使用する `/\.\+\(\[\//.test( ".+([/" );      // true`

　正規表現は、慣れるまではなかなか文字で見ただけでは理解できません。ぜひ、一度自分で表10.8の正規表現のコードを動かしてみてください。

正規表現では、フラグを使うことで状況に応じて、検索モードを変更できます。表10.9は、JavaScriptで使用可能なフラグの一覧です。

❖表10.9　フラグの一覧（regexp_flg.html）

フラグ	フラグ名	説明

g	global	グローバルサーチ（複数一致）を行う
		
		`const str = "return request resource";`
		`str.match(/re\S+/);       // gフラグなし`
		`> ["return", ... ]` ──────── 最初に見つかった一致箇所のみ取得
		
		`str.match(/re\S+/g);      // gフラグあり`
		`> ["return", "request", "resource"]` ──────── すべての一致箇所を取得

i	ignoreCase	大文字・小文字を区別しない `/a/i.test( "A" );      // true`
m	multiline	複数行検索を行う。^を行頭一致（行の開始に一致）、$を行末一致（行の終わりに一致）として扱う `const multipleLines = `aaa` `bbb` `ccc`;` `multipleLines.match(/^.+$/mg);` ──────── 行ごとの文字列にマッチ `> ["aaa", "bbb", "ccc"]`

s	dotAll	ドット（.）の一致対象に改行文字を含める
		`/./.test( "\n" );      // false`
		`/./s.test( "\n" );     // true`

u	unicode	サロゲートペア※に対応する完全なUnicode文字列としてパターンマッチを行う。絵文字などがそれに当たる
		
		`/^.$/.test( "😄" );      // false` ──────── サロゲートペアの考慮がないため1文字として扱われない
		
		`/^.$/u.test( "😄" );     // true` ──────── uフラグにより1文字として扱われる
		
		※JavaScriptの場合は、UTF-16（16bitで1つの文字を表す）で文字を表現しますが、Unicodeで使用可能な文字が増えたことにより、2つ分の文字コードで1文字を表す必要が出てきました。このような2つ分の文字コードで1文字を表す方式を**サロゲートペア**と呼びます。

y	sticky	lastIndexプロパティで示されたインデックスからの前方一致（語頭部分の一致）を判定する
		
		`const str = "return request resource";`
		`const reg = /re\S+/y;`
		`reg.lastIndex = 0;     // 初期値は0`
		`reg.exec(str);`
		`> ["return", ... ]` ──────── 0番目の文字列から検索
		
		`reg.lastIndex = 7;`
		`reg.exec(str);`
		`> ["request", ... ]` ──────── 7番目の文字列から検索

このように、特殊文字やフラグを使って、柔軟な検索を行います。正規表現は、プログラミング言語であれば、基本的に標準で備わっている機能です。また、プログラミング言語が変わっても、特殊文字やフラグの使い方はそれほど大きく変わりません。すべて覚える必要はありませんが、どのような方法で検索できるのか程度は知っておくとよいでしょう。

練習問題　10.4

[1] 以下のパターンの一致を確認するプログラムを記述してください。

① 郵便番号に一致

001-0012　➡ OK

001-001　　➡ NG

2.2-3042　➡ NG

wd3-2132　➡ NG

124-56789 ➡ NG

② Emailに一致

example000@gmail.com　➡ OK

example-0.00@gmail.com ➡ OK

example-0.00@ex.co.jp　➡ OK

example/0.00@ex.co.jp　➡ NG

※「.」「_」「-」と半角英数字が可能。

10.4　Storageオブジェクト

Web Storage APIを使うと、ブラウザ内にデータを保持できます。Web Storage APIは、Web APIの一種で、Storageオブジェクトを通して使うことができます。

変数に格納している値など実行中のコードが保持しているデータは、ブラウザを閉じると消えてしまいます（図10.4上）。しかし、Storageオブジェクトを通してデータをブラウザに保存すると、ブラウザの画面を再度開いたときにデータを復元できます（図10.4下）。

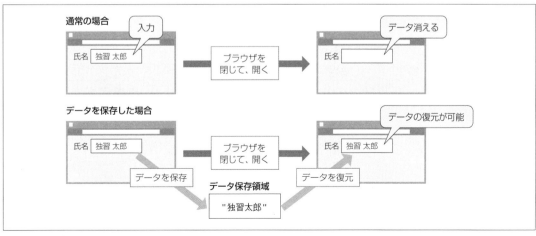

❖図10.4　ブラウザに一時的にデータを保存

図10.4のように、入力内容を一時的に保持したり、サーバーから取得したデータを一時的にブラウザに保存したりしておくと、画面を再度開いたときに利用できます。本節では、Web Storage APIを使ったデータの保存と取得の方法について見ていきましょう。

10.4.1　Storageコンストラクタのインスタンス

Web Storage APIは、localStorageオブジェクト（ローカルストレージ）またはsessionStorageオブジェクト（セッションストレージ）から使うことができます。これらのオブジェクトは、JavaScriptエンジンによって自動的に作成されたStorageコンストラクタのインスタンスです。そのため、JavaScriptのコードを実行する前に、localStorage、sessionStorageは利用可能な状態になっています。

> *note* コンストラクタとオブジェクトという用語の使い分けに混乱しないようにしましょう。コンストラクタは「オブジェクトを生成するもの」、オブジェクトは「コンストラクタから生成されたインスタンス」を表します（図10.B）。
>
>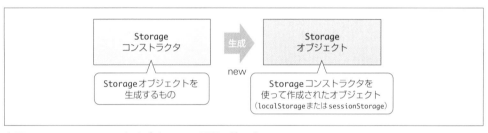
>
> ❖図10.B　コンストラクタとオブジェクトの用語の使い分け

10.4.2　Storageオブジェクトのメソッドとプロパティ

Storageオブジェクトでは、表10.10のメソッドや表10.11のプロパティを使って、データの保存・取得が可能です。一度、目を通して、どのような機能があるのか確認してください。

❖表10.10　Storageオブジェクトのメソッド（storage.html）

メソッド	戻り値	説明
setItem(**key**, **value**)	undefined	ブラウザのデータ保存領域内にキー（**key**）と値（**value**）を対で格納する。重複するキーがすでに保存領域内に存在する場合には、値の上書きとなる。また、キーと値に使えるデータ型は文字列。文字列以外が渡されたときには、文字列に変換されてブラウザにデータが保存される `localStorage.setItem( "apple", "リンゴ" );`

getItem(**key**)	**value** | null	ブラウザのデータ保存領域内のキー（**key**）に一致する値（**value**）を返す。キーが見つからない場合には、nullが取得される
		
		`localStorage.getItem( "apple" );`
		`> "リンゴ"`

メソッド	戻り値	説明
removeItem(**key**)	undefined	ブラウザのデータ保存領域内のキー（**key**）に一致するキーと値のペアを削除する ```js\nlocalStorage.setItem("apple", "リンゴ");\nlocalStorage.removeItem("apple");\nconsole.log(localStorage.getItem("apple"));\n> null\n```
clear()	undefined	ブラウザのデータ保存領域内のすべてのキーと値のペアを削除する ```js\nlocalStorage.setItem("apple", "リンゴ");\nlocalStorage.setItem("banana", "バナナ");\nlocalStorage.clear();\nconsole.log(localStorage.length);\n> 0\n```
key(**index**)	**keyName**	キーのインデックス（**index**）を指定することにより、キー（**keyName**）を取得する。キーと値の登録される順序はブラウザ依存のため、取得される順序を気にしない場合に使用する ```js\nlocalStorage.setItem("apple", "リンゴ");\nlocalStorage.setItem("banana", "バナナ");\n// すべてのキーと値を出力\nfor(let i = 0; i < localStorage.length; i++) {\n const key = localStorage.key(i);\n const value = localStorage.getItem(key);\n console.log(key, value);\n}\n> apple リンゴ\n> banana バナナ\n```

❖表10.11　Storageオブジェクトのプロパティ

プロパティ	説明
length	ストレージに保存されている、キーと値のペアの長さ（個数）を取得する

10.4.3 　ブラウザで値を確認

　ローカルストレージ（`localStorage`）に保存されたキーと値のペアを、ブラウザの開発ツールを使って確認してみましょう。

　たとえば、次のように値を設定した場合を考えてみましょう。`script`タグ内に以下のコードを記述したファイルを作成し、Live Serverでサーバーを起動して確認します。

▶ローカルストレージにデータを保存

```js
localStorage.setItem( "lemon", "レモン" );
```

この値を確認するには、開発ツールの「Application」タブを開き、左側メニューから「Local Storage」→「http://127.0.0.1:5500」を選択します（図10.5）。

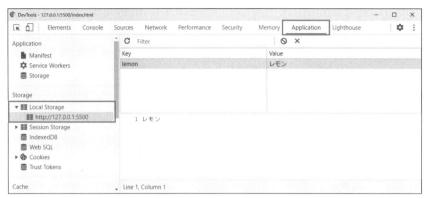

❖図10.5　ローカルストレージに保存したデータの確認

このように、ローカルストレージは、接続先のサーバーのオリジン単位で値が保持されています。そのため、**異なるオリジンのデータの取得・変更はできません**。一方で、**同じオリジン内のデータであれば、ブラウザのタブやウィンドウをまたいで、データの取得・変更が可能です。**

> *note*　オリジンとは、URLのスキーム（httpやhttps、ftpなど）、ドメイン（www.example.comなど）、ポート（5500など）の部分のことです。具体的には、オリジンは、「スキーム://ドメイン:ポート」で表されます。
>
> http://127.0.0.1:5500/index.html ──────── ❶オリジンは「http://127.0.0.1:5500」部分
> http://127.0.0.1:5500/test/index.html ──── ❷❶と同じオリジン（同一オリジン）
> https://127.0.0.1:5500/index.html ──────── ❸スキームが異なるため❶と別オリジン

また、ローカルストレージには保存期限がないため、JavaScriptコードで`clear()`や`removeItem()`を実行するか、あるいは、開発ツール上で削除されない限り、データが失われることはありません。

> *point*　● 他のオリジンのデータは取得、変更できない。
> ● タブやブラウザウィンドウをまたいでデータは共有される。
> ● ブラウザを閉じてもデータは失われない。
> ● コードまたは開発ツール上から意図的に削除するまで、基本的にデータは失われない。

10.4.4　ローカルストレージとセッションストレージ

ブラウザの保存領域には、ローカルストレージ以外にも、**セッションごとのデータを保存するセッションストレージ**（`sessionStorage`）があります。

note Webシステムにおける**セッション**とは、ブラウザがサーバーとの接続を確立してから切断するまでの一連の操作や通信のことです。たとえば、ユーザーがブラウザでWebサイトを訪問し、そのページを開いているウィンドウやタブを閉じるまでに行った操作（サイト内の違うページへの遷移など）は、1つのセッション（同一セッション）内で行われた操作とみなされます。

セッションストレージは、`sessionStorage`オブジェクトを通して、取得・変更します。メソッドの使い方は`localStorage`と同じですが、**セッションストレージの場合は、セッションが維持されている間に限り値が保持される**という違いがあります。つまり、**ブラウザのタブやウィンドウを閉じた時点で、保存した値は自動的に消滅します**。

また、新しく開いたタブやウィンドウは、異なるセッションとみなされます。ブラウザのタブを2つ開いて、次のコードをそれぞれの開発ツールのコンソールから実行してみてください。すると、タブ（セッション）ごとに異なる値が取得できることを確認できます。

▶セッションストレージにデータを保存（sessionStorage.html）

```
sessionStorage.setItem( "favoriteFruit", "リンゴ" );  ──────── タブAで値を保存
sessionStorage.setItem( "favoriteFruit", "バナナ" );  ──────── タブBで値を保存

console.log( sessionStorage.getItem( "favoriteFruit" ) );  ──────── タブAで実行した場合
> "リンゴ"

console.log( sessionStorage.getItem( "favoriteFruit" ) );  ──────── タブBで実行した場合
> "バナナ"
```

セッションストレージでは、タブごとに保存領域が分けられるため、タブA、タブBには異なる値が保持されていることを確認できます。

これに対し、ローカルストレージのデータ保存領域は、同一オリジンであれば、すべてのウィンドウとタブで共有されているため、1つの値をすべてのウィンドウやタブで共有します。

▶ローカルストレージにデータを保存（localStorage.html）

```
localStorage.setItem( "favoriteFruit", "リンゴ" );  ───── タブAで値を保存
localStorage.setItem( "favoriteFruit", "バナナ" );  ───── タブBで値を保存

console.log( localStorage.getItem( "favoriteFruit" ) );  ── タブA、Bどちらも"バナナ"が取得される
> "バナナ"
```

 note ローカルストレージは、簡単にデータを保持できる反面、セキュリティ的にはあまり厳重な保存領域ではありません。そのため、漏洩すると問題になるような重要な情報（たとえば、ログイン情報など）については、ローカルストレージへの保存を避けたほうがよいでしょう。

練習問題　10.5

[1] 次のようなコードをタブA、タブBの順番で実行したとき、タブBの`sessionStorage.getItem(`
`"car"`）では、どのような値が取得されるか答えてください。

▶タブAで実行（storage_tabA.html）

```
localStorage.setItem( "car", "黒い車" );
sessionStorage.setItem( "car", "赤い車" );
```

▶タブBで実行（storage_tabB.html）

```
localStorage.setItem( "car", "白い車" );
const car = sessionStorage.getItem( "car" ) || localStorage.getItem( "car" );
sessionStorage.setItem( "car", car );
console.log( sessionStorage.getItem( "car" ) );
```

10.5 JSONオブジェクト

　JSON（JavaScript Object Notation）は、**JavaScriptのオブジェクト構造を文字列で表すときに使う表記**法です。

　JavaScriptのコード内では、オブジェクトや配列の形式でデータを管理することが多いですが、オブジェクトや配列をそのままサーバーに対して送信することはできません。しかし、オブジェクトや配列のデータを1つずつリクエストのパラメータとして設定するのも面倒です。そこで使うのが、JSONという文字列の表記法です。JSONを使うことで、オブジェクトのデータ構造を**JSON文字列**（JSON形式の文字列）に変換してサーバーに送信したり、サーバーから受け取ったJSON文字列をオブジェクトに変換して利用したりできます（図10.6）。

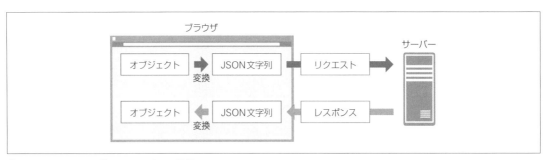

❖図10.6　JSONを使ってサーバーと通信

また、前節で説明した`localStorage`などを使って保存できるデータの形式は**文字列のみ**のため、オブジェクトなどを保存するときにも、JSONでオブジェクトを文字列に変換してから保存します。

本節では、このJSONの基本的な文法と利用方法について学んでいきます。

 point --
● JSONはオブジェクトや配列を文字列として表すための表記法。

10.5.1 JSONの表記法

まずは、JSONの書き方から見ていきましょう。

次の例を見るとわかりますが、JSONの基本的な書き方はJavaScriptのオブジェクトや配列と大きな違いはありません。

▶JSON文字列の例

```
[
    {
        "name": "独習 太郎",
        "age": 18,
        "family": {
            "father": "独習 父",
            "mother": "独習 母"
        }
    },
    {
        "name": "独習 花子",
        "age": 15
    }
]
```

ただし、いくつか注意しなければならないことがあるため、それらを確認していきましょう。

◆JSONとオブジェクトの主な記述方法の違い

オブジェクトの記述方法との主な違いは3つあります。

①キーは、ダブルクォート（"）で囲む必要がある

誤　　{ name: "Tanaka", age: 26 } ───────── キーをダブルクォート（"）で囲まないとエラーになる

正　　{ "name": "Tanaka", "age": 26 } ───────── キーはダブルクォート（"）で囲む

② **シングルクォート（'）は使えない**

誤　　{ "name": 'Tanaka', "age": 26 } ──────── シングルクォート（'）で文字列は記述できない

正　　{ "name": "Tanaka", "age": 26 } ──────── 文字列はダブルクォート（"）で囲む

③ **オブジェクト、配列の最後の要素の後ろにカンマ（,）を入れてはいけない**

誤　　{ name: "Tanaka", age: 26, } ──────── 末尾のカンマ（,）はエラーになる

正　　{ name: "Tanaka", age: 26 } ──────── 末尾のカンマ（,）は削除する

これ以外は、基本的にJavaScriptのオブジェクトや配列の書き方と同じです。

10.5.2　JSON文字列の生成

それでは、JSON文字列をオブジェクトから作成してみましょう。
オブジェクトからJSON文字列を作成するには、JSON.stringifyを使います。

> *note* 以降で説明するJSON.stringifyのreplacerは、プログラミングに慣れていないと挙動を理解するの
> が難しく、使用頻度も少ないため、初心者や難しいと感じた人はいったん読み飛ばし、JavaScriptに慣
> れてきてから取り組んでください。

構文 JSON.stringifyの使用方法

```
let JSON文字列 = JSON.stringify( target [,replacer ,space ] );
```

target ：JSON形式に変換する対象のデータを設定します。一般的には、オブジェクトまたは配列です。オブジェク
　　　　　トと配列がネスト（多階層で構成）していても問題ありません。
replacer：文字列または数値の配列か関数を設定します（詳細は本文で説明）。
space ：可読性を上げるためのインデント（コードの先頭に付与するスペース）を文字列または数値で設定します。
　　　　　● 文字列の場合：インデントに使用する文字を指定
　　　　　● 数値の場合　：スペースの挿入数（上限10）
　　　　　　　　　　　　　数値を渡した場合には、その数値分のスペースが挿入されます。余計な空白が増えると、
　　　　　　　　　　　　　通信量が増えたり、保存領域を無駄に浪費してしまうため、JSON文字列を確認するとき
　　　　　　　　　　　　　のみ使うようにしてください。
戻り値 ：JSON文字列（JSON形式の文字列）が返ります。

◆replacerの挙動

　JSON.stringifyの引数**replacer**に配列か関数を設定した（渡した）場合の挙動について補足します。これ
はあまり使わないので、余裕がない場合は飛ばして先に進んでもかまいません。

replacer が配列の場合

配列の要素に含まれるプロパティ名、インデックスのみ、変換後のJSON文字列に含みます。

replacer が関数の場合

オブジェクトのプロパティごとに繰り返し、replacer関数が呼び出されます。replacer関数の引数には、呼び出し時のプロパティとその値が渡され、replacer関数の戻り値がJSON文字列に含まれます。たとえば、オブジェクトが多階層の場合には、値に子オブジェクトが渡される場合もあります。

▶replacerが関数の場合（replacer_fn.html）

```
function replacer( prop, value ) { ──────────────── プロパティ (prop) と値 (value) が渡される
    console.log( `prop[${ prop }] value[`, value, "]" ); ──────── 渡されたプロパティと
    return value;                                                    値をログに表示
}


const nestedObj = { a: { b: { c: 0 } } };
const jsonStr = JSON.stringify( nestedObj, replacer ); ──────── replacerを設定して
console.log( jsonStr );                                           JSON文字列を生成
> { "a": { "b": {"c": 0 } } }
```

実行結果 replacer が関数の場合

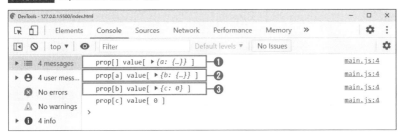

上記のコードを実行すると、オブジェクトのプロパティごとにreplacer関数が実行されます。replacer関数がプロパティの数だけ呼び出されたため、コンソールログに複数行のログが出力されています。実行結果❶〜❸の挙動を確認しましょう。

❶ 1回目の呼び出しでは、オブジェクト自身が渡されます。なお、このときは{ a: { b: { c: 0 } } }; 全体が値としてreplacerのvalueに渡され、propにプロパティは渡されません。そのため、propは空[ ]と表示されています。

❷ 2回目の呼び出しでは、aプロパティとaが保持しているオブジェクト{ b: {...} }が渡されます。

❸ 3回目以降も、同様にオブジェクトの構造に沿ってreplacerが呼び出されます。

◆ JSON.stringify の使用例

それでは、JSON.stringifyの使い方を確認しましょう。

▶ JSON.stringify を使ってオブジェクトを JSON 文字列に変換（stringify.html）

```
const target = { a: 0, b: 1, c: { d: 2, e: 0, f: "hello" } };  ──  変換対象のオブジェクト

console.log( JSON.stringify( target ) );  ──────────────────  オブジェクトをJSONに変換する
> {"a":0,"b":1,"c":{"d":2,"e":0,"f":"hello"}}

console.log( JSON.stringify( target, [ "a", "b" ]) );  ───────  プロパティがaまたはbのものの
> {"a":0,"b":1}                                                  みJSONに含む

console.log( JSON.stringify( target, [ "e", "f" ]) );  ───────  第2階層以降は配列による指定で
> { }                                                           は抽出できない

function replacer( prop, value ) {  ──────────────────┐
    // 値が数値型かつ1未満のとき
    if( typeof value === "number" && value < 1 ) {
        return;     // 値を返さない（JSON文字列に含まれない）
    }                                                     │   replacerによって数値かつ値が
    return value;                                             1未満のものをJSONに含まない
}                                                     │
console.log( JSON.stringify( target, replacer ) );  ──┘
> {"b":1,"c":{"d":2,"f":"hello"}}

// タブでインデントを挿入
console.log(JSON.stringify(target, null, "\t" ));  ──────────  インデントにタブ文字（\t）を
> {                                                             設定
>       "a": 0,
>       "b": 1,
>       "c": {
>             "d": 2,
>             "e": 0,
>             "f": "hello"
>       }
> }
```

10.5.3　JSON文字列からオブジェクトの生成

JSON.parse に JSON 文字列を渡すと、JavaScript のデータに変換されます。

構文　JSON.parse の使用方法

```
JSON.parse( jsonStr );
```

jsonStr：JSON文字列を設定します。
戻り値　：**jsonStr**に対応するオブジェクトや配列、文字列、数値、真偽値、**null**などが返ります。

次のように使います。

▶JSON文字列からJavaScriptオブジェクトに変換（json_parse.html）

```
const json = '{"b":1,"c":{"d":2,"f":"hello"}}';  ──────────── JSON文字列
const obj = JSON.parse( json );  ──────────────── オブジェクトに変換
console.log( obj.b );  ──────────────────── ドット記法で値の取得が可能！
> 1
```

上記のコードでは、`JSON.parse`を使ってJSON文字列（`json`）をオブジェクト（`obj`）に変換しているため、`obj.b`のようにドット記法で値を取得できます。

また、`JSON.stringify`と`JSON.parse`を組み合わせることで、ローカルストレージにオブジェクトの状態を記録し、復元できます。

▶画面更新ごとに1ずつ加算する処理（store_value.html）

```
let data = localStorage.getItem( "data" );  ──────── ローカルストレージからデータを取得
data = JSON.parse( data );  ──────────────── 取得したJSON文字列をオブジェクトに変換

if( data === null ) {  ──────────────── dataがローカルストレージから取得できなかった場合
    data = { val: 0 };  ──────────────── デフォルト値を設定
}

console.log( data.val );  ──────────────── data.valの状態をコンソールに表示

data.val++;  ──────────────── data.valに1加算

const json = JSON.stringify( data );  ───┐
localStorage.setItem( "data", json );  ──┴── JSON形式でローカルストレージにデータを保存
```

実行結果 画面更新ごとに1ずつ加算する処理

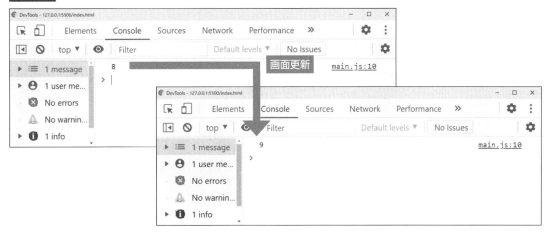

上記のように実装することで、ローカルストレージにデータが保存されている場合に、その値を使って処理を行うプログラムを記述できます。

練習問題 10.6

[1] 次のオブジェクトを、①②の条件に従ってJSON文字列に変換してください。

▶ 変換対象のオブジェクト（文字列）

```
const fruits = { banana: "うまい", apple: "普通", orange: "微妙", other: ⏎
{ grape: "うまい" } };
```

① bananaとorangeのプロパティのみ抽出してJSON文字列を作成してください。
② "うまい"フルーツのみ抽出してJSON文字列を作成してください。

10.6 ラッパーオブジェクト レベルアップ

本章の最後に、プリミティブ型の値（プリミティブ値）の操作を理解するうえで重要な、ラッパーオブジェクトの概念について学んでいきましょう。

ラッパーオブジェクトとは、プリミティブ値を包み込む（内包する）オブジェクトのことです。そもそも文字列などのプリミティブ値は、単なる値のため、**オブジェクトのようにメソッドなどは保持していません**。しかし、JavaScriptでは、次のようにプリミティブ値に続けてメソッドを記述できます。

▶ 文字列に続けてメソッドやプロパティが記述できる（wrapper_object.html）

```
console.log( "hello".toUpperCase() );
> HELLO

console.log( "hello".length );
> 5
```

これは、プリミティブ値に続けてメソッドやプロパティが記述された場合には、**そのプリミティブ値に対応するラッパーオブジェクトのメソッドやプロパティが暗黙的に呼び出される**という仕様になっているためです。そのため、上記のコードのようにプリミティブ値であっても、オブジェクトのようにメソッドやプロパティにアクセスできます（図10.7）。

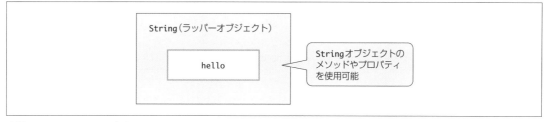

❖図10.7　ラッパーオブジェクト

　"hello"のような文字列の場合のラッパーオブジェクトは、Stringオブジェクトです。そのため、"hello"に続けてStringオブジェクトのメソッドやプロパティを使うことができます。

　なお、文字列を最初からStringオブジェクトとして宣言することもできます。

▶文字列をオブジェクトとして宣言して使用（wrapper_str_object.html）

```
const str = new String( "hello" );
console.log( str.toUpperCase() );
> HELLO
```

　しかし、このようにオブジェクトとして文字列を宣言しなくても、ラッパーオブジェクトを通してStringオブジェクトのメソッドやプロパティにアクセス可能なため、一般的にこのような書き方はしません。

　また、プリミティブ型として宣言した値はあくまでプリミティブ値なので、変数に代入したとしてもプリミティブ値のままであり、オブジェクトに変換されるわけではありません。メソッドやプロパティにアクセスする必要があるときのみ、ラッパーオブジェクトを通してメソッドやプロパティにアクセスしていると考えてください。

▶プリミティブ値はあくまでプリミティブ値（wrapper_primitive.html）

```
const str = "hello";
console.log( str instanceof String );
> false ─────────────────────── strはStringコンストラクタのオブジェクトではない

str.toUpperCase();
console.log( str instanceof String );
> false ─────────────────────── メソッドを呼び出しても恒久的にオブジェクトに変換されるわけではない
```

　また、ラッパーオブジェクトには、文字列に対応するString以外にも、数値に対応するNumberオブジェクトや真偽値に対応するBooleanオブジェクトなどがあります（表10.12）。

❖表10.12　プリミティブ値に対応するラッパーオブジェクト

プリミティブ値	対応するラッパーオブジェクト
"文字列"	String
12	Number
12n	BigInt
true / false	Boolean
シンボル値	Symbol

nullとundefinedにはラッパーオブジェクトは存在しませんが、それ以外のプリミティブ値はStringと同様、対応するラッパーオブジェクトのメソッドが使用可能であることを覚えておくとよいでしょう。

▶NumberやBooleanのラッパーオブジェクト（wrapper_num_bool.html）

```
const num = 1000;
console.log( num.toExponential() );   ——————  数値のラッパーオブジェクトのメソッドを呼び出し
> 1e+3

console.log( 1000.toExponential() );  ——————  数値リテラルに直接メソッドをつなげて呼ぶと、小数点と表記
                                               が混合するため、シンタックスエラー（構文エラー）になる
> Uncaught SyntaxError: Invalid or unexpected token ┐
                                               [意訳] 構文に関するエラー：無効または予期しないトークン※。
console.log( (1000).toExponential() ); ——————  ( )で数値を囲んでやると直接メソッドを実行できる
> "1e+3"

console.log( true.toString() );       ——————  真偽値のtrueを文字列として取得することも可能
> "true"
```

※トークンとは、ソースコードをコード上で意味を持つ最小単位に分割したものです（変数や関数、演算子のことを指します）。

　JavaScriptで開発していると、文字列などのプリミティブ値に対してメソッドを実行するような記述をたびたび目にします。このような記述を見かけた場合には、ラッパーオブジェクトのプロパティやメソッドを実行していると考えてください。

練習問題　10.7

[1] 次のように、プリミティブ型の文字列に対してreplaceメソッドを実行できる理由を説明してください。

```
const result = "apple, lemon".replace( "apple", "banana" );
console.log( result );
> banana, lemon
```

☑ この章の理解度チェック

[1] Windowオブジェクト

ブラウザ画面のスクロール量がHTML上部から1000pxを超えると、「画面を閉じますか？」と確認ダイアログを表示して、[OK] を押したタイミングで画面を閉じるプログラムを作成してください。[キャンセル] を押した場合には、スクロール量の監視は停止するものとします。また、スクロール量の監視は1秒ごとに行うものとします。

▶ベースコード（end_sec1_before.html）

```
<body style="height: 2000px; background-image: linear-gradient(#000, #fff);">
<!-- bodyタグに高さ2000px、背景色に黒から白を設定する -->
    <script>
        /* ここに記述 */
    </script>
</body>
```

[2] UTC、GMT、JSTとは

次の空欄を埋めて、文章を完成させてください。

UTCとは ① と呼ばれ、現在、世界の標準時として使われています。UTCは原子時計（セシウム原子の振動数を基準とした時計）によって算出されるため、天体観測によって算出される ② より厳密な時刻の定義が可能です。ただ、大まかには ② とUTCはほぼ同じ時刻を表します。一方、JSTは ③ を表します。JSTは、UTCから ④ 時間の時差があります。

[3] 日時の計算

2023年5月20日深夜0時〜2023年6月12日深夜0時の差分日時を答えてください。

[4] 正規表現

以下のHTML文字列から見出しタグ（h1〜h6）のテキストをそれぞれ抽出してください（h1〜h6の開始タグと終了タグは、必ず同じ行に存在するものとします）。

▶変数htmlから見出しタグのテキストを抽出（end_sec4_before.html）

```
<script>
    const html = `<h1>見出し1</h1>
<h2>見出し2</h2>
<h3>見出し3</h3>
<header>ヘッダー </header>`;

    /* 上記の変数htmlから見出しタグのテキストを抽出する処理を記述 */
</script>
```

ブラウザの縦スクロールと横スクロールの位置を1秒ごとに監視して、ローカルストレージに保存してください。また、ブラウザのタブを新しく開いたときに、ローカルストレージに保存されたスクロール位置まで自動的にスクロールするようにしてください。

 ヒント　画面スクロールは、`window.scroll`で行います。また、スクロール量は、`{ x: 0, y: 0 }`のような形式をJSONに変換してローカルストレージに保存するとよいでしょう。

▶ベースコード（end_sec5_before.html）

```
<body>
    <style>
        /* 画面の見栄えに関する記述です。*/
        body {
            height: 2000px;
            width: 2000px;
            background: linear-gradient(135deg, black 0%, white 100%);
        }
    </style>
    <script>
        /* この部分にコードを記述してください。 */
    </script>
</body>
```

コレクション

コレクションとは、値をまとまりで管理するオブジェクトのことです。JavaScriptで使えるコレクションは、ES5まではObjectとArrayのみでしたが、ES6からMap、Set、WeakMap、WeakSetも使えるようになりました。本章では、これらの基本的な使い方について確認していきます。

11.1 配列（Array）

まずは、配列の使い方について見ていきましょう。オブジェクトの場合はプロパティと値を対で格納しますが、**配列の場合は値のみを格納します**。格納された値はそれぞれ、値に対応した添字（インデックス）が0から順に振られます（図11.1）。

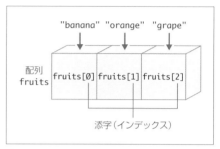

❖図11.1 配列のイメージ

11.1.1 配列の初期化

配列は、リテラル表記またはArrayを使って初期化（インスタンス化）できます。

◆ 配列の初期化（リテラル表記）

配列リテラル（[ ]）を記述することで、配列を初期化できます。

構文 リテラルを使った配列の初期化

```
const 配列 = [ 値1, 値2, 値3, ... ];
```

※[ ]は、配列リテラルを定義するための記号です。省略可能を表す[ ]ではないので、注意してください。

[ ]を使うことで、配列を宣言できます。また、[ ]の中にカンマ（,）区切りで渡された値は、配列の初期値として設定されます。空の配列を生成したい場合には、値を省略して[ ]のみで宣言することもできます。

▶リテラルで配列を初期化する例（array_literal.html）

```
const fruits = [ "banana", "orange", "grape" ];
console.log( fruits );
```

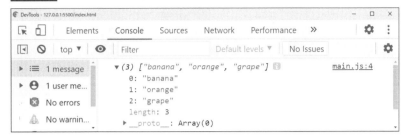

　配列を生成すると、上記の実行結果のような状態になります。このとき、0、1、2などの添字が自動的に付与されていることに注意してください。

◆ 配列の初期化（new Array）

new Arrayを記述して配列を初期化することもできます。

構文 Arrayを使った配列の初期化

引数が1つの場合

```
const 配列 = new Array( 配列の長さ );
```

引数が2つ以上の場合

```
const 配列 = new Array( 値1, 値2, ... );
```

new Arrayに数値を1つ渡した場合には、その値に一致する長さの空の配列が生成されます。一方、new Arrayに複数個の引数を渡した場合には、その値を含む配列が生成されます。

▶new Arrayで配列を初期化する例（array_constructor.html）

```
const emptyArry = new Array( 3 );
console.log( emptyArry );
const filledArry = new Array( 1, 2, 3 );
console.log( filledArry );
```

実行結果 new Arrayで配列を初期化する例

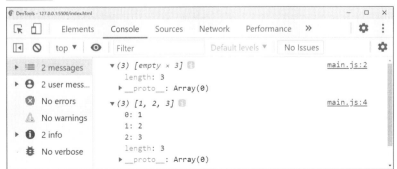

配列リテラル [ ] を使っても、Array コンストラクタを使っても、生成されるのは、同じ配列のオブジェクトです。配列リテラル [ ] は、new Array の省略記法と考えてください。

11.1.2 配列の基本操作

初期化した配列の操作方法についても見ていきましょう。
生成した配列の特定の値を取得・変更したい場合には、添字を使います。

▶配列の要素の取得・変更（array_munipulate.html）

```
const fruits = [ "banana", "orange", "grape" ];
console.log( fruits[ 0 ] );                    ──── 0番目の要素の取得
fruits[ 1 ] = "apple";                         ──── 1番目の要素（"orange"）の変更
console.log( fruits );
```

実行結果 配列の要素の取得・変更

配列の要素は、0番目から始まる点に注意してください。また、配列の長さ（個数）は、length プロパティから取得できます。

▶配列の長さを取得（array_munipulate.html）

```
const fruits = [ "banana", "orange", "grape" ];
console.log( fruits.length );
> 3
```

また、あとで紹介する配列のメソッドによって、配列に対して要素が追加・削除されたときには、length プロパティの値は自動的に更新されます。そのため、配列の length − 1の添字が配列の最後の要素の添字になります。

▶配列の最後の要素を取得（array_munipulate.html）

```
const fruits = [ "banana", "orange", "grape" ];
console.log( fruits[ fruits.length − 1 ] );
> grape
```

また、配列にはすべての型の値を格納できるため、配列の中に他の配列やオブジェクトを設定することもできます。

▶配列が多階層で構成されている場合 （array_all_data_type.html）

```
const array2D = [
    [ "太郎", "25歳", "男" ],  ─────────────────── 配列を格納
    { name: "花子", age: "23歳", gender: "女" } ─────────── オブジェクトを格納
];

console.log( array2D[ 0 ] );
> [ "太郎", "25歳", "男" ] ─────────────── 0番目に登録されている配列が取得される
console.log( array2D[ 0 ][ 0 ] ); ───────────── [ 1階層目 ][ 2階層目 ]
> 太郎
console.log( array2D[ 0 ][ 2 ] );
> 男
console.log( array2D[ 1 ].name ); ──────────── ドット記法でプロパティを取得
> 花子
console.log( array2D[ 1 ][ "age" ] ); ────────── ブラケット記法でプロパティを取得
> 23歳
```

　多階層の配列から2階層目以降の要素を取得するときには、 [1階層目][2階層目] のようにブラケットをつなげて記述できます。

11.1.3 　配列のメソッド

　配列には、様々なメソッドが用意されています。メソッドを使うことで、宣言したあとでも値の取得・変更・削除などを行うことができます。本項では、配列の代表的なメソッドについて使い方を説明します。

◆配列に要素を追加
　配列に要素を追加するときに使うメソッドです。

push ── 末尾に追加
　push メソッドは、配列の末尾に要素を追加します。

構文 pushの記法

```
配列.push( 追加したい要素1[, 追加したい要素2, ... ]  );
```

▶使用例 （array_push.html）

```
const fruits = [ "banana", "orange", "grape" ];
fruits.push( "apple" ); ─────────────────── 配列の末尾に要素を追加
console.log( fruits );
> [ "banana", "orange", "grape", "apple" ] ──────── 末尾に"apple"が追加されている
```

unshift —— 先頭に追加

unshift メソッドは、配列の先頭に要素を追加します。

構文 unshiftの記法

```
配列.unshift( 追加したい要素1[, 追加したい要素2, ... ] );
```

▶使用例 (array_unshift.html)

```
const fruits = [ "banana", "orange", "grape" ];

fruits.unshift( "lemon" );  ────────────────────── 配列の先頭に要素を追加
console.log( fruits );
> [ "lemon", "banana", "orange", "grape" ] ──────── 先頭に"lemon"が追加されている
```

◆ 配列から要素を削除

配列から要素を削除するときに使うメソッドです。

shift —— 先頭を削除

shift メソッドは、配列の先頭の要素を削除します。

構文 shiftの記法

```
let 削除した要素 = 配列.shift();
```

▶使用例 (array_shift.html)

```
const fruits = [ "banana", "orange", "grape" ];
let returnVal = fruits.shift();  ──────────────── 配列の先頭の要素を削除
console.log( fruits );
> [ "orange", "grape" ] ───────────────────────── 先頭の"banana"が削除されている
console.log( returnVal );
> "banana" ─────────────────────────────────── 配列から削除された要素が戻り値となる
```

pop —— 末尾を削除

pop メソッドは、配列の末尾の要素を削除します。

構文 popの記法

```
let 削除した要素 = 配列.pop();
```

▶使用例（array_pop.html）

```
const fruits = [ "banana", "orange", "grape" ];
let returnVal = fruits.pop();                          配列の末尾の要素を削除
console.log( fruits );
> [ "banana", "orange" ]                               末尾の"grape"が削除されている

console.log( returnVal );
> "grape"                                              配列から削除された要素が戻り値となる
```

splice —— 要素の切り取り

`splice`メソッドは、開始位置から特定の長さ分の要素を切り取ります。

構文 spliceの記法

```
let 切り取られた配列 = 元の配列.splice( 開始位置, 長さ [, 要素追加1, 要素追加2, ... ] );
```

▶要素の切り取り（array_splice.html）

```
const fruits = [ "banana", "orange", "grape" ];
let deletedVal = fruits.splice( 1, 2 );               添字1から長さ2つ分切り取り
console.log( fruits );
> [ "banana" ]                                        元の配列から要素が切り取られる

console.log( deletedVal );
> [ "orange", "grape" ]                               切り取られた配列
```

`splice`は、特定の要素を切り取ります。このとき、元になる配列から要素が削除されることに注意してください。

元の配列を維持したまま、特定の要素を切り出したい場合には、あとで紹介するsliceメソッド（p.310）を使ってください。また、spliceでは、第3引数以下の要素を、要素を削除した箇所に追加できます。

▶要素を切り取った箇所に要素を追加（array_splice.html）

```
const fruits = [ "banana", "orange", "grape" ];
fruits.splice( 1, 1, "apple", "lemon" );          "orange"を削除し、"apple"、"lemon"を追加
console.log( fruits );
> ["banana", "apple", "lemon", "grape"]
```

◆ 配列の結合・複製

配列の結合や複製（コピー）を行う場合には、concatメソッドを使います。また、特定の要素を複製したい場合には、sliceメソッドを使います。

concat —— 配列の結合

次のように concat メソッドを使うと、別の配列を結合した新しい配列を作成します。

構文 concat の記法（配列の結合）

```
let 結合された配列 = 配列1.concat( 配列2 );
```

▶使用例（array_concat.html）

```
const fruits = [ "banana", "orange", "grape" ];
const newFruits = fruits.concat( [ "melon", "mango" ] ); —— 配列を結合
console.log( newFruits );
> [ "banana", "orange", "grape", "melon", "mango" ] ——————— "melon", "mango"が末尾に追加される

console.log( fruits );
> [ "banana", "orange", "grape" ] ——————————————————— 元の配列は変更されていないことに注意
```

concat —— 配列の複製

次のように concat メソッドを使うと、同じ要素を持つ新しい配列を作成（複製）します。

構文 concat の記法（配列の複製）

```
let 配列を複製した配列 = 配列.concat();
```

▶使用例（array_concat_dupl.html）

```
const fruits = [ "banana", "orange", "grape" ];
const newFruits = fruits.concat(); ——————————— 引数を省略すると要素が同じ新しい配列が作成される
console.log( newFruits );
> [ "banana", "orange", "grape" ] ——————————— fruitsと同じ要素を持つ新しい配列
```

なお、ES6以降では、配列の結合や複製を行う場合には、スプレッド演算子を使うのが主流です。スプレッド演算子を使った配列の複製については12.3節を確認してください。

slice —— 特定の要素を抽出した新しい配列の作成

slice メソッドは、開始位置から終了位置の直前の要素までを抽出した新しい配列を返します。また、splice と違い、元の配列に対しては影響を及ぼしません。

構文 slice の記法

```
let 切り取られた配列 = 元の配列.slice( [ 開始位置 , 終了位置 ] );
```

```
const fruits = [ "banana", "orange", "grape" ];
const newFruits = fruits.slice( 1, 2 );  ————————  添字1から添字2の直前の要素までを抽出
console.log( newFruits );
> ["orange"]  ——————————————————————————  終了位置の要素（grape）は含んでいないことに注意

console.log( fruits );
> ["banana", "orange", "grape"]  ——————————  元の配列に影響はない

const toEndFruits = fruits.slice( 1 );  ————————  終了位置を指定しない場合、開始位置からすべての要
console.log( toEndFruits );                        素が複製される
> ["orange", "grape"]  —————————————————  添字1以降の要素を持つ新しい配列

const allFruits = fruits.slice();  ————————————  開始位置、終了位置を指定しない場合、すべての要素
console.log( allFruits );                          が複製される
> ["banana", "orange", "grape"]  ——————————  fruitsと同じ要素を持つ新しい配列
```

エキスパートに訊く

Q： コピーにはシャローコピーとディープコピーがあると聞きました。どのような違いがあるのでしょうか？

A： シャローコピーとディープコピーは、主に非プリミティブ型の値（オブジェクトや配列など）に対して使われる用語です。**シャローコピーは参照（アドレス）のコピー、ディープコピーはオブジェクト自体のコピー**のことを指します（図11.2）。

シャローコピー

シャローコピーは、浅いコピーです。シャローコピーの場合には、**オブジェクトのアドレスをコピー**します。そのため、オブジェクトの要素はコピーされません。

▶配列オブジェクトのシャローコピー（array_copy.html）

```
const original = [ "元の値" ];
const copied = original;  ————————————————┐
copied[ 0 ] = "変更後の値";  ——————————————————┤—アドレスをコピー
console.log( original[ 0 ] );
> 変更後の値  ————————————————————————————  元のオブジェクトの値が変わる
```

シャローコピーの場合には、変数copiedに格納されるのは変数originalが保持していた配列オブジェクトへの参照です。そのため、copiedの要素の値を変更すると、元の配列（original）の値も変更されます。

ディープコピー

ディープコピーは、深いコピーです。**ディープコピーの場合には、配列オブジェクトの保持する値も複製して、別の配列オブジェクトを新たに作成します。**

▶配列オブジェクトのディープコピー（array_copy.html）

```
const original = [ "元の値" ];
const copied = original.concat(); ──────────── 同じ要素を保持する配列を新しく作成
copied[ 0 ] = "変更後の値";
console.log( original[ 0 ] );
> 元の値 ─────────────────────── 元のオブジェクトの値は変わらない
```

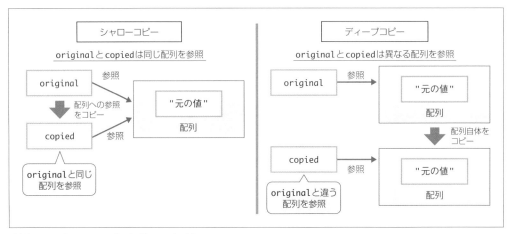

❖図11.2　シャローコピーとディープコピー

なお、これまで紹介したconcatメソッドやsliceメソッドでディープコピーを行った場合には、1階層目のみディープコピーが行われます。オブジェクトが多階層の構造になっている場合には、2階層以降はディープコピーされていないことに注意してください。

▶配列が多階層の場合（array_copy.html）

```
const original = [
    "1階層目の値",
    [ "2階層目の値" ]
];

const copied = original.concat(); ──────────── 同じ要素を保持する配列を新しく作成
copied[ 0 ] = "変更後の値"; ──────────── 1階層目の値を変更
copied[ 1 ][ 0 ] = "変更後の値"; ──────────── 2階層目の値を変更
console.log( original[ 0 ] );
> 1階層目の値 ─────────────────── 1階層目はoriginalには影響なし
console.log( original[ 1 ][ 0 ] );
> 変更後の値 ─────────────────── 2階層目はoriginalの値も変わる
```

そのため、concatやsliceでの配列の複製は、配列の完全なディープコピーではありません。ディープコピーの方法はオブジェクトの種類などによっても異なりますが、すべてのオブジェクトに対して汎用的に使えるメソッドなどは執筆時点ではありません。適宜、解決方法を調べるようにしてください。

◆配列内の要素の存在チェック

　配列内に特定の要素が格納されているかを確認したい場合がたびたびあります。そのようなときには、次の方法で配列内の要素の存在確認を行います。

indexOf ── 最初に一致した添字を返す

　indexOfメソッドは、配列内で最初に一致した要素の添字を返します。

構文 indexOfの記法

```
let 一致した添字 = 配列.indexOf( 存在確認したい値 );
```

▶使用例（array_indexof.html）

```
const fruits = [ "banana", "orange", "grape" ];
const found = fruits.indexOf( "grape" );
console.log( found );
> 2 ──────────────────────────────────────────── "grape"は添字2の要素に一致

const notFound = fruits.indexOf( "watermelon" );
console.log( notFound );
> -1 ─────────────────────────────────────────── 要素が見つからない場合には-1が返る
```

includes ── 値が存在するか確認

　includesメソッドは、配列内の要素に値が存在するかを確認します。

構文 includesの記法

```
let 真偽値 = 配列.includes( 存在確認したい値 );
```

▶使用例（array_includes.html）

```
const fruits = [ "banana", "orange", "grape" ];
const found = fruits.includes( "grape" );
console.log( found );
> true ──────────────────────────────────────── 一致するものが見つかった

const notFound = fruits.includes( "lemon" );
console.log( notFound );
> false ─────────────────────────────────────── 一致するものが見つからない
```

◆その他のメソッド

ここまで紹介したメソッド以外にも、配列には様々なメソッドがあります。

join —— 要素を結合して文字列を作成

`join`メソッドは、配列の要素を結合して文字列を作成します。

構文 joinの記法

```
let 結合された文字列 = 配列.join( [ 区切り文字 ] );
```

区切り文字：要素を結合する際の区切り文字を設定します。省略したときにはカンマ（,）で結合されます。

▶使用例（array_join.html）

```
const arry = [ "Hello", "World" ];
console.log( arry.join( " " ) ); ─────────────────────── スペースで結合
> Hello World
```

fill —— 要素を特定の値で埋める

`fill`メソッドは、配列の開始位置、終了位置で範囲指定した添字の要素に対して、特定の値を設定します。開始位置、終了位置を省略した場合には、すべての要素を指定した値で上書きします。

構文 fillの記法

```
配列.fill( 各要素に設定したい値 [, 開始位置, 終了位置 ] );
```

たとえば、要素数が大きい配列に対して初期値を設定したい場合などに簡単に記述できます。

▶長さ100の配列に初期値0を設定したい場合（array_fill.html）

```
// fillを使わない場合の例
const arry1 = [ ];
for( let i = 0; i < 100; i++ ) {
    arry1.push( 0 ); ──────────────────── pushで1つずつ末尾に0を追加
}
console.log( arry1 );
> [0, 0, 0, 0, ... ] ──────────────────── 長さ100、初期値0の配列


// fillを使った場合の例
const arry2 = new Array( 100 ); ──────────── 長さが100の空の配列を作成
arry2.fill( 0 ); ──────────────────────── すべての要素に0を設定

// 上の2行は、次のように書くと、より記述を簡略化できます。
// (new Array( 100 )).fill( 0 )
```

```
console.log( arry2 );
> [0, 0, 0, 0, ... ] ————————————————————————————— 長さ100、初期値0の配列
```

flat —— 多次元配列の平坦化（次元を減らす）

flatメソッドは、多次元配列を引数（平坦化レベル）で指定した次元分、配列の構造を平坦化します。なお、引数を指定しない場合には、1次元分、平坦化します。多次元配列とは、配列構造が多階層で形成されている配列のことです。配列の次元を調節するときに使いましょう。

構文 flatの記法

```
let 平坦化された配列 = 多次元配列.flat([ 平坦化レベル ]);
```

▶使用例（array_flat.html）

```
const arry3D = [ ————————————————————————— 配列の中に配列が存在する
    1, [ 2 ], 3,
    [ 4, [ 5 ] ]
];
const arry2D = arry3D.flat(); ——————————————— 1次元分、平坦化を行った配列を返す
console.log( arry2D );
> [1, 2, 3, 4, [5]]

const arry1D = arry3D.flat( 2 ); ————————————— 2次元分、平坦化を行った配列を返す
console.log( arry1D );
> [1, 2, 3, 4, 5]
```

reverse —— 要素の順番を逆に置換

reverseメソッドは、配列の要素の並びを逆にします。

構文 reverseの記法

```
配列.reverse();
```

▶使用例（array_reverse.html）

```
const arry = [ 1,2,3,4,5 ];
arry.reverse();
console.log( arry );
> [5, 4, 3, 2, 1]
```

[1] 次の配列に対して、①～⑩の操作を行ってください。

▶対象の配列

let chuka = ["八宝菜", "餃子", "回鍋肉", "青椒肉絲"];

① 配列の末尾に"天津飯"を追加してください。

② 配列の先頭に"チャーハン"を追加してください。

③ 配列の先頭の要素を削除してください。

④ 配列の末尾の要素を削除してください。

⑤ 配列の添字が2の要素を削除してください。

⑥ 配列の"餃子"のインデックスを確認してください。

⑦ 配列の後ろに配列["杏仁豆腐", "ごま豆腐"]を結合してください。

⑧ 添字の1～3（1，2，3）の要素を抽出して新しい配列を作成してください（元の配列には影響を与えないこと）。

⑨ ⑧で取得した配列の並びを逆にしてください。

⑩ ⑧で取得した配列に"八宝菜"が含まれるかを真偽値で取得してください。

11.1.4 ## コールバック関数を引数に取るメソッド
`レベルアップ` `初心者はスキップ可能`

　配列が保持するメソッドには、コールバック関数を引数に取るものがあります。コールバック関数を引数に取るメソッドは、配列の要素に対する繰り返し処理の記述の簡略化や処理の内容を明確にする目的で使われます。本項でこれらのメソッドについて見ていきましょう。

◆forEach ── 配列の各要素を使って繰り返し処理を行う

　forEachメソッドを使うことで、配列の要素に対する繰り返し処理を、コールバック関数を利用して記述できます。

`構文` forEachの記法

```
配列.forEach( function( value, index, arry ) {
    /* 配列の各要素を使った処理*/
} [, _this]);
```

value：配列の値が1つずつ渡されてきます。
index：配列の添字が1つずつ渡されてきます。
arry ：配列自体が渡されます。
_this：コールバック関数内のthisの参照先を設定します。

```
const arry = [1,2,3,4,5];
arry.forEach( function( value, index, arry ) {
    console.log( value, index, arry );
} );
> 1 0 [1, 2, 3, 4, 5]
> 2 1 [1, 2, 3, 4, 5]
> 3 2 [1, 2, 3, 4, 5]
> 4 3 [1, 2, 3, 4, 5]
> 5 4 [1, 2, 3, 4, 5]
```

forEachでは、コールバック関数の引数として値、添字、配列自身がそれぞれ渡されてきます。なお、上記のコードと同じ処理を、for文を使って記述した場合には、次のようになります。

▶上記の処理をfor文で記述した場合（array_forEach.html）

```
const arry = [1, 2, 3, 4, 5];
for( let index = 0; index < arry.length; index++ ) { ─────────────────── ❶
    let value = arry[ index ]; ─────────────────────────── ❷
    console.log( value, index, arry );
}
> 1 0 [1, 2, 3, 4, 5]
> 2 1 [1, 2, 3, 4, 5]
> 3 2 [1, 2, 3, 4, 5]
> 4 3 [1, 2, 3, 4, 5]
> 5 4 [1, 2, 3, 4, 5]
```

このようにした場合には、❶（for文のループ条件）や❷（変数valueに配列の値を代入）なども開発者自身が記述する必要があるため、forEachを使ったコードよりも書く手間が増えます。また、コードを記述する量が増えると、バグが混入する可能性も高くなります。これらの理由から、forEachを使った記述が好まれるケースがあります（これは開発者や開発チームによります）。

また、コールバック関数をアロー関数で記述することによって、さらに記述を簡略化できます。アロー関数の書き方を忘れてしまった方は、6.4.1項を確認してください。

▶アロー関数を使った例（array_forEach.html）

```
const arry = [1,2,3,4,5];
arry.forEach( ( value, index, arry ) => console.log( value, index, arry ) );
> 1 0 [1, 2, 3, 4, 5]
> 2 1 [1, 2, 3, 4, 5]
> 3 2 [1, 2, 3, 4, 5]
> 4 3 [1, 2, 3, 4, 5]
> 5 4 [1, 2, 3, 4, 5]
```

また、あらかじめ定義した名前付き関数を、コールバック関数として設定することもできます。

▶名前付き関数を使った例（array_forEach_multiple.html）

```
const arry = [1,2,3,4,5];
function multiply5( value ) {          名前付き関数としてforEachで使用するコールバック関数を定義
    console.log( value * 5 );          ※引数はvalue
}
arry.forEach( multiply5 );          名前付き関数をコールバック関数として渡す
> 5
> 10
> 15
> 20
> 25
```

初心者は引数に配列の要素が渡されることが想像しにくいかもしれませんが、forEachメソッドの内部処理は図11.3のようなイメージです。

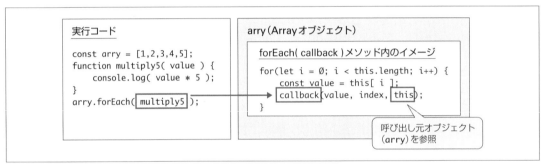

❖図11.3　forEachメソッドの内部処理のイメージ

図11.3のようにforEachメソッドの中でfor文を使って配列の要素に対して繰り返し処理を行い、そのfor文の中でcallback関数を実行していると考えてください。このときのコールバック関数に渡される引数がそれぞれ、配列の値（value）、配列の添字（index）、配列自体（this）になります。なお、メソッドの中のthisが参照するオブジェクトは呼び出し元オブジェクトなので、今回の場合はArrayオブジェクト（arry）がthisの参照先になります。

 note　配列のforEachなどのコールバック関数を使ったときは、メソッド内で繰り返し処理が行われているというイメージを持ちましょう。

◆ map —— 新しい配列の作成

mapメソッドは、コールバック関数の戻り値を要素に取る新しい配列を返します。

mapの記法

```
let 新しい配列 = 配列.map( ( value, index, arry ) => {
    return 新しい配列に追加したい値;
} [, _this]);
```

mapメソッドの使い方は基本的にforEachメソッドと同じですが、mapは戻り値として新しい配列を返す点が異なります。

▶元の配列の数値に5を掛けた値を保持する配列を作成（array_map.html）

```
const arry = [1,2,3,4,5];
function multiply5( value ) {
    return value * 5;
}

const newArry = arry.map( multiply5 ); ————————————————————— 新しい配列を返す
// const newArry = arry.map( value => value * 5 );   と同じ意味
console.log( newArry );
> [5, 10, 15, 20, 25]
```

◆ filter —— 特定の値を除いた新しい配列の作成

filterメソッドは、コールバック関数の条件がtrueになったときの配列の要素のみを保持する新しい配列を作成します。

filterの記法

```
let 新しい配列 = 配列.filter( ( value, index, arry ) => {
    return 真偽値; ——————————————————————— trueのときのvalueが新しい配列に追加される
} [, _this]);
```

▶3より大きい数値のみ保持する配列の作成（array_filter.html）

```
const arry = [1,2,3,4,5];
function gt3( value ) {
    return value > 3;
}

const newArry = arry.filter( gt3 );
console.log( newArry );
> [4, 5]
```

◆every ── すべての要素の値が条件に一致するか

everyメソッドは、すべての要素がコールバック関数で実装された条件でtrueとなるかどうかをテストします。すべての条件が一致した場合には結果がtrueになり、それ以外はfalseになります。

構文 everyの記法（array_every.html）

```
let 結果 = 配列.every( ( value, index, arry ) => {
    return 真偽値;
} [, _this]);
```

▶すべての要素が条件に一致するか確認（array_every.html）

```
const arry = [ 1, 2, 3, 4, 5 ];

const result1= arry.every( value => value > 0 );  ──────── すべての要素が0より大きいか？
console.log( result1 );
> true

const result2= arry.every( value => value > 3 );  ──────── すべての要素が3より大きいか？
console.log( result2 );
> false
```

◆some ── 少なくとも1つの値が条件に一致するか

someメソッドは、少なくとも1つの値がコールバック関数で実装された条件でtrueとなるかどうかをテストします。1つも条件に一致しない場合には結果がfalseになり、それ以外はtrueになります。

構文 someの記法

```
let 結果 = 配列.some( ( value, index, arry ) => {
    return 真偽値;
} [, _this]);
```

▶少なくとも1つ条件に一致するか確認（array_some.html）

```
const arry = [1,2,3,4,5];
const result1= arry.some( value => value > 4 );
console.log( result1 );
> true
```

◆find ── 条件を満たした最初の要素の値を取得

findメソッドは、コールバック関数の条件を満たした最初の値を返します。

構文 findの記法

```
let 条件を満たす最初の値 = 配列.find( ( value, index, arry ) => {
    return 真偽値;
} [, _this]);
```

▶2より大きい最初の値を取得（array_find.html）

```
const arry = [1,2,7,8,9];
const result= arry.find( value => value > 2 );
console.log( result );
> 7
```

◆sort ── 配列を並べ替え

sortメソッドは、要素の順番を並べ変えることができます。

構文 sortの記法

文字列として昇順で要素を並べ替え

```
配列.sort();
```

比較関数を使って要素を並べ替え

```
配列.sort( 比較関数 );
```

▶昇順にする場合

```
const strArry = [ "b", "c", "a" ];
strArry.sort();
console.log( strArry );
> [ "a", "b", "c" ]
```

sortを使って要素を並べ変える場合には、**要素の値は文字列として扱われる**ため、注意してください。数値として並べ替える場合には、比較関数を使います（比較関数とは、ソートの機能を定義する関数のことです）。

▶比較関数を使って数値を並べ替え（array_compare_sort.html）

```
function compare(val1, val2) { ───────────── 比較関数には2つの引数が渡ってくる
    if ( val1 < val2 ) {
        return -1; ───────────── 戻り値が0より小さい場合、val1をval2の前に配置
    }
    if ( val1 > val2 ) {
        return 1; ───────────── 戻り値が0より大きい場合、val2をval1の前に配置
    }
    return 0; ───────────── 戻り値が0の場合、val1、val2の順番をそのまま維持
}
```

```
const arry = [ 1Ø, 2, 7, 3, 9 ];
arry.sort( compare );
console.log( arry );
> [2, 3, 7, 9, 10]
```

比較関数は、2つの引数を取ります。このとき、引数として渡される値は、配列が保持する値の中でランダムに選択されたものです（実際は、ブラウザが使っているソートアルゴリズムの挙動によります）。ここで、開発者が行うべきことは、「渡された2つの値を比べて、どちらの値を配列の前の要素に配置したいのかを、戻り値でソートアルゴリズムに伝える」ことです。

上記のコードのように、戻り値としてØ、負の値、正の値を返すことによって、ソートアルゴリズムに対して2つの値のどちらを前に持ってくるかを指示できます。ソートアルゴリズムは、このような比較を、値を変えて何回も繰り返し行うことで、少しずつ配列の要素をソートしていきます（図11.4）。

また、単純に数値の並べ替えを行う場合には、次のように記述できます。この書き方はたびたび利用するので、覚えておくとよいでしょう。

戻り値	並び順
負の値のとき	val1　val2
正の値のとき	val2　val1
Ø のとき	並び順は変更なし

❖図11.4　比較関数の戻り値と並び順

▶数値のソート（array_numerical_sort.html）

```
const arry = [1Ø, 2, 7, 3, 9 ];

// 昇順（小さい数値から大きい数値への並べ替え）
function ascending( a, b ) {
    return a - b;
}
console.log( arry.sort( ascending ) );
> [2, 3, 7, 9, 10]

// 降順（大きい数値から小さい数値への並べ替え）
function descending( a, b ) {
  return b - a;
}
console.log( arry.sort( descending ) );
> [1Ø, 9, 7, 3, 2]
```

▶例

aが2、bが7の場合
➡ 2 - 7 = -5
➡ 負の値なので、2、7の順番に整列

aが1Ø、bが3の場合
➡ 1Ø - 3 = 7
➡ 正の値なので、3、1Øの順番に整列

上記のascendingやdescendingは、数値を昇順、降順でソートするときに使うことができる記述方法です。かなり簡略化されていますが、ここでやっていることは、戻り値としてØ、負の値、正の値のいずれかを返すことで、2つの値のどちらを前に持ってくるかを決定しているだけです。

◆reduce —— 配列から単一の出力値を生成

reduceメソッドは、配列をループして各要素の値から単一の出力値を生成します。このメソッドは使い方が少し難しいため、初心者は飛ばして先に進んでもかまいません。

構文 reduceの記法

```
let result = 配列.reduce( ( totalValue, currentValue, index, arry ) => {
    return nextTotalValue;
} [, initValue] );
```

totalValue	：前のループの戻り値（**nextTotalValue**）が渡されます。初回ループのときは**initValue**の値（**initValue**が設定されていた場合）、または配列の1つ目の要素の値が渡されます。
currentValue	：配列の要素が1つずつ渡されてきます。初回ループのときは、配列の1つ目の要素の値（**initValue**が設定されていた場合）、または配列の2つ目の要素の値が渡されます。
index	：配列の添字が1つずつ渡されてきます。
arry	：配列自体が渡されます。
nextTotalValue	：次のループの**totalValue**に設定したい値を設定します。また、最後のループの戻り値がreduceメソッドの結果（**result**）となります。
result	：最後のループの戻り値となります。
initValue	：設定された場合、1ループ目の**totalValue**に設定されます。

▶reducerを使った配列の要素を加算（array_reduce.html）

```
function reducer( totalValue, currentValue ) {
    return totalValue + currentValue;
}
const arry = [ 1, 2, 3, 4, 5 ];
const result = arry.reduce( reducer );
console.log( result );
> 15
```

reduceメソッドに渡すコールバック関数の処理は、次のようになります（reduceメソッドに渡すコールバック関数は**reducer**と呼びます）。

❶1回目のループ

1回目のループ（図11.5）では、**totalValue**に対して、配列の最初の要素の値（1）が渡されます。そして、配列の2番目の要素の値（2）が**currentValue**に渡されます。なお、reduceメソッドの第2引数が設定されている場合には、その値が**totalValue**に渡され、最初の値が**currentValue**に渡されます。

そして、**reducer**の戻り値が次のループの**totalValue**の値となります。

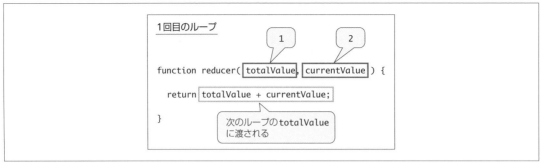

❖図11.5　1回目のループ処理

❷2回目のループ

　2回目のループ（図11.6）では、1ループ目の
reducerの戻り値がtotalValueに渡されま
す。一方、currentValueには、まだ処理され
ていない次の要素の値（3）が渡されます。

　以降、配列のすべての要素がcurrentValue
に渡されるまで、同様の処理を繰り返します。

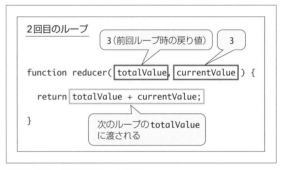

❖図11.6　2回目のループ処理

❸最後のループ

　配列のすべての要素をすべて処理し終わった
時点でreducerが返す戻り値が、reduceメ
ソッドの戻り値となります（図11.7）。

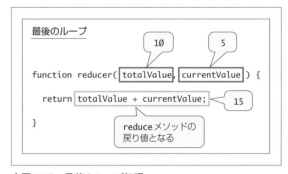

❖図11.7　最後のループ処理

11.1.5 静的メソッド

　配列の静的メソッドについて見てみましょう。静的メソッドとは、第9章で学んだとおり、オブジェクトのイン
スタンス化を行わずに呼び出せるメソッドのことです。

　Arrayコンストラクタにも、静的メソッドがあらかじめ用意されています。

◆from —— 配列風オブジェクトや反復可能オブジェクトを配列に変換

fromメソッドを使うと、11.2節で扱うSetなどの反復可能オブジェクトやargumentsなどの配列風（array-like）オブジェクトから、配列を作成できます。

▶Setから配列を作成（array_from.html）

```
const set = new Set();
set.add( 1 ); ───────────────────── setオブジェクトに値を追加（11.2節参照）
set.add( 2 );
set.add( 3 );
const convertedArray = Array.from( set );
console.log( convertedArray );
> [1, 2, 3]
```

note 配列風（array-like）オブジェクトとは、配列のように扱えるものの、Arrayコンストラクタから作成されていないオブジェクトのことです。配列のように値の集合を管理していますが、配列ではないため、本節で紹介している配列用のメソッドは使用できません。そのため、配列に変換して値の操作を行う場合があります。

配列風オブジェクトには、関数内で使用可能なArgumentsオブジェクトや第14章で学ぶHTML Collectionオブジェクト、NodeListオブジェクトなどがあります。

また、反復可能オブジェクトとは、Set、Map、配列のような反復処理が可能なオブジェクトのことです。詳細は第12章で学びます。

◆isArray —— 配列かどうか判定

配列かどうかを調べるには、isArrayメソッドを使います。

▶配列オブジェクトかどうか判定（array_isArray.html）

```
const set = new Set();
console.log( Array.isArray( set ) );
> false

const converedArray = Array.from( set );
console.log( Array.isArray( converedArray ) );
> true
```

11.1.6 分割代入 レベルアップ

配列のメソッドではありませんが、配列と合わせてよく使われる分割代入についても見ていきましょう。分割代入とは、配列やオブジェクトの要素を直接、変数として取り出して使用する記法です。

◆配列の分割代入

　配列の分割代入では、右オペランドの配列の要素が左オペランドの変数（変数A、変数B）にそれぞれ代入されていきます。左辺の変数は、通常の変数宣言を行った変数と同様に使うことができます。

構文 分割代入の記法（配列）

```
let [ 変数A, 変数B = 初期値B ] = 配列;
```

※[ ]は、配列リテラルを定義するための記号です。省略可能を表す[ ]ではないので、注意してください。

▶配列の分割代入（destructing_array.html）

```
let arry = [ 1, 2, 3 ];

let [ x, y, z ] = arry;                      変数x，y，zを宣言し、配列の要素を代入する
console.log( x, y, z );
> 1 2 3

let [ x1, ,z1 ] = arry;                      2つ目の要素を空白にする
console.log( x1, z1 );                        不要な要素は空白としておくことでスキップできる
> 1 3

let x2;
[ x2 ] = arry;                               宣言済みの変数に対しても代入できる
console.log( x2 );
> 1

let [ , , , a3 = 4 ] = arry;                 デフォルト値を設定できる
console.log( a3 );
> 4

let [ x4, ...rest ] = arry;                  スプレッド演算子（...）と合わせて使うこともできる
console.log( x4, rest );                       （スプレッド演算子については12.3節を参照）
> 1 [ 2, 3 ]
```

◆オブジェクトの分割代入

　配列の分割代入では配列の順番どおりに変数に対して値が代入されますが、**オブジェクトの分割代入ではプロパティ名と変数名を一致させる必要があります**。

構文 分割代入の記法（オブジェクト）

```
let { プロパティ名A , プロパティ名B = 初期値B } = オブジェクト;
```

```
let { banana, orange, apple } = { apple: "リンゴ", banana: "バナナ", orange: "オレンジ" };
console.log( banana );
> バナナ
```
オブジェクトの分割代入はプロパティ名の変数を宣言する。
プロパティの順番は関係ない

```
let { banana: b, apple: a } = { apple: "リンゴ", banana: "バナナ" };
console.log( b, a );
> バナナ リンゴ
```
プロパティと変数名を
変えたい場合

```
let { banana: b2 = "おいしいバナナ" } = { apple: "リンゴ" };
console.log( b2 );
> おいしいバナナ
```
デフォルト値を代入する場合

スプレッド演算子（...）と合わせて使うこともできる

```
let { banana: b3 , ...fruits } = { apple: "リンゴ", banana: "バナナ", orange: "オレンジ" };
console.log( fruits );
> {apple: "リンゴ", orange: "オレンジ"}
```
バナナ以外が格納されたオブジェクトが生成

```
let { fruits: { apple: a3 } } = { fruits: { apple: "リンゴ", banana: "バナナ" } };
console.log( a3 );
> リンゴ
```
多階層のオブジェクトも展開できる

```
let prop = "apple";
let { [prop]: a4 } = { apple: "リンゴ", banana: "バナナ", orange: "オレンジ" };
console.log( a4 );
> リンゴ
```
動的にプロパティ名を指定できる

◆関数の引数に対する分割代入

　分割代入は、関数の引数を受け取るときにも使用可能です。関数の引数に分割代入を使うと、渡されたオブジェクトや配列から特定の要素を抽出し、引数に渡すことができます。

▶オブジェクトや配列の要素を引数として抽出（destructing_function.html）

```
const fruitsArry = [ "banana", "orange", "grape" ];
const fruitsObj = { banana: "バナナ", orange: "オレンジ" };

function bunkatuArry( [ , , fruit3 ] ) {
    console.log( fruit3 );
}
bunkatuArry( fruitsArry );
> grape
```
3つ目の要素のみ関数内で使用する

配列を実引数として渡す

```
function bunkatuObj( { orange } ) {
    console.log( orange );
}
bunkatuObj( fruitsObj );
> オレンジ
```
orangeのみ引数として抽出

オブジェクトを実引数として渡す

上記のコードでは、bunkatuArryで空白とカンマ（,）を［　］内に記述することで、1つ目、2つ目の要素を引数として設定せず、3つ目の"grape"のみを変数fruit3に格納しています。

また、オブジェクトの場合には、プロパティ名（orange）を指定すれば、プロパティに対応する値が変数orangeに格納された状態で関数が実行されます。

なお、引数に対する分割代入では、以下のようなオブジェクトや配列が入れ子構造になったものも表現できます。

▶入れ子構造（多階層）のオブジェクトを引数に取る場合（nested_destructing.html）

```
const taro = {
    name: { first: "太郎", last: "独習" },
    age: 18,
    hobbies: [ "野球", "サッカー" ]
};
                                                  分割代入でオブジェクトから変数に値を抽出
function greeting( { name: { first, last }, age, hobbies: [ hobby1, hobby2 ] } ) {
    console.log( `名前は${ last + first }です。${ age }歳です。` );
    console.log( `趣味は${ hobby1 }と${ hobby2 }です。` );
}

greeting( taro );                                 オブジェクト（taro）を渡す
> 名前は独習太郎です。18歳です。
> 趣味は野球とサッカーです。
```

練習問題　11.2

[1] 次のTodoリストを使って、①～④の操作を行ってください。引数が配列またはオブジェクトの場合は、できれば分割代入を利用して記述してください。

▶Todoリスト（munipulate_array_callback_before.html）

```
// { タイトル, 優先順位, 完了か否か }
// 優先順位（priority）は1：低、2：中、3:高
const todos = [
    { title: "晩御飯", priority: 2, completed: false },
    { title: "ゴミ出し", priority: 1, completed: true },
    { title: "食材の買い出し", priority: 3, completed: false },
    { title: "洗濯", priority: 2, completed: true },
    { title: "録画の視聴", priority: 1, completed: false },
];
```

① Todoリストを、以下のフォーマットで出力してください。

● 完了しているタスクの場合　　➡ { タイトル }は完了！

● 完了していないタスクの場合 ➡ { タイトル }をやらないと！

② 完了していないタスクを抽出して、新しい配列（notCompleted）を作成してください。

③ 完了していないタスクを、優先順位が高い順に並べ変えてください。

④ ①で解答したコードを、「配列（todos）を引数とする関数（printTodo）」として作成してくださ
い。また、関数（printTodo）の引数に完了していないタスク（notCompleted）を渡して実行し
てください。

11.2 Set

ES6で追加されたSetは、一意の値を格納するためのコレクションです。Setには、重複した値を保持できま
せん。重複した値を登録しようとした場合には、その値は無視され、コレクション内に追加されません。

11.2.1 Setの初期化

Setは、次の方法で初期化できます。

構文 Setの初期化

空のSetオブジェクトを作成する場合

```
const Setオブジェクト = new Set();
```

反復可能オブジェクトからSetオブジェクトを作成する場合

```
const Setオブジェクト = new Set( 反復可能オブジェクト )
```

Setでは、インスタンス化の際に配列などの反復可能オブジェクトを引数に渡すことで、それらの要素を含む
Setオブジェクトを作成できます。反復可能オブジェクトとは、Set、Map、配列のような反復処理が可能なオブ
ジェクトのことです（詳細は第12章）。

▶配列からSetオブジェクトを作成（set_new.html）

```
const convertedSet = new Set( [1,2,3] );
console.log( convertedSet );
> Set {1, 2, 3}
```

11.2.2 Setのメソッド

Setには、次のようなメソッドがあります。

◆add —— 値の追加

addメソッドを使うと、Setオブジェクトに対して値を追加できます。プリミティブ値、オブジェクトにかかわらず、どのような値でも追加可能です。

▶Setオブジェクトに値を追加（set_add.html）

```
const fruits = new Set();
fruits.add( "apple" ); ──────────────── "apple"をfruits（Setオブジェクト）に追加
fruits.add( "orange" );
fruits.add( "orange" ); ──────────────── 重複した値を追加
console.log( fruits );
> Set { "apple", "orange" } ──────────── 登録された値は一意になる！
```

登録された値に重複がある場合には、一意になるようにSetオブジェクト内に保持されます。

◆delete —— コレクション内の値を削除

deleteメソッドを使うと、Setオブジェクト内から値を削除できます。

▶Setオブジェクトから値を削除（set_delete.html）

```
const fruits = new Set( [ "apple", "orange" ] );
fruits.delete( "orange" ); ──────────────── "orange"をfruitsから削除
console.log( fruits );
> Set { "apple" }
```

◆clear —— コレクション内の値をすべて削除

clearメソッドは、Setオブジェクトが保持する値をすべて削除します。

▶Setオブジェクトが保持する値をすべて削除（set_clear.html）

```
const fruits = new Set( [ "apple", "orange" ] );
fruits.clear();
console.log( fruits );
> Set { }
```

◆has —— コレクション内に値が存在するか確認

hasメソッドは、Setオブジェクト内に一致する値が存在するかを確認します。

▶Setオブジェクト内の存在確認（set_has.html）

```
const fruits = new Set( [ "apple", "orange" ] );
console.log( fruits.has( "orange" ) ); ──────────── Setオブジェクトに含まれる値の場合
> true
console.log( fruits.has( "banana" ) ); ──────────── Setオブジェクトに含まれない値の場合
> false
```

11.2.3 コールバック関数を引数に取るメソッド
レベルアップ **初心者はスキップ可能**

コールバック関数を引数に取るSetのメソッドは、forEachです。

◆forEach ―― コレクションの要素をループ処理

SetオブジェクトのforEachメソッドは、配列のforEachメソッドと同様、コールバック関数を使ってループ処理を行います。

構文 forEachの記法

```
Setオブジェクト.forEach( function( value, sameValue, set ) {
    /* Setの各要素を使った処理 */
} [, _this] );
```

value	：Setの値が1つずつ渡されてきます。
sameValue	：**value**と同じ値が渡されます。
set	：Setオブジェクト自体が渡されます。
_this	：コールバック関数内のthisの参照先を設定します。

Setの場合、コールバック関数の第1引数**value**と第2引数**sameValue**には、それぞれ同じ値が渡されます。次の例で確認してください。

▶Setのループ（set_forEach.html）

```
const set = new Set( [ "値1", "値2" ] );

set.forEach( ( value, sameValue, set ) => {
    console.log( `value：[${value}], sameValue：[${sameValue}], set：`, set );
});
```

実行結果 Setのループ

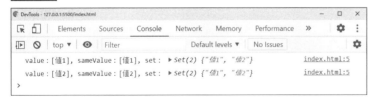

11.2.4 Setのプロパティ

Setのプロパティについても見ていきましょう。

◆size ── コレクションの長さを取得

配列の場合はlengthプロパティから配列の長さ（要素数）を取得しましたが、Setの場合はsizeプロパティに長さが格納されています。

▶Setオブジェクトの長さを確認（set_size.html）

```
const fruits = new Set( [ "apple", "orange" ] );
console.log( fruits.size ); ─────────────────────── fruitsオブジェクトの要素数
> 2
```

Column **Setオブジェクトの利用ケース**

Setは、どのようなときに利用すればよいのでしょうか。簡単な例を1つ紹介します。

たとえば、配列に対して重複した値を取り除くような処理を記述するのは、意外と面倒です。しかし、Setを利用すると、簡単に配列から重複値を取り除くことができます。

▶配列から重複値を取り除く処理

```
let fruits = [ "apple", "orange", "banana", "orange", "apple" ]; ─── 重複値を含む配列

const fruitsSet = new Set( fruits ); ─── Setオブジェクトへ変換することで、重複値が取り除かれる

fruits = Array.from( fruitsSet ); ─────────────────── 再度、配列に変換
console.log( fruits );
> [ "apple", "orange", "banana" ]
```

練習問題 11.3

[1] Setを使って、①〜⑤の処理を行ってください。

　① Setを次の配列で初期化してください。

　　　["八宝菜", "餃子", "回鍋肉", "青椒肉絲", "餃子"]

　② "杏仁豆腐"と"餃子"を追加して、Setオブジェクトの状態を確認してください。

　③ "回鍋肉"を削除してください。

　④ Setオブジェクトに"八宝菜"が含まれるかを確認してください。

　⑤ ④の状態のSetオブジェクトを配列に直して、要素を結合して1つの文字列にしてください（要素ごとの区切り文字はスペースにすること）。

11.3 Map

ES6で追加されたMapは、キーと値を対で保持するコレクションです。ES5までは、オブジェクト{ }を使って、キーと値を対で管理していました。ES6以降では、Mapを使うことで、さらに便利に値を管理できます。本節では、Mapの基本的な使い方について学んでいきましょう。

11.3.1 Mapの初期化

Mapは、次の方法で初期化できます。

▶Mapの初期化（map_new.html）

```
const emptyMap = new Map();                              空のMapオブジェクトを作成
console.log( emptyMap );
> Map { }                                                空のMapオブジェクトが定義される


const convertedMap = new Map( [
    [ "キー1", "値1" ],                                   2次元配列からMapオブジェクトを作成
    [ "キー2", "値2" ],
] );

console.log( convertedMap );
> Map { "キー1" => "値1", "キー2" => "値2" }
```

Mapの場合、オブジェクトのようにドット記法を使って直接、値を取り出すことはできません。Mapオブジェクト内の値の取得・変更・削除は、専用のメソッドを使います。

11.3.2 Mapのメソッド

Mapには、次のようなメソッドがあります。

◆set ── 値の設定

setメソッドを使うと、Mapオブジェクトに対して値を追加できます。Mapオブジェクトのキーには、文字列以外にも数値、真偽値、オブジェクトなど、すべての型の値を使うことができます。

▶様々なデータ型をキーにして値を登録（map_set.html）

```
const fruits = new Map();
fruits.set( 1, "apple" );                                数値をキーとして値を登録する
const emptyObj = { };
fruits.set( emptyObj, "orange" );                        オブジェクトをキーとして値を登録する
```

```
fruits.set( true, "grape" ); ───────────────────── 真偽値をキーとして値を登録する
console.log( fruits );
> Map { 1 => "apple", emptyObj => "orange", true => "grape" }
```

◆get ── 値の取得

get メソッドで値を取得します。

▶キーを指定して値を取得（map_get.html）

```
const fruits = new Map();
const emptyObj = { };
fruits.set( emptyObj, "orange" );
console.log( fruits.get( emptyObj ) ); ───────────────── emptyObjをキーに値を取得
> orange
```

オブジェクトに値を登録した場合には、オブジェクトが格納されているアドレス値をキーに登録したことになります。そのため、オブジェクトの構造が同じでもオブジェクトの格納されているアドレスが異なる場合には、Mapから値を取得できません。

▶異なるオブジェクトで値を取得しようとした場合（map_get.html）

```
const fruits = new Map();
const emptyObj = { };
fruits.set( emptyObj, "orange" ); ──────────── emptyObjのアドレスで値を登録
console.log( fruits.get( { } ) ); ──────────── emptyObjと構造が同じ別のオブジェクトで値を取得
> undefined ──────────────────────── 値は取得できない！
```

◆delete ── コレクション内の値を削除

delete メソッドを使うと、Mapオブジェクト内から値を削除できます。

▶Mapからキーと値のペアを削除（map_delete.html）

```
const fruits = new Map( [
    [ 1, "apple" ],
    [ false, "orange" ],
] );

fruits.delete( false ); ───────────────────────────── falseをキーに値を削除
console.log( fruits );
> Map { 1 => "apple" }
```

◆clear ── コレクション内の値をすべて削除

clear メソッドは、Mapオブジェクト内に保持したキーと値のペアをすべて削除します。

▶すべてのキーと値のペアを削除（map_clear.html）

```
const fruits = new Map( [
    [ 1, "apple" ],
    [ false, "orange" ],
] );

fruits.clear(); ——————————————————————— すべてのキーと値のペアを削除
console.log( fruits );
> Map { }
```

◆has —— コレクション内に値が存在するか確認

has メソッドは、Map オブジェクト内にキーが存在するかを確認します。

▶Map オブジェクト内にキーが存在するか確認（map_has.html）

```
const fruits = new Map( [
    [ 1, "apple" ],
    [ false, "orange" ],
] );

console.log( fruits.has( false ) ); ——————————— Mapに含まれるキー（false）の場合
> true
console.log( fruits.has( 2 ) ); ——————————————— Mapに含まれないキー（2）の場合
> false
```

11.3.3 コールバック関数を引数に取るメソッド
レベルアップ 初心者はスキップ可能

コールバック関数を引数に取る Map のメソッドも forEach です。

◆forEach —— Mapオブジェクトの要素をループ処理

Map の forEach メソッドは、配列の forEach と同様、コールバック関数を使ってループ処理を行います。

構文 forEachの記法

```
Mapオブジェクト.forEach( function( value, key, map ) {
    /* Mapの各要素を使った処理 */
} [, _this] );
```

value ：Mapの値が1つずつ渡されてきます。
key   ：Mapのキーが1つずつ渡されてきます。
map   ：Mapオブジェクト自体が渡されます。
_this ：コールバック関数内のthisの参照先を設定します。

▶Mapのループ（map_forEach.html）

```javascript
const map = new Map( [
    [ "キー1", "値1" ],
    [ "キー2", "値2" ]
] );

map.forEach( ( value, key, map ) => {
    console.log( `value：[${value}], key：[${key}], map：`, map );
});
```

実行結果 Mapのループ

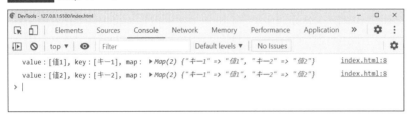

11.3.4 Mapのプロパティ

Mapのプロパティについても見ていきましょう。

◆size —— コレクションの長さを取得

Mapオブジェクトでは、Setと同様、sizeプロパティにMapの長さの情報を保持しています。

▶sizeプロパティからMapの長さを取得（map_size.html）

```javascript
const fruits = new Map();
fruits.set( 1, "apple" );
const emptyObj = { };
fruits.set( emptyObj, "orange" );
console.log( fruits.size ); ——————————————————————— Mapの要素数を取得
> 2
```

11.3.5 Mapからオブジェクトへの変換

Mapからオブジェクト{ }に変換するには、次のように記述します。

構文 Mapからオブジェクトへ変換

```
const オブジェクト = Object.fromEntries( Mapオブジェクト );
```

▶使用例 （map_fromEntries.html）

```
const map = new Map( [
    [ "キー1", "値1" ],
    [ "キー2", "値2" ]
] );

const obj = Object.fromEntries( map ); ─────────── Mapからオブジェクトに変換
console.log( obj[ "キー1" ] ); ─────────── オブジェクトのためブラケット記法で値を取得可能
> 値1
```

11.3.6 Mapとオブジェクトの使い分け

　Map、オブジェクトのいずれも同じようにキーと値を対にして値を管理するため、一見どちらで値を管理しても同じに思えるかもしれません。しかし、Mapとオブジェクトには、次のような違いがあります。

◆Mapとオブジェクトの主な違い

Mapの場合、キーに文字列以外も使用可能

　本節で見てきたように、Mapでは任意の型の値をキーとして利用可能です。一方、オブジェクトの場合は、文字列とシンボル（Symbol）のみがプロパティとして利用可能です。

Mapの場合、for...of文を使った繰り返し処理を記述可能

　Mapは、次章で扱う反復可能オブジェクトの一種です。そのため、for...of文が使用可能です。一方、オブジェクトの場合は、for...of文を使うことはできません。

Mapの場合、sizeを通して長さを取得可能

　Mapのsizeプロパティは、保持する要素数が変わると、自動的に値が変更されます。一方、オブジェクトには、長さを管理するプロパティがありません。

Mapの場合、メソッドを保持できない

　Mapは関数を値として保持できますが、関数内でthisを使うようなメソッドとしての機能を実装するのには向いていません。そのため、メソッドを必要とする場合には、オブジェクトを使うほうがよいでしょう。

　このように、単純なコレクション（データの格納領域）として使いたい場合にはMap、メソッドなどで保持している値を操作する必要がある場合にはオブジェクトを使うようにしましょう。

[1] 次のMapオブジェクト（menu）をもとに、①〜④の操作を行ってください。

▶ メニューを保持するMapオブジェクト

```
// [ 商品名，価格 ]
const menu = new Map( [
    [ "天津飯", 1000 ],
    [ "八宝菜",500 ],
    [ "ゴマ団子", 200 ],
] );
```

① 300円の"杏仁豆腐"をメニューに追加してください。

② "天津飯"の値段をコンソールに出力してください。

③ "ゴマ団子"がメニューに存在するかを確認してください。

④ "八宝菜"をメニューから削除してください。

11.4　WeakMap レベルアップ 初心者はスキップ可能

WeakMapは、キーにオブジェクトのみ使用可能なコレクションです。Mapでは任意の型の値をキーとして使えますが、WeakMapではオブジェクトのみがキーとして使用可能な点に注意してください。なお、値には、任意の型の値を設定できます。

11.4.1　WeakMapの初期化

WeakMapは、次のようにして初期化します。

▶ WeakMapの初期化

```
const wm = new WeakMap();
```

11.4.2　WeakMapのメソッド

WeakMapには、次のようなメソッドがあります。

◆set —— 値の設定

set メソッドで、WeakMap オブジェクトに対してキーと値を対にして登録します。

▶オブジェクトをキーにして WeakMap に値を設定（weakmap_new.html）

```
const wm = new WeakMap();
let keyObj = { };
wm.set( keyObj, "value" ); ─────────────── keyObjをキーにして"value"を追加
console.log( wm );
> WeakMap { {...} => "value" } ─────────── keyObjと"value"が対で格納される

wm.set( 1, "value2" ); ─────────────────── オブジェクト以外をキーにするとエラーが発生！！
> Uncaught TypeError: Invalid value used as weak map key ─┐
            [意訳] 型に関するエラー：不正な値がWeakMapのキーとして使用されました。
```

◆get —— 値の取得

get メソッドは、特定のキーに対応する値を取得します。

▶キーに対応する値の取得（weakmap_get.html）

```
const wm = new WeakMap();
let keyObj = { };
wm.set( keyObj, "value" );
console.log( wm.get( keyObj ) ); ─────────────── keyObjに対する値の取得
> value
```

◆delete —— コレクション内の値を削除

delete メソッドは、特定のキーの値を削除します。

▶キーに一致するキーと値のペアを削除（weakmap_delete.html）

```
const wm = new WeakMap();
let keyObj = { };
wm.set( keyObj, "value" );
wm.delete( keyObj ); ─────────────────── キーと値のペアを削除
console.log( wm );
> WeakMap { }
```

◆has —— コレクション内に値が存在するか確認

has メソッドは、WeakMap 内に一致するキーオブジェクトが存在すれば true を返します。

▶キーの存在確認（weakmap_has.html）

```
const wm = new WeakMap();
let keyObj = { };
wm.set( keyObj, "value" );
console.log( wm.has( keyObj ) ); ─────────── keyObjはWeakMapのキーとして含まれる
> true
console.log( wm.has( { } ) ); ─────────── { }はkeyObjとは別のオブジェクトのため、
> false                                    WeakMapのキーとして含まれない
```

　なお、WeakMapは、反復可能オブジェクトではないため、for...of文などを使った反復処理はできません。また、sizeプロパティも保持していません。単にオブジェクトをキーとした値の保管場所が必要な場合には、WeakMapの利用を検討してみてください。

note ━━
ここまでの説明だとWeakMapはMapの劣化版のように思えますが、WeakMapを使うメリットもあります。それは、コレクションに登録する際にキーとして使ったオブジェクトが消滅した場合の挙動の違いです。**WeakMapの場合は、キーとして使ったオブジェクトが使用不可（参照不可）になると、キーと値のペアもWeakMapのコレクションから削除される対象となります（削除対象のペアはガベージコレクション※によって適宜削除されます）。**一方、Mapの場合は、キーとして使ったオブジェクトが参照不可になったとしても、キーと値のペアはMapコレクション内に保持し続けられます。

※ガベージコレクションとは、参照不可となった不要な値を、JavaScriptエンジンが定期的にメモリから削除する仕組みのことです。

▶WeakMapとMapの違い

```
let wm, map;

function fn() {
    const key = { }; ─────────── 関数fnのスコープで変数keyを宣言しているため、変数keyは関
                                    数fn内でのみ参照可能
    wm = new WeakMap;
    wm.set( key, "値" );

    map = new Map;
    map.set( key, "値" );
} ─────────── 関数が終了した時点で変数keyは使用不可（参照不可）になる
fn();

    ─────────── このスコープでは、変数keyは使用できないため、wm内のキーと
                  値のペアもガベージコレクションの対象となる
for( const pair of map ) {
    console.log( pair[0], pair[1] );
}
> {} "値" ─────────── map内には、不要な値としてキーと値のペアが保持し続けられる
```

そのため、Mapで使用不可なオブジェクトが増えてくると、不要なメモリ領域をどんどん占有していくことになります。このように不要なメモリが破棄されずに残ってしまう状態を**メモリリーク**と呼びます。一方、WeakMapのように、キーが参照不可になった時点でコレクション内のキーと値のペアを削除対象（ガベージコレクションの対象）とするような性質を弱参照と呼びます。

　この他にも、オブジェクトのみ格納可能なWeakSetというコレクションもありますが、用途がかなり限定的なため、本書では説明は割愛します。

☑ この章の理解度チェック

[1] 配列の操作

次の配列（orders）に対して、配列のメソッドを使って①～⑤の操作を行ってください（分割代入は使用してもしなくてもかまいません）。

▶料理の注文の配列（sec_end1_before.html）

```
// [ 商品名, 個数, 金額 ]
const orders = [
    ["八宝菜", 1, 600 ],
    ["餃子", 4, 200 ],
    ["回鍋肉", 1, 500 ],
    ["青椒肉絲", 2, 700 ]
];
```

① 回鍋肉の注文を取り消します。回鍋肉を配列（orders）から除外してください。
② すべての商品が1000円より安いことを確認してください。
③ オーダーの金額が高いものから順にソートしてください。
④ オーダーを次のフォーマットでそれぞれ出力してください。

{商品名}を{金額}円で{個数}個注文しました。

⑤オーダーの合計金額を次のフォーマットで出力してください。

合計金額は{合計金額}円です。

[2] 友達との関係

Personオブジェクトで作成される人物ごとの友達リストを、MapとSetを使って管理したいと考えました。次のように、人物ごとに友達を登録する友達オブジェクト（friends）を定義するところまで記述が終わっています。①～⑥の指示に従って、残りの処理を実装してください。

```
// Personクラス
class Person {
    constructor( fullname, age, gender ) {
        this.fullname = fullname;
        this.age = age;
        this.gender = gender;
    }
}
// 登場人物
const taro = new Person( "太郎", 18, "男");
const jiro = new Person( "次郎", 15, "男");
const saburo = new Person( "三郎", 10, "男");
const hanako = new Person( "花子", 23, "女");
const hanayo = new Person( "花代", 18, "女");

// 友達（friends）オブジェクト
const friends = new Map;
```

① jiroとhanayoを格納したSetオブジェクトを、taroをキーにしてfriendsに追加してください。
② ①と同様に、hanakoの友達としてhanayo、taro、saburoを追加してください。
③ taroの友達としてhanakoを追加してください。
④ taroの友達を年齢順にコンソールに出力してください。
⑤ taroには異性の友達が何人いるか求めてください。
⑥ friendsマップにキーとして登録されている人物とその友達を、以下のように一覧で出力してください。

私の名前は太郎です。友達には[次郎][花代][花子]がいます。
私の名前は花子です。友達には[花代][太郎][三郎]がいます。

[3] WeakMapとMapの違い

次の空欄を埋めて、文章を完成させてください。

Mapの場合はすべてのデータ型をキーとして利用できますが、WeakMapの場合は ① しかキーとして利用できません。また、Mapの場合はfor...of文などを使用した ② が可能ですが、WeakMapではできません。

キーとして利用したオブジェクトが参照不可になった場合、Mapではキーと値のペアが残り続けるため、 ③ のリスクが発生します。一方、WeakMapではキーオブジェクトが参照不可になるとコレクション内のペアも削除対象となります。この性質を ④ と言います。

第5章のfor文や第11章のArray.forEachメソッドなど、JavaScriptでは様々な繰り返し処理の方法が提供されています。本章では、ES6で追加された、for...of文の挙動に関わるイテレータとジェネレータを知ることで、繰り返し処理への理解を深め、より柔軟な繰り返し処理の記述方法を学びます。

 note イテレータとジェネレータは知っておくと、反復処理に関する理解が深まり、柔軟にプログラミングができるようになります。しかし、プログラミングに慣れていない方には少しとっつきにくい内容です。初心者や難しいと感じた人はいったん読み飛ばし、JavaScriptに慣れてきてから取り組んでください。

12.1 イテレータ レベルアップ 初心者はスキップ可能

まずは、イテレータの定義方法から確認していきましょう。イテレータの挙動を理解することで、for...of文などを使った反復処理を自由に定義できるようになります。

12.1.1 イテレータの記法

イテレータとは、for...of文などを使ったオブジェクト（MapやSet、または独自で定義したオブジェクトなど）の**反復処理の挙動を定義するときに使うオブジェクト**です。具体的には、次のような構造を持つオブジェクトのことをイテレータと呼びます。

構文 イテレータの構造

```
const iterator = {
    next() {                                                        ❶
        return {                                                    ❷
            done: [ true | false ],                                 ❸
            value: 値                                               ❹
        }
    }
}
```

※[true | false]は、trueまたはfalseを設定するか、記述を省略できることを意味します。[ ]は配列を表す記号ではないため、注意してください。

イテレータには、次のような特徴があります。

イテレータの特徴

❶イテレータ（オブジェクト）には、必ずnextメソッドが格納されている必要がある。

❷nextメソッドの戻り値は、value、doneを保持するオブジェクトである必要がある。

❸doneは、反復の終了をtrueまたはfalseでnextメソッドの実行元に知らせる。trueの場合には、反復処理が終了したことを表す。

❹valueには、反復ごとに取得したい値を設定する。

◆ 数値を返すイテレータ

次のコードのgenIterator関数は、イテレータを戻り値として返す関数です。この関数から返されたイテレータは、nextメソッドの実行ごとに1ずつインクリメントされた値を返します。

▶1ずつインクリメントした値を返すイテレータ（iterator_increment.html）

```
// イテレータを生成する関数
function genIterator( max ) {
    let value = 0;  ─────────────────────────────────────── ❶

    return {
        next() {
            if( value < max ) {  ─────────────── valueがmaxより小さいとき
                return {
                    done: false,  ─────────── doneがfalseの場合は反復処理の継続を表す
                    value: value++  ────────── ❶のvalueを値として設定してから+1を行う
                }
            } else {
                return {                      doneがtrueになると、反復処理の終了を表す。
                    done: true  ──────────    また、このときのイテレータが返す値（value）
                }                             は一般的に使用しないため、valueプロパティは
            }                                 省略している
        }
    }
}

const iterator = genIterator( 3 );

console.log( iterator.next() );
> { done: false, value: 0 }
console.log( iterator.next() );
> { done: false, value: 1 }
console.log( iterator.next() );
> { done: false, value: 2 }
console.log( iterator.next() );
> { done: true }  ────────────────────────────── 4回目でdoneがtrueになる
```

上記の例では、genIteratorによってイテレータを作成しています。このとき、nextメソッドが返すオブジェクトのvalueは、レキシカルスコープに存在するvalue（❶）への参照を保持しています。このようにすることでクロージャ（7.3.3項）の状態を作り出し、value++で1ずつインクリメントした値をレキシカルスコープの変数valueに保持しています。そのため、iterator.next()が呼び出されるたびに、1ずつインクリメントした値がvalueプロパティから取得できます。

これらのコードの意味がわからない場合は、7.3節を見直してみてください。

◆ 文字列を返すイテレータ

もう1つ、違う例も見てみましょう。次のイテレータは、アルファベットのa–zを順番に返します。

▶アルファベットのa-zを順番に返すイテレータ（iterator_alphabet.html）

```javascript
function alphabetIterator( start = "a", end = "z" ) {
    if ( start > end ) {
        throw "開始文字は終了文字より前のアルファベットを選んでください。";
    }

    // splitはStringオブジェクトのメソッドで引数で指定された文字で文字列を分割し、配列として返す
    // なお、空文字（""）が渡された場合には文字列を1文字ずつ分割する
    const ALPHABET_ARRAY = "abcdefghijklmnopqrstuvwxyz".split( "" );   ── アルファベットが
                                                                          1文字ずつ格納さ
    // ALPHABET_ARRAY = [ 'a', 'b', 'c', ... , 'z' ];                     れた配列を定義

    const startIndex = ALPHABET_ARRAY.indexOf( start );   ──┐  startとendの文字を配列内で検索
    const endIndex = ALPHABET_ARRAY.indexOf( end );       ──┘  し、一致する要素の添字を取得

    const targetAlphabet = ALPHABET_ARRAY.slice( startIndex, endIndex + 1 );   ──┐
                                                                                  │
                            配列を指定の範囲で切り取り（endの文字も含めたいので+1する）

    return {
        next() {
            const alphabet = targetAlphabet.shift();   ──────────────────────┐
                                                                              │
                            配列のshiftメソッドで配列の先頭から1つずつ要素を取り出す。
                            取り出す要素がなくなったとき、shift()はundefinedを返す

            return {
                value: alphabet,                    ──────────── 取り出された要素をvalueとして返す
                done: alphabet ? false : true,      ──────────── alphabetがundefinedのとき、trueを返す
            }

        }
    }
}

const it = alphabetIterator( "c", "e" );
let nextValue = it.next();
while ( !nextValue.done ) {   ────────────────────────────── doneがtrueのとき、whileループを抜ける

    console.log( nextValue );
```

```
    nextValue = it.next();  ──────────────────────────────  次の値をnextValueに格納
}
> { done: false, value: "c" }
> { done: false, value: "d" }
> { done: false, value: "e" }
```

上記のコードでは、引数で渡されたアルファベットの範囲を`ALPHABET_ARRAY`から切り出し、配列の`shift`メソッドによって、切り出した配列（`targetAlphabet`）の先頭から1文字ずつアルファベットを返しています。また、`while`文を使うことで、`done`が`true`になるまで、イテレータが実行されるように記述しています。

このようにイテレータは、開発者の実装次第で、数値だけではなく、文字列の反復処理なども表現できます。

さて、簡単な実装例を見てきましたが、イテレータはどのような場面で使えばよいのでしょうか。

本節の最初に少し触れましたが、**イテレータは主にオブジェクトの反復処理の挙動を定義するために使われます**。オブジェクトの特定のプロパティ（`Symbol.iterator`）にイテレータを返す関数を設定することによって、`for...of`文で反復できなかったオブジェクトを反復可能な状態にすることができます。

練習問題 12.1

[1] 数値min〜maxまで1ずつインクリメントして値を返すイテレータを関数（`rangeIterator`）として実装してください（`max`の値は含まないものとします）。

12.1.2 反復可能オブジェクト

反復可能オブジェクトとは、**イテレータを保持しているオブジェクト**のことです。前章の`Map`や`Set`、`Array`、あるいは`String`などの一部のオブジェクトは、イテレータを内部に保持しています。そのため、`for...of`文などを使った反復処理に使用できます。

一方、オブジェクトリテラル`{ }`によって生成されるオブジェクトは、イテレータを内部に保持していません。そのため、オブジェクト`{ }`を`for...of`文で使用できません。しかし、反復不可のオブジェクトでも、イテレータを返す関数を特定のプロパティ（`Symbol.iterator`）に設定すれば、反復可能オブジェクトにすることが可能です。

point ● イテレータを内部で保持するオブジェクトを反復可能オブジェクトと呼ぶ。

12.1.3 オブジェクトにイテレータを設定する

反復可能オブジェクトを作成する場合は、イテレータを返す関数をオブジェクトの`Symbol.iterator`プロパティに対して設定するという決まりがあります。このプロパティに対してイテレータを返す関数を設定すること

により、for...of文などの反復処理の制御を開発者が追加・変更できます。

構文 イテレータを返す関数を使った反復可能オブジェクトの記法

オブジェクトに直接設定する場合
```
const iterableObject = {
    [ Symbol.iterator ]: function() { return イテレータ }
};
```

```
// ES6のメソッドの省略記法
const iterableObject = {
    [ Symbol.iterator ]() { return イテレータ }
};
```

コンストラクタ関数に設定する場合（Arrayの場合）
```
Array.prototype[ Symbol.iterator ] = function() { return イテレータ }
```

クラスに設定する場合
```
class IterableClass {
    [ Symbol.iterator ]() { return イテレータ }
}
```

note Symbolは、プロパティの衝突を避けるためにES6で追加された、一意の値を取るデータ型です。Symbol.iteratorには、JavaScriptエンジンがあらかじめ生成したSymbol型の値が格納されています。この値をキーにしてオブジェクトにイテレータを返す関数を設定すると、既存のイテレータの処理を上書きできます。また、ドキュメントでは、Symbol部分が@@と略記されるケースがあります。そのため、ドキュメント上の@@iteratorは、Symbol.iteratorと同じ意味となります。

◆反復オブジェクトの作成

　実際にイテレータを返す関数をオブジェクトに設定して、反復可能オブジェクトを作成してみましょう。簡単な例として、for...of文による反復処理が可能で、ループのたびに0～2までの値を取得できる反復可能オブジェクトを定義します。

　次のように、オブジェクトリテラル{ }によって定義される普通のオブジェクト（Objectコンストラクタのインスタンス）は反復可能オブジェクトではないため、for...of文で値をループすることはできません。

▶オブジェクトは反復処理はできない
```
for( const value of { } );
> Uncaught TypeError: { } is not iterable ── [意訳] 型に関するエラー：{ }は反復可能ではありません。
```

　それでは、オブジェクトのSymbol.iteratorにイテレータを返す関数を設定してみましょう。

　なお、Symbol.iteratorは、文字列型ではないため、オブジェクトのプロパティとして設定するときには[ ]で囲む必要があるため、注意してください。

```javascript
const iterableObject = {
    [ Symbol.iterator ]() {
        let value = 0;

        return {
            next() {
                if ( value > 2 ) {
                    return { done: true };
                } else {
                    return {
                        done: false,
                        value: value++,
                    };
                }
            }
        };
    }
};
for ( const value of iterableObject ) {
    console.log( value );
}
```

実行結果 0〜2までの値を返す反復可能オブジェクト

　オブジェクトにイテレータを追加した場合、オブジェクトをfor...of文のループに使用できます。また、このときループごとに取り出される値（value）は、オブジェクトのプロパティではなく、イテレータが返す値であることがわかります。このように、for...of文を使った反復処理はただオブジェクトのプロパティを列挙しているのではなく、取得できる値はイテレータの挙動に準拠します。

◆コンストラクタにイテレータを設定

　もう1つ、違う例も見てみましょう。先ほどの例ではオブジェクトのプロパティとしてSymbol.iteratorを設定しましたが、今度はコンストラクタ関数のprototypeのSymbol.iteratorに対してイテレータを返す関数を設定します。

　ここでは、配列（Array）のイテレータを上書きし、for...of文を使ったときの挙動を変更してみます。

```
// イテレータの定義（渡された値を2倍にする）
function doubleIterator() {
    let index = 0;
    let arry = this; ─────────────────────── インスタンスにアクセスするときにはthisを使用


    return {
        next() {
            if( index < arry.length ) { ─────── インデックスが配列の長さより小さい場合には
                                                  反復処理を継続
                return {
                    done: false,
                    value: arry[ index++ ] * 2 ─────────── 値を2倍にして返す
                }
            } else {
                return {
                    done: true
                }
            }
        }
    }
}


// イテレータ登録前の確認
for( let item of [ 1,2,3 ] ) {
    console.log( item ); ───────────────────────────── 配列の要素がそれぞれitemに渡される
}
> 1
> 2
> 3


Array.prototype[ Symbol.iterator ] = doubleIterator; ─────── 既存のイテレータを上書き


for( let item of [ 1,2,3 ] ) {
    console.log( item ); ───────────────────────────── 2倍された値がitemに渡される
}
> 2
> 4
> 6
```

　上記の例では、`Array.prototype`の`Symbol.iterator`プロパティに対して、新しく作成したイテレータを返す関数を登録しています。`prototype`に設定されたプロパティは、プロトタイプチェーンによってインスタンス化したオブジェクトから呼び出すことができるため、`Array`オブジェクトのプロパティとして追加したときと同じような振る舞いをします（詳細は9.4節を参照）。これによって、`Array`コンストラクタが保持している既存のイテレータの挙動は上書きされるため、`for...of`文の実行結果が変わります。

　なお、ここではわかりやすさの観点から例示しましたが、`Array`などの組み込みコンストラクタのイテレータを変更すると不要なバグを生む原因になるため、本番のコードでは変更しないようにしてください。

● Symbol.iteratorを追加・変更することよって、for...of文などの反復処理の挙動を追加・変更できる。

12.2 ジェネレータ (レベルアップ) (初心者はスキップ可能)

ジェネレータ（ジェネレータ関数）とは、イテレータと同様の機能を持つ**Generator**オブジェクトを作成するための関数です。前節ではイテレータによって反復処理を定義しましたが、**ジェネレータを使うとイテレータと同様の反復処理をより簡潔に記述できます**。

note 単に「ジェネレータ」と言った場合には、関数（ジェネレータ関数）とオブジェクト（**Generator**オブジェクト）の両方の意味で捉えられるため、文脈によってどちらのことを指すか判断するようにしてください。

12.2.1 ジェネレータ関数の記法

ジェネレータ関数は、通常の関数宣言と異なり、ジェネレータ関数専用の表記法を使います。

構文 ジェネレータ関数の記法

ジェネレータ関数の宣言
```
function* ジェネレータ関数() {
    yield 値;
    return 値;
}
```

ジェネレータ関数の関数式
```
let ジェネレータ関数 = function* () {
    yield 値;
    return 値;
}
```

ジェネレータ関数の実行
```
let Generatorオブジェクト = ジェネレータ関数();
```

function*	：ジェネレータ関数を宣言するには、関数キーワード（**function**）の後ろにスター（*****）を記述します。
yield	：ジェネレータ関数内の**yield**文は、イテレータの**next**メソッドが呼び出されたときに、{ done: false, value: 値 }に一致するオブジェクトを返します。
return	：ジェネレータ関数内の**return**文は、イテレータの**next**メソッドが呼び出されたときに、{ done: true, value: 値 }に一致するオブジェクトを返します。

ジェネレータ関数を実行すると、Generatorオブジェクトが生成されます（図12.1）。生成されたGeneratorオブジェクトには、イテレータと同様にnextメソッドが格納されています。また、nextメソッドを実行したときの戻り値も、{ done, value }という形式のオブジェクトになります。

❖図12.1　ジェネレータ

それでは、ジェネレータ関数の書き方について、もう少し詳しく見ていきましょう。通常の関数では、関数の実行は「関数内の処理をすべて終えるまで処理を継続すること」です。しかし、ジェネレータ関数の実行は、図12.1のように、あくまで「Generatorオブジェクトの生成」を意味します。そして、作成されたGeneratorオブジェクトのnextメソッドが呼び出されたタイミングで、yieldまたはreturnが見つかった地点までジェネレータ関数内の処理が実行されます。

この説明だけだとなかなかイメージしにくいので、簡単な例を見てみましょう。

▶数値の1〜3を取得するジェネレータ（generator_1to3.html）

```
function* gen1to3() {
    let index = 1;
    yield index; ─────────────── 1回目のnext()によってこの地点まで実行が完了
    index++;
    yield index; ─────────────── 2回目のnext()によってこの地点まで実行が完了
    index++;
    return index; ────────────── 3回目のnext()によってこの地点まで実行が完了
}

const generator = gen1to3(); ─── ジェネレータ関数の実行はGeneratorオブジェクトの生成を意味する

console.log( generator.next() ); ── next()の実行によってジェネレータ関数内のコードが実行される
> { value: 1, done: false } ──── 1つ目のyieldによって返されるオブジェクト

console.log( generator.next() );
> { value: 2, done: false } ──── 2つ目のyieldによって返されるオブジェクト

console.log( generator.next() );
> { value: 3, done: true } ───── returnによって返されるオブジェクト
```

上記のコードで、gen1to3()によって作成したgeneratorオブジェクトのnextメソッドを実行すると、yieldまたはreturnに続く値が、戻り値のオブジェクトのvalueプロパティに設定されていることがわかります。また、このときnextメソッドの実行ごとに実行されるジェネレータ関数内のコードは、「次のyieldまたはreturnまで」であることが読み取れます（図12.2）。

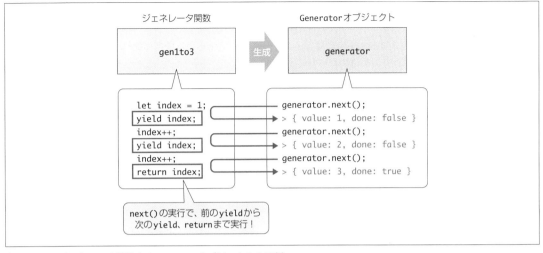

❖図12.2　ジェネレータ関数とGeneratorオブジェクトの関係

nextメソッドを実行すると、前のyieldの地点から次のyieldかreturnまで、処理が進みます。また、
returnがジェネレータ関数内に記述されていない場合でも、関数の最終行までいくと、nextメソッドは
{ done: true, value: undefined }を返します。

　このようにしてジェネレータ関数は反復処理を実行します。例として、特定の値まで1ずつインクリメントし
た値を返すジェネレータを記述してみましょう。

▶1ずつインクリメントした値を返すジェネレータ（generator_increment.html）

```javascript
function* genIterator( max ) {
    let value = 0;
    while( value < max ) {
        yield value++;
    }
}


const iterator = genIterator( 3 );

console.log( iterator.next() );
> { done: false, value: 0 }
console.log( iterator.next() );
> { done: false, value: 1 }
console.log( iterator.next() );
> { done: false, value: 2 }
console.log( iterator.next() );
> { done: true, value: undefined }
```

上記のコードでは、while文の中でyield文を使っているため、nextメソッドの実行のたびにyield文によってvalueが返されます。

このように、ジェネレータを使った場合には、イテレータを直接記述する場合に比べ、処理を簡潔に記述できます。簡潔なコードは、バグの混入の可能性を減らし、コードの可読性を上げることにつながります。そのため、イテレータを作成する機会があれば、ジェネレータの利用を検討してみてください。

12.2.2 反復可能オブジェクトの作成

前節のイテレータと同様に、ジェネレータ関数をオブジェクトのSymbol.iteratorプロパティに設定すれば、反復可能オブジェクトを作成できます。

構文 ジェネレータを使った反復可能オブジェクトの記法

オブジェクトに直接設定する場合
```
const iterableObject = {
    [ Symbol.iterator ]: function* () { }
};
```

```
// ES6のメソッドの省略記法
const iterableObject = {
    *[ Symbol.iterator ] () { }
};
```

コンストラクタ関数に設定する場合（Arrayの場合）
```
Array.prototype[ Symbol.iterator ] = function* () { }
```

クラスに設定する場合
```
class IterableClass {
    *[ Symbol.iterator ] () {}
}
```

実際にジェネレータを使って、反復可能オブジェクトを作成してみましょう。簡単な例として、インスタンスオブジェクトのプロパティと、その値を列挙するジェネレータを定義します。

▶オブジェクトのプロパティをすべて列挙するIterableクラスを作成（generator_iterable.html）

```
class Iterable {
    *[ Symbol.iterator ] () {
        for( let key in this ) {
            yield [ key, this[ key ] ];
        }
    }
}
```

```
const fruits = new Iterable();
fruits.apple = "リンゴ";
fruits.banana = "バナナ";
for( const row of fruits ) {
    console.log( row[ 0 ], row[ 1 ] );
}
> apple リンゴ
> banana バナナ
```

蛇足ですが、このような汎用的に使えるクラスを作成することによって、他のクラスから継承して利用することもできます。

▶Iterableクラスを継承して反復可能オブジェクトを作成（generator_extend_iterable.html）

```
class Iterable {
    *[ Symbol.iterator ] () {
        for( let key in this ) {
            yield [ key, this[ key ] ];
        }
    }
}

class Person extends Iterable { ——————— Iterableクラスを継承することで、反復処理が可能なクラスになる
    constructor( name, age, gender ) {
        super();
        this.name = name;
        this.age = age;
        this.gender = gender;
    }
}

const taro = new Person( "太郎", 18, "男" );

for( const row of taro ) {
    console.log( row[ 0 ], row[ 1 ] );
}
> name 太郎
> age 18
> gender 男
```

このように、反復可能オブジェクトは、簡単に作成できます。ただし、既存のコンストラクタ関数（Arrayや String など）の反復処理の挙動を変更するのは、開発者間での混乱を招くため、避けたほうがよいでしょう。ただし、新しくクラスを定義する場合などでは、実装の選択肢として有用なケースがあるため、知っておくとよいでしょう。

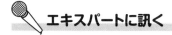

Q： Generatorオブジェクトとイテレータは、機能面での違いはないのでしょうか？

A： ジェネレータ関数によって生成される**Generatorオブジェクトは、イテレータとして利用できるだけでなく、反復可能なオブジェクトとしても利用できます**。一方、イテレータは、オブジェクトに設定しない限り、イテレータ自身を反復可能オブジェクトとして利用することはできません。反復可能である**Generator**オブジェクトは、`for...of`文で直接使うこともできます。

▶Generatorオブジェクトは反復可能オブジェクトでもある（generator_iterable_obj.html）

```javascript
function* fruits() {
    yield "バナナ";
    yield "リンゴ";
    yield "メロン";
}

const iterableObject = fruits();

for( const fruit of iterableObject ) {  ── 反復可能オブジェクトなため、for...of文が使用可能
    console.log( fruit );
}
> バナナ
> リンゴ
> メロン
```

練習問題　12.2

[1] 次のHTML文字列から、見出しタグ（h1〜h6）のテキストをそれぞれ抽出して、順番に返すジェネレータ関数を作成してください。

 ヒント --
h1〜h6のテキストは、`/<(h[1-6])>(.+)<\/\1>/g`で抽出できます。

▶HTML文字列

```javascript
const html = `<h1>見出し1</h1>
<h2>見出し2</h2>
<h3>見出し3</h3>
<header>ヘッダー </header>`;
```

12.3 スプレッド演算子

　ES6で追加された**スプレッド演算子**（`...`）は、オブジェクトや配列の要素を展開したり、まとめたりするための演算子です。スプレッド演算子は、オペランドの前にドットを3つ続ける形式（`...オペランド`）で記述します。具体的には、スプレッド演算子を使うことで、次のような実装を行うことができます。

- 関数実行時に、配列の要素の値を複数の引数に展開して設定する。
- 関数実行時に、複数の引数をオブジェクトや配列の要素としてまとめる。
- 配列やオブジェクトの複製（コピー）や結合を行う。

 note スプレッド演算子を反復可能オブジェクトに適用すると、あとで紹介する配列の複製（コピー）などの挙動がイテレータの実装に従うようになります。なお、ES2018以降では、イテレータを保持しないオブジェクト（通常のオブジェクト`{ }`）に対しても、スプレッド演算子を使えるようになっています。

　スプレッド演算子は幅広い用途で利用できるため、まずは用途ごとの書き方を確認しましょう。具体例については、12.3.1項以降で見ていきます。

構文 スプレッド演算子の記法

関数宣言時の使用

```
function 関数( ...args ) { } ──────────────── 渡された引数を配列にまとめる
function 関数( arg1, arg2, ...args ) { } ──────── arg1, arg2以外を配列にまとめる
```

関数実行時の使用

```
const params = [ arg1, arg2 ];
function 関数( arg1, arg2 ) { }
関数( ...params ); ──────────────────── 配列を展開してパラメータとして渡す
```

配列の複製（コピー）に使用

```
const 複製された配列 = [ ...元の配列 ];
```

配列の作成

```
const 結合された配列 = [ ...配列1, ...配列2 ]; ─────── 配列を結合
const 配列 = [ "要素1", ...配列1, "要素2" ]; ─────── 配列の任意の場所で使用可能
```

オブジェクトでの使用（ES2018）

```
const 複製されたオブジェクト = { ...元のオブジェクト }; ─────── オブジェクトの複製
const 結合されたオブジェクト = { ...オブジェクト1, ...オブジェクト2 }; ── オブジェクトを結合できる
const オブジェクト = { "プロパティ1": "値1", ...元のオブジェクト, "プロパティ2": "値2" }; ─┐
                                                              任意の位置に挿入できる
```

関数宣言時の引数に使われるスプレッド演算子は、引数をまとめて1つの配列として保持する役割があります。これは、可変長引数などを扱うための強力な手法です。**可変長引数**とは、引数の数があらかじめ決まっていない引数のことです（可変長引数では、引数の数が状況によって変わります）。一方、仮引数の数があらかじめ固定の長さ（個数）で定義されている引数を**固定長引数**と呼びます。

たとえば、引数に与えられた数値をすべて加算する関数を作成したい場合を考えてみましょう。このとき、特定の個数の数値を加算する処理を作成したいのであれば、これまで見てきたような関数の定義で記述できます。

▶3つの値を加算する

```
function sum( val1, val2, val3 ) {
    return val1 + val2 + val3;
}
```

しかし、このように固定長で引数を設定した場合には、引数の数のパターン分だけ関数を定義する必要があるため、現実的ではない実装になってしまいます（図12.3）。

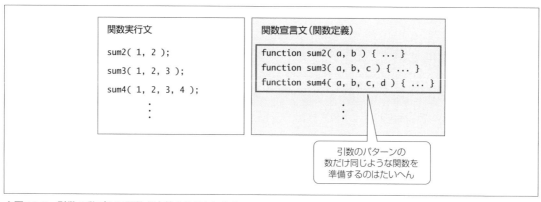

関数実行文

sum2(1, 2);

sum3(1, 2, 3);

sum4(1, 2, 3, 4);

関数宣言文（関数定義）

```
function sum2( a, b ) { ... }
function sum3( a, b, c ) { ... }
function sum4( a, b, c, d ) { ... }
```

引数のパターンの数だけ同じような関数を準備するのはたいへん

❖図12.3　引数の数ごとに関数を定義することになる

このようなケースでスプレッド演算子を使うと、可変長引数を扱うことができます。

構文 可変長引数の記法

```
function( [ arg1, arg2, ] ...args ) { }
```

arg1、arg2 ：任意の固定長引数を設定できます。このとき、**arg1**、**arg2**には、1番目と2番目に渡された実引数の値がそれぞれ渡されます。**arg1**、**arg2**に渡された実引数は、**args**の配列には含まれません。

args ：**arg1**、**arg2**で受け取れなかった残りの引数が配列となって**args**に渡されます。スプレッド演算子によって処理される可変長引数は、残余引数とも呼びます。

次のように**args**の中身を確認してみると、実引数の値を保持する配列になっていることがわかります。

▶argsの中身を確認（spread_opt_arg.html）

```
function fn( ...args ) {
    console.log( args );
}

fn( 1, "こんにちは", false );
> [ 1, "こんにちは", false ]
```

そのため、p.358「3つの値を加算する」の処理は、次のように記述できます。

▶残余引数で引数の合計値を算出する関数を作成（spread_opt_sum.html）

```
function sum( ...vals ) { ─────────────── 引数は配列（vals）の要素として格納される

    let returnValue = 0;

    for( const val of vals ) {
        returnValue += val; ─────────── 配列の要素を1つずつreturnValueに加算する
    }

    return returnValue;

}

console.log( sum( 1,2 ) );
> 3
console.log( sum( 1,2,3 ) );
> 6
console.log( sum( 1,2,3,4 ) );
> 10
```

練習問題　12.3

[1] 引数で渡した任意個数の製品本体価格から、税込み総額を計算して返す関数（totalPrice）を作成してください。関数の要件は、次のとおりです。

要件

- 第1引数には税率（%）を指定する。
- 第2引数以降には、任意の個数の製品本体価格を指定する。
- 戻り値が整数になるように、小数点以下は切り捨てる（小数点の切り捨てにはMath.floor(値)を使う）。

関数実行時の使用

関数の引数として渡す配列にスプレッド演算子を付与すると、配列の中身が展開されて引数として関数に渡されます。ここでは、可変長引数を取る`Math.max`という関数を例に、実際の利用方法について見ていきましょう。

まずは、スプレッド演算子を使わない呼び出し方から確認します。

▶Math.maxで与えられた引数の最大値を確認

```
const maxValue = Math.max( 10, 5, 18, 9 ); ─────── Math.maxは0個以上の引数（数値）のうち
console.log( maxValue );                            最大の数を返す関数。引数を1つずつ渡す
> 18
```

このように、`Math.max`には、比較対象となる値を引数として1つずつ渡す必要があります。しかし、比較対象となるデータは、しばしば配列のような形式で保持されているため、配列の要素を1つずつ渡すのは非常に面倒です。そのような場合にスプレッド演算子を使うと、次のように記述できます。

▶関数実行時のスプレッド演算子の利用（spread_opt_param.html）

```
const numArray = [ 10, 5, 18, 9 ];
const maxValue = Math.max( ...numArray );─── スプレッド演算子によって配列の要素が引数として渡される
console.log( maxValue );
> 18
```

このようにすれば、わざわざ配列のインデックスを指定して個別に引数を渡す必要がなくなります。

配列の複製に使用

配列の複製にも、スプレッド演算子を使うことができます。スプレッド演算子を使って配列を複製した場合には、配列の1階層目の値が、新しい配列の要素として複製（コピー）されることになります。そのため、複製した配列の値を変更しても、元の配列には影響しません。

▶配列の複製（spread_opt_dupl.html）

```
const original = [ "元の値" ];
const duplicated = [ ...original ]; ─────────────── 元の配列の要素を持つ新しい配列を作成
duplicated[ 0 ] = "変更後の値"; ─────────────── 複製後の配列値を変更
console.log( `original[ ${ original[ 0 ] } ] duplicated[ ${ duplicated[ 0 ] } ]` );
> original[ 元の値 ] duplicated[ 変更後の値 ] ─────── 元の配列の値は変更されていない
```

これは次のような、再代入の処理とは、明確に区別して使用する必要があります。

```
const original = [ "元の値" ];
const notDuplicated = original; ─────────────────── ❶ originalの参照をnotDuplicatedに再代入
notDuplicated[ 0 ] = "変更後の値"; ─────────────── 値を変更
console.log( `original[ ${ original[ 0 ] } ] notDuplicated[ ${ notDuplicated[ 0 ] } ]` );
> original[ 変更後の値 ] notDuplicated[ 変更後の値 ] ───── 元の配列の値も変更されている！
```

❶のように配列（original）を他の変数（notDuplicated）に再代入した場合には、配列への参照がコピーされるだけで配列自身が複製されるわけではありません。スプレッド演算子による配列の複製は、配列のconcatメソッドやsliceメソッドによる複製と同じ挙動を取ります。この挙動が理解できない方は、前章「エキスパートに訊く」（p.311）のディープコピーとシャローコピーの説明をもう一度確認してください。

12.3.4 配列の作成

スプレッド演算子を使うと、配列をマージ（結合）したり、任意の位置に要素を追加した配列を簡単に作成したりできます。

▶配列の作成（spread_opt_array.html）

```
const arry1 = [ 10, 20, 30 ];
const arry2 = [ 40, 50, 60 ];
console.log( [ ...arry1, ...arry2 ] ); ──────────── 配列のマージ
> [10, 20, 30, 40, 50, 60]

console.log( [ ...arry2, ...arry1 ] ); ──────────── 配列のマージ（arry2から要素を設定）
> [40, 50, 60, 10, 20, 30]

console.log( [ 0, ...arry2, 70, ...arry1 ] ); ───── 任意の位置に要素を追加
> [0, 40, 50, 60, 70, 10, 20, 30]
```

練習問題 12.4

[1] スプレッド演算子を使い、次の配列に対して①〜③の操作を行ってください。

▶配列

```
const chuka = [ "回鍋肉", "青椒肉絲", "餃子" ];
const desert = [ "杏仁豆腐", "ゴマ団子" ];
```

① chukaを複製してください。

② chukaとdesertを結合した配列を作成してください。

③ chukaとdesertの間に"担々麺"を追加した配列を作成してください。

12.3.5 オブジェクトでの使用

スプレッド演算子は、基本的に反復可能オブジェクトで使いますが、ES2018以降ではオブジェクトに対しても使えるようになっています。

▶スプレッド演算子を使ってオブジェクトを作成 (spread_opt_object.html)

```
const obj1 = { prop1: 10, prop2: 20 };
const obj2 = { prop3: 30, prop4: 40 };

console.log( { ...obj1, ...obj2 } ); ──────────── オブジェクトのマージ
> {prop1: 10, prop2: 20, prop3: 30, prop4: 40}

console.log( { prop0: 0, ...obj2, prop5: 50 } ); ──────── 任意のプロパティの追加
> {prop0: 0, prop3: 30, prop4: 40, prop5: 50}

console.log( { prop1: 0, ...obj1 } ); ───── プロパティ重複時は、あとから定義したほうで上書き
> {prop1: 10, prop2: 20}
```

なお、関数実行時の引数を、オブジェクトとスプレッド演算子を使って記述することはできないため、注意してください。

▶関数実行時にはオブジェクトとスプレッド演算子で引数を渡すことはできない

```
const obj = { prop1: 10, prop2: 20 };
Math.max( ...obj ); ──────────────────── エラー発生！！
> Uncaught TypeError: Found non-callable @@iterator ─┐
                    [意訳] 型に関するエラー：呼び出し可能なイテレータが見つかりません。
```

note 反復可能オブジェクトをスプレッド演算子で複製した場合には、イテレータの挙動に従ってスプレッド演算子は動作します。そのため、オブジェクトの Symbol.iterator プロパティの処理を変更すると、その挙動が変化します。

▶Symbol.iteratorの変更後にスプレッド演算子で配列を複製 (spread_opt_genertor.html)

```
Array.prototype[ Symbol.iterator ] = function* () {
    yield "Hello";
    yield "World";
}

const arry = [ 1, 2, 3 ];
const newArry = [ ...arry ];
console.log( newArry );
> [ "Hello", "World" ]
```

☑ この章の理解度チェック

[1] イテレータの作成

引数で与えた範囲の値をステップごとに返すイテレータを生成するgenStep関数を作成してください。関数の要件は、以下のとおりです。

要件1 引数にmin、max、stepを取る。

```
min  ：下限値
max  ：上限値
step ：ステップ
```

要件2 関数を実行したときの挙動は次のようになる。

▶sec_end1_before.html

```javascript
// genStep関数を実行
const it = genStep( 4, 10, 2 );     // genStep( min, max, step )
let a = it.next();

while( !a.done ) {
    console.log( a.value );
    a = it.next();
}
> 4
> 6
> 8
> 10
```

[2] ジェネレータの作成

[1] で作成したイテレータをジェネレータに書き換えてください。

[3] イテレータを使った反復可能オブジェクトの作成

Arrayのイテレータを変更して、for...of文を使ったときにインデックスと値を[index, value]のように返す反復可能オブジェクトを作成してください。

[4] ジェネレータを使った反復可能オブジェクトの作成

[3] で作成した反復可能オブジェクトを、ジェネレータを使って書き換えてください。

[5] スプレッド演算子

特定の形を描写するShapeクラスを作成したいと考えています。パラメータが多そうなので、オプションとして1つのオブジェクトにまとめる予定です。Shapeクラスは、インスタンス化の際に、右表のプロパティをオプション値として渡せるものとします。以下のように途中までクラスを作成しました。これをベースに、それぞれのパラメータに初期値を設定する処理を実装して、クラスを完成させてください。なお、optionsに値が設定されていないプロパティについては、初期値を設定する処理をShapeのコンストラクタに追加してください。

❖オプションに設定可能なパラメータ

パラメータ名	説明	初期値
type	形のタイプ (四角形や三角形など)	四角形
textColor	テキストの文字列	黒
borderColor	枠色	なし
bgColor	背景色	白

 ヒント ━━━━━━━━━━━━━━━━━━━━━━━━━━━━━
オブジェクトのマージ{ ...obj1, ...obj2 }をうまく使ってください。
━━━

▶ベースコード（sec_end5_before.html）

```
class Shape {
    constructor( options ) {
        /* ここに記述 */
    }

    draw() {
        const { type, textColor, borderColor, bgColor } = this.options;
        console.log( `形:[${type}] 文字色[${textColor}] 枠色[${borderColor}] ⏎
背景色[${bgColor}]` );
    }
}

const triangle = new Shape( { type: "三角形" } );
triangle.draw();      // 想定される出力は以下のとおり。
> 形:[三角形] 文字色[黒] 枠色[なし] 背景色[白]
```

非同期処理

この章の内容

JavaScriptでは、いたるところで非同期処理の仕組みが使われています。そのため、JavaScriptを自由自在に使いこなせるようになるには、非同期処理は避けて通れません。本章では、JavaScriptを学ぶうえで必須の知識である非同期処理について学びます。

13.1　非同期処理とは

最初に、JavaScriptの非同期処理とはどういったものなのかを確認します。それを説明するにはまず、スレッドについて理解する必要があります。

13.1.1　スレッド

スレッドとは、プログラムの開始から終了までの一連の処理の流れのことです。JavaScriptのコードはJavaScriptエンジンによって1行ずつ実行されていきますが、その処理の開始から終了までを一本の糸のように表すことができることを「1つのスレッドでコードが実行されている」と表現します（図13.1）。

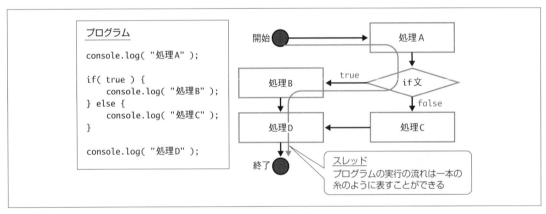

❖図13.1　スレッド

ブラウザ上でJavaScriptのコードが実行されるスレッドは、**メインスレッド**と呼びます。メインスレッドは、あくまで1つのスレッド（**シングルスレッド**）のため、並列してコードを実行することはありません。

> note
> 特殊な実装を行うことで、Web Workerスレッドと呼ばれるスレッド上でJavaScriptコードを並列に実行することもできますが、基本的に**JavaScriptはシングルスレッドで実行される**と覚えておいてください。

そのため、メインスレッド上でJavaScriptのコードが実行される場合には、**必ず実行中の処理の完了を待ってから次の処理が実行される**という決まりがあります（図13.2）。また、1つの処理を複数のスレッドに分けて実行することを**マルチスレッド**と呼びます。マルチスレッドは**並列処理**とも呼ばれ、C/C++やJavaなどのプログラミング言語で記述できます。

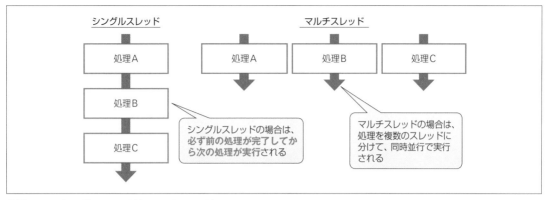

シングルスレッド

処理A

処理B

処理C

マルチスレッド

処理A

処理B

処理C

シングルスレッドの場合は、必ず前の処理が完了してから次の処理が実行される

マルチスレッドの場合は、処理を複数のスレッドに分けて、同時並行で実行される

❖図13.2　シングルスレッドとマルチスレッド

　それでは、JavaScriptのコードがシングルスレッドで実行されることを、実際に画面で確認してみましょう。

　次のコードは、sleep関数の引数で渡されたミリ秒（ms）分だけ処理を待機した後に、ダイアログで「sleep関数が完了しました。」と表示します。また、画面上のボタンをクリックした（押した）ときも、ダイアログで「ボタンがクリックされました。」とメッセージを表示するようにしています。ボタンをクリックしたときに関数を実行する実装などは次章で詳しく扱うため、本項では記述方法の説明は割愛します。

▶JavaScriptのコードがシングルスレッドで実行されることを証明（single_thread.html）

```
<html>
<body>
    <button>ボタン</button>
    <script>
        function sleep(ms) {
            const startTime = new Date();

            // whileループでmsミリ秒分ループを継続
            while ( new Date() - startTime < ms ); ——— msミリ秒経つまでは条件がtrueにならない

            alert( "sleep関数が完了しました。" );    // whileループが完了した直後にダイアログを表示
        }

        sleep( 3000 );    // sleep関数を実行

        // ボタンにクリック時の処理を実装
        const btn = document.querySelector( "button" );
        function clickHandler() {
            alert( "ボタンがクリックされました。" );
        }
        btn.addEventListener( "click", clickHandler );    // 「ボタン」にアクションを登録
    </script>
</body>
</html>
```

上記のコードをブラウザ画面で開いて、3秒経つ前（「sleep関数が完了しました。」と画面に表示される前）に画面上のボタンをクリックしてみてください。ボタンをクリックしても、「sleep関数が完了しました。」というダイアログが表示されるまで、画面には「ボタンがクリックされました。」と表示されないはずです（図13.3）。なお、while (new Date() - startTime < ms);のコードはブロック{ }部分を省略していますが、while (new Date() - startTime < ms){ }のように空のブロックを記述した場合と同じ挙動になります（すなわち、指定の秒数だけ、このwhileループが実行されます）。

❖図13.3　画面表示から3秒以内にボタンをクリックしたときの挙動

　上記のコードでは、sleep関数内のwhieループによって3秒間継続してループ処理を繰り返すように実装されているため、その間はwhileループの処理によってメインスレッドが使われ続けている（占有されている）状態になります。

　仮に、JavaScriptの実行がマルチスレッドで行われているならば、whileループによってメインスレッドが占有されている状態でも、ボタンをクリックすれば画面上にメッセージが表示されてもよいはずです。

　しかし、実際はwhileループが実行されている3秒間の間にボタンをクリックしても、画面に「ボタンがクリックされました。」というメッセージは表示されません。このメッセージが表示されるのは、whileループの完了後、すなわち「sleep関数が完了しました。」というメッセージが表示された後です。

　このような実行結果から、JavaScriptのコードはシングルスレッドで実行されていることがわかります（図13.4）。**メインスレッドが何らかの処理を行っている場合には、他の処理はメインスレッドの処理の完了を待つことになります。**これは、非同期処理を理解するうえで重要なポイントなので、ぜひ覚えておいてください。

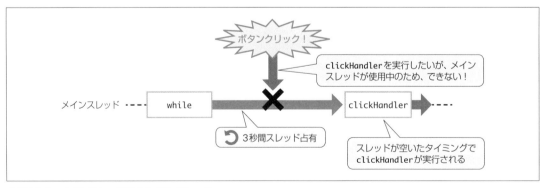

❖図13.4　メインスレッドはシングルスレッド

13.1.2 同期処理と非同期処理

前項で説明したとおり、JavaScriptのコードは、メインスレッド上で1行ずつ順番に実行されていきます。このように、1つのスレッドで、前の処理の完了を待ってから次の処理を実行することを**同期処理**と呼びます。**メインスレッド上で実行されるJavaScriptのコードは、必ず1つずつ実行されるため、同期処理になります。**

point
● メインスレッド上で実行されるコードは必ず同期処理で実行される。

一方、JavaScriptを学んでいると、非同期処理という言葉をたびたび目にします。この非同期処理とは、何を表すのでしょうか。

JavaScriptにおける**非同期処理**とは、**メインスレッドから一時的に切り離された処理のことです。** たとえば、これまでWindowオブジェクトのメソッドとして紹介したsetTimeoutに渡すコールバック関数などが非同期処理に当たります。setTimeoutは、第2引数で指定したミリ秒分だけ待機した後に、第1引数に渡したコールバック関数の実行を待機します。これは前項で紹介したwhileループによる待機と同様の処理に見えますが、ブラウザの処理の内容としては明確に異なります。

それでは、先ほどと同様に、3秒後に「sleep関数が完了しました。」とダイアログに表示する処理を、setTimeoutを使って記述してみましょう。

▶setTimeoutを使った非同期処理（setTimeout1.html）

```html
<html>
<body>
    <button>ボタン</button>
    <script>
        function sleep( ms ) {

            setTimeout( function() {
                alert( "sleep関数が完了しました。" );
            }, ms );

        }

        sleep( 3000 );     // sleep関数を実行

        // ボタンにクリック時の処理を実装
        const btn = document.querySelector( "button" );
        function clickHandler() {
            alert( "ボタンがクリックされました。" );
        }
        btn.addEventListener( "click", clickHandler );     // 「ボタン」にアクションを登録
    </script>
</body>
</html>
```

setTimeoutを使って、msミリ秒後にダイアログでメッセージを表示するコールバック関数を実装

上記のコードをブラウザ画面で開いてボタンをクリックすると、3秒経つ前でも「ボタンがクリックされました。」というダイアログが表示されます（図13.5）。

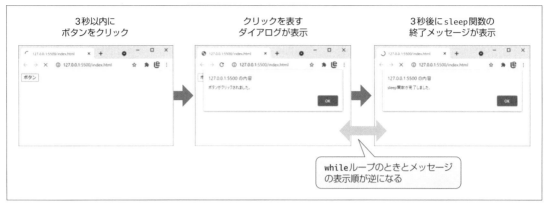

❖図13.5　setTimeoutのときの挙動

　もし、setTimeoutが3秒間スレッドを占有する処理であるならば、whileループと同様に処理が完了するまではクリックの処理が実行されないはずです。しかし、setTimeoutが実行されたときには、「引数で渡されたコールバック関数を3秒後に実行する」という予約だけを行い、コールバック関数の処理はメインスレッドからいったん切り離されます（図13.6）。そのため、setTimeoutの待機時間内であっても、メインスレッドが占有されることはありません。

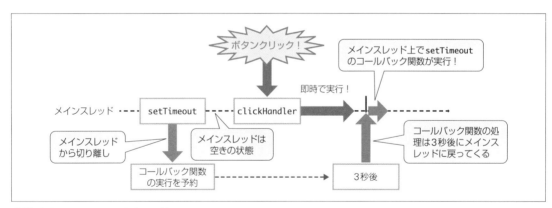

❖図13.6　setTimeoutのイメージ

　ブラウザが提供しているWeb APIの中でも、setTimeoutやsetInterval、queueMicrotaskなどの関数は、ブラウザの非同期処理の機能を呼び出すためのAPIです。これらのAPIを、決められた実行手順で呼び出すことで、一部の処理（setTimeoutの場合には、引数に渡したコールバック関数）が非同期処理としてメインスレッドから一時的に切り離されることになります。

◆ 非同期処理の検証

最後にもう1つ、非同期処理の例を見てみましょう。

次のコードでは、setTimeoutを使って1秒後に変数valに対して1を代入していますが、setTimeoutに渡されたコールバック関数は非同期で実行されるため、コールバック関数の実行を待たずに次行（console.log）が実行されます。そのため、このときコンソール上に表示されるのは0になります。

▶setTimeoutを使った非同期処理の検証（setTimeout2.html）

```
let val = 0; ─────────────────────────────────────── ❶

setTimeout( () => { val = 1; } ,1000 ); ───── ❷1秒後にval = 1が実行される ───── ❹

console.log( val ); ───────────────── ❸setTimeoutのコールバックの完了を待たず、
> 0                                        この処理が実行される
```

上記のコードの処理を細かく説明すると、次のようになります。

❶ let val = 0;が宣言されます。
❷ setTimeoutのコールバック関数が、1秒後に実行される処理として一時的にメインスレッドから切り離されます（この時点ではまだコールバック関数は実行されていません）。
❸ console.log(val)が実行されます。
❹ ❷の処理からおよそ1秒後にメインスレッドが空きの状態（他のJavaScriptのコードを実行していない状態）であれば、❷で実行予定となっていたコールバック関数が実行されます。他の処理が実行中であれば、その処理の完了を待って❷のコールバック関数が実行されます。

　このように、非同期処理として❷の処理をメインスレッドから処理を切り離した後はメインスレッドは空きの状態になるため、それに続く実行可能なコード（❸）が先に実行されます。

 point ● JavaScriptにおける非同期処理とは、「メインスレッドから一時的に切り離された処理」のこと。

13.1.3 イベントループ レベルアップ

　本項では、前項で学んだ非同期処理の仕組みを、イベントループという仕組みを中心にひも解いていきます。イベントループとは、非同期処理の管理、実行を行うための仕組みのことです。

◆イベントループ関連の用語

　まずは、イベントループに関わる用語について確認しておきましょう。

実行コンテキスト

　コードが実行される際にJavaScriptエンジンによって準備されるコードの実行環境のことです。コードが実行される際には、必ず実行コンテキストが生成されます。実行コンテキストには、グローバルコンテキスト、関数コンテキストなどの種類があります（第8章参照）。

コールスタック（実行コンテキストスタック）

実行コンテキストが積み重なってできたものを**コールスタック**と呼びます（第8章参照）。コードが実行されるときには必ず実行コンテキストが生成されるため、コールスタックには必ずコンテキストが積まれている状態となります。このため、コールスタックが空でない場合にはメインスレッドが使用中であることを表します。

タスクキュー

実行待ちの**タスク**（非同期での実行が予約されている関数）が格納されるキューのことです。キューとは、データの出し入れをリスト形式で管理するデータ構造のことです。キューからデータを取り出すときは、古いものから順番に取り出します。この仕組みを**FIFO**（First In, First Out：最初に入れたものを最初に取り出す）と呼びます。非同期処理はこのタスクキューにタスクとして格納され、コールスタックが空の状態のときに古いものから実行されます（図13.7）。

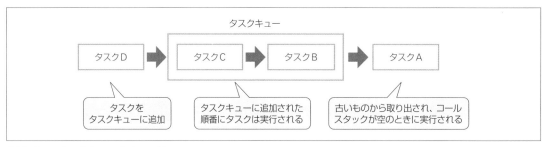

❖図13.7　タスクキューのイメージ

イベントループ

タスクキューに格納されたタスクを順番に実行していく仕組みです。イベントループは、定期的にコールスタックを監視し、コールスタックが空のときにタスクキューから一番古いタスクを取り出して実行します。

これまで学んできたような`setTimeout`の引数として渡したコールバック関数が非同期処理として実行される過程は、これらの仕組みを用いて説明できます。次項では簡単なコードを例に、イベントループの仕組みについて見ていきましょう。

13.1.4 イベントループの挙動 （レベルアップ）

本項では、次のような簡単なコードを例に、イベントループの挙動を確認します。

```
<script>
──────────────────────── ❶コードの実行開始
    let val = 0;

    setTimeout( function task() { ── ❷タスクの登録
        val = 1;
    }, 0 );

    console.log( val ); ──────── ❸値の出力
    > 0 ──────────────────── valは1ではなく0。すなわち❷より前に❸が実行されていることを表す
    ──────────────────────── ❹グローバルコンテキストの消滅
</script>
```

13

非
同
期
処
理

　上記のコードは、setTimeoutの第2引数を0に設定しているため、非同期処理にはならず、setTimeoutの
コールバック関数は❸よりも前に実行されそうに思えます。しかし、setTimeoutのコールバック関数（task）
は、次のような流れで処理されるため、結果としては❸の後に❷のコールバック関数（task）が実行されます。

❶コードの実行開始

　コードの実行を開始する前に、JavaScriptエンジンによってグローバルコンテキストがコールスタックに積
まれます。そのため、コールスタックのイメージは、図13.8のようになります。なお、この時点ではタスク
キューは空で、Web API（setTimeout）もまだ呼び出されていないため、空の状態になっています。

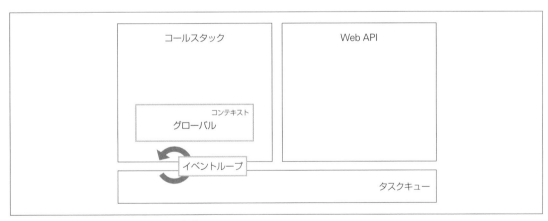

❖図13.8　グローバルコンテキストの生成

❷タスクの登録

　setTimeoutを通して、コールバック関数（task）がタスクキューに実行待ちの状態で登録されます。
図13.9では、グローバルコンテキストからWeb APIのsetTimeoutを実行することで、task関数がタスク
キューに登録されています。

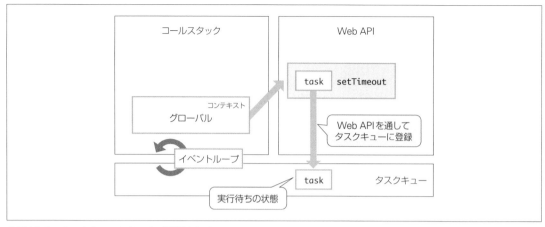

❖図13.9　タスクキューにタスクが登録される

❸値の出力

　タスクキューに登録された関数taskはコールスタックが空になるまで実行されないため、タスクキューで実行待ちの状態で待機しています（図13.10）。いつまで実行を待機するかというと、現在実行中のコンテキストであるグローバルコンテキストのコードがすべて完了し、コールスタックが空になるまでです。そのため、console.log(val)がtaskよりも先に実行され、コンソールに0が表示されます。

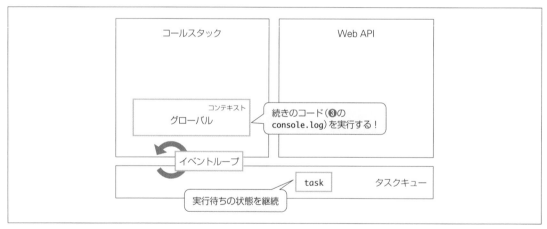

❖図13.10　グローバルコンテキスト内のコードを最後まで実行

❹グローバルコンテキストの消滅

　❸のconsole.log(val)の処理の後にはコードが続かないため、ようやくグローバルコンテキストは消滅し、コールスタックが空の状態になります。これをイベントループが検知し、実行待ちのtask関数をタスクキューから取得、実行します（図13.11）。また、task関数の実行に伴い、task関数の関数コンテキストが新たに生成されます。他に実行待ちのタスクがタスクキューに存在する場合は、task関数のコンテキストが消滅した

後にイベントループによって同様に処理されます。

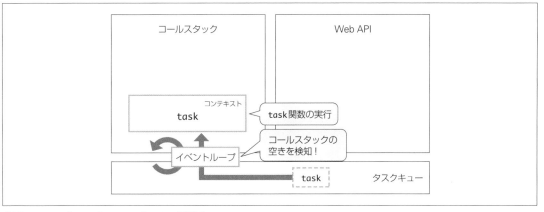

❖図13.11　グローバルコンテキストの消滅後

　以上がイベントループによる非同期処理の仕組みです。これは基本的な知識ですが、非常に重要なことなので、しっかり覚えておきましょう。

　タスクキューに登録されるタスクには、上記で扱ったような、開発者が登録可能なタスクから、JavaScriptエンジンが内部的に使用しているタスクまで、様々なものがあります。これらのタスクは、**タスクソース**（task source）と呼ばれるカテゴリで分類されています。このカテゴリ分けによって、ブラウザはソースに応じた個別の処理を実行できるようになっています。たとえば、ユーザーの画面入力はユーザビリティに影響するため、他のタスクよりも優先して処理を行う、というようにタスクのカテゴリによって処理を制御します。この詳細な制御は、ブラウザの実装に依存します。詳細を覚える必要はありませんが、参考程度に知っておくとよいでしょう。

タイマータスクソース（Timer Task Source）
　`setTimeout`、`setInterval`などのタイマー処理によって呼び出されるタスクです。

UIタスクソース（User Interaction Task Source）
　ユーザーの画面操作（イベント）をトリガーにして呼び出されるタスクです。

ネットワークタスクソース（Networking Task Source）
　ネットワークのレスポンスをトリガーにして実行されるタスクです。

DOM操作タスクソース（DOM Manipulation Task Source）
　DOM操作を反映するときに、JavaScriptエンジンによって実行されるタスクです。

履歴横断タスクソース（History Traversal Task Source）
　History APIと呼ばれる、ブラウザの履歴操作を行うときに実行されるタスクです。

[1] 次のコードのログA〜Cが出力される順番を答えてください。

▶メッセージの表示順（log_order.html）

```
setTimeout( () => {
    console.log( "A" );
}, 1000 );

setTimeout( () => {
    console.log( "B" );
} );                                        ── 第2引数を省略すると0と同じ意味

console.log( "C" );
```

13.1.5　非同期処理のハンドリング

　前項で学んだとおり、非同期処理はコールスタックに積み上がっている実行コンテキストがすべて消滅した後（すなわち、以下のコードではグローバルコンテキストの消滅後）に実行されます。そのため、非同期処理で処理した値を取得して何らかの処理を行うには、少し工夫してコードを記述する必要があります。

▶非同期処理内で変更した値が取得できない（cant_get_after_async_val.html）

```
let val = -1;

function timer() {
    setTimeout( function() {
        // 0 ~ 10のランダムな値を取得
        val = Math.floor( Math.random() * 11 );  ──── この反映の後に後続の処理を実行したい！
    } ,1000 );
}

timer();

console.log( val );  ────────────────────────  後続の処理を実行しても非同期処理による
                                                変更が反映されていない！
> -1  ──────────────────────────────────────  val = -1が出力されてしまう！
```

　そのときに使用するのが、コールバック関数を使った非同期処理のハンドリング（取り扱い）です。次のコードでは、非同期処理の後で実行したい処理をコールバック関数内にまとめる（記述する）ことで、setTimeoutの処理の後に特定の処理を実行できるようになっています。

```
let val = -1;

function timer( callback ) {
    setTimeout( function task() {
        val = Math.floor( Math.random() * 11 );  ── 非同期での値の変更
        callback( val );  ──────────────── callback関数（operations）に引数valを渡して実行
    } ,1000);
}

function operations( val ) {  ─────────────── 非同期処理の実行後に実行したい処理を関数内に記述
    console.log( val );
}

timer( operations );  ──────────────── コールバック関数としてtimer関数に渡す
> 5  ──────────────────────── 0〜10のランダムな値が1秒後にコンソールに出力される
```

13

非
同
期
処
理

　上記のコードでは、operations関数内に、非同期処理によって値が変更された後に実施したい処理をまとめて記述しています。これをコールバック関数として、非同期処理による値の変更を行った後に実行することによって、変更された値を取得できます。

Column ▶ **コールバック地獄**

　コールバック関数を使った非同期処理のハンドリングは、簡単に記述できる反面、問題点が1つあります。それは、複数の非同期処理をハンドリングする際にネストが深くなり、コードの可読性が悪くなる点です。このような多重コールバックは、**コールバック地獄**と皮肉られ、良くないコードの記述方法として開発者から嫌われてきました。

▶コールバック地獄の例

```
setTimeout( function () {
    setTimeout( function () {
        setTimeout( function () {
            setTimeout( function () {
                ... 略
            }, 1000 );
        }, 1000 );
    }, 1000 );
}, 1000 );
```
　── 非同期処理をつなげるほどネストが深くなっていく

　そこで、このようなコールバック地獄を避けるために考えられたのが、Promiseを使った非同期処理のハンドリングです。詳細は次節で説明します。

練習問題　13.2

[1] 次の delay 関数を①〜③の指示のとおり実行してください。

▶delay関数

```
function delay( fn, message, ms ) {
    setTimeout( function() {
        fn( message );
    }, ms );
}
```

① 1秒後に「こんにちは」とコンソールに表示してください。

② 2秒後に「さようなら」とアラートを表示してください。

③ delay関数をネストして呼び出し、1秒後に「1秒経ちました。」、2秒後に「さらに1秒経ちました。」とコンソールに表示してください。

13.2　Promise　レベルアップ　初心者はスキップ可能　使用頻度高

ES6で追加されたPromiseは、非同期処理を扱うためのオブジェクトです。Promiseを使うことで非同期処理のネストが深くなることを避けられるため、コードの可読性が向上します。

> *note* 本節で説明するPromiseは、使用頻度が高く、ぜひとも習得してほしい記法です。しかし、Promiseの説明では、これまで学んできた様々な内容が出てくるため、初心者が一度で理解するのはなかなか難しいかもしれません。そのため、本書を繰り返し学んでいく中で周辺知識とあわせて少しずつ理解していくようにしてください。

13.2.1　Promiseの記法

まずは、記法から確認していきましょう。

```
let prom = new Promise( 非同期処理を扱う関数 );  ─────────────── ❶
let thenProm = prom.then( 非同期処理の成功時に実行する関数 );  ──────── ❷
let catchProm = thenProm.catch( 非同期処理の失敗時に実行する関数 );  ──── ❸
let finallyProm = catchProm.finally( 非同期処理完了後に必ず実行する関数 );  ── ❹
```

prom	：Promiseインスタンス。
thenProm	：thenメソッドのコールバック関数の処理が登録されたPromiseのインスタンス。
catchProm	：catchメソッドのコールバック関数の処理が登録されたPromiseのインスタンス。
finallyProm	：finallyメソッドのコールバック関数の処理が登録されたPromiseのインスタンス。

Promiseによる非同期処理のハンドリングは、上記のように記述します。あとで詳しく見ていきますが、❶の非同期処理を扱う関数では、引数としてresolve、rejectを使うことができます。resolve()が実行された場合には❷のthenのコールバック関数が呼び出され、reject()が実行された場合には❸のコールバック関数が実行されます。そして❹は、❷または❸のコールバック関数が終了すると、必ず呼び出されます。

まとめると図13.12のようなイメージになります。以降、読み進めていく中で混乱してきたときには、この図を見返してみてください。

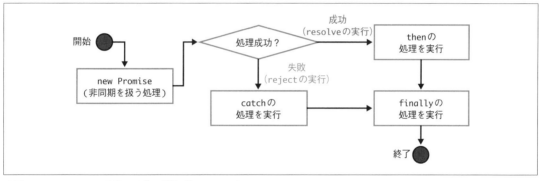

❖図13.12　Promiseを使った非同期処理のイメージ

それでは、❶～❹の具体的なコードを確認していきましょう。

❶Promiseのインスタンス化

Promiseで非同期処理のハンドリングを行うには、まずnew Promiseと記述してインスタンス化を行います。そして、このときの引数に渡す関数（asyncHandler）内に非同期処理を記述します。次のコードでは、例としてsetTimeoutを使って非同期処理を実行しています。なお、**asyncHandler自体は、new Promiseが実行されたタイミングで同期的に実行されます**。非同期として処理されるのはあくまで、asyncHandler内で実行される非同期処理（以下の例ではsetTimeoutのコールバック関数）になるため、注意してください。

```
const instance = new Promise( asyncHandler );  ──────── new Promiseのコールバック関数内で非同期処
function asyncHandler( resolve, reject ) {  ──────┐      理を行う
    setTimeout( () => {                            └──── resolve、rejectの2つの引数が渡されてくる
        if ( 非同期処理は成功？ ) {  ──────── 非同期処理の結果に応じて、resolve、rejectを呼び分ける
            resolve( data );  ──────── 非同期処理が成功したとき、❷ thenの処理へ
        } else {
            reject( error );  ──────── 非同期処理が失敗したとき、❸ catchの処理へ
        }
    } );
}
```

　このコールバック関数（asyncHandler）の2つの引数resolve、reject（変数名は任意で設定可）には、JavaScriptエンジンによって特別な関数が渡されます。これらの引数は、非同期処理の完了時点の状態によって、次のように使い分けます。

非同期処理が成功したとき

　非同期処理が成功したときには、**resolve**を実行します。**resolve**が呼び出されると、Promiseインスタンスの**then**メソッドで登録したコールバック関数（**❷**）が実行されます。

非同期処理が失敗したとき

　非同期処理が失敗したときには、**reject**を実行します。**reject**が呼び出されると、Promiseインスタンスの**catch**メソッドで登録したコールバック関数（**❸**）が実行されます。

　そのため、以降で紹介するthenメソッドやcatchメソッドのコールバックには、非同期処理が完了した後の処理を記述することになります。

❷ thenメソッド

　thenメソッドに渡すコールバック関数には、**非同期処理が成功した後に実行したい処理**を記述します。

構文 thenメソッド

```
let thenProm = prom.then( successHandler );
function successHandler( data ) {
    非同期処理が成功した後に実行したい処理
}
```

thenProm ：successHandlerの処理が登録されたPromiseのインスタンス。
prom 　　：Promiseのインスタンス。

　thenメソッドのコールバック関数（successHandler）は、❶で**resolve**が呼び出されると実行されます。また、❶の**resolve(data)**の実行時に渡した値（data）は、コールバック関数successHandlerの引数（data）として渡されてきます。**then**メソッドが実行されると、戻り値としてさらにPromiseのインスタンス

（thenProm）が返ります。これに対してさらにthenメソッドをつなげていくことによって、複数の非同期処理を順番に実行することもできます。これは、13.2.2項のPromiseチェーンで紹介します。

point ● resolve関数が実行されると、thenメソッドのコールバック関数が実行される。

❸catchメソッド

catchメソッドに渡すコールバック関数には、非同期処理が失敗した後に実行したい処理を記述します。

構文 catchメソッド

```
let catchProm = prom.catch( errorHandler );
function errorHandler( error ) {
    非同期処理が失敗した後に実行したい処理
}
```

catchProm ：errorHandlerの処理が登録されたPromiseのインスタンス。
prom   ：Promiseのインスタンス。

catchメソッドのコールバック関数（errorHandler）は、❶でrejectが呼び出されたタイミングで実行されます。また、❶のreject(error)の実行時に渡した値（error）は、コールバック関数の引数（data）として渡されてきます。

point ● reject関数が実行されると、catchメソッドのコールバック関数が実行される。

Column ▶ **thenメソッドの第2引数を設定した場合**

thenメソッドの第2引数に関数を設定した場合は、非同期処理が失敗したとき（rejectが実行されたとき）にはcatchメソッドのコールバック関数と同じ意味になります。

構文 thenメソッドの第2引数を設定した場合

```
let instance = new Promise( ... ).then( 成功したとき, 失敗したとき )
```

---

❹finallyメソッド

finallyメソッドに記述するのは、非同期処理が完了した後に必ず行いたい処理です。すなわち、finallyメソッドは、thenメソッドまたはcatchメソッドのコールバック関数の処理が完了した後に必ず実行されます。

非同期処理

```
let finallyProm = prom.finally( finalHandler );
function finalHandler() {
    非同期処理が完了した後に必ず行いたい処理
}
```

finallyProm ：finalHandlerの処理が登録されたPromiseのインスタンス。
prom ：Promiseのインスタンス。

たとえば、サーバーへの通信中に画面上にローダーを表示していた場合などで、成功・失敗にかかわらずローダーの表示を取りやめたいときには、finallyメソッドにその処理を記述すればよいでしょう。

◆Promiseによる非同期処理の例

それでは、実際にコードで動かしながら確認してみましょう。次のコードでは、非同期処理内でランダムな値を生成し、その値によって後続の処理（thenまたはcatch）が実行されます。

▶Promiseによる非同期処理（promise.html）

```
let instance = new Promise( ( resolve, reject ) => {

    // 1秒後に実行
    setTimeout( () => {
        // 0 ～ 10のランダムな値を取得
        const rand = Math.floor( Math.random() * 11 );

        if( rand < 5 ) {
            reject( rand );                                    5未満のとき、エラーとする
        } else {
            resolve( rand );                                   それ以外のとき、成功とする
        }

    }, 1000);

});

instance = instance.then( value => {

    console.log( `5以上の値[${ value }]が渡ってきました。` );

} );

instance = instance.catch( errorValue => {

    console.error( `5未満の値[${ errorValue }]が渡ってきたためエラー表示。` );
```

```
} );

instance = instance.finally( () => {

    console.log( "処理を終了します。" );

} );
```

　このように記述した場合にも、コールバック関数を使った非同期処理のハンドリングと同様、非同期処理を行った後に特定の処理（Promiseの場合はthenメソッドのコールバック関数）を実行できます。一見複雑そうに見えますが、Promiseの記述は、非同期処理が連続して行われるときにその恩恵を感じることができます。
　次節では、非同期処理が連続して行われる場合について確認してみましょう。

note Promiseは、一般的にチェーンメソッドを使って記述します。**チェーンメソッド**とは、メソッドをつなげて記述する記法のことです。

構文 Promiseの記法

メソッドを1つずつ実行した場合
```
let instance = new Promise( ... );
instance = instance.then( ... );
instance = instance.catch( ... );
instance = instance.finally( ... );
```

チェーンメソッドでつなげて記述した場合
```
let instance = new Promise( ... ).then( ... ).catch( ... ).finally( ... );
```

```
メソッドごとに改行してもOK
let instance = new Promise( ... )
    .then( ... )
    .catch( ... )
    .finally( ... );
```

上記のコードは、それぞれ同じ意味になります。なぜこのように記述できるかというと、thenメソッド、catchメソッド、finallyメソッドがPromiseインスタンスを返すためです（図13.A）。

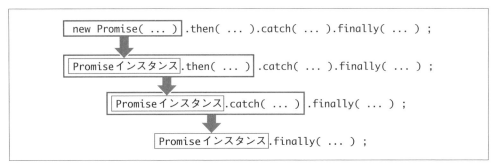

❖図13.A　チェーンメソッド

それぞれのメソッドがPromiseのインスタンスを結果として返すため、そのメソッドであるthen、catch、finallyをつなげて記述できます。よく出てくる記法なので、覚えておくとよいでしょう。

練習問題　13.3

[1] 次の処理を、Promiseを使って実装してください。

setTimeoutで1秒間待機した後に、現在時刻をDateオブジェクトで取得し、そのときの秒数が奇数の場合、偶数の場合で、次の要件に当てはまるようにコンソールにメッセージを出力してください。

- 奇数の場合 —— catchメソッドで「${秒数}は奇数のため、エラーとします。」と表示
- 偶数の場合 —— thenメソッドで「${秒数}は偶数のため、成功とします。」と表示
- 処理終了時 —— 奇数、偶数にかかわらず、処理が終了するときに「処理を終了します。」と表示

　前節では、1つの非同期処理をPromiseで記述する方法について学びました。本節では、複数のPromiseを直列で実行する方法について学びます。ここでの**直列**とは、**前の非同期処理の完了を待って、次の非同期処理を実行すること**を意味します。また、このように複数のPromiseによって非同期処理を順番に実行していくことをPromiseチェーンと呼びます。

```
const Promiseインスタンス1 = new Promise( ... );
const Promiseインスタンス2 = new Promise( ... );
const Promiseインスタンス3 = new Promise( ... );

Promiseインスタンス1
    .then( data1 => { return Promiseインスタンス2; } )
    .then( data2 => { return Promiseインスタンス3; } )
    .catch( error => { エラー発生時の処理 } )
    .finally( () => { 終了時の処理 } );
```

それぞれ異なる非同期処理を扱う
Promiseを順番に実行したい

thenのコールバック関数のreturnに
Promiseのインスタンスを渡す

※コールバック関数としてアロー関数を使っていますが、無名関数でも問題ありません。

　非同期処理を直列で実行するときには、thenメソッドのコールバック関数の戻り値（returnの後）にPromise
のインスタンスを設定します。これによって、Promiseインスタンス2、Promiseインスタンス3の中でresolve
が呼び出されたときに、次のthenメソッドに処理が移ります（図13.13）。

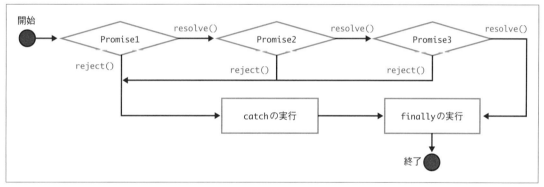

❖図13.13　Promiseチェーンのイメージ

point
● 非同期処理を直列で実行するには、thenメソッドのコールバック関数の戻り値にPromiseのインスタ
ンスを設定する。

　また、Promiseチェーン内のいずれかのPromiseインスタンスでrejectが呼び出された場合には、catchメ
ソッドに処理が移行します。
　それでは、具体的な記述例を見てみましょう。

13

非同期処理

```
function promiseFactory( count ) { ─────────────────────────────────────── ❶
    return new Promise( ( resolve, reject ) => {
        setTimeout( () => {
            count++; ─────────────────── 渡されてきたcountの値を1インクリメントする

            console.log( `${ count }回目のコールです。時刻：[${ new Date().toTimeString() }]` );

            if( count === 3 ) { ──────────── 3回目のコールでエラー
                reject( count );
            } else {
                resolve( count ); ─────────── 次のthenのコールバック関数の引数にcountが渡る
            }

        }, 1000 );
    });
}


promiseFactory( 0 )
.then( count => {  return promiseFactory( count );  } ) ──────────────────── ❷
.then( count => {  return promiseFactory( count );  } ) ──────────────────── ❸
.then( count => {  return promiseFactory( count );  } ) ─────┐
.then( count => {  return promiseFactory( count );  } ) ─────┘  これらのthenのコールバック
                                                               関数は実行されない
.catch( errorCount  => {
    console.error(`エラーに飛びました。現在のカウントは ${ errorCount } です。`);
} ).finally( () => {
    console.log( "処理を終了します。" );
} );
> 1回目のコールです。時刻：[16:23:19 GMT+0900（日本標準時）]
> 2回目のコールです。時刻：[16:23:20 GMT+0900（日本標準時）]
> 3回目のコールです。時刻：[16:23:21 GMT+0900（日本標準時）]
> エラーに飛びました。現在のカウントは3です。
> 処理を終了します。
```

❶ Promiseインスタンスを返す関数の定義

　上記のコードでは、Promiseのインスタンスを返すpromiseFactoryという関数を作成しています。そのため、promiseFactoryを実行すると、新しいPromiseのインスタンスが戻り値として取得されます。

❷ thenの戻り値にPromiseインスタンスを設定

　thenメソッドのコールバック関数のreturnに続けてpromiseFactoryを実行しているため、promiseFactoryの実行結果としてPromiseインスタンスが取得されます。

❸ 3回目でcatchに移行

3回目の実行でcountが3となるため、reject(count)が実行され、catchメソッドに移行します。そのため、これ以降のthenメソッドのコールバック関数は実行されません。

note returnに続けて関数の実行を行った場合には、関数の実行結果（戻り値）がreturnによって返されることに注意してください。

▶returnに続く関数の記述には注意

```
function hello() {
    return "こんにちは。";
}

function fn1() {
    return hello();  ——— 末尾に()が付いているため、hello関数の実行結果が実行元に返される
}

function fn2() {
  return hello;  ——————— 末尾に()が付いていないため、hello関数自体が実行元に返される
}                         （hello関数は実行されていない）

console.log( fn1() );
> こんにちは。

console.log( fn2() );
> function hello() { ... };
```

注意点が1つあります。Promiseコンストラクタに渡す(resolve, reject) => { ... }のコールバック関数は、new Promise（インスタンス化）を実行したときに実行されます。そのため、次のように生成したPromiseインスタンスを使いまわすことはできません。

▶非同期処理が一度しか実行されないケース（promise_once.html）

```
let count = 0;

function promiseFactory() {
    return new Promise((resolve, reject) => {
        setTimeout(() => {
            count++;

            console.log(`${count}回目のコールです。時刻：[${new Date().toTimeString()}]`);

            if(count === 3) {     // 3回目のコールでエラー
                reject(count);
            } else {
```

13

非同期処理

```
                    resolve(count);
              }

        }, 1000 );
    });
}

const instance = promiseFactory(); ──────── ❶この時点でpromiseFactory内のsetTimeoutが実行される

instance
.then( () => { return instance; } ) ────── setTimeoutの実行が再度行われるわけではないため、
                                           ログは出力されない
.then( () => { return instance; } ) ────── 上行と同じ
.then( () => { return instance; } ) ────── 上行と同じ
.catch( errorCount => {
    console.error( `エラーに飛びました。現在のカウントは ${ errorCount } です。` );
} ).finally( () => {
    console.log( "処理を終了します。" );
} );
> 1回目のコールです。時刻：[16:50:00 GMT+0900 （日本標準時）]
> 処理を終了します。
```

❶の時点でpromiseFactory()の記述によって、promiseFactory関数内部のコードが実行され、Promise
のコールバック関数（ resolve, reject) => { ... }が同期的に実行されます。それ以降、promise
Factory関数を再度実行しない限り（new Promiseを行わない限り）、このコールバック関数が呼び出されるこ
とはありません。そのため、1回目のコールのみログに出力されます。

練習問題　13.4

[1] 1秒ごとに2ずつ数値がインクリメントされてコンソールに表示されるプログラムを、Promiseチェー
ンを使って作成してください。0, 2, 4, 6のように6まで出力するようにしてみてください。

13.2.3 Promiseの状態管理

　Promiseのインスタンスは、内部で現在の状態
（ステータス）を管理し、これによってPromise
のメソッド（catchやthen）などの呼び出しを
制御しています。次項から説明するPromiseの静
的メソッドも、これらの状態管理をもとに制御し
ているため、簡単にその意味について確認してお
きましょう（表13.1）。

❖表13.1　Promiseのステータス一覧

ステータス	説明
pending	resolve、rejectが呼び出される前の状態
fulfilled	resolveが呼び出された状態
rejected	rejectが呼び出された状態

これまで「resolveが呼び出されるとthenに処理が移る」と説明してきましたが、これはPromiseインスタンスの内部で保持しているステータスがfulfilledの状態に移行したことを表します。

一方、rejectが実行されたときには、ステータスがrejectedとなります。fulfilledまたはrejectedに移行する前の状態をpendingと言います。また、fulfilledかrejectedのいずれかに遷移した状態は、settledと言います。

Promiseのステータスの状態は、Promiseインスタンスをコンソールで出力すると確認できます。

▶Promiseインスタンスのステータスを確認（promise_status.html）

```
let promResolve, promReject;

const prom = new Promise( ( resolve, reject ) => {
    promResolve = resolve;  ————————————————————— ❶resolveへの参照をpromResolveに保持
    promReject = reject;    ————————————————————— rejectへの参照をpromRejectに保持
});

console.log( prom );
> Promise {<pending>} ———————————————————————————— resolve実行前はpendingの状態

promResolve( "引数" ); ——————————————————————————— ❷resolveを実行
// promReject(); ——————————————————————————————————————————————————— ❸

console.log( prom );
> Promise {<fulfilled>: "引数"} —————————————————— fulfilledになる
```

上記のコードでは、❶でresolveへの参照をpromResolveに保持し、❷で実行しています。これによって、Promiseインスタンスが保持するステータスがpendingからfulfilledに移行していることが確認できます。また、Promiseのステータスは一度fulfilledまたはrejectedに移行すると変更できないため、仮に❸のpromReject()を❷の後に実行したとしても、Promiseのステータスはfulfilledのまま変わることはありません。

13.2.4 ┃ Promiseを使った並列処理

13.2.2項では、Promiseによる非同期処理を直列に実行するにはPromiseチェーンを使えばよいことを学びました。それでは、Promiseによる非同期処理を並列して実行したい場合には、どのようにすればよいでしょうか。

本項では、Promiseの静的メソッドを使って、非同期処理を並列で行う方法について学んでいきます。

◆Promise.all

すべての非同期処理を並列に実行し、すべての完了を待ってから次の処理を行いたい場合には、Promise.allを使います。

```
Promise.all( iterablePromises )
    .then(( resolvedArray ) => { ... })
    .catch(( error ) => { ... });
```

iterablePromises	:Promiseインスタンスを含む反復可能オブジェクト（ArrayやSet）を設定します。
resolvedArray	:iterablePromisesに格納された各Promiseのresolveの実引数が格納された配列となって渡されてきます。なお、この配列の要素の順番はiterablePromisesに格納されているPromiseの順番に一致します。
error	:最初にrejectedになったインスタンスのrejectの引数の値が渡ってきます。
戻り値	:Promiseのインスタンスが返されます。

　Promise.allは、引数で与えられた反復可能オブジェクトに格納されている、すべてのPromiseインスタンスの状態がfulfilledになったときに、Promise.allに続くthenに処理を移行します。また、いずれかのPromiseインスタンスのステータスがrejectedになったときには、catchメソッドに処理が移ります。

▶Promise.allの実行イメージ

```
Promise.all( [ fulfilled, fulfilled, fulfilled ] )  ➡ thenメソッドを実行
Promise.all( [ fulfilled, fulfilled, rejected ] )   ➡ catchメソッドを実行
```

　Promise.allは、次のように使います。

▶Promise.allの記述例（promise_all.html）

```
function wait( ms ) {
    return new Promise( (resolve, reject) => {
        setTimeout( () => {

            console.log( `${ms}msの処理が完了しました。` );
            resolve( ms );

        }, ms );  ──────────────────────────── 引数のms分だけ待機
    } );
}

const wait400 = wait(400);
const wait500 = wait(500);
const wait600 = wait(600);

Promise.all( [ wait500, wait600, wait400 ] )
    .then( ( [ resolved500, resolved600, resolved400 ] ) => {
        console.log( "すべてのPromiseが完了しました。" );
        console.log( resolved500, resolved600, resolved400 )
    } );
```

実行結果 Promise.allの記述例

```
400msの処理が完了しました。            promise_all.html:5
500msの処理が完了しました。            promise_all.html:5
600msの処理が完了しました。            promise_all.html:5
すべてのPromiseが完了しました。         promise_all.html:15
500 600 400                          promise_all.html:16
```

　このように、Promise.allメソッドに渡した配列内のすべてのPromiseインスタンスがfulfilledになると、Promise.allに続くthenメソッドに処理が移ります。その際、thenのコールバック関数の引数に渡されるのは、各resolveに設定した実引数が格納された配列です。また、この処理はあくまで並列で行っているため、Promiseチェーンを使った直列処理とは異なります（図13.14）。

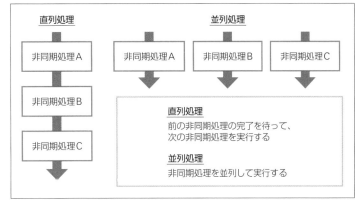

❖図13.14　非同期処理における直列と並列

　直列の場合には前の処理の完了を待ってから次の処理が実行されますが、並列の場合にはすべての処理が一斉に実行されます。状況によって使い分けるようにしましょう。

◆Promise.race

Promise.raceは、複数のPromiseインスタンスのいずれかの状態がsettled（fulfilledまたはrejected）になったときに、Promise.raceに続くthenメソッドまたはcatchメソッドを実行します。

▶Promise.raceの実行イメージ

```
Promise.race( [ pending, pending, fulfilled ] ) ➡ thenメソッドを実行
Promise.race( [ pending, rejected, pending ] ) ➡ catchメソッドを実行
```

構文 Promise.raceの記法

```
Promise.race( iterablePromises )
    .then( ( firstResolvedValue ) => { ... } )
    .catch( ( error ) => { ... } );
```

iterablePromises	：Promiseインスタンスを含む反復可能オブジェクト（ArrayやSet）を設定します。
firstResolvedValue	：最初にfulfilledになったインスタンスのresolveの引数の値が渡されてきます。
error	：最初にrejectedになったインスタンスのrejectの引数の値が渡されてきます。
戻り値	：Promise.allSettledのインスタンスが返されます。

Promise.raceは、次のように使います。

▶Promise.raceの記述例（promise_race.html）

```
// resolve()を100ミリ秒後に実行するPromiseインスタンス
const myResolve = new Promise( resolve => {
    setTimeout( () => {
        resolve( "resolveが呼ばれました。" );
        console.log( "myResolveの実行が終了しました。" );
    }, 100); ─────────────────────── 待機時間を変更してみよう
} );

// reject()を200ミリ秒後に実行するPromiseインスタンス
const myReject = new Promise( ( _, reject ) => {  ─────── resolveを使わないため_としておく
    setTimeout( () => {
        reject( "rejectが呼ばれました。" );
        console.log( "myRejectの実行が終了しました。" );
    }, 200 ); ─────────────────────── 待機時間を変更してみよう
} );

Promise.race( [ myReject, myResolve ] )
    .then( value => {
        console.log( value );
    } ).catch( value => {
        console.log( value );
    } );
```
```
> myResolveの実行が終了しました。 ───────────────────────────── ❶
> resolveが呼ばれました。 ───────────────────────────────── ❷
> myRejectの実行が終了しました。 ───────────────────────── ❸
```

❶ myResolveのsetTimeoutに設定したコールバック関数が100ミリ秒後に実行されます。このとき、
myResolveに格納されるPromiseインスタンスのステータスがfulfilledになります。

❷ いずれかのインスタンスがfulfilled（またはrejected）になった時点で後続の処理が呼び出される
ため、thenメソッドが実行されます。このとき渡される引数（value）は❶のresolveの実引数の値と
なります。

❸ myRejectのsetTimeoutに設定したコールバック関数が200ミリ秒後に実行されています。myReject
の内部ではrejectが呼び出されますが、これによる後続の処理（catchメソッドのコールバック関数）
の実行は発生しません。

myResolveやmyRejectの待機時間を逆にしてやると、myRejectが先にsettledの状態に遷移するため、
catchメソッドが実行されることになります。実際に待機時間を変更して確認してみてください。

◆Promise.any

`Promise.any`は、複数のPromiseインスタンスのいずれかが`fulfilled`になったタイミングで`then`メソッドに処理を移します。また、すべてのインスタンスの状態が`rejected`になったときに、`catch`メソッドを実行します。

▶Promise.anyの実行イメージ

```
Promise.any( [ rejected, rejected, fulfilled ] )  ➡ thenメソッドを実行
Promise.any( [ rejected, rejected, rejected ] )   ➡ catchメソッドを実行
```

`Promise.race`と似ていますが、`Promise.race`の場合にはPromiseインスタンスのいずれかが`settled`になった時点で`then`または`catch`に処理を移します。

構文 Promise.anyの記法

```
Promise.any( iterablePromises )
    .then( ( resolvedValue ) => { ... } )
    .catch( ( error ) => { ... } );
```

iterablePromises	：Promiseインスタンスを含む反復可能オブジェクト（ArrayやSet）を設定します。
resolvedValue	：最初に`fulfilled`になったインスタンスの`resolve`の引数の値が渡されくきます。
error	：AggregateErrorという特殊なオブジェクトです。
戻り値	：Promiseのインスタンスが返されます。

`Promise.any`は、次のように使います。

▶Promise.anyの記述例（promise_any.html）

```
// resolve()を200ミリ秒後に実行するPromiseインスタンス
const myResolve = new Promise(resolve => {
    setTimeout(() => {
        resolve( "resolveが呼ばれました。" );
        console.log( "myResolveの実行が終了しました。" );
    }, 200);
});

// reject()を100ミリ秒後に実行するPromiseインスタンス（rejectがmyResolveのresolveより前に呼び出される）
const myReject = new Promise( ( _, reject ) => { ─────────── resolveを使わないため_としておく
    setTimeout( () => {
        reject( "rejectが呼ばれました。" );
        console.log( "myRejectの実行が終了しました。" );
    }, 100 );
});

Promise.any( [ myReject, myResolve ] )
    .then( value => {
        console.log( value );
```

```
    } ).catch( error => {
        console.log( error );
    } );
```

> myRejectの実行が終了しました。 ─────────────────────────────────── ❶
> myResolveの実行が終了しました。 ────────────────────────────── ❷
> resolveが呼ばれました。 ──────────────────────────────────── ❸

❶ myRejectが100ミリ秒後に実行されます。このインスタンスの結果はrejectedのため、Promise.any
は他のインスタンスの実行結果を待ちます。

❷ myResolveが200ミリ秒後に実行されています。myResolveのインスタンスのステータスはfulfilled
となるため、後続のthenの処理に移行します。

❸ thenのコールバック関数の実行時に渡される引数（value）は、❷のresolveの実引数の値となります。

このように、Promise.anyでは、いずれかのインスタンスがfulfilledになるのを待ちます。また、すべて
のPromiseインスタンスがrejectedとなったときにはcatchメソッドに処理が移りますが、このとき渡される
引数はAggregateErrorという特殊なErrorオブジェクトになります。

◆Promise.allSettled

Promise.allSettledは、すべてのPromiseインスタンスの状態がsettled（fulfilledまたはrejected）
になったときにthenメソッドに処理を移行します。

▶Promise.allSettledの実行イメージ

```
Promise.allSettled( [ fulfilled, rejected, fulfilled ] ) ➡ thenメソッドを実行
```

allSettledの場合はcatchメソッドは使いません。thenメソッドのコールバック関数に、それぞれの
Promiseインスタンスの状態（status）と値（valueまたはreason）が対で格納された配列が渡されます。

構文 Promise.allSettledの記法

```
Promise.allSettled( iterablePromises )
    .then( ( arry ) => { ... } )
```

iterablePromises	：Promiseインスタンスを含む反復可能オブジェクト（ArrayやSet）を設定します。
arry	：Promiseインスタンスの状態と値が対になって格納された配列が渡されてきます。

▶例

```
[
    { status: "fulfilled", value: "resolveの値" },  ── fulfilledの場合
    { status: "rejected", reason: "rejectの値" }  ── rejectedの場合
]
```

戻り値	：Promiseのインスタンスが返されます。

レベルアップ 初心者はスキップ可能 使用頻度高

Promise.allSettledは、次のように使います。

▶Promise.allSettledの記述例（promise_allsettled.html）

```
// resolve()を200ミリ秒後に実行するPromiseインスタンス
const myResolve = new Promise(resolve => {
    setTimeout(() => {
        resolve( "resolveが呼ばれました。" );
        console.log( "myResolveの実行が終了しました。" );
    }, 200);
});

// reject()を100ミリ秒後に実行するPromiseインスタンス
const myReject = new Promise((_, reject) => {  ──────────── resolveを使わないため_としておく
    setTimeout(() => {
        reject( "rejectが呼ばれました。" );
        console.log( "myRejectの実行が終了しました。" );
    }, 100);
});

Promise.allSettled( [ myReject, myResolve ] )
    .then(arry => {
        for(const { status, value, reason } of arry) {  ──── 分割代入で各プロパティの値を抽出
            console.log(`ステータス:[${status}], 値:[${value}], エラー:[${reason}]`);
        }
    });
```

```
> myRejectの実行が終了しました。 ──────────────────────────────────── ❶
> myResolveの実行が終了しました。 ─────────────────────────────────── ❶
> ステータス:[rejected], 値:[undefined], エラー:[rejectが呼ばれました。] ────── ❷
> ステータス:[fulfilled], 値:[resolveが呼ばれました。], エラー:[undefined] ──────── ❸
```

❶ myReject、myResolveの状態がsettledになるまで、後続の処理（then）を待機します。

❷ rejectedの場合にはreasonプロパティに対してrejectの引数の値が渡されます。

❸ fulfilledの場合にはvalueプロパティに対してresolveの引数の値が渡されます。

Promise.allSettled内でエラーハンドリングしたい場合には、statusプロパティの値を確認して条件判定を加えるようにしてください。

[1] 次の空欄を埋めて、文章を完成させてください。

- Promise.allは、すべてのPromiseが ① のステータスに遷移するとthenメソッドに移行します。1つでもステータスが ② に遷移するとcatchメソッドが呼び出されます。
- Promise.raceは、いずれかのPromiseが ③ のステータスになったタイミングでthenメソッドまたはcatchメソッドを実行します。
- Promise.anyは、いずれかのPromiseが ④ になったタイミングでthenメソッドに処理を移します。また、 ⑤ のPromiseの状態がrejectedになったときにはcatchメソッドを実行します。
- Promise.allSettledは ⑥ のPromiseインスタンスの状態が ⑦ になったときにthenメソッドに処理を移行します。また、thenメソッドのコールバック関数には、それぞれのPromiseのステータスの状態（status）を含むオブジェクトが配列に格納されて渡されます。

13.2.5　その他の静的メソッド

前項ではPromise.allなどの並列処理に使う静的メソッドについて紹介しましたが、本項ではその他の静的メソッドについて見てみましょう。

◆Promise.resolve(引数)

Promise.resolveは、fulfilledの状態のPromiseインスタンスを返します。特定の処理を非同期処理として実行したい場合に使います。

▶Promise.resolveの使用例（promise_resolve.html）

```
let val = 0;

Promise.resolve().then( () => {
    console.log( `valの値は[${ val }]です。` ); ——————— 非同期処理のためグローバルコンテキスト
})                                                  終了後に実行される

val = 1;

console.log( "グローバルコンテキスト終了" );
> グローバルコンテキスト終了
> valの値は[1]です。
```

◆Promise.reject(引数)

`Promise.reject`は、rejectedの状態のPromiseインスタンスを返します。基本的には`Promise.resolve`と同じですが、エラーのみ非同期とする実装はほとんどないため、参考程度に知っておくだけでよいでしょう。

▶Promise.rejectedの使用例（promise_reject.html）

```
Promise.reject( "エラーの理由" ).catch( error => {
    console.error( error );
});

console.log( "グローバルコンテキスト終了" );
> グローバルコンテキスト終了
> エラーの理由
```

 エキスパートに訊く

Q：Promiseによる非同期処理もタスクキューによって管理されているのでしょうか？

A：Promiseによる非同期処理の実行は、タスクキューではなく、**ジョブキュー**（Job Queue）と呼ばれるキューによって管理されています。ジョブキューは、Promiseによる非同期処理の管理を行うための専用のキューです。また、Promiseによって追加される非同期処理は**マイクロタスク**（Microtask）とも呼び、それ以外の前節で説明したようなタスク（TimerタスクやUIタスクなど）は**マクロタスク**（Macrotask）とも呼びます。この違いは基本的に意識する必要はありませんが、一部の処理を行う場合に注意が必要です。

ジョブキューとタスクキューの関係（図13.15）

● コールスタックが空になったときに、ジョブキューにジョブが格納されている場合には、格納されているすべてのジョブを実行する。このとき、タスクキューにタスクが格納されている場合にもジョブの実行が優先される。

● コールスタックが空の状態かつジョブキューが空の場合に、タスクキューに格納されたタスクが実行される。

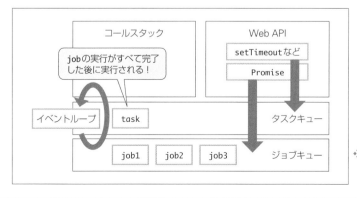

❖図13.15
タスクキューと
ジョブキューの関係

次のコードで、上記の関係について確認してみましょう。

▶ジョブキューとタスクキューの挙動の確認（job_queue.html）

```
setTimeout( function task() { console.log( "Taskの実行" ) } );
```
これはタスクキューに登録されたタスク

```
Promise.resolve().then( function job1() { console.log( "Job1の実行" ) } );
```
ジョブはタスクキューの前に実行される

```
Promise.resolve().then( function job2() { console.log( "Job2の実行" ) } );
```
ジョブキューに登録されたジョブがすべて処理されるまで、タスクキューのタスクは実行されない

```
console.log( "グローバルコンテキスト終了" );
> グローバルコンテキスト終了
> Job1の実行
> Job2の実行
> Taskの実行
```

　上記のコードでは、setTimeoutによってタスク（task）の登録を最初に行っています。しかし、コンソールには、その後に登録されたジョブ（job1、job2）が先に表示されることになります。この実行結果より、ジョブとタスクがそれぞれのキューに登録されている場合には、ジョブキューのジョブがすべて完了してからタスクが実行されるということがわかります。setTimeoutやPromiseは同じように非同期処理を記述できますが、このような違いがあるということは覚えておくとよいでしょう。なお、ジョブキューに登録する方法には、Promise以外にもqueueMicrotask(ジョブ)があります。

練習問題　13.6

[1] 次のコードを実行したときにA～Eがコンソールに表示される順番を答えてください。

```
console.log( "A" );

setTimeout( () => {
    queueMicrotask( () => console.log( "B" ) );
    console.log( "C" );
} );

Promise.resolve().then( () => console.log( "D" ) );

console.log( "E" );
```

13.3 await / async レベルアップ 初心者はスキップ可能 使用頻度高

ES2017のバージョンからawaitとasyncキーワードを使って、Promiseのthenの処理をより簡潔に記述できるようになりました。これによって、前節で説明したPromiseチェーンの記述を簡略化できます。

 note 本節で説明するawaitとasyncは、Promiseによる非同期処理を理解すると、簡単に使いこなせるようになります。awaitとasyncがいまいち理解できない場合には、前節のPromiseを復習してみてください。

13.3.1 async

asyncは、関数の先頭に付けることによって、**非同期関数**（AsyncFunction）という特殊な関数を定義できます。記法は次のようになります。

構文 asyncの記法

非同期関数の宣言
```
async function 関数名() { ... };
```

無名関数やアロー関数の先頭にも付与できる
```
someFunction( async () => { ... } );
```

オブジェクトやクラスのメソッドにも付与できる
```
class MyClass {
    async method() { ... }
}
const obj = { method: async function() { ... } }
```

非同期関数は、通常の関数と何が異なるのでしょうか。

その違いはシンプルで、**非同期関数のreturnが返す値は必ずPromiseインスタンスになります**。たとえば、次の例では非同期関数のreturnで"hello"を返していますが、それによって返される値はPromiseインスタンスになるため、thenメソッドを続けて記述できます。

▶asyncはPromiseを返す （async_return_promise.html）

```
async function asyncFunction() {
    return "hello";
}                                          非同期関数の実行結果はPromiseになるため、
                                           thenメソッドを呼び出すことが可能
asyncFunction().then( (returnVal) => { console.log( returnVal ) } );
> hello
```

このように、非同期関数でreturnが呼び出されたときに戻り値がPromiseでない場合、暗黙的（自動的）に
Promiseでラップされた値（Promise.resolve("hello")のように実行したときの値）が返されます。なお、
非同期関数でreturnが定義されていない場合には、undefinedがラップされたPromiseインスタンスが返ります。

13.3.2 await

awaitは、Promiseインスタンスの前に記述することで、**Promiseのステータスがsettled（fulfilledまたはrejected）になるまで、後続のコードの実行を待機**します。なお、awaitは、非同期関数内（async function）でしか使用できません。それ以外で使用した場合には、エラーになるため、注意しましょう。

構文 awaitの記法

```
async function 関数名() {
    let resolvedValue = await prom;
}
```

prom　　　　　　　：Promiseのインスタンス。
resolvedValue　：Promiseインスタンス内でのresolveの実引数の値がawaitの結果として返されます。

awaitは、Promise内のresolveの実引数の値を取り出す役割もあります。次の例を確認してください。

▶awaitはresolveの実引数の値を取り出す（await_wrap_promise.html）

```
const prom = new Promise( resolve => {
    setTimeout( () => resolve( "この値を取り出します。" ), 1000 )
});

async function asyncFunction() {
    const value = await prom;         resolveの実引数の値がvalueに代入される。
    console.log( value );             また、次行の処理はPromiseオブジェクト（prom）
}                                     のステータスがfulfilledになるまで待機する

asyncFunction();
> この値を取り出します。
```

また、仮にawaitで受けたPromise内でrejectが実行された場合には、awaitは例外を発生させます。そのため、これまでPromiseのcatchメソッドで行っていた失敗時の処理は、try...catch構文で処理することになります。

▶Promiseがrejectedになった場合

```
async function throwError() {
    try {
        await Promise.reject( "Promiseが失敗しました。" );
    } catch( error ) {
```

レベルアップ　初心者はスキップ可能　使用頻度高

```
        console.log( error );
    }
}
throwError();
> Promiseが失敗しました。
```

それでは、13.2.2項で記述したPromiseチェーンのコードを、await / asyncを使って書き換えてみましょう。

▶await / asyncを使ったPromiseチェーンの書き換え（by_async_await.html）

```
function promiseFactory(count) { ──────── ❶この関数はawait / asyncで書き換えることはできない
    return new Promise((resolve, reject) => {
        setTimeout(() => {
            count++;

            console.log(`${count}回目のコールです。時刻：[${new Date().toTimeString()}]`);

            if(count === 3) {    // 3回目のコールでエラー
                reject(count);
            } else {
                resolve(count);
            }

        }, 1000 );
    });
}


/* このコードをexecute()で書き換える
promiseFactory( 0 )
.then( count => {  return promiseFactory( count );  })
.then( count => {  return promiseFactory( count );  })
.then( count => {  return promiseFactory( count );  })
.catch( errorCount  => {
    console.error(`エラーに飛びました。現在のカウントは ${errorCount } です。`);
}).finally(() => {
    console.log( "処理を終了します。" );
});
*/

// await / asyncを使った書き換え
async function execute() { ──────────────── ❷awaitを内部で使っているためasyncを付ける
    try {

        // promiseFactory内のresolveが呼び出されるまで次の処理を実行しない ────── ❸
        let count = await promiseFactory( 0 ); ─── ❹awaitによってresolveの引数の値がcount
        count = await promiseFactory( count );         に代入される
```

```
        count = await promiseFactory( count );
        count = await promiseFactory( count );

    } catch ( errorCount ) {

        console.error(`エラーに飛びました。現在のカウントは ${ errorCount } です。`); ────
                          ❺Promiseがrejectedのステータスになった場合はcatchブロックに遷移する
    } finally {

        console.log( "処理を終了します。" );

    }
}

execute();    // execute()の実行
> 1回目のコールです。時刻：[01:13:26 GMT+0900 （日本標準時)]
> 2回目のコールです。時刻：[01:13:27 GMT+0900 （日本標準時)]
> 3回目のコールです。時刻：[01:13:28 GMT+0900 （日本標準時)]
> エラーに飛びました。現在のカウントは3です。
> 処理を終了します。
```

❶ await、asyncの書き換えは、本節の最初に説明したとおり、「Promiseのthenの記述の簡略化」のために使います。そのため、asyncとawaitを使ってpromiseFactoryの書き換えを行うことはできません。

❷ 上記のコードの書き換えでは、promiseFactoryの非同期処理をawaitで待機しています。awaitキーワードを使用できるのはasync function内のみなので、execute関数の宣言時にasyncキーワードを付けます。

❸ awaitキーワードによって、Promiseインスタンスの状態がfulfilledまたはrejectedになるまで、次の行の実行を待機します。

❹ awaitキーワードによって、resolveの引数として渡した値がcountに代入されます。

❺ Promiseインスタンスの状態がrejectedになったときには、catchブロックに処理が移ります。

このようにして、awaitとasyncを使ってPromiseチェーンを簡潔に記述できます。また、上記のコードでは、execute();をただ単に実行しているだけですが、await execute();のようにしてさらに違う非同期関数内で実行すると、後続の処理を待機できます。

▶executeの後続の処理を待機させる場合

```
async function fn() {
    await execute();    ──────────── executeは非同期関数なので、Promiseを返す。
}                                      後続の処理は、execute()の実行が完了するまで待機する
fn();
```

練習問題 13.7

[1] 次のmakeAction関数のコードを、awaitとasyncを使って書き直してみてください。

▶makeAction関数（make_action_before.html）

```
// 行動をログに出力
function action( actionName, duration ) {
    return new Promise( resolve => {
        setTimeout( () => {
            console.log( `${actionName}` );
            resolve();
        }, duration);
    });
}

// 1日の行動
function makeAction() {
    action( "散歩", 500 )
    .then( () => action( "朝食", 200 ) )
    .then( () => Promise.all( [ action( "昼食", 500 ), action( "おしゃべり", ⏎
100 ) ] ) )
    .then( () => action( "夕食", 600 ) )
    .then( () => action( "趣味", 400 ) );
}

makeAction();
```

13.4 Fetch

本章の最後に、**サーバーからデータやファイルを取得する**ときに使う、Web APIの一種であるFetch API（**fetch**関数）について見てみましょう。**fetch**関数は非同期処理になるため、取得したデータを使って処理を行うには、これまで学んできたPromiseやawait / asyncを使ってコードを記述します。

まずは、fetchの記法から確認していきましょう。

```
fetch( "リクエストURL" [, data ] )
    .then( response => response.json() )
    .then( data => { 取得したJSONを使って処理を行うコード } );
```

リクエストURL ：リクエストを送信する先のURLを文字列で渡します。

戻り値 ：fetch関数を実行すると、**response**（Responseオブジェクト）がPromiseでラップされた値で返されます。

data ：リクエスト送信時の設定をオブジェクトにして渡します。代表的なプロパティは以下のとおり。

プロパティ	説明
method	POST | GET | PUT | DELETEなどのリクエストメソッドを文字列で設定する。初期値はGET
headers	リクエストヘッダーを変更するときに設定する（オブジェクト形式） ▶例　JSONをサーバーに送信する際 headers: { "Content-Type": "application/json" }
body	リクエストのbody部を挿入したい値を設定する ▶例　JSONをサーバーに送信する際 body: JSON.stringify(obj)

response ：サーバーから返された情報を保持するResponseオブジェクト。代表的なプロパティやメソッドは以下のとおり。

プロパティ	説明
Response.ok	200〜299のHTTPステータスがサーバーから返された場合には、リクエスト成功として**true**が格納されている。それ以外は、リクエスト失敗として**false**が返る
Response.status	HTTPステータスが格納されている
Response.headers	レスポンスのヘッダー情報がオブジェクトで格納されている
メソッド	**説明**
Response.json()	レスポンスで返ってきたJSON文字列を処理するときに使う。レスポンスをオブジェクトに変換した値を**Promise**でラップしたものを取得する
Response.blob()	バイナリデータ（0と1の羅列）を含むレスポンスを処理するときに使う。動画などがこれに当たる。**Blob**オブジェクトを**Promise**でラップしたものを取得する
Response.text()	レスポンスの文字列を取得するときに使う。文字列を扱う**USVString**オブジェクトを**Promise**でラップしたものを取得する

13.4.1 Fetchの使用例

　それでは、サーバーに配置したJSONファイルをfetch関数で取得し、その内容をコンソールに表示する制御を実装してみましょう。ここで紹介する次の例では、fetch_fruitsフォルダを作成し、その中にindex.htmlとsample.jsonを配置します。

```
<script>
    fetch( "sample.json" ) ──────────────── 同じフォルダ内のsample.jsonを相対パスで指定
        .then( response => response.json() )
        .then( data => {
            for( const { key, value } of data ) {
                console.log( key + ":" + value );
            }
        } );

    /* await / asyncを使うと以下のように記述できる
    async function myFetch() {
        const response = await fetch( "sample.json" );
        const data = await response.json();     // jsonメソッドもPromiseを返す
        for( const { key, value } of data ) {
            console.log( key + ":" + value );
        }
    }
    myFetch();
    */
</script>
```

13

非同期処理

続いて、index.htmlを作成したときと同じフォルダにsample.jsonを作成して、次のように記述してください。

▶fetch_fruits/sample.json

```
[
    { "key": "apple", "value": "リンゴ" },
    { "key": "orange", "value": "オレンジ" },
    { "key": "melon", "value": "メロン" }
]
```

　これで、sample.jsonをfetchで取得する準備が整いました。fetchでサーバー上のリソースを取得するには、必ずサーバーが起動している必要があります。index.htmlをLive Serverを使って開きましょう。
　すると、コンソール上に次のメッセージが表示されたはずです。

実行結果 fetchで取得したJSONの値がコンソールに表示される

```
> apple:リンゴ
> orange:オレンジ
> melon:メロン
```

　このように、ブラウザが提供している組み込み関数にも、Promiseオブジェクトを返すものがあります。ぜひ、Promiseの仕組みを理解して非同期処理をマスターしてください。

[1] 次のJSONファイル（`daily.json`）をHTMLファイル（`index.html`）と同じフォルダに作成し、`fetch`と`await` / `async`を使ってJSONファイルを取得した後、`word`の値（今日はいい天気でした。）をコンソールに表示してください。

▶fetch_daily/daily.json

```
{ "word": "今日はいい天気でした。" }
```

▶fetch_daily/index.html

```
<script>
    /* ここに回答を記述。 */
</script>
```

☑ この章の理解度チェック

[1] 非同期処理とは

次の空欄を埋めて、文章を完成させてください。

ブラウザのJavaScriptを実行するスレッドのことを ① と言います。 ① はシングルスレッドのため、 ① で実行されるコードはすべて ② に処理されます。一方、非同期処理の場合は ① から一度切り離されて、 ③ にタスクとして追加され、 ④ が空になったタイミングを ⑤ によって検知し、再び ① に戻ってきて実行されます。

[2] Promiseの使い方

太郎と次郎と三郎は3人で駆けっこをして遊んでいます。次の run 関数にそれぞれの名前（`personName`）を渡して実行すると、ランダムな時間（`time`）が経過した後に、途中でコケる（`reject`）か、完走（`resolve`）するようになっています。この run 関数は Promise インスタンスを返すように作成しているので、この run 関数を利用して①〜⑤の指示のとおり、非同期処理をそれぞれ実装してみてください。

▶run関数（sec_end2_before.html）

```
function run( personName ) {
    return new Promise( ( resolve, reject ) => {

        const time = Math.floor( Math.random() * 11 );
```

```
        setTimeout( () => {
            if( time % 4 === 0 ) { // 4の倍数のとき
                // 途中でコケる
                reject( { personName } );
            } else {
                // 完走
                resolve( { personName, time } );
            }
        }, time );

    });
}
```

① 3人でバトンをつないでリレーをしましょう。太郎からスタート（run("太郎")）し、完走
（resolve）すれば、それに続くthenメソッドで、

「${personName}のタイムは${time}です。」

の形式でコンソールに表示してから、次の走者をスタートさせてください（太郎→次郎→三郎の順に
バトンを渡します）。

途中で誰かがコケた場合（rejectが呼び出された場合）は、

「●●がこけました。レースやり直し！」

の形式でコンソールに表示し、リレーを中断してください

 ヒント ---------------------------------------
Promiseチェーンを使います。
----

② 3人で一斉にスタートし、最初にゴール（resolve）した人の名前とタイムを

「一番最初にゴールしたのは${personName}で、タイムは${time}です。」

の形式でコンソールに表示してください。全員がコケた（reject）場合には、

「レースやり直し！」

の形式でコンソールに表示してください。

 ヒント ---------------------------------------
Promise.anyを使います。
----

③ 3人で一斉にスタートし、全員がゴール（resolve）したときに、それぞれの名前とタイムを

「${personName}のタイムは${time}です。」

の形式でコンソールに表示してください。1人でもコケた（reject）場合は、

「●●がこけました。レースやり直し！」

の形式でコンソールに表示してください。

 ヒント ---------------------------------------
Promise.allを使います。
----

④ 3人で一斉にスタートし、全員がゴール（resolve）またはコケた（reject）ときにそれぞれがゴールしたか、コケたかをコンソールに表示してください。

 ヒント Promise.allSettledを使います。

⑤ 3人で一斉にスタートし、誰かがゴール（resolve）またはコケた（reject）ときに、その人の名前をコンソールに表示しください。

 ヒント Promise.raceを使います。

[3] await / async

　　[2] の①のコードを、await / asyncを使って書き直してください。

[4] Fetch

　　次のようなJSONファイルとHTMLファイルがあります。

▶ fruit.json（フルーツ和名）

```json
[
    { "key": "apple", "value": "リンゴ" },
    { "key": "orange", "value": "オレンジ" },
    { "key": "melon", "value": "メロン" }
]
```

▶ fruit-tag.json（フルーツのタグ情報）

```json
{
    "apple": [ "赤", "安い", "赤ずきんちゃん" ],
    "orange": [ "オレンジ", "安い" ],
    "melon": [ "緑", "高い" ]
}
```

このJSONファイルをHTMLファイルと同じフォルダに作成して、すべてのフルーツに対して以下のフォーマットでログを出力してください。なお、fruit.jsonのkeyの値をキーにして、fruit-tag.jsonのタグ情報を取得してください。

▶ **フォーマット**

{フルーツ（和名）}は次の特徴があります。（タグの値1，タグの値2，タグの値3）

DOM

この章の内容

本章では、JavaScriptを使って画面上の表示内容を取得・変更する方法について学んでいきます。Webサイトを作成するときには必ず画面の作成作業が発生するので、本章でどのようにしてJavaScriptから画面の内容を取得・変更するのか学んでいきましょう。

JavaScriptからHTMLへの入出力は、**DOM**（Document Object Model）という APIを通して行います（DOMは、**DOMインターフェイス**や**DOM API**とも呼びます）。JavaScriptのソースコード中では直接HTMLを扱うことができないため、**DOMインターフェイスを持つDOMオブジェクト**を通してHTMLの情報を扱います（図14.1）。

HTMLは、HTML文書（Document）とも言います。そのため、**DOM（Document Object Model）とは、JavaScriptで扱うための、HTML文書のオブジェクトのモデル（決められた構造）という意味になります。**

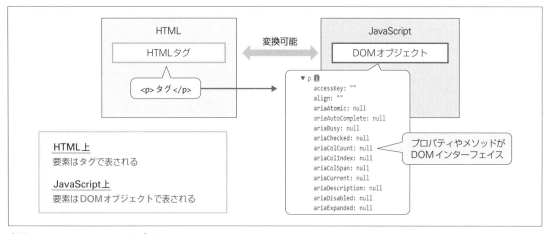

❖図14.1　HTMLとDOMオブジェクト

DOMインターフェイスを持つオブジェクト（DOMオブジェクト）はブラウザの仕様として決められており、開発者はその仕様に沿ってDOMオブジェクトのプロパティの値を変更したり、メソッドを呼び出したりすることでHTMLの表示や変更を行います（図14.2）。なお、HTMLとDOMオブジェクト間の変換はブラウザによって自動的に行われるため、開発者は変換する処理を記述する必要はありません。開発者はすでに変換されているDOMオブジェクトを取得し、その値を取得・変更する操作のみ行います。

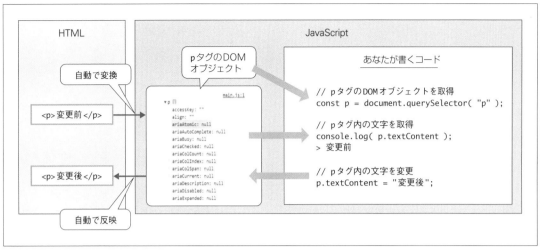

❖図14.2　DOMインターフェイスの例（textContentでタグ内の文字を取得・変更）

DOMは、**JavaScriptからHTMLの情報を取得・変更するためのインターフェイス**と覚えておいてください。

14.1.1　DOMツリー

　ここまでで、「JavaScriptコードからは、DOMインターフェイス（DOMオブジェクト）を通してHTML情報を取得・変更する」ということを学びました。それでは、DOMオブジェクトを取得するには、どのようにすればよいでしょうか。

　そのときに使うのが**Document**オブジェクトです。**Documentオブジェクトには、HTMLの構造がDOMオブジェクトに変換された状態で、ツリー構造で格納されています。このツリー構造をDOMツリー**と呼びます（図14.3）。

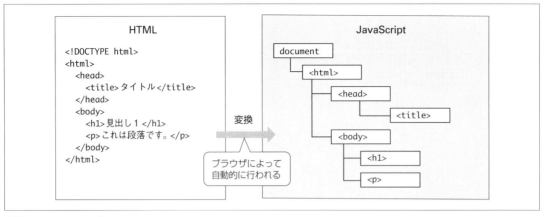

❖図14.3　DOMツリー

　また、DOMツリーを構成する個々のオブジェクトは、Node（ノード）と呼びます。Nodeには、テキストやHTMLコメント、またHTMLタグなどの種別があります。

　Nodeと言った場合にはHTMLタグ以外のHTMLのコメントやテキスト、タグとタグの間のスペースなどのことも指しますが、Nodeの中でもHTMLタグのみを表す場合にはElement（エレメント）と呼びます（図14.4）。Elementとは、Nodeの種別がElementタイプ（HTML要素）のものを指します。

note　ここで言うHTMLタグとは、htmlタグのみではなく、pタグやdivタグなどを含むHTMLのすべての種類のタグを指します。また、DOMツリーを構成するNodeオブジェクトの中でもNodeの種別がHTMLタグを指すものは、Elementオブジェクトになります。

Node ── JavaScriptではHTMLのすべての要素は、Nodeとして保持される

Element HTMLタグの種別のNodeをElementと呼ぶ

Nodeの種類（nodeType）	説明	例
ELEMENT_NODE	HTMLタグ（HTML要素）の情報を保持するノード	`<p>`、`<img>`、...
TEXT_NODE	タグ内のテキストなどの文字情報を保持するノード	`<p>`この文字がテキストノード`</p>`
COMMENT_NODE	コメントを保持するノード	`<!-- コメント -->`

❖図14.4　NodeとElementの違い

note　ElementとNodeは、両方ともコンストラクタによって作成されたオブジェクトのことだと思ってください（それぞれElementコンストラクタ、Nodeコンストラクタを継承したコンストラクタから作成されます）。また、ElementはNodeを継承しているため、Nodeオブジェクトで使用可能なプロパティやメソッドはElementオブジェクトからも使用できます。

そのため正確に言うと、DOMツリーには、**Element**で構成されたツリーと、**Node**で構成されたツリーの2種類があります（図14.5）。DOMツリーと言った場合にどちらのツリー構造を指すのかは、文脈によって判断するようにしてください。

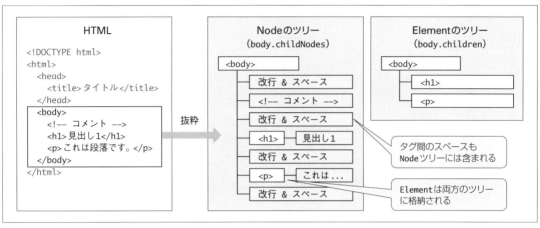

❖図14.5 ElementのツリーとNodeのツリー

図14.5の**Element**と**Node**のツリーは、それぞれDocumentオブジェクト（document）の**children**、**childNodes**に格納されています。

- **children** Nodeの中でもElementのみ格納されている
- **childNodes** コメントやテキストなどを含むすべての種類のNodeが格納されている

実際に**children**に格納されている**Element**を確認してみましょう。次のHTMLを開発ツールで開いてから、コンソールパネルを開いてください。

▶DOMツリーの確認用HTML（dom_tree.html）

```
<!DOCTYPE html>
<html>
    <head>
        <title>タイトル</title>
    </head>
    <body>
        <!-- コメント -->
        <h1>見出し1</h1>
        <p>これは段落です。</p>
    </body>
</html>
```

そして、**document.children**の中身をコンソールで確認してみます。なお、次のコードで使用している**console.dir**は、オブジェクト形式でコンソールに表示するためのメソッドです。DOMオブジェクト（ElementやNode）をオブジェクトの形式で表示したい場合に重宝するため、覚えておくとよいでしょう。

▶開発ツールのコンソールで実行

```
console.dir( document.children );
```

実行結果 document.childrenの中身

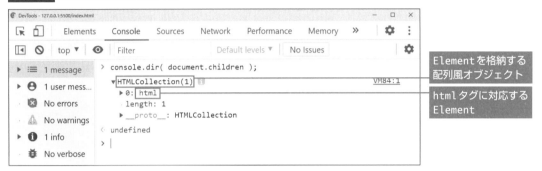

Elementを格納する
配列風オブジェクト

htmlタグに対応する
Element

childrenプロパティには、**HTMLCollection**という配列風（array-like）オブジェクトに**Element**が格納されています。配列風オブジェクトとは、配列のようなオブジェクトのことです。特徴としては、配列のように0から始まるインデックスで値を保持しますが、配列ではないため、配列のメソッドは使用できません。この**children**には**Element**しか格納されないため、**DOCTYPE**タグや、コメント、テキストは**HTMLCollection**には含まれません。また、**document.children**がHTML構造の一番上の階層の要素を格納するため、この中には**html**タグに対応する**Element**が格納されています。

次に、**document.children[0].children**の中身を確認すると、**html**タグの次の階層のHTML要素を確認できます。

▶htmlのchildrenを確認

```
console.dir( document.children[0].children );
```

実行結果 Elementツリーはchildrenで再帰的に構成

htmlタグ（ `<html>` ）

headタグとbodyタグ
が配置されている

このように、ElementツリーはDocumentオブジェクト上に保持されています。

一方、Nodeツリーの場合は、childNodesというプロパティにNodeがツリー状に構築されています。

▶Nodeツリーの確認

```
console.dir( document.childNodes );
```

実行結果 document.childNodesの中身

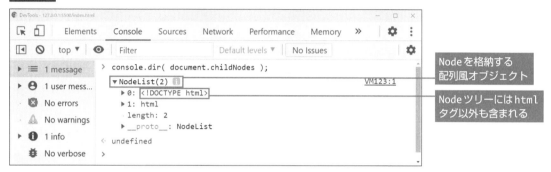

Nodeを格納する配列風オブジェクト

Nodeツリーにはhtmlタグ以外も含まれる

childNodesプロパティには、**NodeList**という配列風（array-like）オブジェクトにNodeが格納されています。そのため、HTMLの先頭に記述するDOCTYPEタグもNodeの一種とみなされ、NodeListに格納されています。先のchildrenと同様にNodeツリーの場合は、childNodesに再帰的にNodeが格納されています。

note 一般的に、DOMインターフェイスを使うときには、**HTMLタグごとに値の取得・変更を行うため**、HTMLタグ（Element）以外のNodeを操作することはあまりありません。そのため、子要素を取得するときにchildNodesを使うのは非常にまれで、基本的にはchildren使って子要素を取得します。

14.1.2 親子関係を表すDOMインターフェイス

NodeやElementなどのDOMオブジェクトには、親子関係を持つプロパティがあります（表14.1）。前項で確認したNodeを取得するためのプロパティ（childNodes）とElementを取得するためのプロパティ（children）などもその1つです。NodeかElementのどちらを取得したいかによって使い分けるようにしてください。

DOM

プロパティ	戻り値のタイプ	説明
parentElement	Element	親のElementを返す
parentNode	Node	親のNodeを返す
children	HTMLCollection	子Elementを含む配列風オブジェクトを返す
childNodes	NodeList	子Nodeを含む配列風オブジェクトを返す
firstElementChild	Element	childrenで取得される配列風オブジェクトの最初の要素を返す
firstChild	Node	childNodesで取得される配列風オブジェクトの最初の要素を返す
lastElementChild	Element	childrenで取得される配列風オブジェクトの最後の要素を返す
lastChild	Node	childNodesで取得される配列風オブジェクトの最後の要素を返す
previousElementSibling	Element	自要素と兄弟関係にある1つ前のElementを返す
previousSibling	Node	自要素と兄弟関係にある1つ前のNodeを返す
nextElementSibling	Element	自要素と兄弟関係にある1つ後のElementを返す
nextSibling	Node	自要素と兄弟関係にある1つ後のNodeを返す

※これらのプロパティでは、一致するElementやNodeが見つからない場合には、nullが返ります。また、HTMLCollectionの
　場合は、空の状態となります。

　初心者の頃によくありがちなのが、Elementを取得したいのに、firstChildなどのNodeを取得するプロパ
ティから値を取得したときにテキストなどが返されてしまうことです。これらのプロパティを使うときには、
NodeとElementの違いに注意してください。なお、表14.1のプロパティの関係を図で表すと、図14.6のように
なります。

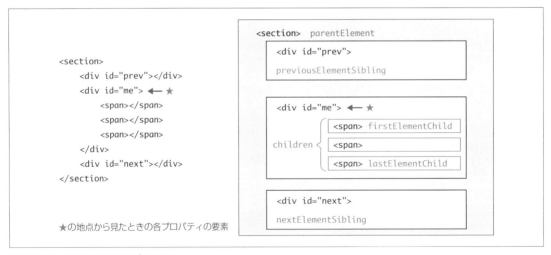

❖図14.6 親子関係を表すプロパティ

　基本的にHTML内のすべてのHTML要素は、DOMツリー上で保持、管理されていますが、一部のHTML要素
に関してはDOMツリー外の表14.2のプロパティからも取得可能です。

❖表14.2　DOMツリー外から取得可能なDOMオブジェクト

プロパティ	戻り値のタイプ	説明
document.body	Element	HTML内の<body>のElementを返す
document.head	Element	HTML内の<head>のElementを返す
document.images	HTMLCollection	HTML内の<img>のElementを含む配列風オブジェクトを返す
document.forms	HTMLCollection	HTML内のすべての<form>のElementを含む配列風オブジェクトを返す
document.embeds	HTMLCollection	HTML内のすべての<embed>のElementを含む配列風オブジェクトを返す

14.1.3　特定のElementを取得するDOMインターフェイス

　DOMインターフェイスには、特定のキー情報をもとにしてHTML要素をDOMツリーから取得する方法が用意されています。それらは、**Element（オブジェクト）またはDocumentオブジェクト（document）のメソッド**として実装されています（表14.3）。

> *note*　表14.3に挙げたメソッドは、次項で紹介するセレクタAPI（Selectors API）がJavaScript（ECMA Script）に追加される前に使われていたメソッドです。現在の主要ブラウザでは、セレクタAPIによって代替できるため、参考程度に確認しておくだけでよいでしょう。また、getElementByIdについては、パフォーマンスの観点から、セレクタAPIの追加後も使われることがあります（p.420のColumn「get ElementByIdを使うケース」参照）。

❖表14.3　特定のElementを取得するメソッド（Elementオブジェクトまたはdocumentから利用可能）

メソッド	戻り値	説明
getElementById("idAttr")	Element | null	idの属性値（idAttr）と一致した最初のElementを取得する。一致する要素がない場合は、nullが返る
getElementsByClassName("clsAttr")	HTMLCollection	class属性（clsAttr）を使ってElementが格納された配列風オブジェクトを取得する。一致する要素がない場合は、空のHTMLCollectionが返る
getElementsByName("nameAttr")	NodeList	name属性（nameAttr）を使ってElementが格納された配列風オブジェクトを取得する。一致する要素がない場合は、空のHTMLCollectionが返る
getElementsByTagName("tagName")	HTMLCollection	タグ（tagName）を使ってElementが格納された配列風オブジェクトを取得する。一致する要素がない場合は、空のHTMLCollectionが返る

▶特定のElementを取得するメソッド（get_element.html）

```
<section id="container"> ────────────────────────────────── ❶
    <span class="target-cls"></span> ──────────────────── ❷
    <div class="list">
        <input name="child1"> ──────────────────────── ❸
        <input name="child2">
    </div>
    <p class="target-cls"></p> ─────────────────────── ❷❹
</section>
```

```
<script>
    const elById = document.getElementById( "container" );  ─────── ❶id属性から要素を取得

    const elsByCls = document.getElementsByClassName( "target-cls" );  ─── ❷class属性から
                                                                              要素を取得

    const elsByName = document.getElementsByName( "child1" );  ─────── ❸name属性から要素を取得

    const elsByTag = document.getElementsByTagName( "p" );  ─────── ❹タグ名から要素を取得
</script>
```

14.1.4 セレクタAPIによるElementの取得

　現代のブラウザでは、**セレクタAPI**（Selectors API）を使って、柔軟にElementオブジェクトを取得できます。セレクタAPIは、DocumentオブジェクトまたはElementオブジェクトのメソッドとして提供されています（表14.4）。

　前項で説明したgetElementById、getElementsByClassName、getElementsByName、getElementsByTagNameは、取得する条件によってメソッドを使い分ける必要があるため、利便性に欠けます。それに対して、セレクタAPIは、引数の**セレクタ文字列**（selector）によって取得条件を指定できるため、現在のJavaScriptでは基本的にこの方法で要素を取得します。

❖表14.4　セレクタAPI（Elementオブジェクトまたはdocumentから利用可能）

メソッド	戻り値	説明
querySelector(selector)	Element	セレクタ文字列（selector）に一致した最初のElementを取得する
querySelectorAll(selector)	NodeList	セレクタ文字列（selector）に一致したすべてのElementを格納した配列風オブジェクトを取得する

　querySelectorメソッドを使った場合は、最初にセレクタ文字列に一致した**Elementオブジェクトのみ取得**されます。一致したElementオブジェクトをすべて取得したい場合には、**querySelectorAll**を使ってください。

　セレクタAPIは、セレクタ文字列とあわせて使います。**セレクタ文字列**とは、JavaScriptやCSSのコード内でHTML要素を特定するときに使う文字列のことです。JavaScriptコードからは、表14.5のセレクタ文字列が使用可能です。

❖表14.5　セレクタAPIで使用可能なセレクタ文字列

セレクタ文字列	記述例	説明
*	*	すべてのタグに一致する
E	div `<div>タグ</div>`	タグ名（E）に一致する
#idAttr	#target `<div id="target">タグ</div>`	idの属性値（idAttr）に一致する
.clsAttr	.target `<div class="target">タグ</div>`	classの属性値（clsAttr）に一致する
[attr]	[disabled] `<input disabled>`	属性名（attr）に一致する

セレクタ文字列	記述例	説明
[attr="value"]	[type="password"] `<input type="password">`	属性名（attr）の属性値（value）に一致する
[attr^="value"]	[href^="http"] href属性の値がhttpから始まる要素に一致する `<a href="http://example.com/">リンク</a>`	属性名（attr）の属性値（value）に先頭一致する
[attr$="value"]	[href$="pdf"] href属性の値がpdfで終わる要素に一致する `<a href="/sample.pdf">PDFリンク</a>`	属性名（attr）の属性値（value）に後方一致する
[attr*="value"]	[name*="text"] name属性の値にtextを含む要素が一致する `<input name="text-1">` ─┐ `<input name="text-2">` ─┴─ 一致	属性名（attr）の属性値（value）に部分一致する
S1, S2	div, .cls 以下のいずれのHTMLにも一致する `<div></div>` ──────┐ `<p class="cls"></p>` ──┴─ 一致	セレクタ（S1）またはセレクタ（S2）に一致する。セレクタにおけるOR条件

S1S2	.cls1.cls2
	クラス属性にcls1、cls2が付いている要素（<h1>）に一致する
	
	`<div class="cls1">`
	　`<h1 class="cls1 cls2">` ───── 一致
	　　`<span></span>`
	　`</h1>`
	`</div>`
		セレクタ（S1）かつセレクタ（S2）に一致する。セレクタにおけるAND条件

S1 S2	div span
	`<div>`に含まれる`<span>`が一致する
	
	`<div>`
	　`<h1>`
	　　`<span></span>` ──────── 一致
	　`</h1>`
	`</div>`
		セレクタ（S1）内のセレクタ（S2）に一致する

S1 > S2	div > h1
	`<div>`の子要素の`<h1>`に一致する
	
	`<div>`
	　`<h1></h1>` ─────────── 一致
	`</div>`
		セレクタ（S1）の子要素に当たるセレクタ（S2）に一致する

S1 + S2	div + h1 `<div>`の直後の`<h1>`に一致する `<div></div>` `<h1></h1>` ───────────── 一致	セレクタ（S1）の直後にあるセレクタ（S2）に一致する

S1 ~ S2	div ~ h1
	`<div>`の兄弟、かつ後に位置する`<h1>`に一致する
	
	`<div></div>`
	`<span></span>`
	`<h1></h1>` ──────── 一致
		セレクタ（S1）の兄弟関係でS1よりも後にあるセレクタ（S2）に一致する

14

DOM

▶セレクタAPIを使ったElementの取得（selector_api.html）

```
<section id="container"> ─────────────────────────── ❶
    <span class="target-cls"></span> ─────────────────── ❷
    <div class="list">
        <input name="child1"> ──────────────────────── ❸
        <input name="child2">
    </div>
    <p class="target-cls"></p> ──────────────────── ❷❹
</section>
<script>
    const elById = document.querySelector( "#container" ); ──────── ❶id属性から要素を取得

    const elsByCls = document.querySelectorAll( ".target-cls" ); ──── ❷class属性に一致する
    const elByCls = document.querySelector( ".target-cls" );─┐        すべての要素を取得
                        一致した最初の要素のみ取得する場合にはquerySelectorを使用
    const elsByName = document.querySelectorAll( '[name="child1"]' );─┐
                        ❸name属性の値がchild1の要素をすべて取得
    const elsByTag = document.querySelectorAll( "p" ); ──────── ❹タグ名に一致するすべ
</script>                                                              ての要素を取得
```

セレクタAPIでは、このような書式で柔軟にHTML要素を取得できます。ここには、id属性やclass属性も使うことができるため、前項で紹介したgetElementsByName、getElementsByTagName、getElementsByClassNameなどの機能も包含できます。

> ***Column*** **getElementByIdを使うケース**
>
> 　セレクタAPIの追加以降も、**getElementById**メソッドは、querySelectorの代わりに使われることがあります。getElementByIdを使ったほうがquerySelectorを使うよりも高速で処理されるためです。これは、getElementByIdとquerySelectorの検索アルゴリズムの違いに起因します。
>
> 　この速度の違いは、ページ上に存在するノード数が増えれば増えるほど大きくなります。比較的大きなWebアプリケーション（1ページのノード数が10万ノード程度）になることが想定されるようであれば、id属性の指定にはgetElementByIdを使うほうがよいでしょう。それほどノード数が多くない場合には、検索速度はそれほど違いません。

14.1.5 祖先要素にさかのぼって検索する

closestメソッドを使うと、親とその親（祖先）と順々にさかのぼって最初に一致する要素（祖先要素と呼びます）を取得できます。

構文 closestメソッド

```
let closestElement = element.closest( selector );
```

closestElement	：自要素（element）の祖先要素をさかのぼって検索したときに、最初にセレクタ文字列（selector）に一致するElementを返します。
element	：Elementオブジェクトを設定します。
selector	：セレクタ文字列を設定します。

たとえば、次の例ではsectionタグが2つありますが（❶❷）、❶の<section>の中に#target要素（<span id="target"></span>）を含んでいます。そのため、#target要素からclosestメソッドで<section>を探しにいったときには、❶の<section>が取得されます。

▶closestメソッドは祖先要素をさかのぼって検索する（closest.html）

```
<section style="background-color: yellow;">            ────┐
    これは祖先要素です。                                    │
    <div>                                                 │
        <span id="target"></span>                         ├─ ❶
    </div>                                                │
</section>                                          ────┘
<section style="background-color: orange;">          ────┐
    これは祖先要素ではありません。                          ├─ ❷
</section>                                          ────┘

<script>
    setTimeout(() => {

        const target = document.querySelector( "#target" );
        const section = target.closest( "section" );      ───── 祖先要素のsectionタグを検索
        section.prepend( "発見 -> " );                     ───── sectionタグの先頭に文字を追加

    }, 2000);    // 2秒後に実行
</script>
```

実行結果 closestメソッドは祖先要素をさかのぼって検索する

なお、上記のコードで使用しているprependメソッドは、HTMLタグや文字を追加するときに使います。詳細は、14.2.3項で説明します。

　ここまで、DOMツリーから要素を取得する方法について学んできました。JavaScriptコードからDOMインターフェイスを通してHTML要素を取得するときには、JavaScriptコードの実行タイミングに注意する必要があります。この実行タイミングについて確認しておきましょう。

　そもそもブラウザは、HTMLを上から順番に解析していき、解析が終わったHTMLから順次、DOMツリーを構築していきます。DOMインターフェイスを通してHTMLの情報を取得・変更できるのは、DOMツリー上の要素のみです。**JavaScriptコードの実行時に、まだDOMツリー上に読み込まれていないHTMLタグにはアクセスできないため、注意してください。**

▶DOMツリー上に要素がない場合にはエラーとなる

```
<div id="before">この要素はscriptタグより前にあるため取得可能です。</div>

<script>
    const beforeEl = document.querySelector( "#before" );
    console.log( beforeEl.textContent );
    > この要素はscriptタグより前にあるため取得可能です。

    const afterEl= document.querySelector( "#after" );
    console.log( afterEl.textContent ); ─────────────────────── エラー発生！
    > Uncaught TypeError: Cannot read property "textContent" of null ┐
                    [意訳] 型に関するエラー：nullのtextContentプロパティを取得できません。
</script>

<div id="after">この要素はscriptタグより後にあるため取得できません。</div>
```

　上記のコードでは、scriptタグよりも、#after要素が後に存在するため、<script>の実行タイミングでは#after要素はまだDOMツリー内に配置されていません。そのため、afterElのプロパティ（textContent）にアクセスすると、エラーが発生します。textContentプロパティについては次節で説明します。

◆HTML要素が取得できない場合の対処方法

　このエラーを解消する方法には、主に次の4つがあります。

HTML要素が取得できない場合の対処方法

❶scriptタグを<body>の閉じタグの直前に記述する。

❷DOMContentLoadedイベントまたはloadイベント内でコードを実行する。

❸defer属性をscriptタグに付与する。

❹scriptタグにtype="module"を付加する。

---

❶ scriptタグをbodyの閉じタグの直前に記述する

`<body>`の閉じタグ（`</body>`）の直前に記述することで、すべてのHTMLタグの解析が完了してからJavaScriptコードを実行します。

```
<html>
    <body>
        <!--

        HTMLタグの記述

        -->
        <script> /* JavaScriptの実行 */ </script>
    </body>
</html>
```

❷ DOMContentLoadedイベントまたはloadイベント内でコードを実行する

`DOMContentLoaded`イベントまたは`load`イベント内でJavaScriptコードを実行することで、コードの実行タイミングをDOMツリーの構築後にすることができます。イベントは第15章で詳しく説明します。

▶DOMツリー構築後にコードが実行される（DOMContentLoaded.html）

```
<html>
    <body>
        <script>
            document.addEventListener( "DOMContentLoaded", () => {
                /* この関数内のコードはDOMツリー全体の構築が完了してから実行されます。 */
                const afterEl = document.querySelector( "#after" );
                console.log( afterEl.textContent );
                > scriptタグの後に記載したHTMLタグも取得可能です。
            });
        </script>
        <div id="after">scriptタグの後に記載したHTMLタグも取得可能です。</div>
    </body>
</html>
```

❸ defer属性をscriptタグに付与する

`script`タグに`defer`属性を付けることで、DOMツリーの構築後にコードを実行できます。また、`defer`が付いた`script`タグが複数ある場合には、`script`タグの記述順でコードが実行されます。

note　同じような属性に`async`属性がありますが、`script`タグに`async`属性を付けるとDOMツリーの構築前でもJavaScriptコードの読み込みが完了した時点で実行されます。また、`async`の場合は`script`タグの記述順は関係なく、読み込みが完了したものから実行されます。

▶deferの場合

```
<script src="A.js" defer> ─────────────
<script src="B.js" defer> ─────────────────  A.js、B.js、C.jsの順番で
<script src="C.js" defer> ─────────────────  コードは実行される
<span>この要素を取得可能です。</span> ──────  A.js、B.js、C.jsのすべてのファイルから
                                              この<span>要素は取得可能
```

▶asyncの場合

```
<script src="A.js" async> ─────────────
<script src="B.js" async> ─────────────────  A.js、B.js、C.jsは読み込みが
<script src="C.js" async> ─────────────────  完了したものから実行される
<span>取得可能かわかりません。</span> ──────  A.js、B.js、C.jsは<span>要素の読み込み
                                              前に実行される可能性がある
```

❹ scriptタグにtype="module"を付加する

`<script type="module">` とした場合には、`defer` 属性を付与したときと同じ挙動になります。そのため、この場合も DOM ツリーの構築はすべて完了した状態で JavaScript コードが実行されます。

HTML要素が取得できない場合には、これらの方法を試してみてください。

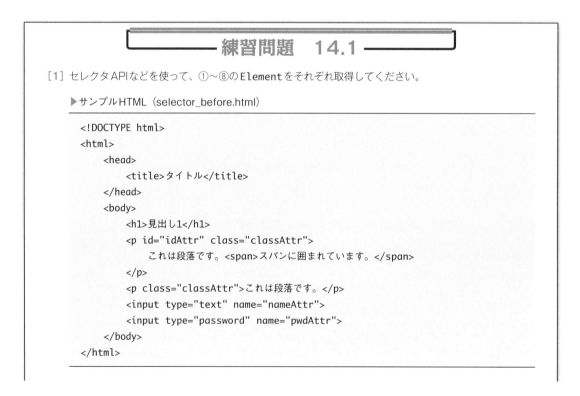

練習問題　14.1

[1] セレクタAPIなどを使って、①〜⑧のElementをそれぞれ取得してください。

▶サンプルHTML（selector_before.html）

```html
<!DOCTYPE html>
<html>
    <head>
        <title>タイトル</title>
    </head>
    <body>
        <h1>見出し1</h1>
        <p id="idAttr" class="classAttr">
            これは段落です。<span>スパンに囲まれています。</span>
        </p>
        <p class="classAttr">これは段落です。</p>
        <input type="text" name="nameAttr">
        <input type="password" name="pwdAttr">
    </body>
</html>
```

① id属性がidAttrの要素

② class属性がclassAttrのすべての要素

③ すべてのpタグの要素

④ inputタグのtype属性がtextの要素

⑤ \<span\>要素の祖先要素でpタグの要素

⑥ h1タグの兄弟要素でtype属性がpasswordの要素

⑦ id属性がidAttrの要素の子要素

⑧ inputタグのtype属性がtextの直後の要素

14.2 画面の取得・更新

本節では、DOMインターフェイスを通してHTML要素を取得・変更してみましょう。

14.2.1 要素内のコンテンツの取得・変更

HTMLタグで囲まれた文字列や子要素を取得・変更するときは、ElementオブジェクトのinnerHTMLやtextContentにアクセスします（表14.6）。innerHTMLやtextContentは、よく使うプロパティなので、覚えておいてください。

❖表14.6 タグで囲んだコンテンツの取得、変更（Elementオブジェクトから使用可能）

プロパティ	説明
innerHTML	要素内のHTMLを文字列として取得・変更する。HTML取得の場合には、HTMLタグを含む文字列が取得される。また、HTML変更の場合には、HTMLタグがきちんと解釈されて、画面上に表示される
textContent	要素内のテキストを取得・変更する。テキスト取得の場合は、HTMLタグは無視される。また、テキスト変更の場合は、HTMLタグはただの文字列として扱われる
innerText ※非推奨	要素内のテキストがレンダリングされた状態で取得・変更される。代わりにtextContentを使用する。理由はp.428のColumn「textContentとInnerTextの違い」参照
outerText ※非推奨	innerTextと同じ。代わりにtextContentを使用する

◆innerHTML

HTMLタグの情報も含めて文字列として取得したい場合には、innerHTMLを使います。また、innerHTMLに対して設定された文字列にHTMLタグが含まれる場合には、ブラウザはHTMLタグをHTMLときちんと解釈して画面上に表示します。

```
<div id="test"><span>Hello World</span></div>
<script>
    const testEl = document.querySelector( "#test" );  ──────────── ❶Elementの取得

    console.log( `innerHTML: ${ testEl.innerHTML }` );  ──────────── ❷innerHTMLの確認
    > innerHTML: <span>Hello World</span>

    setTimeout( () => {
        testEl.innerHTML = "<h1>Good World</h1>";  ──────────── ❸innerHTMLの変更
    }, 2000 );    // 2秒後に実行
</script>
```

実行結果 innerHTMLの使用例

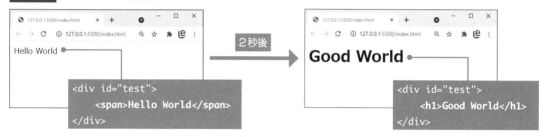

❶Elementの取得

#testセレクタで<div id="test"> ... </div>部分のElementオブジェクトを取得します。

❷innerHTMLの確認

innerHTMLには、<div id="test"> ... </div>で囲まれた部分がHTML文字列として格納されています。

❸innerHTMLの変更

innerHTMLにHTML文字列を設定すると、その内容がHTMLタグとして解釈されて、画面表示が置き換わります。なお、h1タグで文字を囲むと、通常よりも文字サイズが大きく表示されます。これは、HTMLタグごとにあらかじめ決められたスタイルが適用されているためです。スタイルについては、14.3節を確認してください。

◆textContent

一方、textContentでは、要素内のテキスト情報のみ（HTMLタグは含まない）が取得されます。また、textContentにHTML文字列を設定した場合には、**HTMLタグはただの文字列として扱われます**。先ほどの「innerHTMLの使用例」でtextContentを使った場合は、次のような結果となります。

▶textContentの使用例（textcontent.html）

```
<div id="test"><span>Hello World</span></div>
<script>
    const testEl = document.querySelector( "#test" ); ─────────── ❶Elementの取得

    console.log( `textContent: ${ testEl.textContent }` ); ─────────── ❷textContentの確認
    > textContent: Hello World

    setTimeout( () => {
        testEl.textContent = "<h1>Good World</h1>"; ─────────── ❸textContentの変更
    }, 2000 );      // 2秒後に実行

</script>
```

実行結果 textContentの使用例

2秒後

❶Elementの取得

#testセレクタで<div id="test"> ... </div>部分のElementオブジェクトを取得します。

❷textContentの確認

textContentには、<div id="test"> ... </div>で囲まれた部分の**文字列**が格納されています。**text Contentには、HTMLタグは含まれません。**

❸textContentの変更

textContentに文字列を設定すると、その内容が画面に反映されます。**HTMLタグは、ただの文字列とみなされます。**

このように、innerHTMLやtextContentを使うと、HTML要素の中のコンテンツが置換されます。また、特定のHTML要素のみを追加・削除したい場合には、次項で紹介するメソッドを使います。

textContentとInnerTextの違い

textContentと似た機能を持つプロパティにinnerTextがあります。innerTextは、**画面上に表示されるテキストを保持します。**一方、textContentは、生の（加工がされていない）テキストを保持します。具体的には、次のようなHTMLの場合、innerTextは "World" を含みません。

▶textContentとInnerTextの違い（innertext.html）

```
<span id="test">Hello <span style="display: none;">World</span></span>
<script>
    const test = document.querySelector( "#test" );
    console.log( `innerText: ${ test.innerText }` );
    console.log( `textContent: ${ test.textContent }` );
</script>
> innerText: Hello
> textContent: Hello World
```

上記のコードでは、`<span style="display: none;">World</span>` のように、spanタグのstyle属性に対してdisplay: none; という値を設定しています。これは、**CSS**（Cascading Style Sheets）と呼ばれる記法を使って、spanタグを画面上に表示しないという制御を施しています（CSSの書き方については14.3節で説明します）。そのため、innerTextで値を取得すると、画面に表示されている "Hello" 部分のみが取得されます。

一方、textContentでは、画面に表示されているか否かにかかわらず、spanタグで囲まれた文字列を取得するため、"Hello World" が取得されます。

もともとinnerTextは、IE※で独自に実装されたプロパティのため、W3Cによる正式な仕様ではありませんでした（現在はWHATWGの仕様として定義されています）。過去にはIEブラウザが広く普及していたこともあり、innerTextは広く使われていましたが、「画面上に表示されているテキストのみが格納される」という仕様はまぎらわしいため、**テキストを取得する場合にはtextContentを使うほうがよいでしょう。**

※IE（Internet Explorer）は、Microsoft社によって開発されたブラウザ。現在はEdgeが後継ブラウザとなっており、IEの開発は凍結
されています。

 <input>要素のテキストはvalue属性で取得

画面に入力欄を表示する場合は、inputというタグを使います。このとき、入力欄の文字を取得・変更したい場合には、value属性の値を使います。textContentでは取得できないため、注意してください。

▶inputタグではvalueを通して入力文字を取得・変更（input.html）

```
<input type="text" value="入力文字">
<script>
```

```
        const input = document.querySelector( "input" );
        console.log( input.value ); ───────────────── 入力欄に入力されたテキストを取得
        > 入力文字

        input.value = "入力欄の値を変更"; ───────────── 入力欄のテキストを変更
    </script>
```

↓

実行結果 inputタグではvalueを通して入力文字を取得・変更

練習問題　14.2

[1] 次のpタグに「`<strong>textContentとinnerHTML</strong>`」という文字列を、textContent
とinnerHTMLでそれぞれ挿入して、画面上の表示のされ方の違いを確認してください。なお、strong
タグは強調を表すときに使うHTMLタグで、ブラウザによっては太文字で表示されます。

▶ベースコード

```
<p id="textContent"></p>
<p id="innerHTML"></p>
<script>
    /* ここに記述 */
</script>
```

14.2.2 　要素の作成

　ここまでDOMツリー内にすでに存在する要素を取得・変更する方法について見てきましたが、新しく要素
（Elementオブジェクト）を作成して追加したい場合もあります。本項では、そのような場面で使える3つの方法
を紹介します。

要素の作成方法

❶document.createElementメソッドを使う。

❷ダミーの要素のinnerHTMLに作成したいHTMLを挿入する。

❸templateタグを使う。

❶document.createElementメソッドを使う

document.createElementメソッドを使うと、DOMツリー上にないElementオブジェクトを新しく作成できます。

▶createElementを使った要素の作成（createElement.html）

```
<body>
    <!-- 新しい要素をここに追加したい -->
    <script>
        const newDiv = document.createElement( "div" ); ——— 新しい<div>要素を作成
        newDiv.textContent = "Hello World"; ——————————— 作成した<div>要素に文字列を追加
        document.body.prepend( newDiv ); ——————————— <body>に挿入
    </script>
</body>
```

実行結果 createElementを使った要素の作成

createElementメソッドで作成したElementはquerySelectorなどでDOMツリーから取得したElementと同様の操作を行うことができます。上記の例では、新しく作成したnewDivに対して文字列を設定しています。また、document.body.prepend部分は、bodyタグに要素を挿入するという意味になります。詳しくは次項で扱います。

❷ダミーの要素のinnerHTMLに作成したいHTMLを挿入する

作成したい要素が複雑なHTML構造の場合、createElementですべての要素を1つずつ作成するのは面倒です。そんなときに利用できる裏技が、innerHTMLを使う方法です。innerHTMLで設定したHTML文字列は自動的にElementオブジェクトの構造に変換されるため、HTML文字列からElementオブジェクトを作成できます。

たとえば、次のコードでは、HTMLタグが入れ子構造になったHTMLを文字列として定義し、htmlStrToElement関数によってElementオブジェクトに変換しています。

▶複雑なHTML構造のElementを作成する場合（dummy_element.html）

```html
<body>
    <!-- 新しい要素をここに追加したい -->
    <script>
        // <body>に挿入したいHTMLの構造を文字列で定義
        const htmlStr = `
            <article id="article">
                <h1 id="article-title">記事のタイトル</h1>
                <div class="tag-area">
                    <span>タグ：</span><span>スポーツ</span><span>バスケ</span>
                </div>
                <div class="article-body">記事の本文</div>
                <div id="recommend">
                    <h2>おすすめの記事</h2>
                    <a href="#">他の記事</a>
                </div>
            </article>
        `;

        // HTML文字列をElementオブジェクトに変換する関数
        function htmlStrToElement( htmlStr ) {
            const dummyDiv = document.createElement( "div" );  ──── ダミーの<div>要素を作成
            dummyDiv.innerHTML = htmlStr;  ──────────── HTML文字列がElementに変換される
            return dummyDiv.firstElementChild;  ──────── ダミーの<div>要素の**子要素**を返す
        }

        // HTML文字列からElementオブジェクトを取得
        const targetNewElement = htmlStrToElement( htmlStr );
        document.body.prepend( targetNewElement );  ──────── <body>に挿入
    </script>
</body>
```

実行結果 複雑なHTML構造のElementを作成する場合

innerHTMLを使う方法では、まずダミーの`<div>`要素を作成して、そのinnerHTMLに対してHTML文字列を代入します。あとは、ダミーで作成した`<div>`要素の子要素を取り出してあげれば、取得したかったHTMLをElementオブジェクトとして取得できます。

仮に、この処理を先ほどのcreateElementメソッドを使って行う場合、すべての要素をcreateElementで作成し、属性やテキストの挿入を行う必要があり、とても手間がかかります。しかし、innerHTMLを通してElementオブジェクトへの変換処理をJavaScriptエンジンに委託することによって、複雑なElementオブジェクトの生成処理を省略できます。

❸ templateタグを使う

templateタグを使うと、画面上に表示されないHTMLを記述できます。そのため、開発者が必要になったタイミングで、templateタグ内のHTMLを取得して画面上に追加できます。

▶templateタグを使った要素の作成（template.html）

```
<body>
    <!-- 新しい要素をここに追加したい -->

    <template id="tmpl"> <!-- テンプレート内の記述は画面上に表示されない -->
        <span>テンプレートHTMLを定義</span>
    </template>
    <script>
        const tmpl = document.querySelector( "#tmpl" );
        const targetNewElement = tmpl.content; ──────────── テンプレートの中身を取得
        document.body.prepend( targetNewElement );
    </script>
</body>
```

実行結果 templateタグを使った要素の作成

templateタグで囲まれたHTMLをDOMオブジェクトとして取得するには、contentプロパティ（tmpl.content部分）という特別なプロパティにアクセスします。これまで子要素を取得するときにはfirstElementChildプロパティを使ってきましたが、templateタグで囲まれた部分はfirstElementChildで子要素を取得できないことに注意してください。

以上、3つが新しい要素を作成するときによく使う手法です。シンプルな構造の場合は❶を、複雑なHTMLを定義したい場合には❷または❸のどちらかを使うとよいでしょう。

querySelectorで取得した要素やcreateElementで作成した要素を他の要素に追加するには、表14.7のメソッドを使います。追加する位置などによって、メソッドを使い分けてください。

❖表14.7　要素を追加するElementのメソッド

メソッド	説明	挿入場所※
element.append↵ (node1[, node2, ...])	要素（element）内の最後の子要素としてNode（Elementを含むすべての種別のNode）を挿入する。Node以外に文字列の挿入も可能	```<div> <span></span> <!-- ここに挿入 --></div>```
element.prepend↵ (node1[, node2, ...])	要素（element）内の最初の子要素としてNodeを挿入する。Node以外に文字列の挿入も可能	```<div> <!-- ここに挿入 --> <span></span></div>```
element.before↵ (node1[, node2, ...])	要素（element）の直前の要素としてNodeを挿入する。Node以外に文字列の挿入も可能	```<!-- ここに挿入 --><div> <span></span></div>```
element.after↵ (node1[, node2, ...])	要素（element）の直後の要素としてNodeを挿入する。Node以外に文字列の挿入も可能	```<div> <span></span></div><!-- ここに挿入 -->```
targetElement.↵ insertAdjacentElement↵ (position, element)	要素（targetElement）からの相対的な位置（position）を文字列で指定して、Elementオブジェクト（element）を挿入する | position	指定値	説明 | |---|---|---| | | beforebegin | targetElementの直前 | | | afterbegin | targetElementの開始タグ直後 | | | beforeend | targetElementの終了タグ直前 | | | afterend | targetElementの直後 |	```<!-- beforebegin --><div> <!-- afterbegin --> <span></span> <!-- beforeend --></div><!-- afterend -->```
targetElement.↵ insertAdjacentHTML↵ (position, htmlStr)	要素（targetElement）からの相対的な位置（position）を指定して、HTML文字列（htmlStr）を挿入する。HTML文字列は、HTMLに解釈されて画面上に表示される ● position：指定値はinsertAdjacentElementと同じ	同上
targetElement.↵ insertAdjacentText↵ (position, str)	要素（targetElement）からの相対的な位置（position）を指定して、文字列（str）を挿入する。HTMLタグは、ただのテキストとして解釈される ● position：指定値はinsertAdjacentElementと同じ	同上

※divタグに対応するElementオブジェクトのメソッドとして呼び出した場合の挿入位置です。具体的には次のように、メソッドを実行したときに要素が挿入される位置を表しています。

▶divタグに対応するElementのメソッド

```
const div = document.querySelector( "div" );
div.append( 挿入したいNodeや文字列 );
```

表14.7のメソッドによって要素（Elementやテキストなど）の挿入を行います。また、これ以外にもappendChildやinsertBeforeといったメソッドがありますが、表14.7のappendとbeforeのほうが使い勝手がよいため、要素の追加には表14.7のメソッドを使うとよいでしょう。

続いて、要素を削除するメソッドについても確認しておきましょう。

要素を削除する場合には、removeメソッドを使います（表14.8）。

❖表14.8　要素を削除するメソッド

メソッド	説明	削除対象※

element.remove()	自要素（element）を削除する	`<div> <!-- divを削除 -->`
		`    <span></span>`
		`</div>`

※divタグに対応するElementのメソッドとしてremoveを呼び出した場合の削除対象です。

なお、removeChildというメソッドもありますが、使い勝手が悪いため、removeメソッドを使うようにしましょう。

 エキスパートに訊く

Q : 要素を挿入、削除するときに注意すべきことがあれば教えてください。

A : DOMツリー上の要素を取得して、別の場所に挿入するときや新しい要素を作成して挿入するときには、注意しなければならないことが2つあります。

❶DOMツリー上の要素の取得・挿入の操作は「要素の移動」になる

既存のDOMツリー上の要素を取得して、別の場所に挿入した場合には、その要素は元の場所（取得前に要素があった場所）から削除されます。以下の例では、#source要素を取得して#target要素に挿入していますが、#source要素が元の場所から削除されることに注意してください。既存の要素を他の場所に挿入する操作は、Copy（コピー）ではなく、Move（移動）に近いことに注意してください。

▶既存のDOMツリー内の要素は移動される（move_element.html）

```
<h1 id="target">
    <!-- <span>をここに追加 -->
</h1>
<span id="source">Hello World</span> ──────────── 2秒後にこの<span>は削除される

<script>
    // 2秒後に処理を実行
    setTimeout( () => {
        const targetEl = document.querySelector( "#target" );
        const sourceEl = document.querySelector( "#source" );
        targetEl.append( sourceEl );
    }, 2000 );
</script>
```

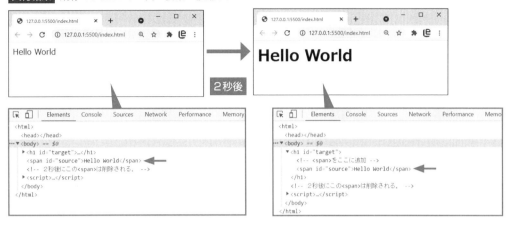

❷同じ要素を2回挿入するときには複製の操作を行う必要がある

❶の例では、仮に`targetEl.append( sourceEl );`の行を2回記述したとしても、要素が2つ追加されることはありません。これは、`Element`オブジェクトがDOMツリー内でユニーク（重複しない）であることに起因します。そのため、`sourceEl`を2回挿入したとしても、❶で説明したとおり「要素の移動」とみなされます。もし、**同じ要素を複数挿入したい場合には、cloneNodeメソッドでElementオブジェクトを複製します。**これは、`createElement`や`template`タグを使って要素を作成した場合も同様です。作成した要素を複製することを忘れないでください。

たとえば、次のように記述します。

構文 cloneNodeの記法

```
let 複製された要素 = 複製元の要素.cloneNode( フラグ );
```

> **フラグ** :要素を含めるかどうかのフラグです（`true | false`）。デフォルトは`false`で、その場合には自要素のタグのみが複製され、その中身の要素は複製されません。`true`の場合は、再帰的に子要素、孫要素が複製されます。

▶cloneNodeによる複製（clonenode.html）

```
<ul>
    <li>cloneNodeの引数がtrueでこの文字列も複製されます。</li>
</ul>
<script>
    const ul = document.querySelector( "ul" );
    const li = ul.querySelector( "li" );
    for( let i = 0; i < 3; i++ ) {
        const clone = li.cloneNode( true ); ——————————— 要素を複製
        ul.append( clone );
```

```
    }
</script>
```

練習問題 14.3

[1] #source要素を2秒ごとに①〜④の位置に移動するコードを記述してください。

▶ベースコード (move_el_location_before.html)

```html
<div id="source">Source</div>
<section id="section">
    <div class="wrap">
        <h1 class="title">
            <span>タイトル</span>
        </h1>
        <ul class="list">
            <li>1</li>
            <li>2</li>
            <li>3</li>
        </ul>
    </div>
</section>
<script>
    /* ここに回答を記述 */
</script>
```

① h1タグ内のspanタグの前に移動

② h1タグの直後に移動

③ wrapタグの子要素の末尾に移動

④ liタグの2番目の文字の前に移動

要素の属性の取得・変更

HTMLタグには、属性を設定できます。たとえば、imgタグにはsrc属性に画像までのパスを設定しますし、aタグにはリンク先のパスをhref属性に設定します（図14.7）。

これらの情報の取得や更新には、表14.9のメソッドを使います。

```
<a href="リンク先のパス">リンク</a>
   属性名        属性値

<img src="画像までのパス">
    属性名       属性値
```

❖図14.7　HTML属性

❖表14.9　要素の属性の取得・変更（Elementのメソッド）

メソッド	説明
getAttribute(name)	属性（name）の値を取得する
getAttributeNames()	属性名の一覧を取得する
setAttribute(name, value)	属性（name）に値（value）を設定する
removeAttribute(name)	属性（name）を削除する
toggleAttribute(name)	属性（name）の付け外しを行う
hasAttributes()	属性を持っているか確認する。何かしらの属性を保持している場合にはtrue、保持していない場合にはfalseを返す
hasAttribute(name)	特定の属性（name）を持っているか確認する。保持している場合にはtrue、保持していない場合にはfalseを返す

たとえば、aタグのhref属性を設定するには、次のように記述します。

▶アンカータグのリンク先をGoogleに変更（change_attr.html）

```
<a>Googleへ</a>
<script>
    const link = document.querySelector( "a" );
    link.setAttribute( "href", "https://google.com" );
</script>
```

Column　データ属性

　データ属性は、ユーザーが独自で値を保持するためのHTML属性です。データ属性は、data-*のような形式で表されます。このようにdata-から始まる属性については、一時的にJavaScriptで使用する値を保持しているものと考えてください。また、JavaScriptからデータ属性へアクセスするときは、datasetという特別なプロパティを通してアクセスします。なお、属性値は文字列として取得されるため、数値を扱いたい場合にはNumberなどを使って数値に変換してください。

▶データ属性の取得・変更（change_data_attr.html）

```
<div id="sum" data-base-val1="10" data-base-val2="20"></div>
<script>
    const sum = document.querySelector( "#sum" );
    const val1 = parseInt( sum.dataset.baseVal1 ); ──────── データ属性値を取得
    const val2 = parseInt( sum.dataset.baseVal2 ); ──────── "-"はキャメルケースとして表現する
    sum.dataset.sumVal = val1 + val2; ──────────────── データ属性の追加も可能
    sum.textContent = val1 + val2; ────────────────── 結果をテキストとして追加
</script>
```

実行結果 データ属性の取得・変更

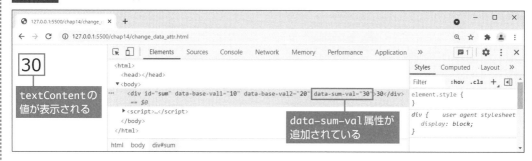

練習問題　14.4

[1] すべての `<a>` のhref属性の値を取得して、もしgoogle.comが値に含まれている場合にはhref属性の値を「`https://www.yahoo.co.jp/`」に設定してください。

 ヒント google.comが含まれるかの条件判定には、「`/google\.com/.test(url)`」が使用できます。

▶ベースコード

```
<a href="https://google.com/">Googleへ</a>
<a href="https://www.bing.com/">Bingへ</a>
<a href="https://duckduckgo.com/">DuckDuckGoへ</a>
```

HTML/DOMでは、要素の大きさや位置を状況に合わせて、3種類の方法で取得できます。この3種類の方法は、それぞれclient、offset、scrollから始まるプロパティ名で定義されています（表14.10・表14.11）。それぞれ取得できる値に違いがあるため、注意してください。clientとoffsetの違いは図14.8、scrollの範囲は図14.9にまとめています。

また、プロパティを通して取得する値は、px単位の整数値になります。小数点以下も含めて値を取得する場合には、14.2.6項で紹介するgetBoundingClientRectメソッドを使うようにしてください。

❖表14.10　位置情報を保持するElementオブジェクトのプロパティ

プロパティ	説明
clientLeft clientTop	自要素の左ボーダーの幅（clientLeft）、上ボーダーの幅（clientTop）のpx数を整数値で返す。 読み取り専用
offsetLeft offsetTop	offsetParent要素（次ページ上部のnote参照）から自要素のボーダー（border）の外側（左：clientTop、上：offsetTop）までのpx数を整数値で返す。読み取り専用
scrollLeft scrollTop	スクロール可能なコンテンツ領域の端からパディング（padding）の端（左：scrollLeft、上：scrollTop）までのpx数を整数値で返す。値を変更した場合は、変更したpx分のスクロールが行われる

❖表14.11　大きさを保持するElementオブジェクトのプロパティ

プロパティ	説明
clientWidth clientHeight	要素のパディング（padding）までを含む矩形の横幅（clientWidth）、高さ（clientHeight）のpx数を整数値で取得する。スクロールバーは含まない。読み取り専用
offsetWidth offsetHeight	要素のボーダー（border）までを含む矩形の横幅（offsetWidth）、横幅（offsetHeight）のpx数を整数値で取得する。スクロールバーがあるときはスクロールバーも含む。読み取り専用
scrollWidth scrollHeight	画面表示されていないスクロール可能なコンテンツ領域を含む矩形の横幅（scrollWidth）、高さ（scrollHeight）のpx数を整数値で取得する。読み取り専用

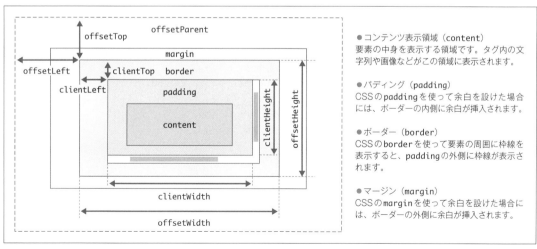

● コンテンツ表示領域（content）
要素の中身を表示する領域です。タグ内の文字列や画像などがこの領域に表示されます。

● パディング（padding）
CSSのpaddingを使って余白を設けた場合には、ボーダーの内側に余白が挿入されます。

● ボーダー（border）
CSSのborderを使って要素の周囲に枠線を表示すると、paddingの外側に枠線が表示されます。

● マージン（margin）
CSSのmarginを使って余白を設けた場合には、ボーダーの外側に余白が挿入されます。

❖図14.8　client、offsetの違い

offsetParentとは、スタイルのpositionプロパティにstatic以外の値が設定されている最初の祖先要素のことです。見つからない場合には、bodyタグになります。また、offsetParent要素は、offsetParentプロパティを通して確認できます。

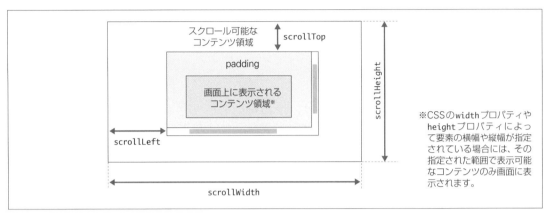

❖図14.9　scroll系のプロパティで取得される値

14.2.6　位置や大きさを確認するためのメソッド

より詳細な要素の位置や大きさを確認するには、getBoundingClientRectメソッドを使います。

構文　getBoundingClientRectの使い方

```
const domRect = element.getBoundingClientRect();
```

element：Elementオブジェクトを設定します。
domRect：要素の位置と大きさを表すプロパティを格納したオブジェクト（DOMRect）を返します。

▸ プロパティを格納したオブジェクト（**DOMRect**）

```
{
    left: ビューポートの左端から枠線（border）の左端までの距離,
    top: ビューポートの上端から枠線の上端までの距離,
    right: ビューポートの左端から枠線の右端までの距離,
    bottom: ビューポートの上端から枠線の下端までの距離,
    x: leftと同じ,
    y: topと同じ,
    width: 枠線とパディング（padding）を含めた横幅（offsetWidthと基本同じ）,
    height: 枠線とパディングを含めた縦幅（offsetHeightと基本同じ）
}
```

getBoundingClientRectで取得した要素の位置情報の値は、ビューポートと要素の枠線（border）の外側

境界の距離で計算されます（図14.10）。**ビューポート**とは、Webページ中のブラウザ画面に表示されている領域のことです。

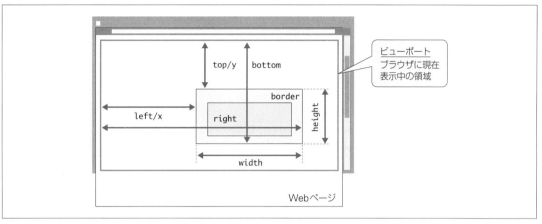

❖図14.10　getBoundingClientRectで取得される値

Column　**レイアウト幅とレンダリング幅**

　getBoundingClientRectで取得できる要素の大きさと、offsetWidthなどを指定して取得できる値は、基本的には同じ値です（offsetプロパティは、整数値で丸められています。）しかし、1つ注意すべき点が、**レイアウト幅とレンダリング幅**です。

　レイアウト幅とは、CSS（14.3節）のwidthやheightで指定された幅のことです。一方、レンダリング幅とは、実際に画面上に表示されるときの幅のことです。基本的にレイアウト幅とレンダリング幅は一致しますが、CSSのtransformというプロパティを指定したときには値が異なる場合があります。具体的には、次のような違いが発生します。

▶レイアウト幅とレンダリング幅の違い（layout_rendering.html）

```
<div></div>
<style>
    div {
        width: 20px;
        height: 20px;
        background-color: red;
        transform: scale(5);  ──────── <div>要素を5倍に拡大して表示
    }
</style>
<script>
    const div = document.querySelector( "div" );

    console.log( div.offsetHeight );  ──────── offsetプロパティはレイアウト幅を取得する
    > 20
```

```
        console.log( div.getBoundingClientRect().height );  ——— getBoundingClientRectは
        > 100                                                      レンダリング幅を取得する
    </script>
```

このように、レンダリング幅（実際に画面に表示されるときの要素の幅）を取得したい場合には、**get BoundingClientRect**を使う必要があるので、覚えておくとよいでしょう。

─── 練習問題　14.5 ───

[1] 次の#target要素の①〜④を、getBoundingClientRectを使って求めてください。

　▶ベースコード（bounding_rect_before.html）

```
<div id="target">この要素の位置と大きさの取得</div>
<style>
    #target {
        margin: 100px;
        width: 200px;
        border: 10px solid red;
    }
</style>
<script>
    /* ここに回答を記述 */
</script>
```

① ビューポートの上端から要素の枠線の上端までの距離
② ビューポートの左端から要素の枠線の右端までの距離
③ 要素の枠線（border）を含めた横幅
④ 要素の枠線（border）を含めた縦幅

14.3　スタイルの変更

　画面上の**スタイル**（見栄え）の変更は、たびたび行われる操作です。画面上の見栄えを変更するには、**CSS**（Cascading Style Sheets）と呼ぶ記法でHTMLタグにデザインを適用します。それではまず、簡単にCSSの基本的な使い方について確認してみましょう。

CSSをHTML要素に適用するには、次のいずれかの方法でスタイルを定義します。

❶ style属性で指定する（HTMLのstyle属性にCSS形式で値を追加する）
❷ styleタグで指定する（styleタグの中にCSSの記法で要素を指定する）

❶ style属性で指定する

style属性でスタイルを適用するには、「プロパティ: 値」の形式で値を設定します。また、複数のスタイルを適用したい場合には、セミコロン（;）で区切る必要があるため、注意してください。

構文 style属性の記法

```
<div style="プロパティ: 値; プロパティ: 値;"></div>
```

CSSでは、プロパティ名によって、どのようなスタイルが適用されるのかがあらかじめ決められています。たとえば、文字色を赤、背景色を青に変更するには、colorプロパティとbackground-colorプロパティにそれぞれ値を設定します。

▶style属性で要素の見栄え（スタイル）を指定

```
<div style="color: red; background-color: blue;">赤文字の青色背景</div>
```

実行結果 style属性で指定

❷ styleタグで指定する

styleタグ内では、次の形式でスタイルを記述できます。スタイルを適用する対象（プロパティ）を指定する、セレクタ（CSSセレクタ）を定義します。

構文 CSSの記法（セレクタの定義）

```
セレクタ {
    プロパティ: 値;
    プロパティ: 値;
```

```
        ...
    }

    別のセレクタ {
        ...
    }
```

styleタグ内のCSSの記述では、{ }でセレクタごとに適用する**スタイルを定義**します。また、上記のセレクタ部分には、14.1.4項の表14.5（p.418）に挙げたセレクタ文字列を使うことができます。

たとえば、HTMLタグの class属性に対して同じ値（target-class）を割り当て、それをセレクタ指定すれば、複数の HTML タグに対して同じスタイルを一括で適用できます。なお、CSSの記法ではコメントは/* */で囲む必要があります。//を使ったコメントアウトはできないので、覚えておきましょう。

▶styleタグで指定（style_tag.html）

```
<p class="target-class">赤文字の青色背景</p>
<p id="target-id" class="target-class">赤文字の青色背景（下線付き）</p>

<style>
    /* class属性による指定 */
    .target-class {
        color: red; ────────────────────────────── 文字を赤色に設定
        background-color: blue; ────────────────── 背景を青色に設定
    }
    /* id属性による指定 */
    #target-id {
        text-decoration: underline; ────────────── 文字に下線を適用
    }
</style>
```

実行結果 styleタグで指定

以上の2つが、CSSを使って要素にデザインを適用する方法です。覚えておいてください。

styleタグで囲まれたCSSの記述を他のファイルに分けたい場合には、linkタグを使います。たとえば、styleタグの中身をstyle.cssというファイルに書き写した場合には、次のようにしてstyle.cssをHTMLファイルに読み込みます。

▶linkタグでCSSを読み込む（include_css/index.html）

```
<!DOCTYPE html>
<html>
    <head>
        <title>タイトル</title>
        <link rel="stylesheet" href="style.css">
    </head>
    <body>
        <div>赤文字の青色背景</div>
    </body>
</html>
```

▶スタイルの情報をCSSファイルにまとめる（include_css/style.css）

```
div {
    color: red;
    background-color: blue;
}
```

style.cssを上記のHTMLファイルと同じフォルダに配置した場合には、`<link rel="stylesheet" href="style.css">`と記述すればstyle.cssを読み込みます。

適用するスタイルの数が大きくなってきたときには、CSSファイル（拡張子 .css）を別に作成してlinkタグで読み込むようにしましょう。

14.3.2 style属性の変更

それではここからは、JavaScriptでスタイルを追加・変更する方法について見ていきましょう。JavaScriptからHTMLのstyle属性を追加・変更するには、次のように記述します。

構文 style属性の変更

Elementオブジェクト`.style.CSS`**プロパティ名** = 設定したい値;

Elementオブジェクト　：スタイル（見栄え）を変更したい要素。
CSSプロパティ名　　：CSSのプロパティ名※を設定します。たとえば、文字色を変更したい場合には、colorになります。

※ハイフン（-）をはさむプロパティ名では、キャメルケースを使います。たとえば、CSSのbackground-colorプロパティの値を操作したい場合には、Elementオブジェクト.style.backgroundColorの値を変更します。

たとえば、文字色と背景色を変更するには、次のように記述します。

▶styleプロパティから文字色と背景色を変更（change_style.html）

```
<div>2秒後に文字と背景の色が変わります。</div>
<script>
    setTimeout( () => {

        const div = document.querySelector( "div" );
        div.style.color = "red";                           ─────── 文字色を赤色に変更
        div.style.backgroundColor = "blue";                ─────── 背景色を青色に変更

    }, 2000 );      // 2秒後にコールバック関数を実行
</script>
```

実行結果 styleプロパティから文字色と背景色を変更

14.3.3 classListを使ったスタイルの変更

14.3.1項で学んだように、スタイルを適用するときには、class属性の値をセレクタで指定します。

▶class属性をセレクタで指定してスタイルを適用

```
<div class="red-color">赤文字で表示されます。</div>
<style>
.red-color {
    color: red;
}
</style>
```

　そのため、class属性の付け外しをJavaScriptから操作することで、画面上の見栄えを変更することもよくあります。JavaScriptからclass属性の値を操作する場合には、ElementオブジェクトのclassListプロパティに格納されている、次のメソッドを使います。

構文 class属性の値を変更するメソッド

class属性にクラス（className）を追加する

Elementオブジェクト.classList.add("className"):

<div class=""> ➡ 変更後 ➡ <div class="className">

class属性からクラス（className）を削除する

Elementオブジェクト.classList.remove("className"):

<div class="className"> ➡ 変更後 ➡ <div class="">

class属性のクラス（className）を付け外しする

Elementオブジェクト.classList.toggle("className"):

<div class=""> ◀ 呼び出しごとにクラスの付け外し ➡ <div class="className">

クラス（className）がclass属性内に存在するかを確認する

Elementオブジェクト.classList.contains("className"):──────── 存在する場合にはtrueが返る

▶classListを使ったスタイルの変更（classList.html）

```
<div>2秒後に文字と背景の色が変わります。</div>
<style>
    /* 付与する予定のスタイルをCSSであらかじめ定義 */
    .preparedClass {
        color: red;
        background-color: blue;
    }
</style>
<script>
    setTimeout( () => {

        const div = document.querySelector( "div" );
        div.classList.add( "preparedClass" ); ── preparedClassという文字列をclass属性に追加する

    }, 2000 );     // 2秒後にコールバック関数を実行
</script>
```

実行結果 classListを使ったスタイルの変更

また、次章で説明するイベントハンドラに対してスタイルを変更する関数を追加することで、ボタンをクリックしたタイミングでクラスの付け外しなども行うことができます。

▶ボタンをクリックすると画面上の見栄えが変更される（change_style_by_btn.html）

```
<div>ボタンをクリックすると色が変わります。</div>
<button>ボタン</button>
<style>
    /* 付与する予定のスタイルをCSSであらかじめ定義 */
    .preparedClass {
        color: red;
        background-color: blue;
    }
</style>
<script>
    const div = document.querySelector( "div" );
    const button = document.querySelector( "button" );

    button.onclick = function () {  ──────────── buttonのクリックイベントにアクションを登録
        div.classList.toggle( "preparedClass" );  ──── preparedClassという文字列をclass属性に
    };                                                    対して付け外しする
</script>
```

実行結果 ボタンをクリックすると画面上の見栄えが変更される

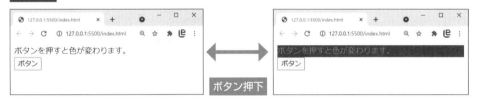

上記のコードでは、クラスの付け外しに**toggle**メソッドを使っているため、1回目のボタンのクリック時は**preparedClass**を付与し、2回目は**preparedClass**を削除するという挙動になります。そのため、ボタンをクリックするたびに画面上のデザインが切り替わります。

このように、あらかじめ適用したいスタイルをCSSで記述しておくことによって、**class**属性の操作で画面上の見栄えを変更できます。

─── 練習問題　14.6 ───

[1] 次のdivタグのスタイルを①②の指示のとおりに変更するJavaScriptコードを記述してください。

▶ベースコード

```
<div>このタグの色を変更しましょう。</div>
<style>
    .color-red {
        color: red;
    }
</style>
```

① style属性を変更して、背景色を灰色（gray）に変更してください。

② クラス（color-red）をdivタグに追加して、文字色を赤色に変更してください。

☑ この章の理解度チェック

[1] DOM

次の空欄を埋めて、文章を完成させてください。

　　DOMとは、JavaScriptのオブジェクトの形で［ ① ］の構造を表したもので、JavaScriptでは
DOMオブジェクトを通して［ ① ］の取得・変更を行います。［ ① ］の全体の構造は［ ② ］オブ
ジェクトにツリー構造で格納されます。これを［ ③ ］と呼びます。また、［ ③ ］を構成する個々の
オブジェクトは［ ④ ］と呼ばれ、これにはHTML要素以外にHTMLコメントやテキスト情報も含ま
れます。一方、［ ④ ］の中でも、HTML要素をDOMとして表したものを［ ⑤ ］と呼びます。

[2] 親子関係を表すプロパティ

次のHTMLで#me（id属性がmeの）要素をDOMオブジェクトとして取得した後に、①～⑧の親子関係
の要素を取得するコードを記述してください。

▶HTML（sec_end2_before.html）

```
<!DOCTYPE html>
<html>
    <head>
        <meta name="viewport" content="width=device-width, initial-scale=1.0">
    </head>
```

```
    <body>
        <div id="container">
            <header>
                <h1 id="main-title"></h1>
                <p class="sub-title"></p>
            </header>
            <main id="me" class="body">
                <p class="child order-1" data-color="blue">1</p>
                <p class="child order-2" data-color="red">2</p>
                <p class="child order-3" data-color="orange">3</p>
            </main>
            <footer id="footer">
                <form id="comment">
                    <textarea id="comment-body"></textarea>
                    <input type="submit" value="送信" />
                </form>
            </footer>
        </div>
        <script>
            /* ここに回答を記述 */
        </script>
    </body>
</html>
```

①子要素をすべて取得
②子要素の中の最初の要素を取得
③子要素の中の最後の要素を取得
④次の兄弟要素
⑤前の兄弟要素
⑥親要素
⑦次の兄弟要素の子要素
⑧前の兄弟要素の子要素の中の最後の要素を取得

[3] セレクタと要素の変更

[2] のHTMLに対して、①〜⑥のDOM操作を行ってください。

①#main-titleに「タイトル」という文字列を追加
②.sub-titleに「サブタイトル」というHTMLを追加
③.childの.order-1の要素を.childの.order-3の後に移動
④.childの.order-2の要素を複製して#meの先頭に追加してください。
⑤.child要素のデータ属性（data-color）をそれぞれの要素の文字色として適用してください。
⑥#me要素の位置と大きさを取得して、#comment-bodyに以下のフォーマットで出力してください。

#meのborderの上端とHTMLの上端の間隔は${間隔}pxです。

#meのborderの左端とHTMLの左端の間隔は${間隔}pxです。

ビューポートの上端から#meの枠線の上端までの間隔は${長さ}pxです。

ビューポートの左端から#meの枠線の左端までの間隔は${長さ}pxです。

#meのborderを含めた高さは${高さ}pxです。

#meのborderを含めた横幅は${横幅}pxです。

---

[4] Todoアプリの作成準備

　Todoアプリを作成しましょう。ただし、まだイベントについて学んでいないため、本アプリの仕上げは次章の章末問題で行います。ここでは、Todoアプリに必要な機能①～③を実装します。次のHTMLに解答を追記していってください。

▶ベースとなるコード（sec_end4_before.html）

```html
<!DOCTYPE html>
<html>
    <head>
        <title>Todoアプリ</title>
        <style>
            /* ③用のスタイル */
            .completed > span {
                text-decoration: line-through;
                background-color: gray;
            }
        </style>
    </head>
    <body>
        <div id="todo-container">
            <input type="text" name="" id="create-input" />
            <button id="create-btn">追加</button>
            <ul id="todo-list">
                <!-- ここに.todo-itemを追加 -->
            </ul>
        </div>
        <template id="todo-item-tmpl">
            <li class="todo-item"> <!-- #todo-listに追加する元となるテンプレート -->
                <span class="todo-title"></span>
                <input type="button" class="delete-btn" value="削除">
                <input type="button" class="complete-btn" value="完了">
            </li>
        </template>
```

```
        <script>
            /* ここに回答を追記 */
        </script>
    </body>
</html>
```

---

①Todoアイテムを追加する関数の実装

Todoアイテムを追加するために使うcreateTodoItem関数を作成してください。

createTodoItem関数の仕様

- Todoのタイトルに使う文字列を引数に取る。
- #todo-item-tmplテンプレートの#todo-titleに引数の値を設定する。
- #todo-listの末尾に#todo-itemを追加する。

②Todoアイテムを削除する関数の実装

Todoアイテムを削除するために使うdeleteTodoItem関数を作成してください。

 ヒント deleteTodoItem関数の挙動を確認する場合は、setTimeout関数を使うと要素が削除される様子を確認できます。

deleteTodoItem関数の仕様

- .todo-item要素（Elementオブジェクト）を渡して実行すると、渡された要素を削除する。

③Todoアイテムを完了とする関数の実装

Todoアイテムを完了の表示に変更するcompleteTodoItem関数を作成してください。

 ヒント completeTodoItem関数の挙動を確認する場合は、setTimeout関数を使うと要素のスタイルが変更される様子を確認できます。

completeTodoItem関数の仕様

- .todo-item要素を渡して実行すると、渡された.todo-item要素に対してcompletedクラスを付け外しする。

イベント

JavaScriptでは、何らかの契機（きっかけ）でブラウザから発生した通知を**イベント**として受け取ります。イベントには、クリック操作やスクロール操作、フォームへの入力などのユーザー起因のイベントや、画面ロードの完了などのブラウザ起因のイベントがあります。

 point ● 画面上の操作やブラウザの状態の変化はイベントとしてJavaScriptに渡される。

JavaScriptでイベントの発生を検知し、何らかの処理を実行するには、イベントが発生したときに実行される関数（**アクション**と呼びます）を、**イベントハンドラ**または**イベントリスナ**に登録します（図15.1）。

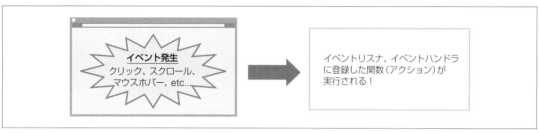

❖図15.1　イベントのイメージ

そのため、JavaScriptでイベントを登録するには、主に2つの方法があります。

JavaScriptでイベントを登録する2つの方法

● イベントハンドラにアクションを登録する（15.1節）。
● イベントリスナにアクションを登録する（15.2節）。

15.1 イベントハンドラ

まずは、イベントハンドラにアクションを登録する方法を見ていきます。

15.1.1 イベントハンドラの登録

イベントハンドラとは、イベントが発生したときに実行される関数（アクション）のことです。Windowオブジェクト（window）、Elementオブジェクト、Documentオブジェクト（document）などの**on**から始まるプロパティに対してアクションを設定することによって、イベント発生時に特定の処理を実行できます。

構文 **構文** イベントハンドラの登録方法

```
EventTarget.on{イベントタイプ} = action;
```

EventTarget	：この要素でイベントが発生したときに、登録された関数（**action**）が実行されます。Element オブジェクトやwindow、documentなどが使用可能です。
on{イベントタイプ}	：イベントタイプにはclickなどが入ります（代表的なイベントタイプは15.5.3項を参照）。た とえば、クリックイベントの場合はonclickになります。
action	：イベント発生時に実行したい関数を登録します。名前付き関数または無名関数、アロー関数を 登録できます。また、actionの第1引数には、Eventオブジェクトが渡されます（Eventオブ ジェクトについては15.4節を参照）。

　イベントハンドラはonから始まり、その後にイベントタイプが続きます。たとえば、クリック操作を検知した い場合には、**onclick**プロパティに対して関数を登録することになります。具体的には、次のように記述します。

▶クリック操作を検知するイベントハンドラを登録（click_hander.html）

```
<div>
    <button id="minus">-</button>
    <span id="number">0</span>
    <button id="plus">+</button>
</div>
<script>
    // 数値の初期化
    let count = 0;

    // Elementの取得
    const number = document.querySelector( "#number" );
    const plusBtn = document.querySelector( "#plus" );
    const minusBtn = document.querySelector( "#minus" );

    plusBtn.onclick = function ( event ) {  ──────── #plusボタンのクリック時のアクションを定義
        count++;    //  countに1を加算
        number.textContent = count;     // #numberのテキストを更新
    };
    minusBtn.onclick = function ( event ) {  ──────── #minusボタンのクリック時のアクションを定義
        count--;    //  countから1を減算
        number.textContent = count;     // #numberのテキストを更新
    };
</script>
```

実行結果 クリック操作を検知するイベントハンドラを登録

クリックすると数値が変化！

なお、イベントが発生することを**発火**と言います。上記のコードでは、ボタンをクリックしたときにonclickが発火します。

[+] ボタンをクリックすると、plusBtn.onclickに登録された関数が実行され、1加算された値が画面上に表示されます。[-] ボタンをクリックしたときは、1減算された値が同様に画面上に表示されます。また、このとき、関数の引数のeventに渡されるのが**Eventオブジェクト**（15.4節を参照）です。

15.1.2 イベントハンドラの解除

イベントハンドラをnullで初期化することによって、登録したアクションを解除できます。

構文 イベントハンドラの解除方法

```
EventTarget.on{イベントタイプ} = null;
```

▶ボタンに登録したアクションを解除（remove_handler.html）

```
<button>アラート</button>
<script>
    const btn = document.querySelector( "button" );
    btn.onclick = function() {  ─────────────────────── アクションの追加
        alert( "アラート！" );
    }
    btn.onclick = null;  ──────────────────────────── アクションの解除
</script>
```

━━━ 練習問題　15.1 ━━━

[1] 次のHTMLの#target要素の中にマウスのカーソルが移動したときに#target要素の背景色を赤色に変更し、カーソルが外れたときに背景色を取り消して、元の色に戻す処理を記述してみてください。

 ヒント
● マウスのカーソルの移動を定義するイベントハンドラでは、onmouseenter（要素の中に移動したときに発火）とonmouseleave（要素の外へ移動したときに発火）を使います。
● 背景色は、要素 .style.backgroundに"red"（赤色）または"none"（背景色なし）を設定することで変更できます。

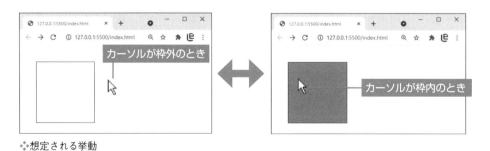

❖想定される挙動

```html
<body>
    <div id="target"></div>
    <script>
        /* ここに記述 */
    </script>
    <style>
        /* 画面の見栄えを調節 */
        div {
            position: absolute;
            border: 1px solid black;
            width: 100px;
            height: 100px;
            margin: 20px;
        }
        body {
            background-color: cornsilk;
        }
    </style>
</body>
```

15.2 イベントリスナ

　続いて、イベントリスナの使い方についても見ていきましょう。**イベントリスナとは、イベントにアクションをひも付ける仕組み**のことです。イベントが発火するとイベントリスナに登録されたアクションが実行される点はイベントハンドラと同じですが、次の3つの点が異なります。

イベントリスナがイベントハンドラと異なる点

❶ オプションの指定が可能 —— アクションが実行される条件をオプションで指定できる。

❷ 複数のアクション（関数）の登録が可能 —— 複数のアクションを個別に登録できる。

❸ アクションごとに登録解除が可能 —— 複数のアクションを個別に解除できる。

　それでは、この3つに注目しながらイベントリスナの使い方を見ていきましょう。

イベントリスナに対してアクションを登録するには、**addEventListener** メソッドを使います。

構文 イベントリスナとしてアクション（関数）を登録

```
EventTarget.addEventListener( "イベントタイプ", action [, options] );
```

EventTarget	：この要素でイベントが発生したときに、登録された関数（**action**）が実行されます。Elementオブジェクトやwindow、documentなどが使用可能です。
"イベントタイプ"	：イベントタイプを文字列で入力します。onは先頭にはつきません。たとえば、クリックイベントの場合にはclickとなります（代表的なイベントタイプは15.5.3項を参照）。
action	：イベント発生時に実行したい関数を登録します。名前付き関数または無名関数、アロー関数を登録できます。また、actionの第1引数にはEventオブジェクトが渡されます。Eventオブジェクトについては15.4節を参照。
options	：**options**では、イベントリスナの挙動の設定を行うことができます。真偽値またはオブジェクトを設定可能です。

真偽値のtrueが設定された場合 ——— { capture: true }と設定した場合と同じ意味になる

オブジェクトが設定された場合 ——— 次のプロパティを使用できる

プロパティ	説明
capture	登録されたアクションをキャプチャリングフェーズで実行する。デフォルトは**false**。詳細は15.3節を参照
once	アクションの実行を一度きりとする場合に**true**を渡す。実行後は自動的にアクションは削除される。デフォルトは**false**
passive	**true**とした場合にはパッシブリスナが有効になる。パッシブリスナが有効な状態では、アクション内で呼び出される**Event.preventDefault**はブラウザのデフォルト処理を停止しない。パッシブリスナについては15.5.1項を参照

　それでは、イベントリスナを使って、クリックイベントに対してアクションを登録する処理を記述してみましょう。先ほどのイベントハンドラと同様に、[-] [+] ボタンをクリックすると画面上の数値が更新されるような処理は、イベントリスナを使うと次のように記述できます。

▶イベントリスナにアクションを登録（event_listener.html）

```
<div>
    <button id="minus">-</button>
    <span id="number">0</span>
    <button id="plus">+</button>
</div>
<script>
    // 数値の初期化
    let count = 0;

    // Elementの取得
    const number = document.querySelector("#number");
    const plusBtn = document.querySelector("#plus");
    const minusBtn = document.querySelector("#minus");
```

```
    plusBtn.addEventListener( "click", function(event) { ── クリックイベントにアクションを登録
        count++;       // 数値を1加算する
        number.textContent = count;     // #numberのテキストを更新
    });
    minusBtn.addEventListener( "click", function(event) { ── クリックイベントにアクションを登録
        count--;       // 数値を1減算する
        number.textContent = count;     // #numberのテキストを更新
    });
</script>
```

実行結果 イベントリスナにアクションを登録

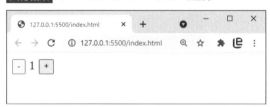

　上記のようにコードを記述すると、先ほどのイベントハンドラのときと同様、ボタンをクリックすることで、画面上の数値が変更されるようになります。もし、コードがうまく動かない場合には、開発ツールのコンソールを開いて、エラーが発生していないかを確認してみてください。

15.2.2 複数のイベントリスナを登録

　イベントリスナを使うと、複数のアクションをイベントにひも付けることができます。たとえば、次の例では、#all-color要素に対して、colorChangeとbgColorChangeの2つのアクションをclickイベントに登録しています。なお、イベントハンドラ（onclick）に直接登録するときには関数を1つしか登録できません。

▶複数のアクションをイベントリスナとして登録（multi_action.html）

```
<div>この要素の色が変わります。</div>
<button id="color">文字色の変更</button>
<button id="bg-color">背景色の変更</button>
<button id="all-color">文字色と背景色の変更</button>
<button id="reset-color">リセット</button>
<script>
    const targetEl = document.querySelector( "div" );
    const colorBtn = document.querySelector( "#color" );
    const bgColorBtn = document.querySelector( "#bg-color" );
    const allColorBtn = document.querySelector( "#all-color" );
    const resetBtn = document.querySelector( "#reset-color" );
```

```
        // 文字色を変更するアクション
        function colorChange( event ) {
            targetEl.style.color = "#ff0000";  ──────────────  文字色を赤色に変更
        }
        // 背景色を変更するアクション
        function bgColorChange( event ) {
            targetEl.style.backgroundColor = "blue";  ──────────  背景色を青色に変更
        }
        // スタイルをリセットするアクション
        function reset( event ) {
            targetEl.style.backgroundColor = "";
            targetEl.style.color = "";
        }

        // イベントリスナにアクションを登録
        colorBtn.addEventListener( "click", colorChange );
        bgColorBtn.addEventListener( "click", bgColorChange );
        allColorBtn.addEventListener( "click", colorChange );  ──────  #all-color要素には
        allColorBtn.addEventListener( "click", bgColorChange );  ─────  関数を2つ登録
        // スタイルのリセット
        resetBtn.addEventListener( "click" , reset );
    </script>
```

実行結果 複数のアクションをイベントリスナとして登録

　上記のように実装すると、`#all-color`ボタンがクリックされたときには文字の色と背景色が一括で変更されます。

15.2.3 イベントリスナの解除

`removeEventListener`メソッドを使うことで、登録したアクションの解除を行うことができます。

```
EventTarget.removeEventListener( "イベントタイプ", action );
```

EventTarget：addEventListnerでイベントリスナの登録時に渡した要素と同じ要素を指定します。

action　　：addEventListnerでイベントリスナの登録時に渡したのと同じ関数への参照を渡すことで、その関数をイベントリスナの対象から除外します。

1つ注意すべきなのは、removeEventListenerの第2引数には、addEventListenerに渡した関数と**同じ参照を保持した関数**を渡す必要がある点です。

たとえば、次の例はうまくいきません。

▶アクションの解除がうまくいかない例（not_remove_event.html）

```
<div>この要素の色が変わります。</div>
<button id="color">文字色の変更</button>
<script>
    const targetEl = document.querySelector( "div" );
    const colorBtn = document.querySelector( "#color" );

    colorBtn.addEventListener( "click", function( event ) {  ──────  アクションの登録：無名関数A
        targetEl.style.color = "#ff0000";
    });
    colorBtn.removeEventListener( "click", function( event ) {──┐
        targetEl.style.color = "#ff0000";                       アクションの解除（解除できていません）：無名関数B
    });
</script>
```

上記の例では、removeEventListenerに渡している関数（無名関数B）がaddEventListenerに渡している関数（無名関数A）と同じ記述のため、うまくいきそうに見えますが、これではうまくいきません。この場合、あくまで同じ機能を持った関数を渡しているだけで、別のメモリ空間に登録された関数となります。removeEventListenerに渡す関数は、addEventListenerに登録された関数と**同じ参照**を保持している必要があることに注意してください。

次のように書き直すとうまくいきます。

▶アクションの解除がうまくいく例（remove_event.html）

```
<div>色は変わりません。</div>
<button id="color">文字色の変更</button>
<script>
    const targetEl = document.querySelector( "div" );
    const colorBtn = document.querySelector( "#color" );

    function colorChange( event ) {
        targetEl.style.color = "#ff0000";
    }
```

```
colorBtn.addEventListener( "click", colorChange );  ─── アクションの登録
colorBtn.removeEventListener( "click", colorChange );  ── アクションの解除（うまくいきます！）
</script>
```

実行結果 アクションの解除がうまくいく例

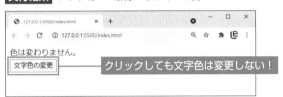

クリックしても文字色は変更しない！

　上記のコードでは、イベント登録時と解除時で同じ関数（colorChange）への参照を取得できるため、イベントリスナに登録したアクションの解除を行うことができます。

――― 練習問題　15.2 ―――

[1] 次の#container要素、#target要素に付与されているデータ属性は、data-{イベントタイプ}="背景色"になっています。マウスのカーソルが要素に出入りしたときに、それぞれの要素の背景色が変わるように、データ属性の値を使って実装してみてください。

ヒント　背景色を変更するときには「要素.style.background = データ属性値;」という記述を使用してください。

▶ベースコード（hover_color_change_before.html）

```
<body>
    <div id="container" data-mouseenter="purple" data-mouseleave="none">
        <div id="target" data-mouseenter="green" data-mouseleave="none"></div>
    </div>
    <script>
        /* ここに記述 */
    </script>
    <style>
        /* スタイルの調節 */
        #container,
        #target {
            position: absolute;
            border: 1px solid black;
            margin: 20px;
        }
        #target {
            width: 60px;
            height: 60px;
        }
        #container {
            width: 100px;
            height: 100px;
        }
        body {
            background-color: cornsilk;
        }
    </style>
</body>
```

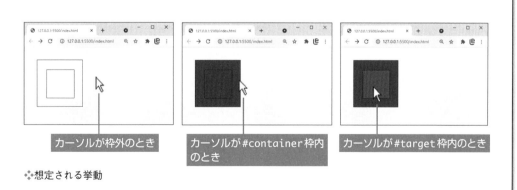

カーソルが枠外のとき

カーソルが#container枠内のとき

カーソルが#target枠内のとき

❖想定される挙動

ここまで、基本的なイベントの登録方法について学んできました。本節では、イベントの挙動を理解するうえで重要な「イベントの伝播の仕組み」について見ていきましょう。

ページ内のどこかの要素でイベントが発生した場合には、**イベントが要素間を伝播していきます**。これを**イベントの伝播**と呼びます。

イベントの伝播は、**キャプチャリングフェーズ**、**ターゲットフェーズ**、**バブリングフェーズ**の3つのフェーズに分けることができます。HTML内の要素でイベントが発生した場合には、これら3つのフェーズが順番に実行されることになります。

 point ● HTML内のいずれかの要素でイベントが発生した場合、キャプチャリングフェーズ → ターゲットフェーズ → バブリングフェーズの順番で、HTML要素に登録されたアクションが実行される。

15.3.1 **キャプチャリングフェーズ（Capturing Phase）**

イベントの伝播で最初に発生するフェーズです（図15.2）。**キャプチャリングフェーズでは、発生したイベントと同じタイプのイベント（たとえば、クリックイベント）が上位から下位へ伝播していきます**。具体的にはHTML内のいずれかの要素でイベントが発生した場合には、最上位のWindowオブジェクトからイベントの伝播が始まり、Documentオブジェクト、<html>要素の順でイベントが発生した要素まで同じイベントが順番に伝わっていきます。

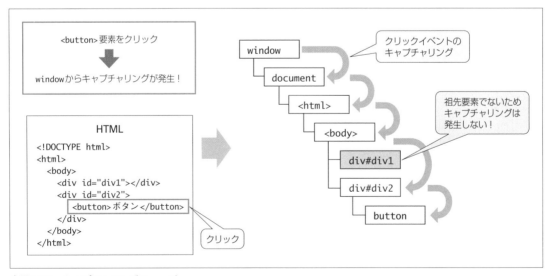

❖図15.2　キャプチャリングフェーズ

なお、イベントハンドラやイベントリスナで登録したアクションは、キャプチャリングフェーズでは一般的には実行されません。**イベントリスナのオプションで`{ capture: true }`を設定したアクションのみ、このフェーズで実行されます。**また、このフェーズでは、まだイベントが発火した要素（図15.2の場合は`<button>`要素）に対してイベントの伝播が到達していないため、`<button>`要素に登録されたアクションはまだ実行されません。キャプチャリングに続く次のターゲットフェーズで`<button>`要素に登録されたアクションが実行されます。

それでは、キャプチャリングが実際に伝播していく様子をコードで確認してみましょう。

▶ キャプチャリングの確認（capturing.html）

```
<!DOCTYPE html>
<html>
    <body>
        <div id="div1"></div>
        <div id="div2">
            <button>ボタン</button>
        </div>
        <script>
            // Elementの取得
            const div1 = document.querySelector( "#div1" );
            const div2 = document.querySelector( "#div2" );
            const button = document.querySelector( "button" );

            // windowにclickイベントを登録
            window.addEventListener( "click", () => {
                console.log( "windowのclickイベント" );
            }, { capture: true } );

            // div1にclickイベントを登録
            div1.addEventListener( "click", () => {
                console.log( "div1のclickイベント" );
            }, { capture: true } );

            // div2にclickイベントを登録
            div2.addEventListener( "click", () => {
                console.log( "div2のclickイベント" );
            }, { capture: true } );

            // buttonにclickイベントを登録
            button.addEventListener( "click", () => {
                console.log( "buttonのclickイベント" );
            }, { capture: true } );
        </script>
    </body>
</html>
```

上記のコードでは、Windowオブジェクト、#div1要素、#div2要素、<button>要素のclickイベントにアクションをそれぞれ追加しています。また、イベントリスナのオプションには{ capture: true }を設定しているため、キャプチャリングフェーズでアクションが実行されるように設定されています。なお、Windowオブジェクトに対するclickイベントは、画面全体に適用されます。

画面上のボタンをクリックすると、上記の実行結果のようなログが出力されます。この順番を確認してみると、window → div2 → buttonの順でイベントが発火していることがわかります。これは、{ capture: true }によって、キャプチャリングフェーズでアクションが実行されているためです。また、#div1要素に関しては<button>要素の祖先要素ではないため、#div1要素のイベントは<button>をクリックしても発火しません。

15.3.2 ターゲットフェーズ（Target Phase）

キャプチャリングフェーズによって、イベントの伝播がイベントが発生した要素までたどり着くと、ターゲットフェーズになります（図15.3）。このフェーズでは、イベントが発生した要素に登録されているアクションを実行します。

note イベントの伝播は、アクションが登録されていない要素をクリックした場合にも発生します。そのため、ターゲット要素（イベントが発生した要素）にアクションが登録されていない場合には、ターゲットフェーズでは特に何も起こりません。

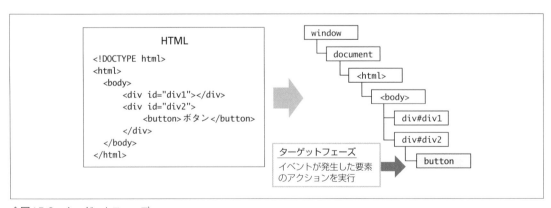

❖図15.3 ターゲットフェーズ

15.3.3 バブリングフェーズ（Bubbling Phase）

　ターゲットフェーズが完了すると、今度はイベントが上位の親要素、祖先要素に対してイベントの伝播が起こります（図15.4）。これを**バブリングフェーズ**と呼びます。

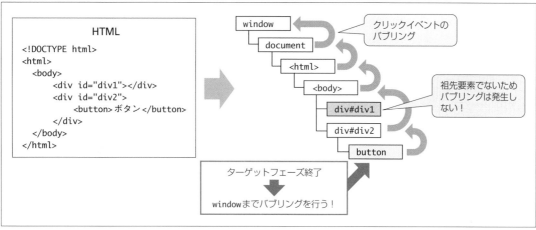

❖図15.4　バブリングフェーズ

　バブリングフェーズでは、親要素、祖先要素、document、windowで同じイベントタイプに登録されているアクションが実行されます。また、イベントリスナに{ capture: true }が設定されているアクションは、キャプチャリングフェーズですでに実行済みのため、実行されません。イベントリスナに{ capture: true }を付けない場合には、バブリングによってイベント伝播によるアクションの実行を行います。

▶バブリングの確認（bubbling.html）

```
<!DOCTYPE html>
<html>
    <body>
        <div id="div1"></div>
        <div id="div2">
            <button>ボタン</button>
        </div>
        <script>
            // Elementオブジェクトの取得
            const div1 = document.querySelector( "#div1" );
            const div2 = document.querySelector( "#div2" );
            const button = document.querySelector( "button" );

            // windowにclickイベントを登録（capture: trueとして登録）
            window.addEventListener( "click", () => {
                console.log( "windowのclickイベント" );
            }, { capture: true } );
```

```
            // div2にclickイベントを登録
            div2.addEventListener( "click", () => {
                console.log( "div2のclickイベント" );
            } );

            // buttonにclickイベントを登録
            button.addEventListener( "click", () => {
                console.log( "buttonのclickイベント" );
            } );
        </script>
    </body>
</html>
```

実行結果 キャプチャリングの確認

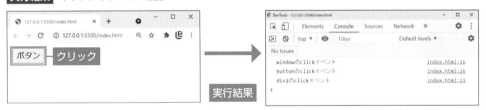

　上記のコードでは、windowのみ、{ capture: true }のオプションを付与しているため、windowのclick
イベントのみ、キャプチャリングフェーズで実行されます。そのため、<button>要素をクリックした場合には、
window → button → div2の順番にアクションが実行されます。

　なお、一部のイベントタイプ（たとえば、mouseleaveやfocus）では、バブリングは発生しません（15.5.3項
を参照）。しかし、ほとんどのイベントでは、バブリングが発生します。

　また、バブリングが発生するかどうかはEventオブジェクトのbubblesプロパティがtrueかどうかで判定で
き、bubblesがtrueの場合はバブリングが発生します。なお、バブリングが発生しないイベントの場合には、
ターゲットフェーズでイベント伝播が終了します。

練習問題　15.3

[1] 次のHTMLの#container、#wrapper、#targetの要素がクリックされたときに、

　　「○○のクリックイベントが発火しました。」

　　というアラートを出力するコードを追記し、プログラムを完成させてください。アラートの○○のとこ
　　ろには、クリックされた要素の直下のspanタグ内の文字列（#container、#wrapper、#target）
　　を挿入してください。

▶ベースコード（bubbling_alert_before.html）

```
<body>
    <div id="container">
        <span>#container</span>
        <div id="wrapper">
            <span>#wrapper</span>
            <div id="target"><span>#target</span></div>
        </div>
    </div>
    <script>
        /* ここに記述 */
    </script>
    <style>
        /* 画面の見栄えを調整 */
        div {
            margin: 10px;
            border: 1px solid black;
        }
        body {
            background-color: cornsilk;
        }
    </style>
</body>
```

プログラムの完成後、#target要素をクリックすると、バブリングにより、#container、#wrapperのクリックイベントも発火するようになります。実際にバブリングが発生していることを確認してみましょう。
また、余裕のある方は、それぞれのイベントリスナのキャプチャリングを有効にして、キャプチャリングフェーズでイベントが発火する様子も確認してみてください。

エキスパートに訊く

Q： そもそもなぜ、キャプチャリングとバブリングが分かれているのでしょうか？

A： 最初のJavaScriptが実装されたNetScape社のブラウザでは、もともとキャプチャリングによるイベントの伝播が提唱されていました。一方、その後に参入したMicrosoft社のIEブラウザでは、バブリングによるイベントの伝播を推進していました。NetScape社のブラウザは後に開発が凍結されてしまいますが、IE9+（バージョン9以降）や現代の主要ブラウザはこのような歴史的経緯を経てキャプチャリングフェーズによるイベントの検知もできるようになっています。

15.4 Eventオブジェクト レベルアップ

　ここまで、イベントがどのようにして実行されるのかについて学んできました。本節では、イベントハンドラやイベントリスナに登録した関数の引数に渡される**Event**オブジェクトについて見てみましょう。

構文 Eventオブジェクト

```
EventTarget.on{イベントタイプ} = function( event ) { ... }
EventTarget.addEventListener( "イベントタイプ", function( event ) { ... } );
```

event ：Eventオブジェクト。より正確に言うと、このEventオブジェクトは、Eventコンストラクタを継承した別のコンストラクタからインスタンス化されたオブジェクトです。たとえば、inputイベントなどに登録したアクションには、Eventコンストラクタを継承したInputEventコンストラクタから生成されたオブジェクトが渡されます。そのため、イベントタイプによってアクセス可能なプロパティが変わります。

　Eventオブジェクトには、**イベントの発生状況に関わる情報が格納されています**。Eventオブジェクトに設定されるプロパティはイベントタイプによって変わりますが、ここではどのイベントタイプでも使用できる共通のプロパティとメソッドを紹介します（表15.1・表15.2）。

❖表15.1　Eventオブジェクトのメソッド

メソッド	説明
preventDefault()	ブラウザのデフォルト処理の実行を抑止する。抑止可能なイベントタイプは cancelable が true のイベント。詳細は15.4.3項
stopPropagation()	キャプチャリング、バブリングによるイベント伝播を抑止する。詳細は15.4.1項
stopImmediatePropagation()	stopPropagation() の作用に加え、自要素に対して複数アクションが登録されている場合には、後続のアクションの実行を抑止する。詳細は15.4.2項

❖表15.2　Eventオブジェクトのプロパティ

プロパティ	説明
type	イベントタイプが文字列で渡される（例："click"）
cancelable	preventDefault() を使って、デフォルト処理をキャンセル可能かどうかを返す（true / false）。true の場合、キャンセル可能
bubbles	発生中のイベントでバブリングが発生するかどうかを返す（true / false）。true の場合、バブリングが発生する
currentTarget	アクションを登録した（ターゲット）要素を返す。キャプチャリングやバブリングが発生しているときも、常にアクションを登録した要素を返すことに注意。詳細は15.4.4項
target	実際にイベントが発生した要素を返す。キャプチャリングやバブリングの作用によって、実際にイベントが発生した要素とアクションが登録されている要素が異なる可能性に注意。詳細は15.4.4項
defaultPrevented	preventDefault() によって、ブラウザのデフォルト処理がキャンセルされたかどうかを表す（true / false）。true の場合、キャンセルされた状態を表す

プロパティ	説明		
eventPhase	実行中のイベントフェーズを表す（以下の0〜3を返す）		
	数値（定数）		**説明**
	0（Event.NONE）		実行中のイベントがない状態
	1（Event.CAPTURING_PHASE）		キャプチャリングフェーズ
	2（Event.AT_TARGET）		ターゲットフェーズ
	3（Event.BUBBLING_PHASE）		バブリングフェーズ
timestamp	ドキュメントの生成からイベントの発生までの時間を返す		
isTrusted	イベントがユーザー操作によって発生したものか、スクリプトによって発生したものかを判定する（true / false）。ユーザー操作によって発生した場合、true		

※すべて読み込み専用プロパティです。値の変更はできません。

それでは、これらのメソッドやプロパティの中から、比較的よく使うものについて詳しく見ていきましょう。

15.4.1 他の要素への伝播を停止（stopPropagation）

stopPropagation メソッドを呼び出すことで、**他の要素への伝播を止めます**。キャプチャリングフェーズで呼び出された場合には、下位の要素に設定されているアクションが実行されることはありません（図15.5）。

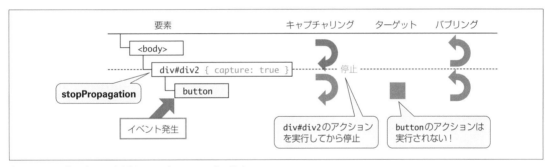

❖図15.5　他要素への伝播をキャプチャリングで停止

ターゲットフェーズまたはバブリングフェーズで呼び出された場合には、上位の要素にイベントを伝播しません（図15.6）。

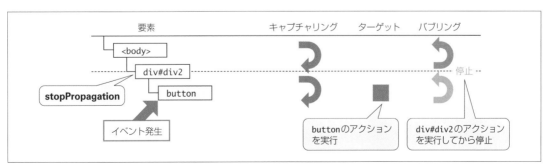

❖図15.6　他要素への伝播をバブリングで停止

```
<section>
    section<br>
    <div>
        div<br>
        <button>button</button> ──────────────── クリックイベント！
    </div>
    <p>p<br>この要素は伝播の対象外です。</p>
</section>

<style>
    section, div, p, button {
        padding: 10px;
        border: 10px solid skyblue;
    }
</style>

<script>
    const button = document.querySelector( "button" );
    const div = document.querySelector( "div" );
    const section = document.querySelector( "section" );

    // buttonに対するアクションを登録
    button.addEventListener( "click", ( event ) => {
        console.log( "buttonのclickイベントが実行されました。" );
    } );

    // divに対するアクションを登録
    div.addEventListener( "click", ( event ) => {
        console.log( "divのclickイベントが実行されました。" );
    } );

    // sectionに対するアクションを登録
    section.addEventListener( "click", (event) => {
        event.stopPropagation(); ──────────── イベント伝播を停止
        console.log( "sectionのclickイベントが実行されました。" );
    }, { capture: true } ); ──────────────── キャプチャリングフェーズでアクションを実行
</script>
```

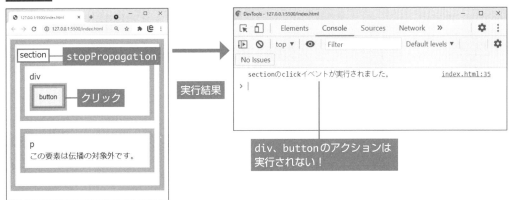

上記のコードでは、`<section>`の click イベントが発火したときに stopPropagation が実行されます。また、`<section>`のイベントリスナには、`{ capture: true }`が設定されていることに注意してください。そのため、`<button>`をクリックしたときには、キャプチャリングフェーズの`<section>`でイベント伝播が停止するため、`<div>`や`<button>`に登録したアクションは実行されません。

なお、stopPropagation が呼び出された要素に複数のアクションが設定されていた場合には、それらのアクションはすべて実行されます。同じ要素内の後続のアクションも止める場合には、stopImmediatePropagation を使います。

15.4.2 アクションを即時で停止（stopImmediatePropagation）

同じ要素に複数のアクションが登録されていた場合に、後続のアクションへの伝播も止めたいときには stopImmediatePropagation を使います。stopPropagation では他の要素に伝播するのを防ぎますが、stopImmediatePropagation では実行中のアクションが完了するとイベント伝播は即時で終了します。そのため、後続のキャプチャリングやバブリングも停止します。

▶Event.stopImmediatePropagation の使用例（stopimmepropa.html）

```
<div>この要素の色が変わります。</div>
<button id="all-color">文字色と背景色の変更</button>
<script>
    const targetEl = document.querySelector( "div" );
    const allColorBtn = document.querySelector( "#all-color" );

    // 文字色を変更するアクション
    function colorChange( event ) {
        event.stopImmediatePropagation();          ——— 後続のアクションへのイベント伝播を停止
        targetEl.style.color = "#ff0000";     // 文字色を赤色に変更
    }
    // 背景色を変更するアクション
    function bgColorChange( event ) {
```

```
        targetEl.style.backgroundColor = "blue";    // 背景色を青色に変更
    }

    // 関数を2つ登録可能
    // アクションは登録された順番（colorChange→bgColorChange）で実行される
    allColorBtn.addEventListener( "click", colorChange );
    allColorBtn.addEventListener( "click", bgColorChange );
</script>
```

実行結果 イベント伝播を即座に停止

　上記のコードでは、#all-color要素に対して、colorChangeとbgColorChangeアクションを追加していますが、colorChangeの中でstopImmediatePropagationを実行しているため、後続のbgColorChangeは実行されません。

　また、ここまで見てきたstopPropagationやstopImmediatePropagationでは、ブラウザのデフォルト処理は停止されません。ブラウザのデフォルト処理を停止する場合には、次項で紹介するpreventDefaultを使います。

15.4.3 ブラウザのデフォルト処理を止める場合（preventDefault）

　HTMLタグによっては、ブラウザの特定の処理が実装されている場合があります。たとえば、アンカータグ（a）はリンクを作成するときに使いますが、このタグがクリックされた場合にはブラウザのデフォルト処理によって、リンク先URLに画面が遷移します。また、<input type="submit">などは、クリックしたタイミングで、フォームに設定されているリンク先に対してリクエストを送信します。

　これらのブラウザのデフォルト処理を止めるには、**preventDefault**をアクション内で実行します。

▶すべてのリンクの機能を無効化する（preventdefault.html）

```
<a href="https://google.com/">Googleへは行かせません。</a>
<a href="https://yahoo.co.jp/">Yahooへは行かせません。</a>

<script>
    // すべてのアンカータグ（a）を取得
    const links = document.querySelectorAll("a");
```

```
    //  すべてのアンカータグに対してリンク無効化のアクションを追加
    links.forEach( link =>
        link.addEventListener("click", event => {
            event.preventDefault(); ─────────────── ブラウザのデフォルト処理を無効化
            alert( event.currentTarget.textContent );    //  アラートの表示
        })
    );
</script>
```

実行結果 ブラウザのデフォルト処理を停止

なお、preventDefaultでは、イベント伝播は止まりません。そのため、キャプチャリングやバブリングも止めたい場合は、stopPropagationやstopImmediatePropagationとあわせて実行してください。

15.4.4 targetとcurrentTargetの違い

本項では、イベントが発生した要素を取得するプロパティであるtargetとcurrentTargetの違いについて確認しましょう。EventオブジェクトのtargetとcurrentTargetには、異なる要素が格納される場合があるため、注意が必要です。これは、バブリングの作用によって起こります。

まずは、次のコードを確認してください。

▶targetとcurrentTargetが異なる場合（target_currenttarget.html）

```
<body>
    <section id="container">
        <button>ボタン</button> ─────────────────── イベントはここから発生する
    </section>
    <script>
        // #container (sectionタグにアクションを登録する)
        const containerEl = document.querySelector( "#container" );

        containerEl.addEventListener( "click", function( event ) {

            console.log( `currentTarget:[ ${ event.currentTarget.nodeName } ]` ); ─┐
                                     currentTargetは常にアクションを登録した要素が格納される
            console.log( `target:[ ${ event.target.nodeName } ]` ); ─┐
                                     targetはイベントが発生した要素が格納される
```

```
        });
    </script>
</body>
```

実行結果 targetとcurrentTargetの確認

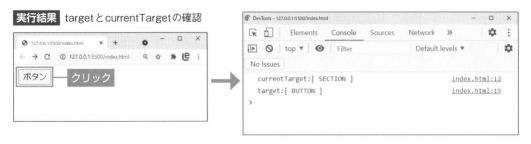

　上記のコードでbuttonタグをクリックすると、buttonタグでclickイベントが発生します。このとき、targetとcurrentTargetでは、異なる要素が取得されます。currentTargetの場合は常に実行中のアクションが登録された要素が取得されますが、targetの場合はイベントが発生した要素が取得されます（図15.7）。

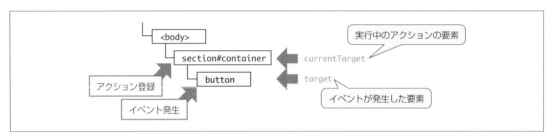

❖図15.7　targetとcurrentTargetの違い

　バブリングによってイベントが発生した要素と実行中のアクションが登録された要素が異なる場合には、それぞれ取得される要素が異なるため、注意してください。

練習問題　15.4

[1] 次のコードの#wrapper要素に対して、クリックイベントの伝播を停止（stopPropagation）するアクションを追加して、バブリングが終了することを確認してください（#target要素をクリックしても、#container要素のクリックイベントに登録したアクションが実行されなくなります）。

```html
<body>
    <div id="container">
        <span>#container</span>
        <div id="wrapper">
            <span>#wrapper</span>
            <div id="target"><span>#target</span></div>
        </div>
    </div>
    <script>
        const container = document.querySelector( "#container" );
        const wrapper = document.querySelector( "#wrapper" );
        const target = document.querySelector( "#target" );

        // 要素（element）にクリックイベントを登録する
        // isCaptureをtrueとすることでキャプチャリングを有効にする
        function clickDialog( element, isCapture = false ) {
            // クリックイベントにアクションを登録
            element.addEventListener( "click", () => {
                // <span>タグの文字列を取得
                const spanText = element.firstElementChild.textContent;
                // アラートを画面に表示
                alert( `${spanText}のクリックイベントが発火しました。` );
            }, isCapture );
        }
        // アクションを登録
        clickDialog( container );
        clickDialog( wrapper );
        clickDialog( target );
    </script>
    <style>
        /* 画面の見栄えを調整 */
        div {
            margin: 10px;
            border: 1px solid black;
        }
        body {
            background-color: cornsilk;
        }
    </style>
</body>
```

15.5 イベントの補足事項

本節では本章のまとめとして、パッシブリスナやイベントをスクリプトから実行する方法など、イベントの補足事項を紹介します。

15.5.1 パッシブリスナ レベルアップ 初心者はスキップ可能

パッシブリスナ（Passive Listener）とは、Chrome 51より導入されたスクロールのパフォーマンスを改善するための仕組みです。addEventListenerのオプションに{ passive: true }を渡すことによって、パッシブリスナが有効になります。これにより、アクション内でのEvent.preventDefault()の実行を無効化します。なお、Chromeの場合は、デフォルトが{ passive: true }です。

前項では、「preventDefaultを実行することによって、ブラウザのデフォルト処理を停止できる」と紹介しました。これは、スクロール処理に対しても行うことができます。たとえば、次のようにtouchmoveイベントやwheelイベントに対してpreventDefaultを実行した場合には、スマホやPCでのスクロール操作を無効化できます。

 note touchmoveとwheelは、スクロールや画面タッチに関連したイベントです。

- touchmove　スマホのタッチ操作が継続している間は連続的に発火する
- wheel　　　マウスのホイール（マウス上部にあるスクロール用装置）が回転している間は連続的に発火する

▶スクロール処理を禁止する（passivelistener.html）

```
<body>
    <div></div>

    <style>
        body {
            margin: 0;
        }
        div {
            background: linear-gradient( #e66465, #9198e5 );
            height: 200vh;
        }
    </style>

    <script>
        function preventScroll( event ) {
            event.preventDefault();　　　　　　　　　　　　　　　　　　　　　　　　スクロール処理を停止
```

```
        }

        document.addEventListener( "touchmove", preventScroll, { passive: false } );
                                                        touchmoveイベントのデフォルト処理（スクロール処理）を阻止
        document.addEventListener( "wheel", preventScroll, { passive: false } );
    </script>                                           wheelイベントのデフォルト処理（スクロール処理）を阻止
</body>
```

実行結果 スクロールできない

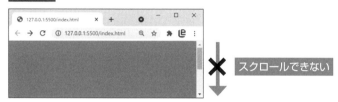

スクロールできない

　上記のコードのように、デフォルト処理としてスクロールが行われるイベントに登録したアクション内で`preventDefault`を実行すると、スクロール処理が無効化されます。しかし、**ブラウザは、アクションが実際に実行されるまではアクション内で`preventDefault`が実行されるのかを知るすべはありません**。そのため、`touchmove`イベントや`wheel`イベントに対してアクションが登録されている場合には、アクション内のコードがすべて実行されて初めて`Event.preventDefault`が内部で呼び出されていないことがわかります。

　極端な例を挙げると、「アクション内に1000行分の処理がある場合、その最後の行まで`Event.preventDefault`が実行されていないことを確認してから、画面上のスクロールを行う」ことになります。そのため、スクロールにアクションを登録した場合には、スクロールがガタついたり、スクロール時の画面の表示に遅れが出たりするという問題がありました。

　そこで考えられたのが`{ passive: true }`オプションです。このオプションを`addEventListener`でアクションを登録するときに渡すことで、**アクション内での`Event.preventDefault()`の実行を無効化します**。これによってブラウザは、`{ passive: true }`のアクションに関しては`Event.preventDefault()`の処理が内部で使われないことを担保できるため、アクションの実行の完了を待たずに画面のスクロール描写（デフォルト処理）を行うことができます。そのため、スクロール時のパフォーマンスが大きく改善されます。

練習問題　15.5

[1] Chromeブラウザでは、`wheel`イベントに対して`{ passive: true }`が既定値になっています。次のコードを利用して、この状態では`wheel`イベントに対して`preventDefault`を実行してもデフォルト処理が無効化されないことを確認してください。

ヒント `wheel`イベントにアクションを追加し、その中で`preventDefault`を実行するような実装を加えて動作を確認します。

```
<body>
    <div></div>

    <style>
        body {
            margin: 0;
        }
        div {
            background: linear-gradient( #e66465, #9198e5 );
            height: 200vh;
        }
    </style>

    <script>
        /* ここに記述 */
    </script>
</body>
```

15.5.2 イベントをスクリプトから実行 （レベルアップ）（初心者はスキップ可能）

本項では、ユーザーの画面入力によって発生するclickイベントやinputイベントなどをJavaScriptのコードから発火する方法について学びましょう。コードからイベントを発火させるには、dispatchEventメソッドを使います。

構文 dispatchEventの記法

```
let cancelled = EventTarget.dispatchEvent( event );
```

EventTarget	：イベントを発生させたい要素を設定します。Elementやwindow、documentなど。
event	：発火したいイベントタイプのEventオブジェクトを渡します。Eventオブジェクトは、new Event("イベントタイプ" [, { bubbles: true }])の形式でインスタンス化します（第2引数{ bubbles: true }を省略した場合には、バブリングは発生しません）。
cancelled	：イベントで発火により実行されたアクションの中でEvent.preventDefaultが1回でも実行された場合にfalseが返ります。それ以外はtrueです。

たとえば、clickイベントをコードから発火させたい場合には、次のように記述します。

▶clickイベントをコードから発火（dispatchevent.html）

```
<!-- ボタンがクリックされると1ずつカウントアップします。 -->
<span>0</span>
<!-- ボタンを非活性にします。 -->
<button disabled>+</button>

<script>
    const button = document.querySelector( "button" );
    const span = document.querySelector( "span" );

    let count = 0;
    button.addEventListener( "click", function(event){
        count++;
        span.textContent = count;
    });

    // Eventオブジェクトをインスタンス化
    const myEvent = new Event( "click" );

    // 1秒間隔でclickイベントを発火
    setInterval( () => {
        button.dispatchEvent( myEvent ); ──────────── イベントを発火
    }, 1000 );
</script>
```

実行結果 clickイベントをコードから発火

上記の例では、<button>要素のclickイベントに登録されたアクションを、button.dispatchEvent(myEvent);によって1秒間隔で発火しています。それによって、画面上の数値が1秒間隔で1ずつカウントアップしていきます。また、buttonタグにdisabled属性を付けることによって、画面上からはクリックできない状態にしています。

15.5.3 様々なイベント

表15.3〜表15.9に、代表的なイベントタイプをまとめます。どんなイベントが検知できるのか、ざっと目を通してみてください。

イベントタイプ	発火タイミング
input	`<input>`要素の`value`属性の値や`<textarea>`のコンテンツが変化するたびに発火する
change	`<input>`要素の`value`属性の値や`<textarea>`のコンテンツ値が確定したタイミングで発火する。`<textarea>`や`<input type="text">`などの入力欄に対する変更の検知は、値の変更後、フォーカスが外れるまで行われない。入力中の文字列の変更を検知したい場合には、`input`イベント、`keydown`イベント、`compositionupdate`イベントを使う
keydown	任意のキーが押し込まれたときに発火する
keypress ※非推奨	**代わりに`keydown`イベントを使用する**
keyup	任意のキーを離すタイミングで発火する
compositionstart	IMEによる編集セッションが開始したタイミングで発火する
compositionend	IMEによる編集セッションが終了したタイミングで発火する。すなわち、漢字などの変換が確定したとき、または編集をキャンセルしたタイミングで発火する
compositionupdate	IMEによる編集セッション中で文字が追加されたときに発火する
submit	フォームが送信されたときに発火する

❖表15.4　マウス操作に関わるイベント

イベントタイプ	発火タイミング
click	マウスの左クリックが押されたときに発火する
dblclick	マウスの左クリックが2回連続で押されたときに発火する
contextmenu	コンテキストメニューを開くときに発火する。すなわち、マウスの右クリック、またはメニューキーが押されたときに発火する
mousedown	マウスでクリックされたときに発火する。左クリック、右クリックどちらでも発火する
mouseup	マウスのクリックが離されるときに発火する。左クリック、右クリックどちらでも発火する
mouseenter	カーソルが要素内に入るタイミングで発火する。**バブリングは発生しない**
mouseover	カーソルが要素、またはその子要素を通過するときに発火する。**バブリングが発生する**
mousemove	カーソルが要素内で移動している間に連続的に発火する
mouseleave	カーソルが要素から出たときに発火する。**バブリングは発生しない**
mouseout	カーソルが要素から出たときに発火する。**バブリングが発生する**

❖表15.5　カット、コピー、ペーストなどに関わるイベント

イベントタイプ	発火タイミング
copy	コピー操作を行ったときに発火する
paste	ペースト操作を行ったときに発火する
cut	カット操作を行ったときに発火する

❖表15.6　フォーカスに関わるイベント

イベントタイプ	発火タイミング
focusin	要素にフォーカスが当たったときに発火する。**バブリングが発生する**
focus	要素にフォーカスが当たったときに発火する。**バブリングは発生しない**
focusout	要素からフォーカスが外れたときに発火する。**バブリングが発生する**
blur	要素からフォーカスが外れたときに発火する。**バブリングは発生しない**

❖表15.7　スクロールや画面タッチに関わるイベント

イベントタイプ	発火タイミング
scroll	画面がスクロールしている間は連続的に発火する
wheel	マウスのホイールが回転している間は連続的に発火する
mousewheel ※非推奨	**代わりにwheelイベントを使用する**
touchstart	スマホのタッチ入力が開始されたタイミングで発火する
touchmove	スマホのタッチ操作が継続している間は連続的に発火する
touchend	スマホのタッチ入力が終了したタイミングで発火する

❖表15.8　アニメーションに関わるイベント

イベントタイプ	発火タイミング
transitionstart	CSSのtransitionプロパティによるアニメーション開始時に発火する。**トランジションの遅延（transition-delay）を待ってから発火する**
transitionrun	CSSのtransitionプロパティによるアニメーション開始時に発火する。**トランジションの遅延（transition-delay）を待たずに発火する**
transitionend	CSSのtransitionプロパティによるアニメーション終了時に発火する
animationstart	CSSのanimationプロパティによるアニメーション開始時に発火する。**アニメーションの遅延（animation-delay）を待ってから発火する**
animationend	CSSのanimationプロパティによるアニメーション終了時に発火する。すなわち、animation-iteration-countで指定した回数分アニメーションが実行された後に発火する
animationiteration	CSSのanimationプロパティによるアニメーションが1回ループしたタイミングで発火する。すなわち、animation-iteration-countに設定された回数だけ発火する

❖表15.9　画面（Window）に関わるイベント

イベントタイプ	発火タイミング
load	CSS（.css）/ JS（.js）ファイル、画像などのHTMLから読み込んでいるすべてのリソースが読み込み完了した時点で発火する
DOMContentLoaded	DOMツリーの構築が完了した時点で発火する。DOM操作が行える状態になったことを表す最初のイベント。CSS（.css）/ JS（.js）ファイル、画像などの読み込みは完了していない可能性がある。Documentオブジェクトに対するイベントリスナとしても登録可能
readystatechange	Documentオブジェクトに登録可能なイベントタイプ。画面の読み込みフェーズが変わったタイミングで発火する。readyStateプロパティによって、現在どのフェーズかを判断できる ❖document.readyStateプロパティの値 | 値	説明
loading	画面ロード中。DOMツリーの構築も完了していない
interactive	DOMツリーの構築が完了している（DOMContentLoadedと同じ状態）
complete	loadイベントの直前に発火する。HTMLおよびHTMLで読み込んでいるリソース（CSS / JSファイル、画像など）の読み込みも完了している	
beforeunload	現在表示中のページがアンロードされる直前に発火する
unload	現在表示中のページがアンロードされるときに発火する
resize	画面サイズが変更されたときに発火する
online	ブラウザがネットワーク接続を検知したタイミングで発火する
offline	ブラウザがネットワーク接続の切断を検知したタイミングで発火する

　これ以外にも、動画の再生状態を検知するイベントやWindowオブジェクト間でメッセージをやり取りするイベントなど、ブラウザには様々なイベントが準備されています。ブラウザ上のユーザー入力やブラウザの状態の変化をトリガー（契機）にコードを実行したい場合は、イベントの観点で対処法を調べるようにしてみてください。

☑ この章の理解度チェック

[1] イベントの登録

#val1と#val2に入力された数値の和を、#answerにリアルタイムに出力するプログラムを作成してください。

ヒント --
入力値のリアルタイムの監視にはinputイベントを使います。また、<input>要素の入力値は、value属性から取得できます。

▶ベースコード（sec_end1_before.html）

```
<input id="val1" type="number" value="0"> + <input id="val2" type="number"
value="0"> = <span id="answer">0</span>
<script>
    /* ここに記述 */
</script>
<style>
    input {
        width: 50px;
    }
</style>
```

[2] イベントの伝播

次のHTMLで<article>要素、<div>要素をそれぞれクリックしたときに、「articleがクリックされました。」「divがクリックされました。」と表示されるようにしたいとします。このとき、<div>要素をクリックした場合には、「articleがクリックされました。」と表示されないように実装してください。

▶ベースコード（sec_end2_before.html）

```
<article>
    <div></div>
</article>
<script>
    /* ここに記述 */
</script>
<style>
    /* スタイル調整 */
    article,
    div {
        padding: 30px;
    }
```

```
      article {
          background-color: crimson;
      }
      div {
          background-color: cyan;
      }
  </style>
```

[3] Eventオブジェクト

クリックイベントを1つだけ登録して、次のHTMLのいずれかの要素をクリックした瞬間に、その要素の背景色を赤色に変更する機能を実装してみましょう。なお、setTimeoutをクリックイベントで実行して、1秒後に背景色を元の状態に戻すようにしてください。

 ヒント targetとcurrentTargetの違いを思い出してください。

▶ベースコード（sec_end3_before.html）

```
<article>
    article
    <div>
        div
        <ul>
            <li>li</li>
            <li>li</li>
            <li>li</li>
        </ul>
    </div>
</article>
<script>
    /* ここに記述 */
</script>
<style>
    /* スタイル調整 */
    article,
    div,
    ul,
    li {
        padding: 10px;
        margin: 10px;
        border: 1px dotted black;
    }
</style>
```

[1] で実装したコードに対して、次の挙動を取るボタンを追加してください（HTMLには、<button> ランダム </button> というボタン要素を追加してください）。

「ランダム」ボタンをクリックしたときの挙動

- #va1、#val2に対して、それぞれ1～10までのランダムな値を設定する。

 ヒント 1～10のランダムな値は、`Math.floor( Math.random() * 10 + 1 );`で生成できます。

- #val1のinputイベントを発火する（発火にはdispatchEventを使うこと）。

[5] Todoアプリの作成

第14章「この章の理解度チェック」の [4]（p.451）で、途中まで作成したTodoアプリを完成させましょう。以下のコードに対して、①～③のイベントリスナを登録してください。

▶ベースコード（sec_end5_before.html）

```html
<!DOCTYPE html>
<html>
    <head>
        <title>Todoアプリ</title>
        <style>
            .completed > span {
                text-decoration: line-through;
                background-color: gray;
            }
        </style>
    </head>
    <body>
        <div id="todo-container">
            <input type="text" name="" id="create-input" />
            <button id="create-btn">追加</button>
            <ul id="todo-list">
                <!-- ここに.todo-itemを追加 -->
            </ul>
        </div>
        <template id="todo-item-tmpl">
            <li class="todo-item">
                <span class="todo-title"></span>
                <input type="button" class="delete-btn" value="削除">
                <input type="button" class="complete-btn" value="完了">
            </li>
        </template>
```

```
        <script>
            // #todo-list要素を取得
            const todoList = document.querySelector( "#todo-list" );

            // テンプレートを取得
            const todoItemTmpl = document.querySelector( "#todo-item-tmpl" );

            // テンプレートのcontent（.todo-item要素）を取得
            const todoItem = todoItemTmpl.content;

            function createTodoItem( value ) {
                // todoItemを複製
                const newItem = todoItem.cloneNode( true );
                const newTitle = newItem.querySelector( ".todo-title" );

                // タイトルを設定
                newTitle.textContent = value;

                // Todoリストの末尾に追加
                todoList.append( newItem );
            }

            function deleteTodoItem( item ) {
                item.remove();
            }

            function completeTodoItem( item ) {
                item.classList.toggle( "completed" );
            }
        </script>
    </body>
</html>
```

①アイテムの追加

[追加] ボタンをクリックすると、**#todo-list**に対してアイテムが登録されるように実装を追加してください。

②アイテムの削除

[削除] ボタンをクリックすると、クリックされた [削除] ボタンを含むTodoアイテムが削除されるように実装を追加してください。

③アイテムの完了

[完了] ボタンをクリックすると、クリックされた [完了] ボタンを含むTodoアイテムが完了の状態（**.todo-item**要素の**class**属性に**completed**が追加された状態）になるように実装を追加してください。

イベントに登録されているアクションを確認する方法

　開発ツールを使えば、各HTML要素のイベントに登録されているアクションを確認できます。たとえば、次のコードでは、<div>要素と<button>要素のクリックイベントに対してそれぞれアクションを登録しています。

▶<div>要素、<button>要素に対してアクションを登録（devtool.html）

```
<div><button>ボタン</button></div>
<script>
    const btn = document.querySelector( "button" );
    const div = document.querySelector( "div" );
    btn.addEventListener( "click", () => { console.log( "button" ) } );
    div.addEventListener( "click", () => { console.log( "div" ) } );
</script>
```

　このコードを開発ツールで開き、[Elements]→[Event Listeners]を選択してください（図15.A）。すると、現在選択中のHTML要素と、その祖先要素のイベントに登録したアクションの一覧を確認できます。

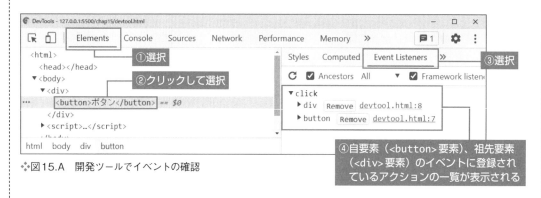

❖図15.A　開発ツールでイベントの確認

　なお、[Ancestors All]のチェックを外すと、自要素のイベントに登録されているアクションだけを表示できます（図15.B）。

❖図15.B　自要素のイベントのみ確認

モジュール

現代のWeb開発では、なるべくユーザーを待たせないために、サーバー側で実装していた処理をブラウザ側で実装することが多くなっています。そのため、ブラウザ上で動作するJavaScriptで記述する機能が増え、ソースコードの規模はどんどん大きくなっています。このようなことからも、コードを長期にわたって保守・更新できるようにコードを整理して記述することはとても重要です。

　本章では、モジュールという単位でコードを整理していく方法について学んでいきましょう。

16.1　モジュールとは

　大規模なシステムを作るときには、意味のある機能のまとまりを**モジュール**という単位で作成します。これによって、モジュールを入れ替えたり、他のシステムを作成したりするときにも、モジュールを使いまわすことができるようになります（図16.1）。

　たとえば、ユーザーのログイン認証などは、どのサイトでもだいたい同じような挙動になります。そういった汎用的なロジックをモジュールとしてまとめることで、他のシステムでも利用できるようになります。

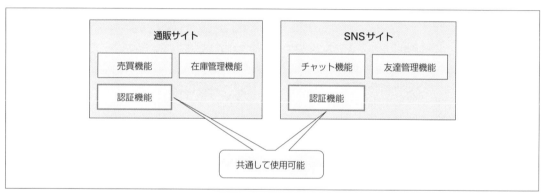

❖図16.1　モジュールごとにサイトの機能を作成

　図16.1では、認証機能を1つのモジュールとして定義していますが、モジュールはより細かい単位で分けることもできます。システム開発では、基本的に16.1.1項の要件を満たすものをモジュールと呼びます。

16.1.1　一般的なモジュールの要件

　一般的なモジュールは、以下の要件を満たします。

◆意味のある機能のまとまりである

　モジュールは、意味のあるコードのまとまりとして作成します。これにより、コードの可読性と保守性が上がります。

◆インターフェイスが明確である

モジュールを外部から使うためのインターフェイス（機能の呼び出し方の定義）が明確に決まっていれば、開発者がインターフェイスを正しく使うことで、そのモジュールの中身を知らなくても利用できます。

◆モジュールの追加・交換が比較的容易に行える

モジュールをインターフェイス経由でのみ使用できるようにすることで、モジュール同士の結び付きを弱め、モジュールの追加や交換を容易にできます（図16.2）。

このように、機能同士の関係性が希薄であることを**疎結合**と呼びます。システム開発において機能同士を疎結合に保つことは、コードの可読性、保守性、再利用性を向上させるために極めて重要です。

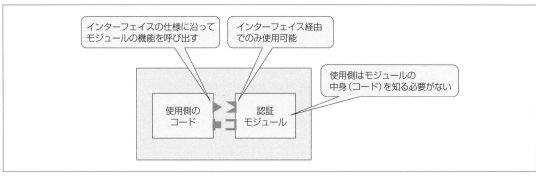

❖図16.2　モジュールとインターフェイス

モジュールのインターフェイスは、システム開発の場合、主に関数やクラスを表します。モジュールから特定の機能（関数やクラス）のみインターフェイスとして露出（**エクスポート**）することで、他のモジュールから機能の読み込み（**インポート**）を行って使えるようになります。

16.1.2　JavaScriptにおけるモジュールシステム

現代のJavaScriptで主に利用されているモジュールシステム（モジュールを扱うための機能）には、**ES Modules（ESM）とCommonJS（CJS）があります**（図16.3）。

ES Modulesは、ES6で追加されたECMAScriptの仕様に基づく、モジュール管理機能です。**ES2015 Modules、JavaScript Modulesとも呼ばれます。ES Modulesは、ブラウザとNode.jsのどちらでも使用できます。**

一方、**CommonJSは、Node.jsでのみ使用可能な、モジュール管理機能です。**

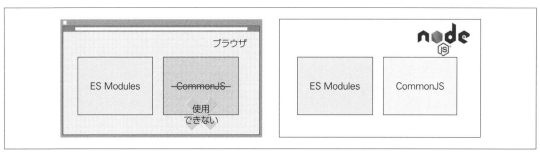

❖図16.3　ES ModulesとCommonJSの実行環境

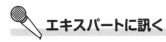

エキスパートに訊く

Q： Node.jsでは、なぜCommonJSが使われているのでしょうか？　また、覚える必要はありますか？

A： もともとNode.jsができた当初、JavaScriptでモジュールごとに機能を分割するメジャーな仕組みがなかったため、CommonJSという独自規格が考案されました。しかし、その後、ES6においてES ModulesがJavaScriptでモジュールを管理するための正式な仕様になりました。

Node.jsのバージョン14からES Modulesが使用可能になったため、今後新規で開発を行う場合にはES Modulesを使ってモジュール管理を記述したほうがよいでしょう。

ただし、既存のNode.js上で使用可能なコード（ライブラリやフレームワーク）はCommonJSで記述されているものも多いため、開発時にはCommonJSの規格に沿ったコードを目にすることがあります。そのため、CommonJSについても大まかな書き方程度は知っておくとよいでしょう。

16.1.3　ブラウザのES Modulesの有効化

前項で触れたとおり、ES ModulesはブラウザとNode.jsのどちらでも使えます。本項では、ブラウザでES Modulesの機能を有効化する方法について学びましょう。Node.jsでES Modulesを使う方法は次章で扱います。

ブラウザでES Modulesの機能を使うには、`script`タグに`type="module"`属性を付与します。

構文 ブラウザでES Modules機能を有効化する

HTMLファイル内に記述するとき

```
<script type="module">
    /* ES Modulesが有効化されています。 */
</script>
```

JavaScriptファイルを読み込む場合

```
<script type="module" src="JavaScriptファイルまでのパス">
```

▶JavaScriptファイルを読み込む例（parentフォルダ内のchildフォルダにmodule.jsがある場合）

```
<script type="module" src="/parent/child/module.js">
```

これによって、ES Modulesの仕様に沿ってJavaScriptコードが実行されるようになります。ES Modulesの仕様に沿ってJavaScriptコードが実行される場合、通常のJavaScriptコード実行時とは異なる点が5つあります。

❶ES Modulesの仕様に沿って記述された他のJavaScriptファイルの関数やクラスをインポート、エクスポートできるようになる。

❷モジュールのトップレベルのコードのスコープがモジュール内に限定される（7.2.5項を参照）。

❸モジュールのトップレベルのコードは一度だけ実行される。

❹スクリプト（JavaScriptコード）の実行タイミングがDOMツリーの構築後になる。

❺Strictモードが自動的に有効になる。

❷は第7章で学習済みのため、それ以外の点について確認していきましょう。

16.2 エクスポート

ES Modulesの**エクスポート**（外部への機能の露出）には、次の3つの方法があります。

- 名前付きエクスポート
- デフォルトエクスポート
- モジュールの集約

16.1.1項で説明したとおり、モジュールはインターフェイスを通して外部から利用します。本節で扱うエクスポートは、モジュール外から呼び出し可能なインターフェイスを定義する処理です。

それではまず、名前付きエクスポートから見ていきましょう。

16.2.1 名前付きエクスポート

名前付きエクスポートでは、基本的に変数名や関数名がそのまま、外部から呼び出すときの識別子となります。名前の重複を避ける場合や外部から呼び出すときの識別子を変更したい場合には、as キーワードを使って別名を付けることもできます。具体的には、次のように記述します。

▶名前付きエクスポートの記法（named_export.html）

```
// 変数のエクスポート
export let variable = "変数宣言の前にexportキーワードを付けます。";
export const constant = "定数もエクスポート可能です。";

// 複数の変数を一括でエクスポート
export let val1 = "値1", val2 = "値2";

// 関数、ジェネレータ関数、クラスのエクスポート
export function exportedFunction ( ) { }
```

```
export function* exportedGenerator ( ) { }
export class ExportedClass { }

// モジュール内で定義した変数、関数、クラスの一括エクスポート
let normalVariable = "モジュール内で宣言した変数";
function normalFunction() { }
class NormalClass { }
export { normalVariable , normalFunction, NormalClass };

// 別名を指定してエクスポート（asで別名を付ける）
export {
    normalVariable as publicVariable,
    normalFunction as publicFunction,
    NormalClass as PublicClass,
};

// 分割代入しながらエクスポート（オブジェクトから分割代入でエクスポート）
const normalObject= {
    normalVal: normalVariable,
    normalFn: normalFunction,
    NormalCls: NormalClass
}
export const { normalVal, normalFn, NormalCls } = normalObject;
```

このように、名前付きエクスポートでは、変数名や関数名、クラス名がそのまま、外部からアクセスするときの識別子になりますが、識別子が重複するとエラーになるため、注意してください。

16.2.2 デフォルトエクスポート

一方、モジュールには、1つだけデフォルトエクスポートが定義できます。デフォルトエクスポートで露出した機能は、モジュールの利用者がインポートする際に任意の名前を付けることができます。そのため、デフォルトエクスポートで露出する関数やクラス名は無視されることに注意してください。

デフォルトエクスポートを使うには、export defaultを先頭に付けます。

▶デフォルトエクスポートの記法（default_export.html）

```
// 無名関数をデフォルトエクスポート
export default function () { }

// アロー関数をデフォルトエクスポート
export default () => { }

// 名前を付けてもimportの際には任意の名前で使うことが可能
export default function exportedFunction() { }
```

```
// クラスのエクスポート
export default class { }

// 名前を付けてもimportの際には任意の名前で使うことが可能
export default class ExportedClass { }

// defaultという名前を付けるとデフォルトエクスポートとしてエクスポートされる
function normalFunction() { }
export { normalFunction as default };
```

16.2.3 モジュールの集約

コード量が大きくなってくると、1つの機能を複数ファイルに細分化して管理します。そのようなときに使うのが**モジュール集約**のためのエクスポートです。他のファイルで実装した関数やクラスを1つのファイルから呼び出せるようにする（集約する）ことで、利用者に利便性を提供できます。

たとえば、`sub.module.js`の機能を`parent.module.js`というファイルにモジュール集約する場合には、次のように記述します（図16.4）。

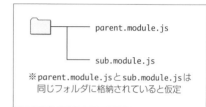

※parent.module.jsとsub.module.jsは
　同じフォルダに格納されていると仮定

❖図16.4　フォルダ構成

▶モジュール集約の記法（aggregating/parent.module.js）

```
// デフォルトエクスポートを含むすべての機能をエクスポート
export * from "./sub.module.js";

// デフォルトエクスポートを含むすべての機能をsubObjectオブジェクトのプロパティとしてエクスポート
export * as subObject from "./sub.module.js";

// 特定の機能だけエクスポート
export { subVariable, subFunction, SubClass } from "./sub.module.js";

// 別名を付けてエクスポート
export {
    subVariable as exportedVariable,
    subFunction as exportedFunction,
    SubClass as ExportedClass,
} from "./sub.module.js";

// デフォルトエクスポート
export { default } from "./sub.module.js";
```

16.3 インポート

次に、モジュールのインポート方法について見ていきましょう。

前節のエクスポート（export）を使って外部に露出した機能を使うには、まずインポートを行います。インポートの方法には、**静的インポート**（Static Imports）と**動的インポート**（Dynamic Imports）の2種類の方法があります。

静的インポートの場合には、コードを読み込んだ時点で、インポート先のモジュールはすでに決定されています。一方、**動的インポート**の場合は、コードを実行する段階で初めて、どのモジュールを読み込むかが決定されます。

point
- 静的インポート ➡ コードの読み込み時点で読み込むファイルはすでに決定されている
- 動的インポート ➡ コードの実行時点で読み込むファイルが決定される

16.3.1 静的インポート

それでは、静的インポートの構文から確認していきましょう。

JavaScriptで**インポート**と言った場合には、基本的に静的インポートのことを指します。**静的インポートでは、コードが読み込まれた時点で、インポート先のモジュールのトップレベルのコードの実行まで**を行います。静的インポートは、次のように記述します。

note 以下のサンプルコードでは、"/path/to/module.js"でJavaScriptファイルまでのパスを表しています。これは、import文が記述されたファイルからの相対パスや絶対パス、またはJavaScriptファイルまでのURLによって表現します。これらの指定方法について忘れてしまった方は、2.1.2項の「HTML内から外部ファイルを読み込むときのパスの指定」（p.022）を読み返してください。

▶インポート・静的インポート（import.html）

```
// 名前付きエクスポートをインポート
import { exportedVariable, exportedFunction, ExportedClass } from "/path/to/module.js";

// 別名を付けてインポート
import { exportedName as importedName } from "/path/to/module.js";

// デフォルトエクスポートと名前付きエクスポートをオブジェクト（moduleObject）のプロパティとしてインポート
// デフォルトエクスポートはdefaultプロパティに格納される
import * as moduleObject from "/path/to/module.js";
```

```
// デフォルトエクスポート（defaultExport）を読み込む
import defaultExport from "/path/to/module.js";

// デフォルトエクスポート（defaultExport）と名前付きエクスポート（namedExport1, namedExport2）を
// それぞれインポート
import defaultExport, { namedExport1, namedExport2 } from "/path/to/module.js";

// デフォルトエクスポート（defaultExport）と名前付きエクスポートをオブジェクト（moduleObject）の
// プロパティとしてそれぞれインポート
import defaultExport, * as moduleObject from "/path/to/module.js";

// インポートなしにモジュール（module.js）内のコードを一度だけ実行
import "/path/to/module.js";
```

静的インポートには、以下の2つの特徴があります。

❶ fromに続くモジュール名に変数は使用不可

静的インポートでは、あらかじめ読み込むモジュールが決まっている必要があるため、次のように変数を使ってインポートすることはできません。

▶ モジュール名に変数は使用不可

```
const modulePath = "/path/to/module.js";
import defaultFn from modulePath; ─────────────── これは構文エラーになる
```

必ず文字列でモジュールまでのパスを記述する必要があります。

▶ fromの後には文字列を定義

```
import defaultFn from "/path/to/module.js"; ─────────────── これは問題ない
```

❷ 読み込み時点でモジュールのトップレベルのコードが実行される

静的インポートの場合は、モジュールの読み込み時点でトッ
プレベルのコードの実行までが行われます。また、静的イン
ポートによるモジュールの読み込みは、静的インポート以外の
コードの実行前に行われます。すなわち、次のようにindex.
htmlからmodule.js（図16.5）を静的インポートで読み込ん
だ場合には、A→B→Cの順番にコンソールに出力されます。

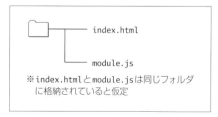

❖図16.5　フォルダ構成

モ
ジ
ュ
ー
ル

▶static_import/module.js

```
console.log( "A: module.jsのトップレベルのコードが実行されました。" );
```

▶static_import/index.html

```
<script type="module">
    console.log( "B: モジュールの実行を開始しました。" );

    import "./module.js";

    console.log( "C: モジュールの実行を終了しました。" );
</script>
```

実行結果 index.htmlからmodule.jsを静的インポートで読み込む

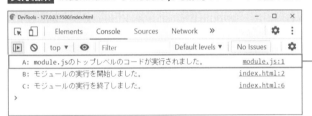

静的インポートを使った場合には、ブラウザがモジュールを読み込んだ時点でモジュールのトップレベルコードの実行までを行う分、画面の初期表示が遅くなる傾向にあります。画面の初期表示が遅くなるとユーザーが離脱してしまう可能性が高くなるので、Webサイトの開発では初期表示にかかる時間をなるべく短くすることがとても重要です。そのため、画面の初期表示時に必要のない機能の読み込みを行う場合などは、次項で紹介する動的インポートの導入を検討するとよいでしょう。

16.3.2 動的インポート

動的インポートは、ES2020で追加された比較的新しい機能です。**ダイナミックインポート**（Dynamic Imports）とも呼ばれます。動的インポートでは、**import関数を使って、必要なときに他のモジュールを読み込む**ことができます。これにより、画面の初期表示時に必要のない機能などを動的インポートとして読み込むことで、画面の初期表示にかかる時間を短縮できます。

構文 importの記法

```
const moduleProm = import( "/path/to/module.js" );
```

moduleProm：対象のファイルでエクスポートされた関数や変数を保持するオブジェクト（モジュールオブジェクト）
　　　　　　がPromiseでラップされたものが渡されてきます。

importを実行すると、エクスポートされた機能を保持するオブジェクトがPromiseでラップされた形で返されます。そのため、第13章で触れたthenメソッドやawait / asyncを使って取得したモジュールの機能を使用できます。

▶モジュールの動的インポート（dynamic_import/index.html）

```
<script>
    // Promiseオブジェクトでラップされたモジュールオブジェクトが渡される
    let promise = import("./module.js");
    promise.then( moduleObject => {    ──────────── module.jsでexportされた機能が
        moduleObject.exportedFn();                  moduleObjectのプロパティとして使用可能
        > exportedFnが呼ばれました。
    } );

    // await / asyncを使うことも可能
    async function asyncFunction() {
        let { exportedFn } = await import( "./module.js" );  ── 分割代入でexportedFnを抽出
        exportedFn();    ───────────────────────────── エクスポートされた関数を実行可能
        > exportedFnが呼ばれました。
    }
    asyncFunction();
</script>
```

▶dynamic_import/module.js

```
export function exportedFn() {
    console.log( "exportedFnが呼ばれました。" );
}
```

練習問題　16.1

[1] 次の①〜③のエクスポートとインポートを行ってください。

① exports.jsというファイルを作成し、オブジェクト、関数、クラスを1つずつ、名前付きエクスポートしてください（識別子および機能は特に指定はありません）。また、関数を1つ、デフォルトエクスポートしてください。

② exports.jsと同じフォルダにindex.htmlファイルを作成して、①でエクスポートした機能をindex.htmlのscriptタグから静的インポートで読み込み、使用してみてください。

③ ②と同様の操作を、動的インポートを使って記述してみてください。

16.4 モジュールの特徴

それでは、エクスポートとインポート以外の機能についても確認していきましょう。

16.4.1 トップレベルコードの実行

モジュールを読み込んだとき、読み込み先のモジュールのトップレベルのコードは、初回読み込み時のみ実行され、2回目以降の読み込み時には実行されません。次の実行結果を確認してください。

▶module_exec_once/module.js

```
console.log( "module.jsのトップレベルのコードが実行されました。" );
```

▶module_exec_once/index.html

```
<script type="module">
    import "./module.js";
    import "./module.js";
</script>
```

実行結果 コンソールログ

> module.jsのトップレベルのコードが実行されました。 ──────── **1回目の実行結果のみログに出力される**

16.4.2 スクリプトの実行タイミング

`<script type="module">`と記述した場合には、その中（タグ内やJavaScriptファイル内）で記述されたコードはDOMツリーの構築後に実行されます。これは、DOMContentLoadedイベントやdeferを使った場合と同じタイミングになります。DOMContentLoadedイベントやdeferについては、14.1.6項を参照してください。

▶モジュールはDOMツリーの構築後に実行される（exec_timing.html）

```
<script type="module">
    const h1 = document.querySelector( "h1" );
    console.log( h1.textContent );
    > 見出し ─────────────────── DOMツリー構築後にJavaScriptが実行される
</script>
<h1>見出し</h1>
```

16.5 Strictモード

ES5で追加されたStrictモード（厳格モード）を有効にすると、通常のJavaScriptで許容されている一部の書き方を制限できます。これによって、より厳格にコードの記述を行う必要が出てくるため、意図しないバグの混入の防止や将来使われるかもしれない予約語の確保などを行うことができます。なお、**ES Modulesを有効にした場合には、Strictモードが自動的に有効になります。**

本節では、Strictモードを有効にしたときのJavaScriptの挙動の違いについて見ていきます。

16.5.1 Strictモードの有効化

Strictモードを有効化するには、ファイルまたは関数の先頭で`"use strict";`を記述します。

構文 Strictモードを有効化

ファイルの先頭
```
"use strict";                                                    ファイルの先頭
```

関数の先頭
```
function strictFunction() {
    "use strict";                                                関数の先頭
    ...
}
```

また、特定の状況下では、Strictモードは自動的に有効になります。

▶ES Modulesが有効なとき

```
<script type="module">
    /* Strictモードは有効です。 */
</script>
```

▶class { ... } 内のコンストラクタやメソッドはStrictモードが有効になる

```
<script>
    class StrictClass {
        constructor() {
            /* Strictモードは有効です。 */
        }
        method() {
            /* Strictモードは有効です。 */
        }
    }
</script>
```

16.5.2 Strict モードによる影響

Strict モードが有効になると、コードの実行に次のような影響が出ます。

❶ 将来的に使いそうなキーワードが予約語として確保される
❷ 宣言されていない変数への代入をエラーとする
❸ 書き込み不可のプロパティを変更しようとするとエラーが発生する
❹ 関数宣言にブロックスコープが適用される
❺ this はプリミティブ値も許容するようになる

❶将来的に使いそうなキーワードが予約語として確保される

次のキーワードは予約語となるため、変数名として使うとエラーが発生します。

> **Strict モードで追加される予約語一覧**
>
> implements   let   private
>
> public   yield   interface
>
> package   protected   static

▶予約語のためエラーが発生（reserved_words.html）

```
"use strict";
let implements = "予約語のためエラー";  ─────────── エラーが発生！！
```

❷宣言されていない変数への代入をエラーとする

Strict モードでは、あらかじめ let などで宣言されていない変数に値を代入しようとするとエラーとなります。なお、通常モードの場合は、エラーにはならず、グローバルスコープの変数に値が代入されたものとみなされます。

▶通常モードのとき（global_var.html）

```
globalVariable = "これはグローバルスコープに配置されます。";
console.log( window.globalVariable );
> これはグローバルスコープに配置されます。
```

▶Strict モードのとき（global_var.html）

```
"use strict";
globalVariable = "これはエラーになります。";  ─────────── エラーが発生！
> Uncaught ReferenceError: globalVariable is not defined ─┐
```
　　　　　　　　　　　　　　　　　　[意訳] 参照に関するエラー：globalVariableは定義されていません。

❸書き込み不可のプロパティを変更しようとするとエラーが発生する

Strictモードでは、書き込み不可のプロパティを変更しようとするとエラーが発生します。通常モードでは、エラーは発生しませんが、値も変化しません。そのため、問題が発生したことが検知しにくい仕様となっています。

▶通常モードのとき（not_writable.html）

```
// undefinedは書き込み不可のwindowのプロパティ
window.undefined = "エラーにはなりませんが値も変わりません。";
console.log( window.undefined );
> undefined
```

▶Strictモードのとき（not_writable.html）

```
"use strict";
window.undefined = "エラーが発生します。";　──────────── エラー発生！
```

❹関数宣言にブロックスコープを適用される

Strictモードでは、関数宣言にもブロックスコープが適用されます。

▶通常モードのとき（block_scope.html）

```
if( true ) {
    function functionInBlock() { console.log( "こんにちは" ) }
}
functionInBlock();　──────────── ブロックスコープ外からも実行可能
> こんにちは
```

▶Strictモードのとき（block_scope.html）

```
"use strict";
if( true ) {
    function functionInBlock() { console.log( "こんにちは" ) }
}

functionInBlock();　──────────── ブロックスコープ外のためエラーが発生！
> Uncaught ReferenceError: functionInBlock is not defined ┐
                    [意訳] 参照に関するエラー：functionInBlockは定義されていません。
```

❺thisはプリミティブ値も許容するようになる

通常モードでは、thisの取り得る値は常にオブジェクトです。たとえば、プリミティブ値がthisとして束縛された場合には、プリミティブ値に対応するラッパーオブジェクトが返ります。また、undefinedやnullの場合には、Windowオブジェクトが返ります。

一方、Strictモードでは、文字列、数値、真偽値、null、undefinedなどのプリミティブ値も、thisの参照先として保持できます。次の例では、thisに対して数値（プリミティブ値）の10を束縛して実行したときの結果を表しています。

▶通常モードのとき（primitive_this.html）

```
// thisを返す関数
function whatIsThis() {
    return this;
}

console.log( whatIsThis.call( 10 ) instanceof Number );
> true ─────────────────────────────────── thisはNumber型のオブジェクトになる
```

▶Strictモードのとき（primitive_this.html）

```
"use strict";

function whatIsThis() {
    return this;
}

console.log( whatIsThis.call( 10 ) === 10 );
> true ─────────────────────────────────── thisはプリミティブ値の10になる
```

これ以外にも、Strictモードによる細かい挙動の変化があります。いずれにせよ、Strictモードには、旧来のあいまいな仕様を排除し、より厳格に動作させる意味合いがあるので、基本的にはStrictモードを有効にした状態での記述に慣れるようにしましょう。

point ● JavaScript開発では、特別な理由がない限り、Strictモードを有効化して開発を行うこと。

16.6 CommonJS 初心者はスキップ可能

それでは最後に、CommonJSについても記述方法を簡単に確認しておきましょう。16.1.2項で少し触れましたが、CommonJSはNode.jsで独自に採用されているモジュール管理システムです。現在、Node.jsも、ES Modulesを使ったモジュール管理の仕組みに移行しているため、新しくコードを記述する際にはES Modulesを積極的に採用するとよいでしょう。

ただし、すでにCommonJSで記述されたNode.jsのモジュールを使う場合もあるかもしれないので、参考として書き方も紹介します。また、Node.jsについては次章で詳しく扱います。

繰り返しになりますが、本節で紹介するコードはCommonJSの規格のため、ブラウザでは使用できません（Node.js上で動作します）。Node.jsを使った動作確認の方法は、17.1.2項を確認してください。

16.6.1 CommonJSを使ったエクスポート

CommonJSでのエクスポートでは、`exports`オブジェクト、または`module`オブジェクトの`exports`プロパティに対してエクスポートしたいプロパティを追加します。

構文 CommonJSを使ったエクスポート

exportsに追加
```
exports.exportedFunction = function() { /* 関数をエクスポート */ }
```

module.exportsに追加
```
module.exports.exportedVariable = "これはエクスポートされます。";
```

`exports`は、あくまで`module.exports`を省略した形で記述できるようにしたものであり、最終的に`module.exports`が参照している先のオブジェクトがエクスポート対象のモジュール（モジュール外から使用可能な変数や関数が格納されているオブジェクト）とみなされます。

そのため、オブジェクトリテラル`{ }`を使って、エクスポートしたい関数や変数を定義したい場合には、`module.exports`と`exports`の参照先のオブジェクトを一致させるように注意してください。

▶module.exportsとexportsの参照先のオブジェクトを一致させる

```
module.exports = exports = {              ┐
    exportedFunction: function () {},     ├── module.exportsとexportsの参照先
};                                        ┘    （オブジェクト）を一致させる

exports.exportedVariable = "これはエクスポートされます。";

console.log( module.exports );
> { exportedFunction: function () {}, exportedVariable: "これはエクスポートされます。" }
```

`module.exports`と`exports`の参照先のオブジェクトが異なると、`exports`に登録した関数や変数がエクスポート対象に含まれなくなってしまうので、注意してください。

16.6.2 CommonJSを使ったインポート

CommonJSでのインポートは、エクスポートに比べてシンプルです。`require`という関数を使って、読み込み対象のモジュールを指定します。

```
const moduleObject = require( "/path/to/module.js" );
```

moduleObject：読み込んだファイル（module.js）のmodule.exportsが保持するオブジェクトが渡されます。

エクスポートされた機能をrequireでインポートするには、次のように記述します（図16.6）。

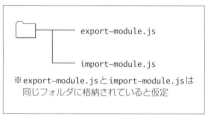

※export-module.jsとimport-module.jsは
同じフォルダに格納されていると仮定

❖図16.6　フォルダ構成

▶cjs_module/export-module.js

```
module.exports.exportedFunction = function() { console.log( "機能の読み込み確認" ) };
```

▶cjs_module/import-module.js

```
const moduleObject = require( "./export-module.js" );
moduleObject.exportedFunction();
```

このように記述することで、CommonJSを使ってエクスポート・インポートを行うことができます。また、本節の冒頭で触れたとおり、CommonJSはNode.js上でのみ動作可能なため、実際にコードを実行したい場合には17.1.2項を確認してください。

> *note* Node.jsでは、現在、ES ModulesとCommonJSの両方の記法を使用できますが、ES Modulesでエクスポート（**export**）したものを、CommonJSの記法でインポート（**require**）することは基本的にできません。また、逆にCommonJSの規格でエクスポート（**exports**）したものを、ES Modulesの規格でインポート（**import**）することもできません。両者はあくまで別ものですので、混在して使用できないことに注意してください。
> なお、webpackなどのモジュールバンドラ（モジュールをまとめて1つのJavaScriptファイルにしてくれるライブラリ）を使えば、自動的に片方の規格にコードを変換してくれる機能などが備わっているため、混在して記述した場合でも動かすことができます。

☑ この章の理解度チェック

[1] モジュール

次の空欄を埋めて、文章を完成させてください。

モジュールとは、一般的に □①□ が明確に定められた意味のある機能のまとまりのことです。
□①□ のみを外部から使用可能な状態にすることによって、□②□ の状態を作成できます。□②□
の状態を保つことはコードの □③□ ・ □④□ ・ □⑤□ を高めるために非常に重要です。ES6で追加
されたES Modulesは □⑥□ と □⑦□ で使用可能ですが、CommonJSは □⑦□ のみで使用可能で
す。

[2] エクスポートとインポート

第15章「この章の理解度チェック」の [1]（p.484）で作成した機能を、モジュールを利用して少し書
き直してみます。ひとまず、足し算を行う関数addをcalc.jsに、イベントにアクションを追加する関
数をデフォルトエクスポートでadd-event.jsに、以下のように実装しました。

▶sec_end2/calc.js

```
// 引数a、bを数値に変換して合計した値を返す関数
export function add( a, b ) {
    return Number( a ) + Number( b );
}
```

▶sec_end2/add-event.js

```
// 要素（element）の特定のイベント（eventType）に対してアクション（action）を登録する関数
export default function(element, eventType, action) {
    element.addEventListener( eventType, event => {
        action(event);
    });
}
```

これらの関数を次のindex.htmlから読み込み、#val1要素、#val2要素のinputイベントをリアルタ
イム監視して、#answerタグに#val1、#val2の入力値を合計した値を出力するプログラムを作成して
みてください。なお、calc.jsのadd関数はinputイベントが発火するまで使わないため、#val1要素、
#val2要素のinputイベントに登録するアクション内で動的インポートするように実装してください。

```html
<input id="val1" type="number" value="0"> + <input id="val2" type="number" ⬚
value="0"> = <span id="answer">0</span>
<script type="module">
    /* 以下のコードをcalc.js、add-event.jsを使って書き換えてください。  */
    const val1 = document.querySelector( "#val1" );
    const val2 = document.querySelector( "#val2" );
    const answer = document.querySelector( "#answer" );

    function inputHandler() {
        answer.textContent = Number( val1.value ) + Number( val2.value );
    }

    val1.addEventListener( "input", inputHandler );
    val2.addEventListener( "input", inputHandler );
</script>
<style>
    input {
        width: 50px;
    }
</style>
```

[3] Strictモード

次のコードは、通常モードでは特にエラーが発生しません。しかし、Strictモードにすると、❶〜❹の部分でエラーが発生します。なぜ❶〜❹でエラーが発生するのか、それぞれ理由を答えてください。

▶Strictモードでエラーが発生するコード

```
let protected = "守り";  ─────────────────────────────────── ❶
justVariable = "ただの変数?";  ───────────────────────────── ❷
undefined = 0;  ──────────────────────────────────────────── ❸
{   function fn() { };   }
fn();  ──────────────────────────────────────────────────── ❹
```

Node.js

この章の内容

Node.jsは、PC上でJavaScriptコードを実行するための環境です。JavaScriptは長らくブラウザ上で動作するプログラミング言語として認知されてきましたが、現在はNode.jsの登場によってサーバーやタスクランナー、デスクトップアプリなどの様々な場面でJavaScriptが使えるようになっています。本章では、Node.jsを使ってJavaScriptを実行する方法について学んでいきましょう。

17.1 Node.jsによるJavaScriptの実行

Node.jsは、一言で言うと、ブラウザからJava Scriptを実行する機能（JavaScriptエンジン）を抽出したものです（図17.1）。そのため、Node.js上で実行されるJavaScriptコードは、基本的にECMAScriptの仕様に沿って動作します。しかし、ブラウザで使用できるWeb APIの大部分は、Node.jsでは使用できません。

たとえば、ブラウザ上で動作するJavaScriptではDOMインターフェイスを使用できますが、Node.jsにはDOMインターフェイスが存在しません。そのため、ブラウザで問題なく動作したコードがNode.js上ではエラーとなってしまう可能性があります。

❖図17.1　Node.js

17.1.1　Node.jsの環境構築

Node.jsは、PCやサーバーにインストールして使います。まずは、以下のURLからLTS版をダウンロードしてください（図17.2）。

● Node.jsのダウンロードURL

```
https://nodejs.org/en/download/
```

❖図17.2　Node.jsのダウンロード

Node.jsのサイトでは、**LTS版と最新版**の2種類からダウンロードを選択できます。基本的にLTS版を使いますが、それぞれ以下のような特徴があるので、違いについて知っておいてください。

最新版（Latest・Current）
　最新版では、Node.jsの最新の機能が実装されています。新しい機能を試してみたいときなどに使います。ただし、**安定稼働は保証されていないため、本番環境では使いません**。

LTS版（Long Term Support）
　Node.jsの偶数バージョン（10, 12, 14, … ）は、長期メンテナンスが約束されたLTS版としてリリースされており、30か月間のメンテナンスが約束されています。メンテナンス期間に発生されたバグや脆弱性は修正されます。

17.1.2　**Node.js上でJavaScriptを実行**

　Node.jsは、ブラウザと異なり、画面を持ちません。画面を通さずコマンドによってソフトウェアを操作する方法は、**CLI**（Command Line Interface）と呼ばれます。一方、ブラウザのように画面上でソフトウェアを操作する方法は、**GUI**（Graphical User Interface）と呼ばれます。

　CLI操作は、Windows OSの場合はコマンドプロンプト（またはPowerShell）から行い、macOSの場合はターミナル（Terminal）から行います（図17.3）。

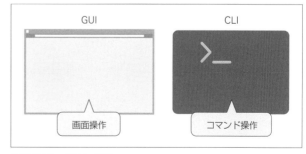

❖図17.3　CLIとGUI

皆さんがこれまでコード編集に使ってきたVisual Studio Codeには、統合されたコマンド実行環境があります。これによってコマンドプロンプトなどを別画面で開かずに、Visual Studio Code上からコマンドを実行できます。メニューの［Terminal］から［New Terminal］を選択、またはキーボードで［Ctrl］+［Shift］+［@］キーを押すことで、統合ターミナルが起動します（図17.4）。

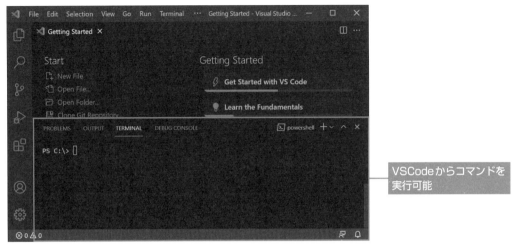

❖図17.4　Visual Studio Codeの統合ターミナル

それでは実際に、Node.js上でJavaScriptコードを実行してみましょう。

Node.jsでJavaScriptコードを実行するには、**node**コマンドを使います。次のコマンドをPCのCLI環境で実行してみてください。

▶Node.jsでJavaScriptコードを実行

```
node -e "console.log( 1 + 2 )"
```

実行結果　Node.jsでJavaScriptコードを実行

すると、コマンドの実行結果として3が返されるはずです。これは、eオプションに続く文字列がJavaScriptコードとして実行されていることを表しています。

続いて、`bin.js`という名前のファイルを作成して、それをNode.js上で実行してみましょう。Node.jsでJavaScriptファイルを実行するには、**node**に続けてファイルまでのパスを入力します。

▶bin.js

```
console.log( "JSファイルを実行します。" );
```

▶Node.jsでJavaScriptファイルを実行

```
node bin.js
> JSファイルを実行します。
```

note ファイルまでのパスの取得方法は、次のとおりです。

Visual Studio Codeの統合ターミナルを開いた場合には、基本的に現在のファイルのディレクトリ※でコマンドが実行される状態になります。しかし、フォルダを新しく作成した場合などでは、ファイルが配置されているディレクトリと、コマンドが実行されるディレクトリ（カレントディレクトリ）が変わってしまいます。その際は、**CD**（Change Directory）コマンドを使って、カレントディレクトリを変更します。

構文 CDコマンドでディレクトリを移動

```
cd 子ディレクトリ ─────────────────────────── 子ディレクトリに移動
cd ./子ディレクトリ ────────────────────────── 子ディレクトリに移動
cd .. ──────────────────────────────── 親ディレクトリに移動
```

※ディレクトリは、フォルダと同じ意味です。プログラミング（特にCUIを使う場合）では、フォルダはディレクトリと表現されることがあるので覚えておきましょう。

nodeコマンドや後述する**npm**コマンドを実行する場合は、ファイルが配置されているディレクトリまでCDコマンドで移動してから実行してください。もしくは、**node**コマンドでJavaScriptを実行する場合には、図17.Aのようにファイルを統合ターミナルにドラッグすると、ファイルまでのフルパスが統合ターミナル上に張り付くため、そのまま実行することができます。

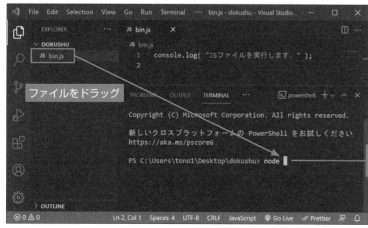

❖図17.A　ファイルまでのパスの取得

[1] node-testという名前のディレクトリを作成して、その中に次のindex.jsを作成し、nodeコマンド
で実行してください。

▶node-test/index.js

```
console.log( "node-test/index.jsが実行されました。" );
```

17.1.3　Node.jsの基本的な記法

Node.jsは、ECMAScriptの仕様に沿って記述できます。そのため、変数宣言のconst、letや関数宣言、ジェ
ネレータ関数やクラスなども使うことができます。

▶Node.jsはECMAScriptの仕様に沿って記述できる（nodejs_ecma.html）

```
const val = "ECMAScriptの仕様に沿って記述します。";

function fn() {
    console.log( "関数を利用することができます。" );
}
fn();

class NodeClass {
    constructor() {
        console.log( "クラスも使用することができます。" );
    }
}
new NodeClass;

Promise.resolve().then(() => {
    console.log( "Promiseなども使用可能です。" );
});

function* generator() {
    yield "ジェネレータも使えます。";
}

for(const str of generator()) {
    console.log(str);
}
```

1つ注意すべきなのは、Node.jsにはWindowオブジェクトがないという点です。そのため、Windowオブジェクトにアクセスしようとすると、エラーが発生します。また、Node.jsのグローバルオブジェクトは、globalという識別子で定義されています。globalには、setTimeoutなどのWindowオブジェクトで使用していた関数が一部格納されています。

▶Node.jsのグローバルオブジェクトはglobal（nodejs_global.js）

```
// Windowオブジェクトはない
// console.log( window );  ──────────────────────── 実行するとエラーが発生！

// その代わりグローバルオブジェクト（global）が使用できる
console.log( global );
/*
{
    global: [Circular *1],
    clearInterval: [Function: clearInterval],
    clearTimeout: [Function: clearTimeout],
    setInterval: [Function: setInterval],
    setTimeout: [Function: setTimeout] {
        [Symbol(nodejs.util.promisify.custom)]: [Function (anonymous)]
    },
    queueMicrotask: [Function: queueMicrotask],
    clearImmediate: [Function: clearImmediate],
    setImmediate: [Function: setImmediate] {
        [Symbol(nodejs.util.promisify.custom)]: [Function (anonymous)]
    }
}
*/

// グローバルオブジェクト（global）は記述を省略できる
setTimeout( () => {  ──────────────────────── global.setTimeoutと同じ意味
    console.log( "hello" );
}, 1000 );
```

17.1.4 ES Modulesの有効化

本書の執筆時点では、Node.jsのデフォルトのモジュールシステムはCommonJSです。ES Modulesの規格に沿ってコードを実行するには、次のいずれかの方法を使用してください。

❶ ファイルの拡張子を.mjsに変更する
❷ package.jsonのtypeフィールドを変更する
❸ オプションを指定してnodeコマンドを実行

❶ファイルの拡張子を.mjsに変更する

ファイルの拡張子を.mjsにした場合には、ES Modulesでモジュール管理が記述されていることを表します。一方、拡張子を.cjsとすると、CommonJSの規格に沿ってモジュール管理が記述されていることを表します。なお、ブラウザ上で.mjsファイルを読み込んだ場合にも、特に問題なく動作します。

❷ package.jsonのtypeフィールドを変更する

次節で説明するpackage.jsonのtypeフィールドにmoduleという値を設定すると、ES Modulesの規格に沿ってコードが実行されます。

▶package.json

```
{
    "type": "module"
}
```

❸ オプションを指定してnodeコマンドを実行

「--input-type=module」をオプションとして付けてnodeコマンドを実行した場合には、ES Modulesの規格に沿ってコードが実行されます。

▶ES Modulesでコードを実行

```
node ./bin.js --input-type=module
```

━━━━ 練習問題　17.2 ━━━━

[1] node-esmフォルダを作成して次のファイルを格納し、main.mjsファイルをnodeコマンドから実行してください。

▶node-esm/export.mjs

```
export const esmTest = () => console.log( "ESMテスト" );
```

▶node-esm/main.mjs

```
import { esmTest } from "./export.mjs";
esmTest();
```

17.2 パッケージ管理ソフト（npm）

Node.jsによる開発では、サードパーティ（他の開発者や開発コミュニティ）製のプログラムを使いながら開発を行うのが一般的です。npm（Node Package Manager）というパッケージ管理ソフトを使うと、それらのプログラムを**パッケージ**という単位で追加・削除できます。なお、npmはNode.jsに含まれているため、新たにインストールする必要はありません。

note ---
Node.jsのパッケージ管理ソフトには、Facebookが中心となって開発を進めている**yarn**もあります。yarnはnpmよりも高速に処理できることがウリですが、近年、npmのパフォーマンスも改善されてきているため、初心者の方はひとまずnpmを使えるようになっておけばよいでしょう。

17.2.1 package.json

npmでは、package.jsonというファイルを使って、パッケージの状態を保持しています。まずは、package.jsonの見方について確認しましょう。

▶package.jsonのサンプル（sample/package.json）

```
{
    "name": "sample",
    "author": "独習太郎 <taro@dokusyu.com> (https://dokusyu.com)",
    "version": "1.0.0",
    "description": "A Test project",
    "type": "module",
    "main": "src/main.js",
    "repository": {
        "type": "git",
        "url": "https://github.com/dokusyu/testing.git"
    },
    "private": true,
    "scripts": {
        "dev": "node sample.js",
        "start": "npm run dev"
    },
    "dependencies": {
        "vue": "^2.5.2"
    },
    "devDependencies": {
        "webpack-merge": "^4.1.0"
    },
```

```
    "optionalDependencies": {
        "sharp": "0.26.3"
    },
    "engines": {
        "node": ">= 6.0.0",
        "npm": ">= 3.0.0"
    },
    "browserslist": ["> 1%", "last 2 versions", "not ie <= 8"]
}
```

　package.jsonには、著者名や動作に必要とする他のパッケージの情報など、そのプロジェクトに関わる様々な情報を記述できます。これらのフィールドは、主に2種類に分類できます。1つはパッケージを公開するときに必要な情報で、もう1つはパッケージを動かすときに必要な情報です。

❶ パッケージの公開に関係するフィールド

name	パッケージ名（リポジトリ名やフォルダ名などを付ける）
author	作者名 <Email>（サイトURL）
version	バージョン名（1.20.1のような3つの数値で表す）
description	パッケージの説明
repository	リポジトリの情報
private	trueの場合は、公開のコマンドを流しても公開されない
main	外部からパッケージを使うときのエントリーポイント（開始位置）を記述する。パッケージが読み込まれたときにはエントリーポイントに指定したファイルが実行され、エクスポートされた関数やクラスが使用可能な状態になる

❷ パッケージの実行に関連するフィールド

type	ES Modules（module）またはCommonJS（commonjs）を指定する。省略された場合は、CommonJSの規格に沿ってコードが実行される	
scripts	パッケージで使うスクリプトを登録する	Ⓐ
dependencies	コードの実行に必要なパッケージを記述する	Ⓑ
devDependencies	開発時に必要なパッケージを記述する	Ⓒ
optionalDependencies	任意で使用可能なパッケージを記述する。ここに追加されたパッケージが何らかの理由で動作しない場合にも、それ以外の機能は問題なく動作するように作成する	
engines	実行時に要求されるNode.jsとnpmのバージョンを記述する	
browserslist	ブラウザやNode.jsのサポートをどこまで行うか記述する	Ⓓ

　パッケージを公開しない場合には、❶のフィールドは設定しなくても特に問題ありません。ここでは❷のⒶ～Ⓓのフィールドに関してもう少し詳しく見ていきましょう。

Ⓐ scriptsフィールド

　scriptsに登録したスクリプトは、npm run <スクリプト>コマンドで実行できるようになります。また、start、stop、restart、testで登録されたスクリプトに関しては、runを省略してnpm startのように実行できます。たとえば、上記の「package.jsonのサンプル」では、npm run devコマンドを実行すると、node sample.jsコマンドが実行されることになります。

B dependencies

パッケージの動作に必要な依存パッケージを記述します。通常はあとで紹介する`npm install`コマンドを実行することにより、`package.json`に自動的に追記されるため、手動で変更することはあまりありません。

C devDependencies

パッケージの開発時に必要な依存パッケージを記述します。たとえば、パッケージの本番用コードを生成するときに使うパッケージやテストスクリプトを実行するときに使うパッケージなどがこれに当たります。こちらも、通常は`npm install`コマンドを実行することにより、`package.json`に自動的に追記されるため、手動で変更することはあまりありません。

D browserslist

このフィールドは、パッケージの本番用のコードをビルドするときに主に使用されます。代表的なモジュールバンドラである`webpack`は、コードをビルドするときに`browserslist`フィールドにサポート対象のブラウザの設定があれば、そのブラウザで動作するように後方互換のコードを自動的に注入します。また、CSSのコードに後方互換を持たせる`Autoprefixer`などもこの設定を参照します。

- browserslist

  https://github.com/browserslist/browserslist

17.2.2 | npmコマンド

ここからは、npmコマンドを使ったパッケージ操作の方法について見ていきましょう。

構文 npmコマンド形式

```
npm <コマンド> <オプション>
```

| `<コマンド>` | ：npmで実行したいコマンドを渡します（`init`、`install`など）。 |
| `<オプション>` | ：コマンドのオプションを、半角スペースを空けて記述します（任意）。 |

npmのコマンドは種類が多いため、よく使うコマンドに絞って紹介していきます。

17.2.3 | パッケージの初期化

コマンド

```
npm init
```

パッケージの初期化を対話型で行います。コマンドを実行したディレクトリに対して`package.json`が作成されます。

オプション

-y	デフォルト値を設定したpackage.jsonを作成する

例

▶デフォルト設定でpackage.jsonを作成する

```
npm init -y
```

コマンド

```
npm install
```

package.jsonが配置されているディレクトリで実行することによって、package.jsonのdependencies、devDependencies、optionalDependenciesリストに記述されているパッケージをすべてインストールします。インストールされたパッケージは同階層に作成されるnode_modulesフォルダに格納されます。

オプション

--production	dependenciesリスト、optionalDependenciesリストのパッケージのみインストールする（devDependenciesリストのパッケージはインストールしない）。また、環境変数にNODE_ENVを設定し、その値として"production"が設定されている場合も同様

エイリアス

次のコマンドがnpm installの代わりに利用可能です。なお、ここでのエイリアスとは、同じ操作を行うときに使用する別名のことを意味します。

- npm i、npm add

例

▶package.jsonの状態

```
{
    "dependencies": {
        "express": "^4.17.1"
    },
    "devDependencies": {
        "webpack": "^5.38.1"
    },
```

```
    "optionalDependencies": {
        "sharp": "^0.28.3"
    }
}
```

▶すべてのパッケージ（express、webpack、sharp）をインストール

```
npm install
```

▶dependencies、optionalDependenciesのパッケージをインストール

```
npm i --production
```

17.2.5 パッケージのインストール

コマンド

```
npm install <パッケージ名>[@<バージョン> ]
npm install <Gitホスト>:<Gitユーザー >/<リポジトリ名>
npm install <GitリポジトリURL>
npm install <.tar, .tar.gz, or .tgz形式の圧縮ファイルへのパス、またはURL>
npm install <ローカルのフォルダへのパス>
```

　パッケージを追加します。一般的には、パッケージ名で追加したいパッケージを指定します。また、追加され
たパッケージは、package.jsonのdependenciesリストやdevDependenciesリスト、またはoptionalD
ependenciesリストに自動的に追記されます。複数パッケージを一括でインストールしたい場合は、パッケージ
名を半角スペースで区切って記述していきます。バージョンの指定方法は、17.2.10項を確認してください。

オプション

–P　または　--save-prod	インストールされたパッケージは、dependenciesリストに追加される。オプションが指定されない場合も–Pと同じ挙動になる。npm 4.x以前のバージョンでは、–Sまたは--saveを使用
–S　または　--save	npm 4.x以前のバージョンで、–Pまたは--save-prodの代わりに使用
–D　または　--save-dev	インストールされたパッケージは、devDependenciesリストに追加される
--no-save	インストールされたパッケージは、dependenciesリストやdevDependenciesリストに追加されない
–O　または　--save-optional	インストールされたパッケージはoptionalDependenciesリストに追加される。optionalDependenciesリストには、PCによって実行可能な状態が異なるものを記述する。実行不可でも、パッケージの処理自体は動くように作成する必要がある。このオプションは、ほとんど利用機会がない
–g　または　--global	グローバルモードでパッケージをインストールする。グローバルモードでインストールされたパッケージは、同階層（ローカル）のnode_modulesフォルダには追加されず、dependenciesやdevDependenciesにも記述されない

エイリアス

次のコマンドが`npm install`の代わりに利用可能です。

- npm i、npm add

例

▶jQueryのバージョン2.1.4をインストール

```
npm i jquery@2.1.4
```

▶webpackの最新バージョンを開発用依存パッケージとしてインストール

```
npm i webpack -D
```

▶生成されるpackage.jsonの状態

```
{
    ... 省略
    "dependencies": {
        "jquery": "^2.1.4"
    },
    "devDependencies": {
        "webpack": "^5.38.1"
    }
}
```

 note npmには、ローカルモードとグローバルモードの2つのモードがあります。それぞれ次のような特徴があります。

ローカルモード

現在のプロジェクトでのみ使用するパッケージは、ローカルモードでインストールします。インストールされたパッケージは、現在のプロジェクトの**node_modules**フォルダに追加されます。デフォルト（**-g**または**--global**を付けない場合）は、ローカルモードです。

グローバルモード

-gまたは**--global**をオプションとして付けた場合は、グローバルモードとなります。インストールされたパッケージは、**/usr/local**またはNode.jsのインストールフォルダに格納されます。グローバルモードでインストールされたパッケージは、PC上のどこからでも実行可能なコマンドとして利用できます。

17.2.6 パッケージのアップデート

コマンド

```
npm update [ <パッケージ名> <パッケージ名> ... ]
```

dependenciesリストなどに記述されている依存パッケージをバージョン指定の範囲内で最新のバージョンにアップデートします。複数パッケージを一括でアップデートしたい場合は、パッケージ名を半角スペースで区切って記述していきます。バージョン指定の詳細は17.2.10項を確認してください。

なお、パッケージを指定しない場合には、package.jsonのdependenciesなどの依存パッケージをすべてバージョン指定の範囲内で最新に更新します。

オプション

-g または --global	グローバルモードでインストールしたパッケージを最新に更新する。パッケージ名が省略された場合は、グローバルモードのパッケージをすべて最新に更新する

エイリアス

次のコマンドがnpm updateの代わりに利用可能です。

- npm up、npm upgrade

例

使用例は、17.2.10項で紹介します。

17.2.7 パッケージのアンインストール

コマンド

```
npm uninstall [ <パッケージ名> <パッケージ名> ... ]
```

パッケージを削除します。

オプション

--no-save	package.jsonからは記述は削除されない
-g または --global	グローバルモードでインストールしたパッケージを削除する

エイリアス

次のコマンドがnpm uninstallの代わりに利用可能です。

- npm remove、npm rm、npm r、npm un、npm unlink

例

▶削除前のpackage.jsonの状態

```
{
    ... 省略
    "dependencies": {
        "express": "^4.17.1"
    },
    "devDependencies": {
        "webpack": "^5.38.1"
    },
    "optionalDependencies": {
        "sharp": "^0.28.3"
    }
}
```

▶パッケージ（webpack、sharp）をアンインストール

```
npm uninstall webpack sharp
```

▶削除後のpackage.jsonの状態

```
{
    ... 省略
    "dependencies": {
        "express": "^4.17.1"
    }
}
```

17.2.8 パッケージの情報を取得する

コマンド

```
npm view <パッケージ名> [ versions | dependencies | devDependencies | … ]
```

パッケージに関する情報を出力します。package.jsonのフィールド名（dependenciesなど）をオプションとして指定することで、その値を取得できます。versionsを指定すると、パッケージのバージョン一覧が取得できます。

オプション

versions	バージョンの一覧を取得する
dependencies	依存パッケージを出力する
devDependencies	開発時に必要な依存パッケージを出力する

例

▶jQueryのバージョン一覧の確認

```
npm view jquery versions
```

実行結果

```
[
    '1.5.1',          '1.6.2',          '1.6.3',          '1.7.2',
    '1.7.3',          '1.8.2',          '1.8.3',          '1.9.1',
    '1.11.0-beta3',   '1.11.0-rc1',     '1.11.0',         '1.11.1-beta1',
    '1.11.1-rc1',     '1.11.1-rc2',     '1.11.1',         '1.11.2',
    '1.11.3',         '1.12.0',         '1.12.1',         '1.12.2',
    '1.12.3',         '1.12.4',         '2.1.0-beta2',    '2.1.0-beta3',
    '2.1.0-rc1',      '2.1.0',          '2.1.1-beta1',    '2.1.1-rc1',
    '2.1.1-rc2',      '2.1.1',          '2.1.2',          '2.1.3',
    '2.1.4',          '2.2.0',          '2.2.1',          '2.2.2',
    '2.2.3',          '2.2.4',          '3.0.0-alpha1',   '3.0.0-beta1',
    '3.0.0-rc1',      '3.0.0',          '3.1.0',          '3.1.1',
    '3.2.0',          '3.2.1',          '3.3.0',          '3.3.1',
    '3.4.0',          '3.4.1',          '3.5.0',          '3.5.1',
    '3.6.0'
]
```

17

Node.js

17.2.9 パッケージのドキュメントを開く

コマンド

```
npm docs <パッケージ名>
```

パッケージのドキュメントを開きます。パッケージを指定しない場合は、`package.json`の`name`プロパティの値に対応するドキュメントを検索します。

オプション

なし

エイリアス

次のコマンドが`npm docs`の代わりに利用可能です。

● npm home

例

▶webpackのドキュメントページを開く

```
npm docs webpack
```

17.2.10 バージョンの指定

本節の最後に、パッケージのバージョンの指定方式について確認します。`package.json`の`dependencies`の
パッケージのバージョンの先頭にキャレット（^）やチルダ（~）が付いています。

▶バージョンの先頭にキャレットが付いている

```
"dependencies": {
    "jquery": "^2.1.4"
}
```

これがどういった意味を持っているのか確認していき
ます。まずは、パッケージのバージョン表記の形式につ
いて学びましょう（図17.5）。
　バージョンが繰り上がるときには、それぞれ表17.1の
ような意味があります。

x：メジャーバージョン
y：マイナーバージョン
z：パッチバージョン

❖図17.5　パッケージのバージョン形式

❖表17.1　バージョンの繰り上がりが意味するもの

操作	例	説明
パッチバージョンの繰り上げ	1.0.0→1.0.1	バグの修正が行われたときに繰り上がる。このとき、機能の後方互換は担保される
マイナーバージョンの繰り上げ	1.0.1→1.1.0	新しい機能が追加されたときに繰り上がる。一般的には後方互換も担保される。マイナーバージョンが繰り上がるときには、パッチバージョンは0にリセットされる
メジャーバージョンの繰り上げ	1.1.0→2.0.0	パッケージに大幅な機能変更が行われたときに繰り上がる。一般的には機能の後方互換が担保される保証はないため、コードの修正が必要になる場合がある。また、メジャーバージョンが繰り上がるときには、マイナーバージョン、パッチバージョンは0にリセットされる

　ドットで区切られた数値は、それぞれバージョンのアップデートが行われた理由を大まかに表しており、メ
ジャー＞マイナー＞パッチの順に影響度が大きくなります。
　そのため、仮に`npm install`でインストールしたパッケージを更新する場合に「メジャーバージョンまでは更
新したくないが、マイナーバージョンは最新にしたい」ときなどがあります。このようなときに使うのが、キャ
レット（^）やチルダ（~）といった記号です。それぞれ次のような意味があります。

◆キャレット（^）

最新のマイナーバージョンまで、更新可能な範囲として指定します。

▶npm updateとした場合、xの部分が最新のパッケージにアップデートされる

```
1.x.x
```

例

▶更新前のpackage.jsonの記述

```
"jquery": "^2.1.4"
```

　上記のバージョン指定の場合には、npm updateを実行すると2.x.xの範囲で最新の2.2.4のバージョンのjQueryが新たにインストールされます。ただし、package.json内のバージョンの記述は更新されません。

▶npm updateを実行後もpackage.jsonのバージョンの記述は変わらない

```
"jquery": "^2.1.4"
```

　一方、node_modulesフォルダ内のjQueryのバージョンを確認すると、2.2.4がインストールされていることを確認できます。

▶node_modules/jquery/package.json（一部抜粋）

```
"title": "jQuery",
"version": "2.2.4"
```

 note package.json上の記述は変わりませんが、^2.1.4は「2.x.xの最新のバージョンまで許容する」という意味になります。そのため、npmからすると、^2.1.4でも^2.2.4でも2.x.xの最新のものに更新するという挙動は変わりません。

◆チルダ（~）

最新のパッチバージョンまで、更新可能な範囲として指定します。キャレットのときと挙動は同じですが、チルダ（~）の場合にはパッチバージョンが最新になります。

▶npm updateとした場合xの部分が最新になる

```
1.10.x
```

▶jQueryの2系の最新のマイナーバージョンをインストール

```
npm install jquery@^2
```

▶インストールされるバージョン

```
"jquery": "^2.2.4"
```

練習問題　17.3

[1] webpackパッケージのバージョン一覧を確認し、最新のメジャーバージョンより1つ前のメジャー
バージョンの最新のマイナーバージョンをインストールしてください。

17.3　サーバーサイド JavaScript
レベルアップ　**初心者はスキップ可能**

本節では、Express（express）というパッケージを使って、Node.js上にサーバーの機能を実装する方法について学んでいきます。Expressは、Node.jsでサーバー機能を実装するときに最もよく使用されるフレームワークです。Expressでのサーバーの実装を通して、Webシステムがどのようにして動いているのか見ていきましょう。

17.3.1　クライアント・サーバー方式

まず、Expressで実装を行う前にWebシステムの全体像について簡単に確認しておきましょう。昨今のWebシステムは、一般的にクライアント・サーバー方式と呼ばれるシステム構成になっています（図17.6）。クライアント・サーバー方式では、サーバーに対してリソース（HTML / CSS / JavaScriptファイル、画像など）を取得するためのリクエストをクライアントから送信し、サーバーが返した情報をクライアントの画面に表示します。このクライアントとは、一般的にPCやスマホなどの端末上で稼働するブラウザなどのソフトウェアのことを指します。

一方、クライアント同士が直接通信を行い、情報をやり取りする方式はP2Pと呼びます。P2Pは、ファイル共有ソフトやIP電話などで利用されます。

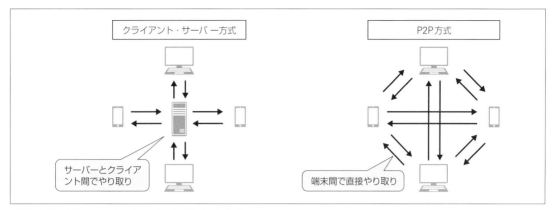

❖図17.6　クライアント・サーバー方式とP2P方式

クライアント・サーバー間の処理フロー

　ブラウザでURLを指定してから画面が表示されるまでには、一般的に次のような処理がクライアントとサーバー間で発生します（図17.7）。

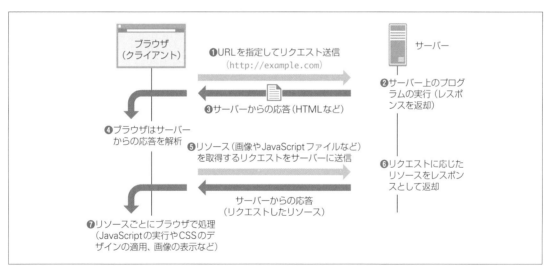

❖図17.7　クライアント・サーバー間の処理フロー

❶URL を指定してリクエスト送信

　ブラウザでURLを指定して、サーバーに対してリクエストを送信します。

❷サーバー上のプログラムの実行

　サーバー上でプログラムが準備されている場合には、リクエストに応じてサーバー上のプログラムが実行されます。サーバーはプログラムの実行後、何らかのレスポンス（応答）をクライアントに対して返却します。

❸サーバーからの応答

サーバーからの応答がクライアントに返却されます。一般的には、HTMLやJSONがサーバー上のプログラムの実行結果としてクライアントに返却されます。

❹ブラウザはサーバーからの応答を解析

サーバーから返却されたレスポンスをブラウザが受け取ります。HTMLが返却された場合には、HTMLの内容を画面に出力するための処理をブラウザが開始します。

❺リソースを取得するリクエストをサーバーに送信

HTML内にCSS / JavaScriptファイル、画像などのリンク情報がある場合には、サーバーに対して、それらのリソースを取得するリクエストを再度送信します。

❻リクエストに応じたリソースを返却

サーバーは、受け取ったリクエストごとに対応するリソース（画像、JavaScriptファイル、CSSファイルなど）をブラウザに返却します。

❼リソースごとにブラウザで処理

受け取ったリソースをブラウザで処理します。JavaScriptファイルを受け取った場合には、JavaScriptコードを実行します。CSSの場合には画面にデザインを適用し、画像の場合には画面上に画像を表示します。

以上のような流れでサーバーとクライアントの処理が行われます。これからExpressにサーバー側の処理を実装していきますが、Expressはあくまでサーバー側のプログラム（❷と❻の時点）として実行されることに注意してください。前章まで説明してきたような、ブラウザ上（クライアント）でのプログラムの実行（❼の時点）とは、実行される環境と実行されるタイミングが異なります。クライアントでもサーバーでも同じプログラミング言語（JavaScript）を使いますが、混同しないように注意してください。

point ● サーバー側で実行されるプログラムなのか、クライアント側で実行されるプログラムなのか注意！

17.3.3 Expressを使ったサーバーの実装

それではさっそく、Expressパッケージを使用したサーバーを実装していきましょう。まずは、コマンドから、今回使用するフォルダ（sample_express）の作成とパッケージの初期化、Expressパッケージのインストールを行います。

次のコマンドを統合ターミナルから実行してください。

▶パッケージの初期化とExpressパッケージのインストール

```
mkdir sample_express ──────────────── sample_expressフォルダを作成
cd sample_express ──────────────────── sample_expressフォルダに移動
npm init -y ─────────────────────────── パッケージの初期化
npm install express ─────────────────── Express (express) パッケージのインストール
```

これで、node_modulesフォルダにexpressパッケージがインストールされた状態になります。

次に、ES Modulesを有効化しておきましょう。今回はpackage.jsonに"type": "module"を追加して、ES Modulesを有効化します。

▶ES Modulesの有効化（sample_express/package.json）

```
{
    "name": "sample_express",
    "version": "1.0.0",
    "description": "",
    "type": "module", ───────────────────────────────────────────────── 追記
    "main": "index.js",
    "dependencies": {
        "express": "^4.17.1"
    },
    "devDependencies": {},
    "scripts": {
        "test": "echo \"Error: no test specified\" && exit 1"
    },
    "keywords": [],
    "author": "",
    "license": "ISC"
}
```

これで、expressパッケージをES Modulesで実行可能な状態になりました。

◆ サーバープログラムの作成

それでは、サーバーにリクエストを送信すると、"Hello World"と画面に表示されるプログラムを作成してみましょう。次のファイル（index.js）をpackage.jsonと同じフォルダに作成してください（図17.8）。

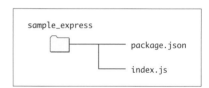

❖図17.8　フォルダ構成

▶"Hello World!"と返すサーバープログラム（sample_express/index.js）

```
import express from "express"; ──────────────────── ❶パッケージのインポート

const app = express();
const port = 3000; ────────────────────────────── ❷ポートを3000番に設定

app.get( "/", ( req, res ) => {
    res.send( "Hello World!" ); ────────────────── ❸"Hello World!"をレスポンスとして返却
});

app.listen( port, () => { ────────────────────── ❹サーバーを起動
    console.log( `listening at http://localhost:${ port }` );    // サーバー起動後に実行される
} );
```

❶パッケージのインポート

expressパッケージのデフォルトエクスポートをexpressという名前でインポートします。なお、npmでインストールしたパッケージは、"パッケージ名"でインポートできます。インストールフォルダへのパスなどは記述する必要はありません。

❷ポートを3000番に設定

開発時にExpressサーバーを使用する場合には3000番のポートを使う場合が多いので、ひとまずポートを3000番に設定しておきましょう。

❸"Hello World!"をレスポンスとして返却

get(URLのパス , コールバック関数)で、URLのパスにリクエストがあったときに実行される関数を登録します。今回の場合は、ルートパス（"/"）に対してリクエストがあったときに、res.sendの引数で渡された文字列がレスポンスとしてブラウザに返却されます。

note reqはリクエストに関する値やメソッドが格納されたオブジェクト、resはレスポンスに関する値やメソッドを保持するオブジェクトです。

❹サーバーを起動

app.listen(ポート , 起動後に実行される関数)で、サーバーを起動します。

これで、index.jsをnodeで実行すると、サーバーが起動します。実際に実行してみましょう。

▶サーバーを起動

```
node index.js
```

実行結果 サーバーが起動

サーバー起動

配布サンプルではchap17フォルダの中にsample_expressフォルダが存在するため、「cd chap17/sample_express」で移動

index.jsが存在するフォルダで実行

サーバーがNode.js上で起動した状態になります。なお、サーバーが起動した状態では、コンソールの表示が上掲の実行結果の状態で停止します。この状態で、キーボードで [Ctrl] + [C] キーを押すと、サーバーが停止します。

 note node index.jsコマンドを実行したとき、Node.jsのバージョンが14以前の場合はES Modulesが使用できないので、エラーが発生します。そのため、もしnode index.jsコマンドを実行したときにエラーが発生するようであれば、最新のLTS版のNode.jsにアップデートしてください。

それでは、サーバーが起動した状態で、ブラウザで次のURLにアクセスしてみてください。実行結果のような画面が表示されるはずです。

```
http://localhost:3000
```

実行結果 http://localhost:3000にアクセス

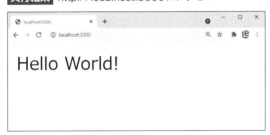

このように、「Hello World！」と画面上に表示されれば、サーバー側のプログラムが問題なく動いています（上の実行結果は拡大して表示しているため、実際には文字はもう少し小さく表示されます）。

 note サーバーの実装を変更したときには、サーバーを再起動してください。nodemonというパッケージを使用すれば、コード変更時に自動的にサーバーを再起動することもできます。

▶nodemonをグローバルモードでインストール

```
npm i -g nodemon
```

▶nodemonでファイルの変更を監視（ファイル変更時は自動的にコマンドが再実行される）

```
nodemon ファイル名.js
```

Windows OSのPowerShellでコマンドを実行した場合、使用しているPCのセキュリティポリシーの設定によってはエラーが発生します。その場合には、管理者権限でPowerShellを開き（図17.B）、次のコマンドを実行してください。

▶Windows OSのセキュリティポリシーを変更（PowerShellで実行）

```
PowerShell Set-ExecutionPolicy RemoteSigned
```

❖図17.B　管理者としてPowerShellを起動

　もう少し複雑な例として、画面上で動作するタイマーを作成してみましょう。今回作成するタイマーアプリは、URLで送ったパラメータを画面に表示する初期値として使用し、タイマーが0になったタイミングで「カウントダウン終了！！」と表示されるようにしましょう（図17.9）。

❖図17.9　タイマーを実装

この機能を実現するには、次のような処理を実装する必要があります。

❶パラメータをサーバーで取得

ブラウザで指定するURLの末尾に**?**を付けてキーと値を対で設定することにより、サーバーに対して**パラメータ（クエリパラメータ）**を送信できます。サーバー側で使用する何らかの情報をパラメータに設定しておくことで、サーバー側のプログラムで利用できます。また、複数パラメータを送信する場合には、**&**で区切ります。

▶クエリパラメータの例

```
http://example.com?key1=value1&key2=value2
```

今回作成するタイマーのプログラムでは、countdownというパラメータを付けてリクエストを送信します。

▶タイマーアプリのURLの例

```
http://localhost:3000?countdown=5
```

❷動的なHTMLの作成

サーバーでは、受け取ったパラメータをHTMLに埋め込み、レスポンスとしてブラウザに返却します。なお、リクエストの値などによって異なるHTMLを作成することを「動的なHTMLの作成」と言います。

❸JavaScriptファイルの取得

カウントダウンの処理はクライアント側（ブラウザ上）で行われるので、その処理を行うJavaScriptファイル（`.js`）をサーバーに取得しにいく処理も必要です。

❹ブラウザ上でJavaScriptを実行

ブラウザ画面上でカウントダウンを実行するJavaScriptコードを実行します。

それでは、このカウントダウンプログラムを作成してみましょう。

今回のアプリは、countdownというフォルダの中で作成することにします。

まずは、countdownフォルダを作成し、パッケージを初期化するため、統合ターミナルを開いて次のコマンドを実行してください。

17

Node.js

▶countdownフォルダの作成とパッケージを初期化

```
mkdir countdown ――――――――――――――――――――――――――――――― countdownフォルダの作成
cd countdown ―――――――――――――――――――――――――――――――――― countdownフォルダに移動
npm init -y ―――――――――――――――――――――――――――――――――――― パッケージの初期化
npm install express ―――――――――――――――――――――――――――――― expressパッケージのインストール
```

これでpackage.jsonがcountdownフォルダ内に作成されたはずなので、ES Modulesを有効にしておきましょう。

▶Node.jsのES Modulesを有効化（countdown/package.json）

```
{
    "name": "countdown",
    "version": "1.0.0",
    "description": "",
    "main": "index.js",
    "scripts": {
        "test": "echo \"Error: no test specified\" && exit 1"
    },
    "keywords": [],
    "author": "",
    "license": "ISC",
    "type": "module", ――――――――――――――――――――――――――――――― 追記
    "dependencies": {
        "express": "^4.17.1"
    }
}
```

続いて、次のように今回使用するファイルを作成します（図17.10）。

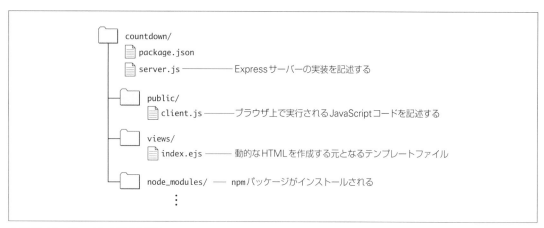

```
countdown/
    package.json
    server.js ―――――――――― Expressサーバーの実装を記述する

    public/
        client.js ―――――― ブラウザ上で実行されるJavaScriptコードを記述する

    views/
        index.ejs ―――――― 動的なHTMLを作成する元となるテンプレートファイル

    node_modules/ ―― npmパッケージがインストールされる
        ⋮
```

❖図17.10　ファイルの構成と用途

フォルダの作成

- ● countdown フォルダの中に public フォルダと views フォルダを作成

ファイルの作成

- ● countdown フォルダの中に server.js を作成
- ● countdown/public フォルダの中に client.js を作成
- ● countdown/views フォルダの中に index.ejs を作成

これらのファイルの中にプログラムを実装していきます。

17.4.3 サーバーサイド JavaScript の実装

それでは、サーバーの実装から始めましょう。今回はクエリパラメータの countdown を画面に表示する初期値に使用したいので、その値をサーバー側で抽出する必要があります。

Express サーバーでクエリパラメータを受け取るには、`req.query` プロパティにアクセスします。このプロパティには、クエリパラメータの値がオブジェクトの形式で格納されています。

▶クエリパラメータの受け取り（countdown/server.js）

```javascript
import express from "express";

const app = express();
const port = 3000;

app.get( "/", (req, res) => {
    const countdown = req.query.countdown;    ─────── countdownパラメータの値を取得

    if( countdown ) {
        // countdownパラメータが渡されてきたとき
        res.send( countdown );    ─────── パラメータをレスポンスとしてそのまま返す
    } else {
        // countdownパラメータが渡されてこなかったとき
        res.send( "countdownパラメータを設定してください。" );
    }

});

app.listen(port, () => {
    console.log( `listening at http://localhost:${ port }?countdown=5` );
});
```

これで、ブラウザのURLにcountdownパラメータを設定してリクエストを送信すれば、そのパラメータがそのまま画面上に表示されます。また、コード変更時に、サーバーの再起動を忘れないようにしてください。

▶ サーバーの起動

```
node server.js
```

実行結果 サーバーが起動

Column **スクリプトの追加**

　一般的に`node server.js`などのコマンドは、`package.json`の`scripts`フィールドに追加しておきます。`scripts`フィールドに一度記述しておけば、コマンドをわざわざ覚える必要がなくなるため、パッケージの共有や備忘録としても使えます。

▶ サーバーの起動コマンドを`scripts`フィールドに追加（countdown/package.json）

```
{
    ... 省略
    "scripts": {
        "test": "echo \"Error: no test specified\" && exit 1" ─────── 使わないので削除！
        "start": "node server.js" ────────────────────────── コマンドを追加
    },
    ... 省略
}
```

　これで、`package.json`が存在するディレクトリに移動して、次のコマンドを実行するとサーバーが起動するようになります。

▶ サーバー起動コマンド

```
npm start
```

前項で、画面上にカウントダウンの初期値が表示されるようになりました。しかし、このままではカウントダウンを画面上で実行することはできません。また、先ほどの実装では、画面に表示されているのは5という文字なので、きちんとHTMLで出力するように実装を変更しましょう。そのためには、クエリパラメータに応じてHTMLを動的に生成する必要があります。

◆テンプレートエンジンの利用

Expressサーバーで動的にHTMLを作成するには、**テンプレートエンジン**を使います。テンプレートエンジンは、Node.js上で実行されるJavaScriptのコードで使用する値を、あらかじめ用意したHTMLのテンプレートの一部として組み込むことができるソフトウェアです。様々な種類のテンプレートエンジンがありますが、代表的なものとして、Pug、Mustache、EJSなどがあります。今回はEJS（`https://ejs.co/`）を使って実装してみます。

それでは、EJSをインストールしましょう。

▶EJSをインストール

```
npm install ejs
```

そして、Expressサーバーで使用するテンプレートエンジンの指定を追記します。

▶テンプレートエンジンの指定（countdown/server.js）

```
import express from "express";

const app = express();
const port = 3000;

app.set( "view engine", "ejs" ); ──────────────────── テンプレートエンジンの指定

app.get( "/", (req, res) => {
    ... 省略
});

... 省略
```

これで、EJSを使用する準備が整いました。

次に、サーバーのルートパス（/）にリクエストが来たときに、テンプレートに`countdown`パラメータを埋め込んだHTMLを返却する処理を実装します。

まずは、元になるHTMLテンプレートを`index.ejs`に記述しましょう。なお、`.ejs`は、EJSパッケージ専用の拡張子です。基本的にHTMLファイルと同様にHTMLを記述でき、JavaScriptの変数をテンプレートに組み込みたい箇所は`<%- %>`で囲むことで、変数の値をHTMLに埋め込むことができます。また、EJSのテンプレート（今回の場合は`index.ejs`）を配置するフォルダのパスは、初期設定では`views`フォルダになります。

```
<!DOCTYPE html>
<html>
<head>
    <title>カウントダウンAPP</title>
</head>
<body>
    <h1 id="countdown"><%- countdown %></h1> ——————— countdownパラメータで置換される
</body>
</html>
```

　上記のコードでは、`<%- countdown %>`で記述された箇所に対して、URLの`countdown`パラメータで受け取った値を設定します。

◆テンプレートの読み込み

　続いて、このテンプレートをExpressの`render`関数を使って読み込みましょう。

構文 res.render関数の記法

```
res.render( "テンプレート.ejs", オブジェクト );
```

テンプレート.ejs：使用するテンプレートを指定します。`views`フォルダからの相対パスによる指定です。
オブジェクト　　：このオブジェクトのプロパティがテンプレート内で使用可能な変数になります。

▶テンプレートの読み込み（countdown/server.js）

```
... 省略

app.set( "view engine", "ejs" ); ——————————————— テンプレートエンジンの指定

app.get( "/", ( req, res ) => {
    const countdown = req.query.countdown;
    if( countdown ) {
        res.render( "index.ejs", { countdown: countdown } ); ——— テンプレートの読み込み
    } else {
        res.send( "countdownパラメータを設定してください。" );
    }

});

... 省略
```

render関数では、第1引数にテンプレートファイル、第2引数にテンプレート内で使用する変数をプロパティとして保持するオブジェクトを渡します。これによって、テンプレート内の変数が第2引数のオブジェクトのプロパティの値で置換されます。

これで、動的にHTMLを作成する実装が完了しました。ブラウザで実際に確認してみましょう。次のようなリクエストを送信すると、画面に5が表示されるはずです。

● リクエストURL

```
http://localhost:3000?countdown=5
```

実行結果 ページを表示してHTMLを確認

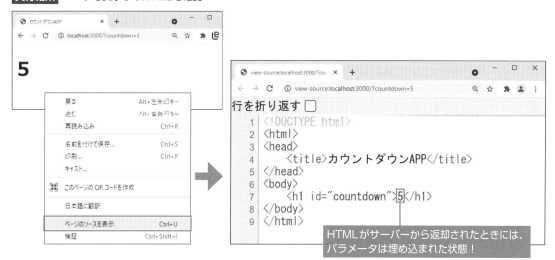

実行結果のように、ブラウザ画面上で右クリックして［ページのソースを表示］を選択すると、実際にサーバーから返却されたHTMLを確認できます。

ここで注目してほしいのは、**HTML文字列がブラウザに返却された時点で、すでにEJSのパラメータ部分には固定の数値が埋め込まれた状態になっていること**です。

あくまで、サーバーからは完成したHTMLが返却されることに注意してください。そのため、サーバーからHTMLを返却しただけでは、画面上の数値をカウントダウンすることはできません。

そこで登場するのが、ブラウザ側のJavaScriptファイルです。本書を通して学んできたブラウザ側の実装を追加することによって、画面上の数値をカウントダウンする処理を実装できます。

17.4.5 静的ファイルの取得

それでは、クライアント側のJavaScriptを実装していきましょう。

今回は、ブラウザ上で動作するJavaScriptコードを`client.js`に記述していきます。そこでまずは、HTMLに`client.js`を読み込む処理を記述しましょう。

▶HTMLからclient.jsを読み込む（countdown/views/index.ejs）

```
<!DOCTYPE html>
<html>
<head>
    ... 省略
</head>
<body>
    <h1 id="countdown"><%– countdown %></h1>
    <script src="/client.js" defer></script> ——— ブラウザ側で動作するJavaScriptファイルを読み込む
</body>
</html>
```

このscriptタグの記述によって、ブラウザは新たに/client.jsのパスに対して、client.jsファイルを取得するためのリクエストを発行します。ただし、現在のサーバーの設定では、リクエスト可能なパスとしてルートパス（/）しか設定されていないため、client.jsのような静的ファイルを取得できるようにサーバーに設定を加える必要があります。

 note 静的ファイルとは、サーバー上に配置されているJavaScript、CSS、画像、HTMLなどのファイルのことです。

Expressパッケージで特定のフォルダに配置したファイルを外部から自由に取得できるようにするには、次のように記述します。

構文 特定のファイルを外部から取得可能にする

```
app.use( express.static( "公開パス" ) );
```

公開パス：外部からアクセス可能にしたいパスを指定します。

app.useは、ミドルウェアを登録するときに使われるメソッドです。ミドルウェアとは、クライアントからのリクエストをサーバーが受け取ったときに必ず呼び出される処理のことです。

今回の場合には、express.staticミドルウェアによって「公開パス」で指定されたフォルダを外部からアクセス可能な状態にするという処理が、リクエストが来るたびに実行されます。たとえば、publicフォルダを外部からアクセス可能な公開パスにするには、次のように記述します。

▶公開用フォルダの設定（countdown/server.js）

```
... 省略

app.set( "view engine", "ejs" );

app.use( express.static( "public" ) ); ——————————— 公開用フォルダとしてpublicを追加
```

```
// ルートパスにリクエストが来たとき
app.get( "/", (req, res) => {
    ... 省略
});

... 省略
```

これによって、/client.js（http://localhost:3000/client.js）に来たリクエストは、publicフォルダの中のclient.jsを返却するようになります。

17.4.6 クライアントサイドJavaScriptの実装

それでは、ブラウザ上で動作するJavaScriptコードをclient.jsに対して実装していきます。

<h1 id="countdown">要素から現在のカウントダウンの値を取得して、1秒ごとに1ずつ減算していきます。また、カウントダウンが0になった時点で"カウントダウン終了！！"と画面に表示してみましょう。

▶カウントダウンの実装（countdown/public/client.js）

```
// 関数の実行
countdown();

function countdown() {

    // #countdown要素を取得
    const countdown = document.querySelector( "#countdown" );

    // 現在のカウントダウンの値を取得
    let currentCount = Number( countdown.textContent );

    // countdown.textContentが数値として変換できなかった場合（NaN）
    // または0の場合にはfalsyな値のため、以下のif文で判定する
    if ( !currentCount ) {
        countdown.textContent = "countdownパラメータが不正です。";
        return;      // 関数の実行を終了
    }

    // 1秒ごとのインターバル処理を実行
    const intervalID = setInterval( () => {

        // カウントダウンの値を1減算
        currentCount--;

        // カウントダウンの値が0のとき
        if ( currentCount === 0 ) {
```

```
        // インターバルを停止
        clearInterval( intervalID );
        countdown.textContent = "カウントダウン終了！！";

    } else {

        // 画面表示を更新
        countdown.textContent = currentCount;

    }
}, 1000 );

}
```

　これで、画面上の数値がカウントダウンしていく機能を実装できました。自分で実際に実装して動きを確認してみてください。なお、完成版のコードは、配布サンプルのchap17/countdownフォルダにあります。コード全体を確認したい場合には、そちらを参照してください。

◆ 数値をクエリパラメータとして渡した場合

　パラメータに渡した値からカウントダウンが始まります。

```
http://localhost:3000/?countdown=5
http://localhost:3000/?countdown=10
```

実行結果 数値をクエリパラメータとして渡した場合

◆ 数値以外、または0をパラメータに渡した場合

エラーが画面に表示されます。

```
http://localhost:3000/?countdown=notaNumber
```

実行結果 数値以外、または0をパラメータに渡した場合

☑ この章の理解度チェック

[1] Node.jsとは

次の空欄を埋めて、文章を完成させてください。

Node.jsとは、PC上でJavaScriptを実行するためのソフトウェアです。Node.js上で動作するコードも ① の仕様に準拠するため基本的にはブラウザ上で動作するJavaScriptと同じように記述できます。一方、Node.jsでは、ブラウザで存在する ② オブジェクトは使用できず、代わりに ③ オブジェクトが使用できます。Node.jsではパッケージ管理ソフトとして ④ が標準で組み込まれていますが、Facebookが中心となって開発している ⑤ というパッケージ管理ソフトをインストールして使用することもできます。

[2] パッケージ管理ソフト

npm-testフォルダを作成し、同フォルダの中でnpmコマンドを使って①～④の操作を行ってください。

① パッケージの初期化を行ってください。
② dependenciesにvueの2系（メジャーバージョンが2の最新のもの）をインストールしてください。
③ devDependenciesにeslintとwebpackをインストールしてください。
④ webpackをアンインストールしてください。

本章の最後に作成したタイマーアプリに新しいページを追加してみましょう。基本的に第15章の「この章の理解度チェック」の［1］で作成したような「数値の合計をリアルタイムで表示する」ページですが、今回の場合はURLで指定したパラメータを画面の初期値としてHTMLに埋め込むものとします。次の①②の仕様を満たすページを作成してみてください。

① サーバーサイドJavaScriptの実装

次のようなリクエストが来たときにパラメータを使って、合計値を算出し、パラメータ（val1、val2）と合計値を埋め込んだHTMLをブラウザに返却してください。なお、val1またはval2がパラメータとして取得できない場合には0を埋め込んでください。

● 値を加算するページへのURL

`http://localhost:3000/plus?val1=5&val2=6`

❖画面の初期表示

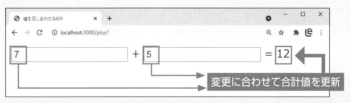

> 💡 **ヒント** EJSのテンプレート（`plus.ejs`）を新しく作成します。
> `plus.ejs`にパラメータを埋め込み、ブラウザに返却する処理を`server.js`に追記します。

② クライアントサイドJavaScriptの実装

入力欄の数値を変更したときに、リアルタイムで合計値が反映されるプログラムを実装してください。

❖合計値はリアルタイムで更新される

※解答では`client-plus.js`ファイルを作成し、そこにコード記述していきますが、特に決まりは設けません。問題なくプログラムが動作すれば正解とします。

著者紹介

外村 将大（とのむら まさひろ）

1987年、大阪府枚方市生まれ。2012年、北海道大学応用物理学専攻修了後、ソフトバンクにて社内システムの設計、開発、運用に従事。2016年、世界的なIT起業家になることを夢見て独立。その後、フリーのWeb開発者として働くかたわら、数々のネットサービスの立ち上げを試みるが尽く失敗。2019年、CodeMafiaのハンドルネームで、インターネット上でプログラミング講師として活動を開始。同年、オンライン学習サイト（Udemy）で動画形式のプログラミング学習教材の提供を開始し、延べ受講者数は3万人を突破。詳細は著者プロフィール（https://d.codemafia.tech/my-profile）まで。

謝辞

まず、翔泳社の片岡仁様にお声がけいただかなければ本著は存在しませんでした。このような機会を与えてくださったことを心より感謝申し上げます。その他、本著の編集・出版にご協力いただきました関係者の皆様に深く感謝申し上げます。

また、多忙にもかかわらず執筆の補助にご尽力いただいた高本英一様、より良い本にするためと本書レビューで多大なご協力をいただいた神田洋行様をはじめとするレビュアーの皆様、誠にありがとうございました。いつか私がビッグになったら恩返しをさせてください。

そして最後に、私を育ててくれた両親やいつも応援してくれる家族に心からの感謝を捧げます。

装丁　　会津 勝久
DTP　　株式会社シンクス

独習JavaScript 新版
ジャバスクリプト

2021 年 11 月 15 日　　初版第 1 刷発行
2023 年 12 月 10 日　　初版第 4 刷発行

著　　者　CodeMafia 外村 将大（とのむら まさひろ）
　　　　　コードマフィア
発 行 人　佐々木 幹夫
発 行 所　株式会社翔泳社（https://www.shoeisha.co.jp）
印刷・製本　日経印刷 株式会社

ISBN978-4-7981-6027-6　　　　　　　　　　　　　　　　　　　　　　　　　　　Printed in Japan

■本書内容に関するお問い合わせについて

本書に関するご質問、正誤表については下記の Web サイトをご参照ください。
お電話によるお問い合わせについては、お受けしておりません。
正誤表　　　　　　　　　　● https://www.shoeisha.co.jp/book/errata/
書籍に関するお問い合わせ ● https://www.shoeisha.co.jp/book/qa/
インターネットをご利用でない場合は、FAX または郵便にて、下記にお問い合わせください。
送付先住所 〒160-0006　東京都新宿区舟町 5
（株）翔泳社 愛読者サービスセンター　　FAX 番号：03-5362-3818

ご質問に際してのご注意

本書の対象を超えるもの、記述個所を特定されないもの、また読者固有の環境に起因するご質問等にはお答
えできませんので、あらかじめご了承ください。
※本書の出版にあたっては正確な記述につとめましたが、著者や出版社などのいずれも、本書の内容に対して
なんらかの保証をするものではなく、内容に基づくいかなる結果に関してもいっさいの責任を負いません。